U0232334

导航、制导与控制（GNC）微系统技术

王 巍　孟凡琛　邢朝洋　刘福民　编著

科学出版社

北京

内 容 简 介

作为航空航天领域典型的颠覆性技术之一，导航、制导与控制（GNC）微系统基于开放式体系架构，将多源感知、异构多核处理器、电源转换与管理等多功能部组件进行系统级微尺度集成，通过灵活组合模式扩展其他部组件，形成 GNC 微系统。当前，微系统技术方面已多有著述，主要是从微电子集成工艺及器件等角度，阐述微系统设计思路和研制过程，而本书的特点是从系统工程的角度进行顶层正向设计，指出 GNC 微系统工程设计和实用化过程，应以导航、制导与控制专业为引领，以先进微电子集成工艺为基础，交叉融合，形成新的设计和研制理念，并产生由功能"量变"到应用"质变"的颠覆性影响。因此，深度掌握 GNC 微系统从顶层到底层的实现逻辑，有利于理解微系统的核心和关键，并为其他种类微系统设计提供借鉴。

本书为相关领域科技工作者、企业研发人员及高校师生提供了重要参考，也是社会公众了解 GNC 微系统发展现状及趋势的重要读本。

图书在版编目（CIP）数据

导航、制导与控制（GNC）微系统技术 / 王巍等编著. -- 北京：科学出版社, 2025.2. -- ISBN 978-7-03-079203-7

Ⅰ.TN96；V448；TP273

中国国家版本馆 CIP 数据核字第 20249DF097 号

责任编辑：余 丁 高慧元 / 责任校对：胡小洁
责任印制：师艳茹 / 封面设计：蓝正设计

科 学 出 版 社 出版

北京东黄城根北街 16 号
邮政编码：100717
http://www.sciencep.com

三河市春园印刷有限公司印刷
科学出版社发行 各地新华书店经销

*

2025 年 2 月第 一 版 开本：787×1092 1/16
2025 年 2 月第一次印刷 印张：28 1/4
字数：667 000

定价：298.00 元
（如有印装质量问题，我社负责调换）

前　言 >>>

　　微系统以微纳尺度理论为基础，以微纳制造工艺为支撑，融合微电子、微机电和光电子等技术，通过系统构架和软件算法，将微传感器、微控制器、微执行器、微通信、微能源及接口电路等进行有机融合，形成软硬件一体化的多功能集成系统，属于"高精尖缺"技术领域。美国国防部高级研究计划局（Defense Advanced Research Projects Agency，DARPA）认为微系统是"赋予未来能力"的核心使能技术之一。同时，微系统是一项引发新一轮科技革命的重要技术方向，也是继集成电路后的下一个基础性、战略性、先导性产业。微系统技术及相关产品正处于方兴未艾的阶段，其基础理论、关键技术和示范应用等方面的突破，将深刻影响航空航天、军事装备以及消费电子等军民领域的创新发展。

　　作为航空航天领域典型的颠覆性技术之一，导航、制导与控制（guidance，navigation and control，GNC）微系统基于开放式体系架构，将微小型飞行器导航/惯性导航/通信/处理等多源感知、异构多核处理器、数据链通信、电源转换与管理等多功能部组件进行系统级微尺度集成，通过灵活组合模式扩展其他部组件，形成 GNC 微系统。GNC 微系统是典型的多学科交叉的前沿科技方向，是汇集了众多学科门类而成长出来的尖端科技。同时，GNC 微系统在微纳尺度上集成多种先进技术，通过系统整体优化设计，一定程度上摆脱了半导体工艺及器件代差的制约与跟仿，解决装备的自主可控和研制效率等问题。GNC 微系统借鉴片上系统（system on chip，SoC）内嵌的 IP 核设计思想，利用先进工艺集成共性模块，基于总体架构、软硬件协同、模块化复用、可测性验证等多项技术，最终形成模块化、标准化的"微功能核"公共库，并支持即插即用扩展，在此基础上，结合载体动力学、任务场景、工作环境等，形成适合微小型空天飞行器多机一型的谱系化产品。

　　全书共 9 章，第 1 章为绪论，主要阐述微系统的基本概念、技术内涵、分类特点、发展前景及其与 GNC 微系统的基本关系等；第 2 章以机载/星载/弹载为例，主要介绍 GNC 微系统架构设计的技术要点、存在问题及优化方法；第 3 章从 2D、2.5D、3D 集成等微系统工艺技术出发，具体介绍集成关键工艺技术、晶圆级封装关键工艺和三维热管理技术等方面，并着重关注微凸点、重布线、硅通孔、无源器件集成、芯粒以及光电子集成等关键技术；第 4 章重点阐述典型微感知、微处理及微执行器件的基本原理、关键技术及当前进展；第 5 章以 MEMS 惯性器件这一类典型的微系统为例，具体包括敏感结构、检测回路、闭环控制回路、单片六轴惯性测量单元等设计，分析其工作原理、结构设计和控制电路设计，使读者更好地理解 GNC 微系统设计和研制的系统性和全面性；第 6 章围绕核心回路、干扰力矩、微执行机构等设计要点，重点分析机载、星载和弹载等典型场景下的 GNC 微系统信息融合与控制方法；第 7 章通过归纳 GNC 微系统导航、制导与控制功能的误差因素，结合半实物仿真、跑车试验及机载飞行试验，进行微系统技术验证；第 8 章总结 GNC 微系统的典型应用关键技术，具体包括总体架构、路径规划、数据链微传输和集群时敏协同等；第 9 章探讨 GNC 微系统发展面临的技术挑战及未来发展趋势。本书第 1、2、6、8、9 章主要由王巍、孟凡琛撰写；第 4、7 章主要由王巍、邢朝洋撰写；第 3、5 章主要由王巍、刘福民撰写。全书由王巍、孟凡琛统稿。

在本书撰写过程中，赵元富研究员、任多立研究员、王大轶研究员、单光宝教授、余翔教授、阚宝玺研究员、徐宇新研究员等提出了许多宝贵的意见和建议。另外，孙鹏、朱政强、李男男、王振凯、赵雪薇、宋健民、王德琰、马伊琳、薄凡、高志强、南子寒、周睿阳、冯文帅、牛文韬、周政等分别参与了本书部分内容的研讨和实验工作。作者谨向各位专家及同事对本书的大力支持与帮助表达衷心的感谢。此外，谨向书中参考文献的各位作者表示特别的谢忱，他们的研究给予作者很多启发和帮助。

GNC 微系统技术的覆盖面较广，与微系统相关的基础性和支撑性技术发展迅速，加上作者水平有限，书中疏漏之处在所难免，恳请读者批评指正。

作　者

2024 年 9 月

目 录 >>>

第1章

绪　论

1.1 微系统技术概述

随着微电子、先进材料、集成工艺等基础性技术的蓬勃发展，当代电子系统已呈现微型化、集成化、智能化的发展趋势。20 世纪下半叶以来，以提高处理速度和器件集成度为目标，传统微电子技术通过标准化工艺，在硅晶体上集成大规模微电子元器件，最终形成集成电路（integrated circuit，IC），奠定了电子系统微型化和信息化的技术基础。长期以来，集成电路技术一直遵循摩尔定律（Moore's law）描述的路径，几乎以每两年更新一代的速度发展。就 IC 芯片工艺实际发展趋势而言，当前 IC 芯片的先进工艺节点已经进入 5～7nm 技术，并逐渐向 1.5～3nm 技术节点发展[1, 2]，这意味着硅工艺技术发展已逼近极限，由摩尔定律主宰了半个世纪的传统微电子技术发展有所放缓，传统意义上的摩尔定律逐步失效，并进入了后摩尔时代[3, 4]。

本章首先阐述微系统的基本概念、技术内涵、分类特点以及发展前景等，分析微系统技术发展中存在的问题及其对应的解决思路。其次，分析微系统在代表性领域的应用现状，具体包括航空航天、军事装备、医疗健康、汽车电子、消费电子和物联网等。最后，重点阐述微系统和导航、制导与控制技术的基本关系，着重分析其基本特征、发展现状以及发展前景等。

1.1.1 微系统概念的提出

在市场需求和技术创新的双重驱动下，摩尔定律逐渐演化成超越摩尔定律（beyond Moore's law）。该定律主要表现为两个维度：一是深化摩尔定律（more Moore's law），即特征尺寸继续缩小并从平面向立体化推进，IC 芯片将发展成为系统级芯片（也称片上系统，system on chip，SoC）；二是超越摩尔定律（more than Moore's law），即微电子与其他领域相结合产生新的技术门类——微系统技术[5, 6]。超越摩尔定律的发展与微系统技术基本关系如图 1.1 所示。

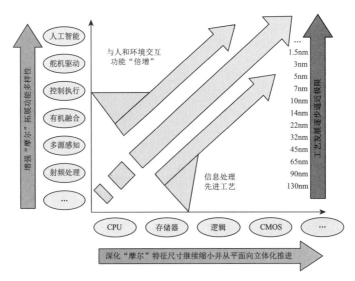

图 1.1　超越摩尔定律的发展与微系统技术

　　微系统是微电子、微机电系统（micro-electro-mechanical system，MEMS）、光电子等技术的有机结合，具有微型化与系统化的特征。通过先进集成手段，微系统实现微型化，并在系统层次上产生新功能，从而显著提高了系统功能密度。国际上对微系统的定义还存在差异。美国将微系统称为 MEMS，最早于 1986 年由美国国防部高级研究计划局（Defense Advanced Research Projects Agency，DARPA）在内部报告中提出[7]，报告认为，微系统是赋予未来能力的一项综合系统技术集成，并提出"两个一百倍"目标，即"效能提高一百倍、体积功耗降低到百分之一"，以"百倍提升"的跨度大力发展微系统技术[8]；欧洲对微系统的定义比较概括，即两类以上技术的微集成；日本将其称为微机器，即采用类似集成电路技术制造的微器件。无论如何定义，以微米级或纳米级主要特征尺寸为特点的微系统概念，在世界范围获得了广泛认可，成为当今技术发展的主要方向[9-11]。在此背景下，美国国防部提出了集成微系统（integrated microsystems，IMS）[12]这一新概念，其核心理念是基于微电子和微纳科学技术，以支持"功能倍增"为基本原则，以赋予"未来能力"为追求目标，围绕材料和物理等层面，着重从微观角度出发，集成多种先进技术，实现架构、器件和算法的深度融合与异构集成，以期实现宏观上的功能突破。围绕该目标，美国 DARPA 下设的微系统技术办公室（Microsystems Technology Office，MTO）先后组织实施了上百项与微系统技术密切关联的研究开发计划，所涉及的项目全面覆盖了电子元器件和集成电路发展的前沿领域，其发展目标如图 1.2 所示。

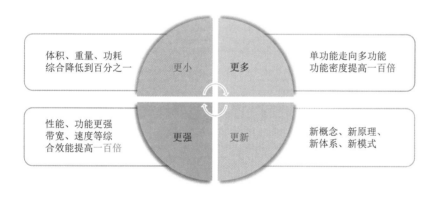

图 1.2　美国 MTO 提出"两个一百倍"发展目标

　　微系统概念的提出，给许多领域的科技发展注入了新活力。目前，微系统技术正向多功能一体化、三维堆叠、混合异构集成、智能传感等方向发展，微系统产品也正从芯片级、部件级转向复杂程度更高的系统级应用，既可作为单独系统，也可作为一个宏观系统的具备独立功能的子系统[13]，被广泛应用于军民领域。尤其在航空航天和军事装备领域，将有更多的基于微系统技术的武器系统，给未来战场的作战模式带来颠覆性变革，并将对武器装备系统的创新发展产生重要影响[14-17]。

1.1.2　微系统技术的内涵

　　微系统主要是指以微电子、微机电和微光电等技术为基础[18-20]，采用微纳制造及微集成工艺，通过系统构架和软件算法，由微传感器、微控制器、微执行器、微通信、微能源及接口电路等构成的软硬件一体化多功能集成系统[21, 22]。微系统融合了机械、电学、热学、材料学、光学、微机电等多种学科[23]，与目前的 SoC、系统级封装（system in package，SiP）及多种三维集成的功能模块相比，微系统具有更高的集成水平和更丰富的功能[24]。

一般而言，微系统由微感知、微处理和微执行等部分组成。微感知是指借助微传感器，对力、热、声、光、电、磁等物理参数集中进行数据采集、传输和处理，包括但不限于环境温度/湿度、光照强度、表面压力、磁感应强度、流体速度等。微处理是指在获取感知信息后，借助系统整体架构、功能模块和软件算法等，对数据进行在线处理和实时存储，并基于微时钟提供的时间基准进行多源信息融合解算，最后，通过微执行器形成相应的动作、能量、状态和信息控制指令，从而维持控制任务的流畅性和系统的鲁棒性。其中，微处理作为微系统核心组成部分融合了多种微纳加工技术，带动微感知、微存储、微时钟、微执行等模块高效协同，从而形成多环节闭环反馈机制，充分体现了微系统技术的发展要求。微系统的基本组成具体如图 1.3 所示。

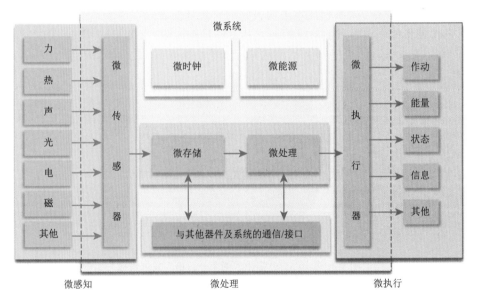

图 1.3　微系统基本组成示意图

总之，通过微电子、微机电和微光电等器件的深度嵌入，微系统技术可减小高性能器件的尺寸、重量和功率，将其应用转化于现代信息技术最新成果，可发展成为高科技前沿学科[25, 26]，最终，将显著提高信息系统的多功能化、智能化和可靠性水平。

1.1.3　微系统的主要分类

美国 DARPA 对微系统的定位是赋予未来能力，期望其在信息感知、处理、通信、执行和能源等方面实现微小型化、三维集成化的技术突破[27]。具体表现为，在芯片级微结构内，综合集成微电子器件（包括数字、模拟、混合信号集成）、MEMS 器件等多种器件芯片，实现多种传感器互相补充的能力，完成复杂信息的传输、存储和处理，并通过网络和人机界面控制与指挥武器系统。微系统典型示意图如图 1.4 所示。

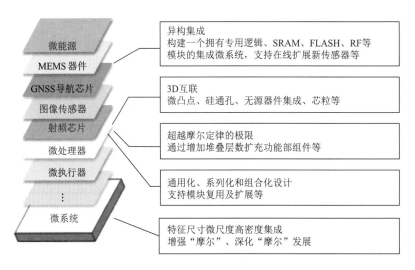

图 1.4　微系统典型示意图

1. 功能特点分类

可将微系统分为信息处理微系统、光电微系统、射频微系统、导航微系统、能源微系统等[28]。近期国内外研究主要集中在芯片级原子钟、三维电子器件、成像仪、全光学数据路由器、微波集成电路、微型气体传感器、大功率光学相控阵、大功率电子器件、全源导航、自适应微系统等[29]。

（1）信息处理微系统。

信息处理微系统是信息处理组件的二次集成系统，依托硅通孔（through silicon via，TSV）和 3D 微纳集成等技术，实现信息处理系统的软硬件高密度集成[28]，同时具备大容量存储能力、强计算能力、高并发数据吞吐能力、完善的用户软件开发环境。

（2）光电微系统。

光电微系统是采用微系统集成工艺，用于二次集成微光学器件、光波导器件、半导体激光器件、光电检测器件、红外模组、信号处理等[19]，采用晶圆级真空封装、立体集成等技术，进一步降低现有光电系统的体积、重量和功耗，显著提升系统性能。

（3）射频微系统。

射频微系统是包括射频前端与数字后端的典型异质异构集成系统，在传统的数字后端设计中，通过先进工艺加工技术，在单颗芯片上集成了更多的晶体管，并根据扫描序列的要求发射多种翻转角的射频波，而射频的宽度和幅度由计算机和射频单元控制，具有更高的集成度和抗冲击性能[30]。

（4）导航微系统。

导航微系统通过基板对卫星导航、微惯性测量单元、气压高度计、存储器、时钟单元、电压基准单元以及部分无源器件等进行高密度集成，借助 SoC、SiP 和封装体堆叠（package on package，PoP）等技术进行系统级封装，形成完整的导航功能模块[31]。

（5）能源微系统。

能源微系统基于 MEMS 热/光/机/电等微型能量发电机技术，利用热-电、光-电、机械-电、电磁-电等多种能量转换方式，通过采集温度梯度和热流等微型能量，形成高密度集成的微系统，可用于微小型无人机、微纳卫星和制导导弹等领域。

2. 集成工艺分类

集成工艺分类可分为单片微波集成电路（monolithic microwave integrated circuit，MMIC）、多芯片模块（multi chip module，MCM）、MEMS、SoC、SiP 等代表性发展方向[32, 33]。

（1）单片微波集成电路。

MMIC 是指在半导体衬底上，采用一系列先进集成工艺技术，制造出无源和有源元器件，并连接起来构成应用于微波（甚至毫米波）频段的功能电路。用硅材料制作的微波电路工作于 300～3000GHz 频段，被视为硅线性集成电路的扩展，不包括在单片微波集成电路之内。当前，MMIC 技术正向着宽禁带半导体快速升级、单片高功率、多功能芯片一体化等方向发展。

（2）多芯片模块。

MCM 综合了高密度互连、表面贴装技术（surface mounted technology，SMT）、TSV、微封装等多种技术，将电子组件（如具有多个导电端子或封装"销"）、集成电路（IC 或"芯片"）、半导体管芯和其他分立元件集成在统一的基板上，在使用时可将其视为较大的 IC，是系统化、小型化的重要途径。

（3）MEMS。

MEMS 是集微型结构、微型传感器、微型执行器、信号处理、控制电路、接口、通信和电源等于一体的微型器件或系统。随着半导体集成电路微细加工技术和超精密机械加工技术的提升，MEMS 将向高密度集成化、多功能轻量化、高性能低功耗、单芯片集成化等片上系统方向发展。

（4）SoC。

SoC 是在单个芯片上集成一个完整的系统，对所有或部分必要的电子电路进行自适应分组的技术。所谓"完整的系统"一般包括中央处理器（central processing unit，CPU）、存储器以及外围电路等。SoC 可与其他技术并行发展，如绝缘硅技术、深亚微米技术、低噪声设计技术以及多通道可重构阵列信号处理技术等。

（5）SiP。

SiP 是将多种异构芯片、无源器件等，采用二维或三维形式集成在一个封装体内，通过多次的薄膜淀积、光刻、扩散注入、刻蚀等工艺操作，将一个系统或子系统的全部或大部分电子功能配置在高密度基板内。其芯片可以 2D、2.5D 或 3D 的方式接合到整合型基板的封装，具有较高的灵活度、综合集成密度和效费比。

（6）异质异构巨集成。

异质异构巨集成是将不同半导体材料和不同工艺节点的高性能器件或芯片、硅基低成本器件或芯片（MEMS、光电子等）、无源元件和天线等，通过异质键合或外延生长等集成方式，在微纳尺度内，实现更高级别的集成电路或系统的一种技术。它是推动"超越摩尔"定律，实现成本和性能优化的关键技术手段之一[34, 35]。

1.1.4　微系统的主要特点

微系统技术可以为延缓摩尔定律失效、放缓工艺进程时间、支撑半导体产业继续发展提供有效的方案。作为电子元器件集成技术发展的未来趋势，微系统是连接系统和基础元器件的重要纽带，主要表现如下所述。

（1）微系统采用了微加工和集成电路制造技术，可像集成电路一样大批量制造，能够与其他电路进行异质异构集成，易于实现阵列结构和冗余结构，从而降低制造成本、减小噪声和干扰、提高信号处理能力和可靠性。

（2）与宏观系统相比，微小的尺寸结构使微系统具有微尺度下的高性能技术优势，如嵌入 MEMS 器件原子力显微镜、纳米传感器和隧穿式传感器等利用了微系统小尺度下精确、灵活的特性，能够充分发挥其响应速度快、灵敏度和分辨率高、动态范围大等优势。

（3）微系统是由多种器件集成的复杂系统，可在物质域、信息域和能量域之间近距离或者直接转换，实现多种功能，这种密集多功能是其发展的重要驱动力，可以提高系统的效率和可靠性，降低系统的复杂程度。

1.1.5　微系统技术发展前景

进入数字化时代后，物联网、人工智能、大数据等新一代技术快速兴起，新材料、新结构、新器件、新工艺等持续涌现，这些前沿科技为微系统的创新发展奠定了技术基础[36-38]。

1. 微系统技术发展趋势

未来电子系统将十分依赖高集成度的封装器件，需要广泛采用可执行多种功能的微系统器件来改善其性能，并呈现出系统化和智能化的发展趋势。

（1）系统化。

表面上，微系统是"系统"，但大多数微系统包含了以"宏"方式完成任务的系统转化，是一种范例器件，而不是尺寸的简单缩小。因此，微系统能集成众多元器件，通过打通学科间的壁垒，可实现多种功能，集成化程度更高。

（2）智能化。

微系统的智能化表现为对外界事件的自适应感知与主动响应，通过信号感知、信息处理、信令执行、通信和电源等多种功能模块的有机结合，未来系统将具有更多的感知与决策认知能力，变得更加灵活、灵巧与通用，能够高效适用于复杂多变的应用场景。

2. 微系统技术未来前景

微系统技术正处于由理论研究向大规模应用转化的关键阶段，同时也带动了关联技术的创新发展，未来应用前景广阔，主要表现如下所述。

（1）深化技术交叉融合，带动学科发展。

作为典型的前沿科技，微系统在信息、材料、制造、工程等相关领域持续发展并取得重要突破，它的技术性变革具有必然性。除此以外，可以预见，微系统的发展还将引领和带动一系列相关学科领域的发展进步、迭代更新，尤其是促进惯导、仪器、控制、仿生、光学、智能等学科走向深度融合。

（2）引领支撑智能科技，遍布行业应用。

微系统既是引领和支撑智能科技发展的关键要素，也是电子信息技术产品与装备微型化、信息化和智能化发展的核心技术。微系统技术及相关产品的应用范围较为广泛，几乎渗透各行各业，其基础理论、关键技术和示范应用等方面的突破，将深度影响到航空航天、军事装备、能源环境、医疗健康以及汽车电子、消费电子、物联网等领域发展。

（3）促进创新"从0到1"，推动社会演进。

在推动世界科技不断突破创新时，微系统也催生了多种新概念电子信息产品和装备。作为推动人类社会沿着"机械化—电气化—信息化—智能化"演进的关键使能技术，微系统对人类社会的生产生活将产生革命性影响。

1.2　微系统技术发展历程

微系统技术的发展经历了晶体管、分立器件、微电子、微机电、微光机电等阶段。目前，国际上微系统研究热点区域集中在美国、欧洲和日本。与这些国家和地区相比，我国正步入以跟踪国际先进微系统技术为主，转向跟踪和并跑、领跑并存的新阶段[39, 40]。

1.2.1　美国微系统技术发展概况

微系统技术是美国DARPA三十多年来大力发展的现代前沿技术，对美国保持其国防科技领先优势具有重要意义。自1991年以来，作为军用微系统技术的发源地，美国MTO预见了未来电子系统技术和微电子技术将深度融合的趋势[41]，在其成立之初，通过体系化方式，重点布局微处理器、微机电系统、微光电子器件等元器件领域，以期帮助创造或阻止"战略突袭"。靠着前瞻性的战略眼光，在宽带隙材料、相控阵雷达、高能激光器和红外成像技术等先进技术领域，取得了革命性进展，从而帮助美国建立和维持技术优势。典型代表性项目如下所述。

（1）美国"超越缩微"计划和"电子复兴"计划[28]。该计划通过构建体系化发展构架和项目群布局，旨在整合全行业力量，突破传统等比例缩放研制思路，推动材料与集成领域、电路设计领域和系统架构领域的创新。在材料与集成领域，典型项目包括"三维单芯片系统"和"新式计算基础需求"项目；在电路设计领域，典型项目包括"电子设备智能设计"和"高端开源硬件"项目；在系统架构领域，典型项目包括"软件定义硬件"和"特定领域片上系统"项目。上述目的在于发展美国后摩尔时代的微纳电子新体系，继续坚筑美国在全球电子信息的领先地位。

（2）美国"微系统探索计划"项目[32, 33]。该项目将设立一系列的短期投资，重点扶持与微系统技术相关的研究领域，将为该领域研究项目提供精简化的合同和资助方案。每个项目的研究周期均为 18 个月，在此期间，研究人员将全力论证新概念或新技术的可行性。

当前，在逆全球化的贸易环境变化等国际形势下，半导体需求持续高涨，全球面临缺芯和产能不足等严峻挑战。世界各国纷纷开始构建自主可控的微系统芯片产业链和供应链体系，以应对全球供应链风险和满足国家安全需要。美国 MTO 聚焦微纳领域的集成应用，着手布局开发新一代微系统技术，用以解决如何更有效地使用拥挤的电磁频谱，如何延续摩尔定律，如何在全球财政紧缩的时代下继续发展经济性的解决方案等一系列关键问题。

回顾美国微系统发展历程，微系统技术研发和应用由美国 DARPA 主导，典型研究方向集中于电子元器件技术、集成技术、算法与架构以及支撑技术等 4 个方面。其中，电子元器件技术方向，研究领域主要包括微电子技术、光电子技术、MEMS 技术、微能源技术；集成技术方面，研究领域主要包括光电集成、单片集成；算法与架构方面，研究领域主要包括可编程架构、频谱综合利用算法、电子战；支撑技术方面，研究领域主要包括散热技术、安全技术、自分解技术、自修复技术[32]。美国微系统技术典型研究项目及方向如图 1.5 所示。

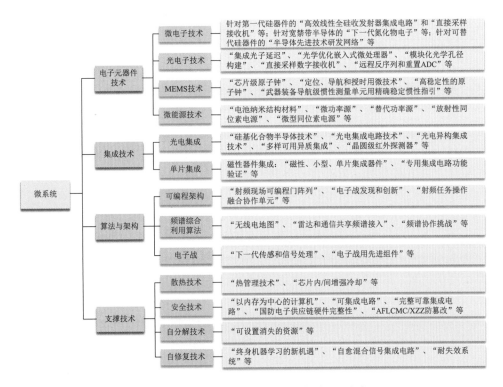

图 1.5　美国微系统技术典型研究项目及方向

微系统技术不仅自身具有广阔的增长前景，更重要的是，微系统技术承载了军事装备系统变革、信息系统智能化、微电子技术革命性创新等的发展使命，对未来产业发展具有重要支撑作用。可以预见，微系统技术将仍是美国国家发展战略中的关键领域。

1.2.2 欧洲微系统技术发展概况

欧洲是全球集成电路产业较为发达的地区，涌现出享誉全球的德国英飞凌、意法半导体和飞利浦等半导体公司，保持了其在全球集成电路产业中的领先地位。

20世纪80年代，在各国政府的支持下，欧洲的主要集成电路企业积极推动多方合作与发展，其中具有重要影响的典型项目如下所述。

（1）欧洲信息、技术研究发展战略计划（European strategy for research and development in information technology，ESPRIT）。该项目为期十年，主要集中于先进微电子技术、软件技术、先进信息处理技术、办公自动化和计算机综合制造等5个方面。该项目分为3个阶段：第一阶段（1984～1987年），重点发展通信的微电子技术；第二阶段（1988～1992年），重点发展专用集成电路（application specific integrated circuit，ASIC）技术；第三阶段（1993～1994年），重点发展精简指令集计算机（reduced instruction set computer，RISC）处理器技术。

（2）欧洲联合亚微米硅计划（joint European submicron silicon initiative，JESSI）。该项目聚焦微芯片技术的研发，在此基础上进一步发展出了"欧洲应用微电子发展计划"，用于帮助欧洲集成电路产业在汽车电子、多媒体、通信等重点领域实现关键技术突破和规模化应用，以提升欧洲在微系统技术领域的核心竞争力。

20世纪下半叶以来，集成电路产业创新发展离不开欧洲各国政府的高度重视，在欧洲主要工业国家如英国、法国、德国、荷兰和意大利尤为突出。当时欧洲的集成电路公司基本依托于本国的大型工业企业发展而来，集成电路产品也只是作为本国工业产品的附属品。随着全球产业竞争的不断深化，集成电路逐渐成为重要产业的关键共性技术，对一国经济长期发展和国家安全至关重要。在此背景下，欧洲各国开始加大对集成电路产业的扶持力度，欧洲的集成电路公司逐渐从所依附的企业中独立和发展起来，通过一系列的整合、兼并和重组，欧洲集成电路市场需求不断扩大，产业综合实力显著增强，最终形成了全球具有较大影响力的产业格局。

当前，欧洲半导体技术重点已不再是互补金属氧化物半导体（complementary metal oxide semiconductor，CMOS）技术，更关注于衍生性技术以及超越摩尔定律的解决方案[33]。在集成电路产业技术优势的基础上，欧洲将重心转向微系统技术的研发和应用，经过几十年的发展，逐渐构建了以比利时微电子研发中心（Interuniversity Microelectronics Centre，IMEC）、德国弗劳恩霍夫（Fraunhofer）研究所等科研机构为代表的高校、企业联合攻关和协同创新的产业生态体系。

欧盟长期关注欧洲微系统产业的发展，将其视为欧洲产业发展的创新驱动力，能带来稳定的经济增长。欧盟先后出台了一系列研发计划，包括微系统立方体计划（microsystem cube initiative，e-Cubes）、可靠环境智能纳米传感器系统（best-reliable ambient intelligent nano sensor systems，e-BRAINS）、"欧洲地平线"计划（European horizon plan）、微纳电子元器件与系统战略（micro and nano electronic components and systems strategy）等。这些计划的实施，旨在突破微系统关键核心技术，提升微系统产业链韧性，帮助欧洲在新一轮的国际竞争中占据优势地位。

欧洲微系统发展已基本覆盖了微电子、光电子、三维集成等主要技术门类，整体呈现出以制造能力带动技术和产业发展的态势。但受限于资金投入，欧洲微系统相关项目在考虑国情的基础上，虽然同样布局了电子元器件技术、集成技术、算法与架构、支撑技术四大领域，然而只在部分领域设立了相应的项目，其深度和广度远远不及美国。与美国不同，在电子元器件技术方面，欧洲重点关注微电子技术和光电子技术的研究；在集成技术方面，重点发展异质集成技术和立体集成技术；在算法与架构方面，重点突破异质多核架构；在支撑技术方面，重点解决微系统散热问题[32]。欧洲微系统技术典型研究项目及方向，具体如图 1.6 所示。

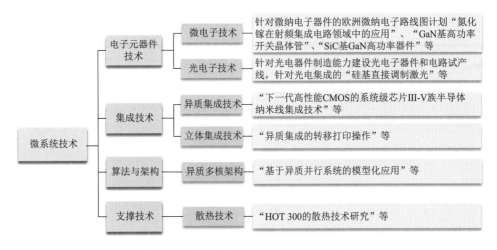

图 1.6　欧洲微系统技术典型研究项目及方向

未来，整个欧洲各国为了保持市场占有率，仍将继续加大微系统产业的投资力度，重点发展微纳电子技术、异质集成工艺技术，射频工艺平台、硅基光电集成工艺平台等。同时，欧洲的微系统发展将更加注重打造面向全球的科研创新平台，进而推动基础研究和应用研究深入发展，提高欧洲在微系统核心技术领域的创新能力。

1.2.3　日本微系统技术发展概况

与美国、欧洲等新技术原创地不同，日本微系统技术发展得益于 20 世纪后期的新科技革命。第二次世界大战后，经过经济恢复时期（20 世纪 50 年代）和近 20 年（1955～1973 年）的高速增长期，日本形成了依赖石油进口的重化型产业结构。然而重化型产业结构对原料燃料的显著消耗与"资源小国"的现实情况相悖，严重制约了日本产业升级和经济发展。在总结历史经验和分析客观现实的情况下，日本进行供给侧结构性改革，走上了一条以微电子技术为核心的科技革命推动产业升级的道路。

1963 年，日本开始从美国引进晶体管技术、微型逻辑单元技术等，并逐步走上了自研超大规模集成电路（very large scale integration circuit，VLSI）的道路。受经济发展持续滞胀等影响，日本半导体产业整体呈现出衰退迹象。尽管如此，日本微系统在产业和集成方面仍具有较大优势，在部分细分领域甚至占据世界半导体市场主要份额，具备强大的全球竞争力，如索尼公司的CMOS图像传感器、东芝公司的与非闪存存储器和瑞萨公司的微控制器。

为了拓展微系统技术应用范围，自2000年以来，日本政府持续布局了以MEMS器件为核心的微系统集成技术研究，实现了射频开关、滤波器等在微系统中的集成应用，并通过项目资助等形式打通了MEMS领域基础研究与产业落地应用的科技成果转化通道，从而促进多种MEMS技术尽快达到实用水平。

进入全球数字经济高速发展时代，凭借智能手机及5G网络的快速发展，日本将重心转向手机芯片领域。日本本土CMOS图像传感器产业加大与多个手机厂商合作，突破手机专用芯片处理技术，在微控制器、功率半导体器件和无源器件等领域表现较为突出，使得日本移动端市场占有率逐年攀升，推动日本成为全球半导体市场细分领域的重要参与者[32,42,43]。

总体而言，国外微系统技术起步较早，美国、欧洲、日本等发达国家和地区早在20世纪末已将微系统技术列为先进核心技术，经过几十年的发展，微系统各环节技术水平全面提升。通过落地实施多个工程项目，微系统技术在设计仿真、三维集成、散热、封装测试等方面实现了科技成果转化，显著缩短了基础研究的转化周期，加速国际科技创新向基础和前沿方向转移，全面推进全球微系统技术向精准化、高端化、智能化方向发展。

1.2.4 我国微系统技术发展概况

近年来，我国高度重视微系统技术和产业创新发展，并将其纳入国防科技攻关计划，技术研发能力不断提升，产业化应用不断深化。目前，我国微系统主要研究单位由高校、科研机构、优势企业和创新平台构成。高校主要包括清华大学、北京大学、东南大学、华中科技大学、南京理工大学等；科研机构主要包括中国科学院上海微系统与信息技术研究所、北京航天控制仪器研究所、中国电科产业基础研究院、华东光电集成器件研究所、西安微电子技术研究所、中国工程物理研究院微系统与太赫兹研究中心、南京电子器件研究所等；优势企业主要包括合肥中航天成电子科技有限公司、江苏长电科技股份有限公司、天水华天科技股份有限公司、通富微电子股份有限公司等；创新平台主要是中国电科旗下的"电科芯云"集成电路与微系统共享共创平台。

科技部先后组织了"攀登计划"、"微电子机械系统"、"集成微光机电系统研究"和"微纳电子技术"等重点专项。在项目牵引下，国内有关研究单位在微系统方面取得了一批标志性成果。在超深亚微米集成技术和集成电路芯片设计方面，我国技术研发能力有了显著提升，自主研制的MEMS惯性器件ASIC已经进行了在轨试验，并开始进行空间应用。在数字电视、高端IC卡、手机、多媒体信号处理及信息安全等领域，我国IC设计水平已达到0.13μm，并拥有了自主可控的芯片产品。在微电子技术方面，我国逐渐从"低端模仿"走向以技术创新为主的"高端替代"，开发了具备全流程自主工艺能力的180nm硅光工艺平台，研制了国际首款氮化镓微波二极管，硅基微电子技术水平与国外逐渐缩小差距[33]。

在异质集成技术领域，我国已有多个研究机构开展了关键技术攻关和产品研制工作。南京电子器件研究所运用外延层剥离转移、异类器件互联等技术，打造了一款 GaAs PHEMT 与 Si 基 CMOS 器件异质集成的单片数字控制开关电路，使得芯片面积比传统的 GaAs PHEMT 单片电路减小了 15%。西安微电子技术研究所充分发挥半导体集成电路、混合集成和嵌入式计算机等方面的技术优势，建成了国内首家面向芯片堆叠的高可靠集成电路工艺线，推动晶圆级 TSV 微系统生产线芯片级立体集成。在此基础上，西安微电子技术研究所还自主研发了集重布线（reDistribution layer，RDL）、微凸点制备、倒装芯片（flip chip，FC）、球栅格阵列（ball grid array，BGA）封装于一体的多模块柔性工艺平台。该平台具备最小线宽 1μm、晶圆刻蚀孔径 5μm、刻蚀深宽比大于 10∶1、超薄晶圆减薄 50μm 的 12 英寸①8 层晶圆立体叠层工艺，可以研制多款武器装备和宇航型号用产品，如某型 4 层堆叠辐射加固 TSV 立体集成的静态随机存取存储器（static random-access memory，SRAM）产品、航天通用计算机 SiP 产品等[28, 33, 44, 45]。

在先进封装技术领域，我国相关团队组建了"集成电路封测产业链技术创新联盟"，建立了高密度 IC 封装技术工程实验室，经过多年不懈努力，已拥有了一定的技术积累[46]，有效辐射了国内上下游封装测试产业链。近年来，我国电子封装技术产业规模和市场空间不断扩大[47]，已广泛应用于民用领域。合肥中航天成电子科技有限公司推出了芯片模组级微系统集成电路封装架构，完成了复杂腔体结构、电路、集成和制造一体化设计，兼顾了芯片散热、高密度引线馈通和更多功能性集成等要求，实现了材料、工艺、设计、成本等多维度的最优组合。江苏长电科技股份有限公司面向高算力芯片领域，推出了芯粒（chiplet）高性能封装技术平台，在线宽或线距达到 2μm 的同时，可实现多层布线，显著提升了芯片集成度，为高性能计算应用提供了先进的微系统集成解决方案。天水华天科技股份有限公司研发了埋入硅基板扇出型 3D 封装技术。该技术利用 TSV 三维异质集成，垂直互联密度优于台积电的先进封装技术。

整体而言，异质集成与先进封装技术从传统平面集成方式，借助于 TSV、MCM、SiP、混合键合等先进工艺，逐步向圆片级三维集成方向发展，成为超越摩尔定律、推动微系统行业发展的重要抓手，其发展基本路线如图 1.7 所示。

经过实施多个重大专项和系统集成科研计划，我国在微系统架构设计理念上发生了深刻变化，呈现出从基础理论研究向工程研制阶段演变的趋势。但是，仍需看到，就目前国内微系统核心技术研发能力和产业发展而言，成果多数尚停留在基础性技术层面，在微系统技术发展理念和产业生态层面仍处于成长阶段，与国外相比，还存在一定的差距。具体问题如下所述。

（1）理论研究层面，在微系统级封装的模型及失效机理、可靠性表征、评价和提升等方面，缺少系统性的研究，获得的相关数据和信息较少。

（2）工艺设计层面，国外微系统技术起步较早，工艺较为成熟，目前国内针对 SiP 已在设计、工艺、互连和封装等关键工艺领域，开展了较多的基础性研究工作，主要为了解决产品性能和关键参数优选等技术难题，但仍需要进一步提升先进工艺技术水平。

---

① 英寸，in，1in = 2.54cm。

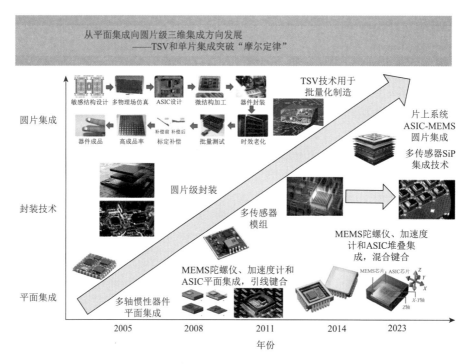

图 1.7　异质集成与先进封装技术发展基本路线

（3）技术体系层面，亟须从机理表征、模型构建、测试分析、试验评价、协同设计和虚拟试验等方面，建立适用于微系统的总体技术体系框架，实现面向多场耦合的芯片-封装-器件-系统协同设计的目标，有助于下一代高可靠微系统的研发和技术应用。

现阶段，我国已将"制造属于自己的微器件"作为微系统的发展目标，并将在高端芯片、高性能传感器等一些关键技术领域持续发力，基于现有资源和借鉴国外先进技术经验，不断推动研发和生产领域自我创新，早日实现我国的微系统行业繁荣发展，并迎头赶上国际先进水平。

1.3　微系统典型应用现状

微系统是微电子技术和系统技术发展到新阶段的必然结果，也是应用创新与技术创新融合发展的典范，并以其强大的生命力，推动专业整合和产业融合，将不断改变甚至颠覆人类现有的社会生活方式。目前，微系统已广泛应用于航空航天、军事装备、医疗健康、汽车电子、消费电子和物联网等领域[5]。

1.3.1　航空航天领域

作为世界发达国家竞相布局的战略性领域，航空航天不仅是社会经济发展的重要支撑，也是国防安全的重要技术基础。一方面，该领域对于产品功能密度的要求较高，多种空天飞行器的小型化、通用化和集群化正在快速发展，上述构成了微系统技术的重要需求牵引。另一方面，微系统技术是创新飞行器设计理念、打造新概念微型智能飞行器的重要使能技术，将在很大程度上影响未来微小型无人机、空间微系统、光谱成像微系统和 MEMS 柔性蒙皮等航空航天关键技术的发展进程。

1. 微小型无人机

微小型无人机聚集了众多高精尖技术，是航空航天领域典型的应用装备之一，其研究能力在一定程度上反映了一个国家的科技发展水平[48]。

微小型无人机通常在尺寸上远小于常规的无人机，其机体容积和承载质量十分有限，它所携带的机载设备和有效载荷均受到了较大限制。为进一步满足无人机小型化和轻量化的要求，需将多个部件及机载元件进行高密度集成，实现传感、导航、控制、通信、动力和能源等多功能于一体。因此，微系统技术成为实现上述目标的关键。

借助 MEMS 微纳米科技与先进集成制造等微系统技术，微小型无人机的研制取得重要进展，主要体现在两个方面。一方面，利用 MEMS 技术实现了多源感知探测和飞行导航控制传感器的微小型化，如红外探测仪、激光测距仪、微陀螺仪、微加速度计和微处理器等。另一方面，通过总体结构优化设计和精细微加工工艺，实现无人机系统化集成，即将传感器及其外围电路集成封装为微模组，甚至将多个传感器及相关电路通过 SoC 或者 PoP 等方式集成到单个芯片上，进一步提升微小型无人机部组件的集成度，甚至达到了"口袋携行"的效果。

2. 空间微系统

微系统技术可应用于具有特定功能的微终端、微卫星、小型化星群等空间微系统领域，在 21 世纪航天领域竞争中具有重要战略意义。

作为空间微系统技术的集中体现，微纳卫星通常是指质量在 1～100kg，以 MEMS 磁敏感器、微型惯性测量单元（miniature inertial measurement unit，MIMU）、MEMS 太阳敏感器、纳\皮型星敏感器等技术为基础，以提高"功能密度"为核心，具有实际使用功能的人造地球卫星。在对地观测、远程遥感、天基通信、空间探索等领域，微纳卫星显示出重要的潜力[49]，是各国航天装备体系建设的重要方向。

针对空间微系统与微纳卫星等技术应用，航天技术较为发达的国家和地区从 20 世纪末就制定了相关发展规划，如美国的智能卵石计划、铱星计划、全球星计划和星链计划等。随着"立方星"技术和标准逐渐成熟，相关国家在空间对抗领域也制定了相应的试验计划，并逐步消除空间抗辐照微系统技术与微纳卫星应用的壁垒，支撑航天电子进一步向小型化、智能化方向发展。

3. 光谱成像微系统

光谱成像微系统利用先进集成封装工艺技术，将传统的分光系统直接加工在光电传感器之上，通过光学、光电和读出电路等结构的单芯片集成，形成集分光系统、光电探测系统和电路读出系统于一体的微系统。光谱成像微系统具有光学滤波、光电转换和数字电路处理等多种功能[50]，在获取目标空间信息的同时，能得到表征目标的理化属性光谱信息，显著提升了成像信息的维度和量级。

目前，微小型光谱成像系统集成了微纳滤波结构，开始从理论走向工程化应用[51]，如德国 XIMEA 公司与欧洲微电子中心研制的整机工业级微型高光谱相机"xiQ"，仅重 30 余克。美国波士顿微制造公司研制的 MEMS 可变形反射镜，具有 140 多个微型控制元件，通过与低致动器间的精确耦合，能够作为高速、高分辨率波前控制的关键组件，适用于显微镜控制、激光通信和视网膜成像等精度要求较高的领域。

4. MEMS 柔性蒙皮

MEMS 柔性蒙皮集成了基于微系统技术的微剪应力传感器、微压力传感器[52]、减阻微纳结构、防冰微纳结构、微型合成射流器等，可实现流动测试、气动减阻、表面防冰、气动控制等多种功能[5]。其中，MEMS 柔性蒙皮的减阻微纳结构、防冰微纳结构和飞行器流场特性感知技术应用较为广泛。

减阻微纳结构方面，MEMS 柔性蒙皮通过提取、复制鲨鱼皮和鸟羽毛等生物表面具有减阻功能的微观结构，将其附着于微小型飞行器机翼前缘等关键部位，实现减阻目标。

防冰微纳结构方面，MEMS 柔性蒙皮通过提取和仿制荷叶、猪笼草等具有良好防冰性能的生物表面微观结构，使得过冷水滴难以在蒙皮表面积聚成冰，或者成冰后黏附力显著降低，实现防冰目标。基于防冰仿生微纳结构的蒙皮具有柔性、轻薄、质量轻、功耗低等优势，为微小型无人机等飞行器防除冰提供了有效的技术手段。

MEMS 柔性蒙皮采用飞行器流场特性感知技术，能够优化结构外形，精确测量气动载荷和升阻力，有效预测飞行状态，全面监测结构健康，在大型风洞测量、微小型变体飞行器和空天飞行器等领域广泛应用。

1.3.2　军事装备领域

军事装备领域是微系统技术较早应用的领域，对推动微系统技术的进步和发展起到了重要的牵引作用，其典型应用主要包括远程战场感知微系统、无人装备控制微系统、先进装备监测微系统、单兵导航微系统和微型导弹武器等。

1. 远程战场感知微系统

远程战场感知微系统采用全军事化的无人值守地面感知微传感器系统，通过在全球范围内部署，提供目标速度、位置和方向等参数，能够在多种地形条件下进行目标探测、分类和识别，为战场指挥官提供早期警戒、监视和部队保护能力[53]。美军先后开展了收集战场信息的"智能微尘"系统、远程监视战场环境的"伦巴斯"系统、侦听武器平台运动的"沙地直线"、专门侦收电磁信号的"狼群"系统等一系列远程战场感知的研究与应用[54]，构建了集中统一的战场微传感网络体系，实现战场实体基础设施与信息基础设施互联互通的目标。

2. 无人装备控制微系统

无人装备控制微系统是指利用微控制器技术对无人装备进行控制和管理的系统。微控制器通常采用基于微系统技术的微芯片，具有传感、处理、存储、执行等功能，可以实现对无人装备的精确控制和在线监测。美国 DARPA 启动了混合昆虫微机电计划，将微控制芯片植入半机械甲虫，并利用其翅膀震动产生电能，提供持续运行的能量，该技术可应用于微小型无人飞行器和微型机器人控制等领域。

3. 先进装备监测微系统

先进装备监测微系统主要通过 MEMS 压力传感器、单轴和多轴应力传感器等多种微型监测设备，实现装备的实时监测与规模应用。美国 DARPA 开发了多种低功率、单轴和多轴应力传感器，可用于测量飞机的结构应力，并对其实施健康监测，典型应用包括 F-35 战斗机的健康预测与监控管理系统、F-18 战斗机的实心梁弯曲主动监测评估系统等。

4. 单兵导航微系统

作为一种不依赖外界环境的自主导航技术，微惯性导航系统在卫星导航拒止或强电磁干扰等复杂环境下，能够为单兵导航提供可靠的定位服务。

美国 DARPA 针对卫星受限条件下的自主导航定位需求，在微惯性导航技术的基础上，提出了全源导航（all source positioning and navigation，ASPN）计划，通过设计一套支持导航单元实时配置和即插即用功能的算法架构，充分利用导航过程中可能存在的多种导航信息源，进一步提高单兵自主导航的精度、适应性和可靠性。

5. 微型导弹武器等

微型导弹具备高机动性、多用途、轻量化等特征，成为当前军事装备领域研制和发展的重要趋势。微系统技术的不断发展，可保证在较高命中精度、必要威力的前提下，显著减小战斗部尺寸和当量，为导弹微型化奠定了重要的技术基础。

微型导弹一般由导引头、战斗部、引信、发动机、姿态控制系统以及弹翼等部分组成。其中，较为重要的导引头一般采用如激光、红外、热成像等微传感元件的光学传感器。姿态控制系统通常包括微型化的地平仪、高度仪、MEMS 陀螺仪、MEMS 加速度计、磁传感器、舵机等[55, 56]。微型导弹的动力系统普遍采用带有推进剂的微型火箭发动机。该发动机作为一种成熟的引擎，其微小型化易于实现，有助于微型导弹的批量化生产。

世界各国在导弹微型化方面纷纷投入了大量工作，尤其是一些实用化的微型导弹，正在逐步投入实战应用，比较典型的如美国雷神公司的"长矛"导弹、美国海军空战中心的"长钉"导弹、以色列拉菲尔公司的"迷你长钉"导弹以及我国高德红外公司的 QN-202 导弹，上述微型导弹能够安装在无人机、无人车、无人艇等载体上，已成为现代新质作战中的打击利器。

1.3.3　其他典型领域

1. 医疗健康领域

微系统技术在医疗健康领域已实现多场景规模化应用。在医疗植入、生命体征检测场景中，基于微系统技术开发的微流体芯片能够模拟人体的实际生理反应，通过精确的模拟精准试药，加速新药物的研发速度和效率，并能够提供快速检测不明物质毒性的方法。在生物医学诊断和治疗场景中，微系统基于长期积累并日益增长的海量医疗大数据资源，融合具有微纳量级特征尺度的芯片技术、MEMS 技术及先进微纳加工技术，可实现医疗仪器设备系统的智能化与微型化，显著提高生物医学的诊断和治疗效率，进一步降低治疗成本。

根据不同生物体结构层次的交互方式，应用于医疗健康的微系统可分为 3 种类型：细胞微传感与细胞微操作系统、器官组织的介入式微系统以及可穿戴式微系统等。

1）细胞微传感与细胞微操作系统

细胞微传感运用微系统技术，在芯片上完成对细胞的捕获、固定、平衡、运输、刺激及培养等精确控制，并通过片上化学分析手段，实现对样品细胞的高通量、多参数、连续原位信号检测和细胞组分的理化分析等[57]。细胞微操作系统通过微执行器等技术，可以从单细胞层面对人体生理和病理机理进行研究，实现高安全性、高精准度、高选择性和高效率的细胞自动化精细微操作。

2）介入式微系统

介入式微系统是指对人体内部器官进行医学观察、诊断和治疗的系统，主要包括介入检测/成像微系统、药物/细胞递送微纳机器人、微型植入式人工器官、脑机接口等。介入式微系统的驱动方式包括压电、磁、光、热以及超声等。外场电磁驱动具备无创、无伤害，以及在复杂环境下能够实现精准遥控等优点，被认为是实现介入式微系统的有效方法。

3）可穿戴式微系统

可穿戴式微系统医疗设备依托人工智能、物联网、大数据及云计算等前沿信息技术，已经在体征信息监测、云端医学诊断和疾病治疗等方面发挥着重要作用。例如，智能手环、手表、眼镜等可穿戴设备，通过传感器采集血压、血糖、心率、体温、呼吸频率、血氧含量等人体体征信息，经过云平台数据在线分析后，可帮助医生及时发现疾病。此外，可穿戴设备还可以与临床医疗手段结合，应用于疾病的在线治疗等[58]。

2. 汽车电子领域

汽车电子微系统具有可靠性高、可批量化生产及可网联等优点，成为汽车电子系统主要发展方向。主流汽车电子系统聚焦先进驾驶辅助系统、发动机能源管理系统与车辆互联网络系统等领域[5]。

1）先进驾驶辅助系统

先进驾驶辅助系统采用不同类型 MEMS 传感器感知车内外的环境，并将感知数据进行信息处理和在线决策，可以提高驾驶安全性并提升驾驶人员的舒适度。例如，智能睡意检测微系统采用视觉传感器探测驾驶员面部表情和眨眼动作，通过疲劳监测单元进行在线预警，有效预防疲劳驾驶。配备 MEMS 加速度计的安全气囊微系统，在检测到车辆突然减速时，及时释放车辆安全气囊，实现智能应急决策。

2）发动机能源管理系统

发动机能源管理微系统包括燃油喷射、温度、压力、流量以及燃油液位等多种传感器，通过传感器实时监测发动机内部环境数据，对复杂数据综合处理、分析，进而智能优化控制发动机总体运行状态，既可以降低油耗，又能实现发动机性能和效率的有效平衡。

3）车辆互联网络系统

车辆互联网络通过微系统技术，将车、路、人等分布式节点连成网络，形成融合车内网、车际网、车载移动互联网的一体化协同网络，是实现智能交通系统的基础，具有缓解交通拥堵、降低交通事故、优化行驶路线等优势[59]。

3. 消费电子领域

消费电子产品在新一代信息技术的支撑下，不断升级换代，成为人们日常生活和娱乐的"必备品"。微系统的技术特点与消费电子市场发展需求高度匹配，并带动多种新型消费电子步入系统化、互联化和智能化的新时代。

1）传统消费电子

微系统的诸多应用中，消费电子领域占比较高。以最常见的智能手机为例，作为微系统应用的典型，智能手机不仅包括振荡器、滤波器等射频 MEMS 器件，麦克风等声学MEMS 传感器，CMOS 图像等光学 MEMS 传感器，还包括心率传感器、指纹传感器等生物微传感模块。基于光学传感、电容、热敏和超声波等原理的指纹传感器，将指纹识别功能从安全防盗扩展到了便捷支付、隐私保护等领域；距离感应器能够通过红外光来判断物体的远近距离，实现接通电话后自动关闭屏幕、快速浏览等特殊功能。这些功能的实现从多种角度体现了包括体系架构、软件算法在内的微系统技术要素的快速发展。

2）新型消费电子

除了智能手机等电子终端，微系统技术在增强现实（augmented reality，AR）、虚拟现实（virtual reality，VR）、扩展现实（extended reality，XR）、航拍无人机、智能平衡车、元宇宙等新型消费电子领域也有着广泛的应用。以元宇宙为例，除了依赖边缘计算、人工智能、微服务、区块链等作为基础支撑技术外，微系统在构成元宇宙的诸多核心要素中占有重要地位[60]，其中，在基础设施层面，包括 5G/6G 通信网络、Wi-Fi、Cloud、7～1.4nm 工艺、MEMS、GPU 和芯片材料等。在人机交互层面，人类可以通过内嵌基于微系统技术的移动设备、智能眼镜、可穿戴设备、神经接口等与元宇宙进行连接。在终端空间计算层面，涉及 3D 引擎、VR、AR、XR、多任务并行处理、地理信息映射等与微系统相关的模块。

4. 物联网领域

当前，物联网正加速向人类社会的多个领域渗透，通过与新兴信息技术的深度融合，深刻影响着人们的生活方式[61]。与微系统相关的物联网技术主要包括：信息传感采集微系统技术、网络构建技术和服务管理技术。其中，物联网的典型应用包括停车场管理、智慧工厂管理、环境在线监测等[62]。物联网与其他网络的重要区别是其能够沟通物理世界与信息世界。微系统作为物联网中桥梁角色的最基本单元，是集信息采集、处理、存储、传输、执行及供能等多种功能于一体的网络节点。基于微系统技术的物联网正与大数据、云计算、人工智能、5G 通信等新兴技术深度融合，有望为人类社会带来真正意义的"智慧"应用。

1.4　导航、制导与控制微系统

1.4.1　导航、制导与控制技术概述

作为典型的微系统技术应用领域之一，导航、制导与控制有时也称为"制导、导航与控制"，英文简称为 GNC（guidance，navigation and control）。导航、制导与控制描述了运动体运动过程中实时感知运动参数，确保运动体在姿态稳定的前提下按照预定轨迹运动的过程。导航、制导与控制的基本原理框图如图 1.8 所示。

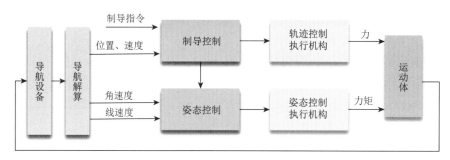

图 1.8　导航、制导与控制基本原理框图

一般而言，导航（navigation）指运动体获得自己当前（在某个参照系下）的速度和位置等信息，必要时还需要获得当前（相对于某个参照系）的姿态、姿态角速度等信息。

制导（guidance）指运动体发现（或外部输入）目标的位置、速度等信息，并根据自己当前的姿态、速度、位置以及内部性能和外部环境等多种约束条件，获得抵达目标所需的位置或速度指令。

控制（control）指运动体通过执行机构改变姿态、速度等参数，进而实现稳定飞行或完成制导指令。

导航、制导与控制技术主要用于航空器、航天器、无人机及制导导弹等领域[63, 64]，在水下无人潜航器、水面无人艇、汽车等领域也有着广泛应用。

1.4.2　微系统技术与 GNC 技术的关系

GNC 微系统是以微系统为本源，并在其共性硬件平台的基础上，持续迭代演进，最终形成具备通用化、系列化和组合化等标准化特征的系统，支持由灵活组合模式向即插即用模式在线扩展。同时，作为航空航天领域典型的颠覆性技术之一，GNC 微系统以微纳制造工艺为支撑，融合微机电、微光电、微传感、微射频、微集成等技术，基于开放式体系架构，将高精度卫星导航/惯性导航/通信/处理等多源感知、异构多核处理器、微执行与数据链通信、电源转换与管理等多功能部组件进行系统级微尺度集成，形成适合微小型空天飞行器的导航、制导与控制微系统，其性能往往从一个方面代表了国家信息技术发展的先进水平[65, 66]。

当前微系统技术方面的著述较多，主要是从微电子集成工艺的角度阐述微系统设计思路和过程，而本书主要从系统工程的角度出发，以 GNC 微系统这一常见微系统的设计、研制为典型，阐明微系统工程设计和实用化过程，应以导航、制导与控制专业为设计引领，以先进微电子集成工艺为基础，交叉融合，形成新的设计和研制理念。从系统本质而言，GNC 微系统并不仅是尺寸的简单缩小，而且是汇集了多种基础学科与应用学科并深度融合的高新技术，涉及系统架构、集成工艺、核心器件、软件算法、误差分析与测试验证等多个环节，同时考虑了微尺度集成后的多场耦合、微尺度放大效应等复合因素，并表现出"1 + 1＞2"的系统综合性能。因此，深度掌握 GNC 微系统从顶层到底层的实现逻辑，有利于理解微系统的核心和关键，并为其他种类微系统设计提供借鉴。

需要强调的是，GNC 微系统并非意味着系统整体的复杂程度很高，其精度也不一定最高，但由于具有微型化、多功能、低成本和批量化等技术优势，可产生由功能"量变"到应用"质变"的颠覆性影响，是支撑关键装备发展的核心使能技术。GNC 微系统与基础支撑技术的关系如图 1.9 所示。

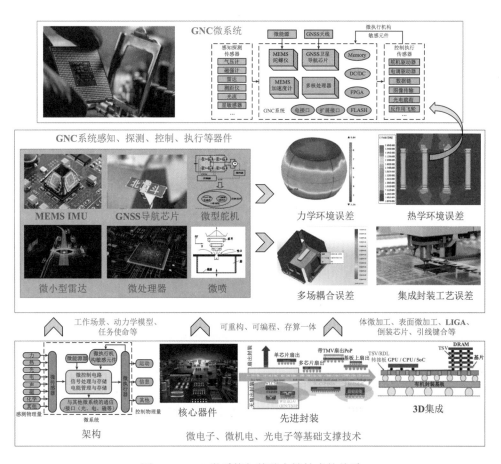

图 1.9 GNC 微系统与基础支撑技术的关系

GNC 微系统涉及多尺度、多物理场、多能量域的一体化协同设计，存在接口的可扩展性、力学环境适应性、微尺度热管理等一系列问题。其中，系统级优化设计需要分析微尺度特征尺寸、供电模式、电磁兼容、热场温度、振动冲击等。因此，需要深刻理解GNC 微系统内涵和外延的逻辑拓扑关系，从复杂性与多尺度视角探索 GNC 微系统与传统 GNC 系统的区别特征。在设计和研制过程中，主要面临以下新的技术挑战。

1. 多物理场耦合效应

由于 GNC 微系统集成了传感器、微结构、微执行器和信息处理电路，具有感知和控制能力，能实现微观尺度下物理和生化传感器的测量和控制，在高度集成的微系统内，多物理场耦合效应明显，需要开展一体化协同设计工作。

2. 微尺度放大效应

在 GNC 微系统 MEMS 范畴内，经典物理学定律仍然有效，但由于表面积与体积比急剧增大，使宏观状态下忽略的静电力、表面张力和热噪声等次要因素，跃升为需要考虑的主要影响因素。进入微纳尺度后，器件的量子效应、界面效应和纳米尺度效应等新效应更加突出，目前人们还没能像掌握宏观世界一样掌握微尺度下的物理规律。

3. 工艺技术多样化

由于 MEMS 的多样性和三维结构等特点，其制造过程中引入了多种新加工方法，因而与传统 IC 制造工艺相比差别较大；GNC 微系统涉及不同材料、结构和功能单元之间的一体化三维集成，导致当前微系统难以建立一种标准化的工艺技术。

1.4.3　GNC 微系统的基本特征

GNC 微系统是典型的多学科交叉的前沿科技方向，其在微纳尺度上集成多种先进技术，通过系统整体优化设计，一定程度上摆脱半导体工艺及器件代差的制约与跟仿，提高质量水平的前提下显著缩短研制周期，解决装备的自主可控和研制效率等问题。具体而言，GNC 微系统基本特征着重表现在以下 4 个方面。

1. 微小型化

GNC 微系统硬件载体的特征尺度为微纳米量级，实现手段包括但不局限于光刻、沉积、刻蚀等一系列先进微纳加工技术，并通过多种手段将微传感、微处理和微执行等不同的功能模块进行高密度芯片级集成，显著降低了系统的重量、体积和功耗。

2. 系统化

系统化可理解为 GNC 微系统可充分发挥软硬件协同的优势，带动各组成部分形成有机的整体，并表现出可靠、鲁棒、弹性的系统综合性能。它并非指系统整体的复杂程度很高，而是结合运载体任务场景、工作环境及动力学模型，通过算法与软件形成在线可扩展的多回路"闭环"自动控制系统，显著提升其在传感、处理、通信、执行等方面的性能。

3. 批量低成本化

GNC 微系统硬件涉及元器件制造技术（如 IC 芯片、MEMS 芯片、光电子器件等）、集成工艺技术（如晶圆级键合、硅通孔互连、三维封装等），以及产品性能测试方法都与集成电路的大规模生产模式密切相关。同时，嵌入式信号处理、多源信息融合解算等软件范畴的开发、优化、测试等也可采用批量化生产方式。因此，GNC 微系统通过与集成电路的深度耦合，具有批量化、成本低、效费比高等特征。

4. 智能化

与过去相比，GNC 微系统具有一定的"智能性"，通过与人工智能等技术的深度融合，可以通过若干个功能模块（多源微感知、信息微处理、数据链微传输、微执行、微供能）的有机融合，表现为对新接入的传感器或者执行机构逐步具备"即插即用"特性，以及对外界事件的自适应响应，具有存算一体、感知一体等特征。

1.4.4　GNC 微系统的发展现状

GNC 微系统作为航空航天和军事装备领域的核心技术，依托微纳集成技术，实现导航、制导与控制模块的软硬件高密度集成。近年来，以美国为首的军事强国围绕 GNC 微系统技术开展了多项理论研究和工程化实践工作，取得了长足的发展。

1. 国外 GNC 微系统发展现状

以美国为代表的西方国家已将 GNC 微系统技术成功应用于微小型无人机、制导导弹、单兵导航等领域。尤其是美军，超过 70% 的导弹武器平台工作时间不超过 3min，其中，所有超过 10s 工作时间的武器载体在导航与制导功能上，均使用了 GPS/INS 组合导航技术[67]。未来，武器装备对导航、制导与控制功能的要求将越来越高。

作为 GNC 微系统的关键单机产品，导航微系统基于硅基惯性敏感元件，采用晶圆级封装、TSV 垂直互连、3D 堆叠等先进工艺，实现角速率、比力、姿态、速度和位置等导航信息的精确测量与高效解算[68]。芯片化的导航微系统将颠覆传统基于分立器件导航系统的产品形态，与现有导航系统相比，其体积、重量、功耗可显著减小，进而将对促进武器装备小型化和智能化带来重要影响。导航微系统的基本层级如图 1.10 所示。

美国有关研究机构致力于 MEMS 多轴惯性导航系统的研发，其多轴传感器经历了传统集成、立体集成和平面集成等方式后，目前向芯片式集成方向发展。为实现上述目标，美国 DARPA 启动了"定位、导航和授时微系统技术"（Micro-PNT）项目，旨在利用微系统技术实现微型惯性导航系统[69]，目标是与目前主流产品相比，将惯性导航系统的体积减小 4 个数量级，重量降低 2 个数量级，角速度精度提高 2 个数量级，加速度精度提高超过 1 个数量级，芯片体积不大于 20cm^3，功耗不超过 1W[70]，研究目标如图 1.11 所示。

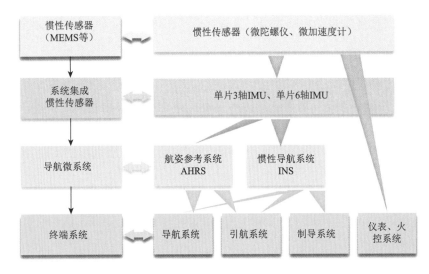

图 1.10　导航微系统的基本层级

图 1.11　美国 Micro-PNT 微系统研究目标[70]

在 GNC 微系统信息获取层面，美国启动了导航级集成微陀螺仪（navigation grade integrated micro gyroscope，NGIMG）、微尺度速率集成陀螺仪（micro scale rate integrating gyroscopes，MRIG）、微惯导技术（micro inertial navigation technology，MINT）和芯片化

微时钟和微惯导组件（chip-scale timing and inertial measurement unit，TIMU）等预先研究。在 GNC 微系统信息处理层面，美国布局了信息链微自动旋式平台（information tethered micro automated rotary stages，IT-MARS）、主动和自动标校技术（primary and secondary calibration on active layer，PASCAL）、惯导和守时数据采集、记录和分析平台（platform for acquisition, logging, and analysis of devices for inertial navigation & timing，PALADIN & T）、稳定型精确惯性制导弹药（precision guided munition，PRIGM）等项目[71]，上述研究计划初步形成了美国 GNC 微系统技术的体系框架。

2. 国内 GNC 微系统发展现状

近年来，GNC 微系统技术在技术体系上实现了重要转变，在产品体系上也更为丰富，形成了一些专用的微系统产品，例如，微惯性测量组合导航系统、激光/微波/MEMS 复合引信系统、星载微控制器、星载 SiP 控制模块、基于 SiP 的低成本微小型 GNC 系统以及微小型无人机飞控导航微系统等[31,72]。目前，上述产品已在我国部分宇航型号和武器装备中陆续得到应用。

随着高精度单片六轴惯性测量单元（inertial measurement unit，IMU）及先进封装集成工艺技术的发展，元器件技术向上延伸和整机系统下沉渗透，导航微系统将由三维板式集成向平面化芯片式集成方向发展，演变过程如图 1.12 所示，左图为传统刚挠结合板及立体拼装方式形成的导航系统，右图为北京航天控制仪器研究所设计的芯片级导航微系统。正是通过 TSV/PoP/SiP 等三维集成工艺，导航微系统实现了多源传感器件、微处理器、存储器、射频芯片等不同形式的芯片、器件和组件的立体集成。

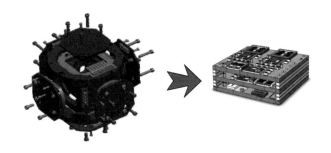

图 1.12　导航微系统发展趋势示意图

GNC 微系统技术是当前国内外研究热点及难点。无人机载/星载/弹载 GNC 微系统技术作为航空航天和军事装备领域的典型应用，可较为清晰地呈现 GNC 微系统技术的发展现状和整体脉络，对于把握 GNC 微系统的发展方向具有重要意义。

1.4.5　典型 GNC 微系统技术概述

1. 无人机载 GNC 微系统技术

在圆片级封装、垂直互连转接板、新型键合工艺等技术的支撑下，微系统集成度逐渐加深、产品功能逐渐增强、性能水平和可靠性逐渐提升，进而为无人机飞行控制器的微小型化提供了实现路径，也高度契合未来智能化无人机的发展需求。

1）无人机载 GNC 微系统基本功能

为满足微小型无人机未来发展需求，无人机载 GNC 微系统（简称机载 GNC 微系统）正朝着三维集成封装方向发展。机载 GNC 微系统可看作微小型无人机的大脑，作为无人机不可或缺的核心部件，主要用于飞行姿态控制、导航解算、飞行任务管理以及任务决策[73]。微小型无人机的飞行、悬停和姿态变化等，都是由多种传感器将飞行器本身的姿态数据回传机载 GNC 微系统，再由机载 GNC 微系统通过运算和判断下达指令，后由执行机构调整动作和飞行姿态。在上述过程中涉及多种微小型飞行器相关的微型器件及系统的研究与设计，都属于机载 GNC 微系统的重要研究内容。

2）无人机载 GNC 微系统组成部分

无人机载 GNC 微系统一般包括飞控导航主控模块、电源管理模块、多源感知测量模块、安全监测模块、执行机构模块、通信收发模块和在线存储模块。飞控导航主控模块由主处理器、辅处理器等模块构成；多源感知测量模块由三轴微陀螺仪、三轴微加速度计、三轴磁强计、气压计和全球导航卫星系统（global navigation satellite system，GNSS）等传感器构成；执行机构模块由电机调速器和舵机等模块构成；通信收发模块由无线数据、图像、遥控等传输模块构成；在线存储模块由数据记录仪构成。

3）无人机载 GNC 微系统典型产品功能

以微小型四旋翼无人机为例，一般由检测模块、控制模块、执行模块以及供电模块组成。检测模块负责测量当前姿态；控制模块则对当前姿态进行解算和优化控制，并对执行模块产生相对应的控制量；供电模块对整个系统进行供电。四旋翼无人机 IMU 惯性测量单元为控制模块提供姿态解算的数据，检测模块为 GNC 微系统了解自身位姿情况提供最直接的数据，保障了四旋翼无人机在复杂环境下可自主稳定飞行。

在四旋翼无人机的 GNC 微系统自主控制中，姿态稳定控制是实现飞行器自主飞行的基础。其任务是控制四旋翼无人机的三个姿态角（俯仰角、滚转角、偏航角）稳定地跟踪期望姿态信号，并保证闭环姿态系统具有期望的动态特性。由于四旋翼无人机姿态与平动的耦合特点，只有保证姿态的稳定控制，才使得旋翼总升力在期望的方向上产生分量，进而控制飞行器沿期望航迹方向飞行。当然，在实际飞行环境中，四旋翼无人机的姿态控制效果会受到外界干扰、不精确模型的参数误差、测量噪声等因素影响。为此，需要引入观测器和控制器，对不确定性因素进行误差估计和在线补偿，从而保证当外界出现干扰时，仍然能够可靠稳定地跟踪其姿态。

2. 星载 GNC 微系统技术

如果遵循传统组装方案，星载电子系统产品的功能密度与组装密度已基本达到极限，而新一代航天型号所需的星载电子系统产品，不仅亟须提升处理性能，还对体积、重量和功耗提出了新挑战。星载 GNC 微系统是提升星载电子系统性能和可靠性的有效途径，也是未来星载电子系统的重要发展方向[74, 75]。

1) 星载 GNC 微系统基本功能

星载 GNC 微系统主要负责完成微纳卫星的姿态与轨道控制。其中，卫星的姿态是指卫星在空间的指向，用卫星的三个轴向运动来描述，分别为偏航轴、俯仰轴和滚动轴。且三轴都通过卫星的质心，其中偏航轴指向地心，控制卫星星体是否正对轨道路线飞行；俯仰轴垂直于卫星轨道面，专门控制卫星的上下摆动；滚动轴指向卫星速度方向且垂直于偏航轴和俯仰轴，控制卫星向轨道左右摆动和倾斜[76]。

2) 星载 GNC 微系统组成部分

星载 GNC 微系统通常由姿态测量传感器、执行部件和姿态控制器等部分组成，用于确保微纳卫星姿态指向允许范围内。姿态测量部件主要包括三轴陀螺仪、三轴加速度计、磁强计、红外地平仪、太阳敏感器、星敏感器等。执行部件由零动量轮、磁力矩器、重力梯度杆以及喷气控制系统等部分组成。姿态控制器一般由控制计算机及有关接口电路组成，能完成姿态信息的采集处理和姿态解算、控制规律计算、执行机构工作状态控制，并提供工程参数遥测、执行遥控指令等。

星载 GNC 微系统姿态控制技术主要包括自旋稳定、重力梯度稳定、磁力稳定和三轴稳定等。目前，大卫星常使用三轴稳定技术，即依靠卫星上喷气喷嘴和反作用轮等执行机构，使卫星在俯仰、转动和偏航三轴方向上维持稳定。微纳卫星常使用磁力稳定技术，即利用固定在卫星上的磁铁和地球磁场的相互作用，来控制卫星姿态稳定。但这种方法容易受到地磁变动的影响，而且控制转矩较小，通常只是作为其他方式的辅助手段。

3) 星载 GNC 微系统典型产品功能

以微纳卫星为例，其姿态控制系统常将磁力稳定技术与重力梯度稳定技术相结合，导航测量部件一般为惯性导航系统和光学敏感器，并与 GNSS 卫星导航系统进行组合导航多源信息融合解算，完成微纳卫星的姿态与轨道控制。

在轨运行期间，微纳卫星需自主完成姿态测量和控制、备份件切换、蓄电池充放电、加热器通断电等控制，既可减小地面测控站的工作强度，也可减少通信量和能源的损耗。在轨道测量和控制上，微纳卫星可采用星载 GNC 微系统进行自主导航与控制，实现卫星在轨自主轨道保持和在线修正，减少地面测控站的额外负担。

3. 弹载 GNC 微系统技术

微系统技术的进步促进了微小型导弹武器的快速发展。同时，在"反恐"、"斩首"等相对低烈度军事行动中，需要加强打击低价值目标的效能，同时，还需要满足单兵携带小载荷平台的需求，促使限制导弹的外形尺寸及重量。为了适应上述场景，必须发展高效费比、低附带损伤的微型导弹[77]。除了需求牵引之外，专业技术上取得的突破也推动了其发展，例如，微系统技术和弹药化学工艺的稳步发展，为导弹微型化奠定了技术基础，使导弹在保证较高命中精度、必要威力的前提下，可显著减小战斗部尺寸和当量。

1) 弹载 GNC 微系统基本功能

弹载 GNC 微系统通过导引系统和控制系统，保证导弹在飞行过程中，能够克服多种不确定性和干扰因素，使导弹既可按照预先规定的弹道，也可根据目标的运动情况，随时自主修正弹道，最后准确命中目标。可以说，弹载 GNC 微系统是整个导弹武器系统的"神经中枢"，占有相当重要的地位。

弹载 GNC 微系统控制模块是为了在载体姿态稳定的前提下，使微小型制导导弹质心按照预定的轨迹运行，包括控制载体质心线运动和控制载体绕质心角运动两部分。控制载体质心线运动是通过接收制导系统的导引指令，改变推力方向和大小，从而实现对质心运动的控制，这一功能由弹载 GNC 微系统制导子系统实现。控制载体绕质心角运动是在多种干扰作用下载体的姿态角能够较快地恢复到给定的姿态角位置，并有一定的稳定裕度，这一功能由弹载 GNC 微系统姿态控制子系统实现。

2）弹载 GNC 微系统组成部分

与机载/星载 GNC 微系统不同，弹载 GNC 微系统还包括导引模块。导引模块中常用的捷联导引头，其惯性测量单元与弹体固连，导引头的直接测量数据包含了弹体运动信息。为获得弹目相对运动信息与弹体视线角及其速率的关系，需要选择合适的解耦算法，对导引头测量数据进行坐标变换。由于微小型导弹的射程较短，弹目相对距离较小，如采用传统制导回路和控制回路分开设计的方案，会导致导弹失稳、脱靶量大等问题。而弹载 GNC 微系统制导采用控制一体化的设计思路，就可解决上述问题，使系统自动补偿制导与控制环节之间的耦合，降低甚至消除不稳定性，提高制导精度。此外，弹载 GNC 微系统内嵌的卫星/惯性组合导航信息融合解算单元，涉及以下诸多内容，例如，惯导系统 IMU 陀螺仪和加速度计测量值预处理、测量误差估计、姿态、速度和位置更新以及卫星导航系统信息解算过程中的导航电文提取、可见卫星空间位置速度计算、伪距率提取以及组合导航扩展卡尔曼滤波主滤波器设计、量测方程设计、过程噪声和量测噪声矩阵估计等。

3）弹载 GNC 微系统典型产品功能

以微小型制导导弹为例，主要应用于单兵作战，打击运动速度相对较低的地面目标。未来，在弹载 GNC 微系统与人工智能技术结合后，可进一步拓展微小型导弹的作战范围。一方面，微小型导弹可装备陆海空的小型作战平台或无人平台，利用网络化技术增强与外部传感器的信息交互能力，拓展打击目标的类型与范围；另一方面，微小型导弹可发展多弹协同作战能力，成为多对多导弹对抗的有效手段。

1.4.6　GNC 微系统技术的发展前景

GNC 微系统借鉴 SoC 内嵌的 IP 核设计思想（指的是多个 DSP、MCU 或其复合），利用先进工艺集成共性模块，基于总体架构、软硬件协同、模块化复用、可测性验证等多项技术，最终形成具备微探测、微传感、微处理、微执行等功能的模块化、标准化的"微功能核"公共库，支持 GNC 微系统即插即用扩展，在此基础上，结合载体动力学、任务场景、工作环境等，形成适合微小型空天飞行器多机一型的微系统谱系化产品。

GNC 微系统将会对空天技术的发展起到重要的推动作用，显著增强空天飞行器的性能，降低成本，提高承载比，拓展空天飞行器的应用领域，甚至可能颠覆传统飞行器的设计和制造理念，制造出基于全新概念的微小型空天飞行器。鉴于未来武器装备系统对空间尺寸、打击能力和命中精度的要求不断提高，以及日益增长的信息化、高效化、精确化的需求，因此，需要将智能技术引入导航、制导与控制等多个任务环节，全方位提升飞行状态的多方面能力，包括在线辨识与感知、制导控制在线重构、经验知识自学习和自主适应与进化等。总之，通过自主学习和训练，可弥补程序化控制策略带来的局限性，使机载/星载/弹载等载体变得更聪明、更自主[78]。

未来，在人工智能、微纳传感等高新技术深度融合下，GNC 微系统技术研发和产业模式将产生重要变革。发展理念上，GNC 微系统技术的设计逻辑将从自下而上转为自上而下，即从过去以基础器件性能为基础，转向以应用需求为导向；发展方向上，GNC 微系统技术将从平面集成转为三维集成、从微机电/微光电转为异质异构混合集成、从结构/电气一体化转为多功能一体化集成等；发展路线上，GNC 微系统技术将从摩尔定律要求的集成度、性能、功耗、成本等持续优化的发展路线，向着以三维器件微缩和提升能效比为新特征的技术发展路线转变。由此，GNC 微系统相关产品也将从芯片级、部组件级向复杂程度更高的系统级（微型飞行器、片上实验室）发展，成为凝聚前沿科技创新的重要领域。

参 考 文 献

[1] 董俊辰，张兴. 后摩尔时代先进集成电路技术展望. 前瞻科技，2022，1（3）：42-51.

[2] Schaller R R. Moore's law: Past, present, and future. IEEE Spectrum, 1997, 34（6）: 52-59.

[3] 卜伟海，夏志良，赵治国，等. 后摩尔时代集成电路产业技术的发展趋势. 前瞻科技，2022，1（3）：20-41.

[4] IEEE. International roadmap for devices and systems 2021 update: More moore. https://irds.ieee.org/editions/2021/more-moore[2022-07-17].

[5] 北京未来芯片技术高精尖创新中心. 智能微系统技术白皮书. https://waitang.com/report/352030.html[2024-05-06].

[6] Kaibartta T, Biswas G P, Das D K. Co-optimization of test wrapper length and TSV for TSV based 3D SOCs. Journal of Electronic Testing, 2020, 36（2）: 239-253.

[7] 李荣冰，刘建业，曾庆化，等. 基于 MEMS 技术的微型惯性导航系统的发展现状. 中国惯性技术学报，2004，12（6）：88-96.

[8] 吴勤. 颠覆未来作战的前沿技术系列之微系统技术. 军事文摘，2015，343（9）：40-43.

[9] Shen G, Che W, Feng W, et al. Ultra-low-lossmillimeter-wave LTCC bandpass filters based on flexibledesign of lumped and distributed circuits. IEEE Transactions on Circuits and Systems Ⅱ: Express Briefs, 2021, 68（4）: 1123-1127.

[10] Hu J, Guo J. The development of microsystem technology. 2017 2nd IEEE International Conference on Integrated Circuits and Microsystems（ICICM），2017: 96-100.

[11] 黄如. 后摩尔时代集成电路技术发展与探讨. 中国科学院第二十次院士大会举行学部第七届学术年会全体院士学术报告会，2021.

[12] 王国栋，邢朝洋，李男男，等. 微系统技术综述. 第四届航天电子战略研究论坛论文集（新型惯性器件专刊），2018：53-57.

[13] Colinjivadi K S, Cui Y, Ellis M, et al. De-tethering of high aspect ratio metallic and polymeric MEMS/NEMS parts for the direct pick-and-place assembly of 3D microsystem. Microsystem Technologies, 2008, 14: 1621-1626.

[14] 代刚，张健. 集成微系统概念和内涵的形成及其架构技术. 微电子学，2016，46（1）：101-106.

[15] 唐磊，赵元富，吴道伟，等. 航天电子微系统集成技术展望. 航天制造技术，2022，（5）：69-73.

[16] 赖凡，王守祥，何晋沪. 微系统技术创新发展策略研究. 微电子学，2015，45（1）：81-87.

[17] Maity D K, Roy S K, Giri C. Identification of random/clustered TSV defects in 3D IC during pre-bond testing. Journal of Electronic Testing, 2019, 35: 741-759.

[18] 王阳元，张兴. 面向 21 世纪的微电子技术. 世界科技研究与发展，1999，21（4）：4-11.

[19] 崔大圣，刘峰，王璇，等. 光电微系统技术发展综述. 遥测遥控，2021，42（5）：28-42.

[20] 秦雷，谢晓瑛，李君龙. MEMS 技术发展现状及未来发展趋势. 现代防御技术，2017，45（4）：1-5，23.

[21] 秦冲，苑伟政，孙磊，等. 微能源发展概述. 光电子技术，2005，25（4）：218-221，225.

[22] Guo J，Chen H，Lei Y，et al. An ultra-low quiescent current resistor-less power on reset circuit, IEEE Transactions on Circuits and Systems Ⅱ：Express Briefs，2021，68（1）：146-150.

[23] Radhakrishnan Nair R K，Pothiraj S，Radhakrishnan Nair T R，et al. An efficient partitioning and placement based fault TSV detection in 3D-IC using deep learning approach. Journal of Ambient Intelligence and Humanized Computing，2021.

[24] 李晨，张鹏，李松法. 芯片级集成微系统发展现状研究. 中国电子科学研究院学报，2010，5（1）：1-10.

[25] Copeland C R，McGray C D，Ilic B R，et al. Particle tracking of a complex microsystem in three dimensions and six degrees of freedom. 2020 IEEE 33rd International Conference on Micro Electro Mechanical Systems（MEMS），2020：1314-1317.

[26] IEEE. IRDS™ 2021：Executive summary. https://irds.ieee.org/editions/2021/executive-summary[2022-07-04].

[27] Haystead J. DARPA's electronics resurgence initiative sets generational goals for micro electronics industry. Journal of Electronic Defense，2019，42（9）：15-16.

[28] 唐磊，匡乃亮，郭雁蓉，等. 信息处理微系统的发展现状与未来展望. 微电子学与计算机，2021，38（10）：1-8.

[29] Sun J，Wang X，Wang Z，et al. Failure analysis on the low output power abnormity of a microsystem during the thermal cycle. 2017 2nd IEEE International Conference on Integrated Circuits and Microsystems（ICICM），2017：209-212.

[30] 单光宝，郑彦文，章圣长. 射频微系统集成技术. 固体电子学研究与进展，2021，41（6）：405-412.

[31] 吴美平，唐康华，任彦超，等. 基于 SiP 的低成本微小型 GNC 系统技术. 导航定位与授时，2021，8（6）：19-27.

[32] 汤晓英. 微系统技术发展和应用. 现代雷达，2016，38（12）：45-50.

[33] 马福民，王惠. 微系统技术现状及发展综述. 电子元件与材料，2019，38（6）：12-19.

[34] Moongon J，Joydeep M，David Z P，et al. TSV stress-aware full-chip mechanical reliability analysis and optimization for 3DICs. Communication ACM，2014，57（1）：107-115.

[35] 吴林晟，毛军发. 从集成电路到集成系统. 中国科学：信息科学，2023，53（10）：1843-1857.

[36] Liu H，Zhao Y，Pishbin M，et al. A comprehensive mathematical simulation of the composite size-dependent rotary 3D microsystem via two-dimensional generalized differential quadrature method. Engineering with Computers，2022，38（S5）：4181-4196.

[37] Gendreau D，Mohand-Ousaid A，Rougeot P，et al. 3D-Printing：A promising technology to design three-dimensional microsystems. 2016 International Conference on Manipulation，Automation and Robotics at Small Scales（MARSS），2016：1-5.

[38] Taylor A P，Cuervo C V，Arnold D P，et al. Fully 3D-printed，monolithic，mini magnetic actuators for low-cost，compact systems. Journal of Microelectromechanical Systems，2019，28（3）：481-493.

[39] Jin Y，Wang Z，Chen J. Introduction to Microsystem Packaging Technology. Beijing：CRC Press &Science Press，2010.

[40] 黄云，周斌，杨晓锋，等. 微系统及其可靠性技术的发展历程、趋势及建议. 电子产品可靠性与环境试验，2021，39（S2）：21-24.

[41] 杨依宁，刘万成，王锴，等. 浅析光频微系统的军事应用前景. 光电技术应用，2021，36（2）：1-4，46.

[42] Cheng K，Parck C，Wu H，et al. Improved air spacer for highly scaled CMOS technology. IEEE Transaction on Election Devices，2020，67（12）：5355-5361.

[43] Hoefflinger B. IRDS—International roadmap for devices and systems，rebooting computing，S3S. NANO-CHIPS 2030，2020：9-17.

[44] 吕伟. 单片异质集成技术研究现状与进展. 微电子学，2017，47（5）：701-705.

[45] 汪志强，杨凝，戴扬，等. 异构集成路线图对我国微系统发展的启示. 导航与控制，2022，21（Z1）：40-45.

[46] 张堃野，李振锋，何鹏. 微系统三维异质异构集成研究进展. 电子与封装，2021，21（10）：78-88.

[47] 曹立强，侯峰泽，王启东，等. 先进封装技术的发展与机遇. 前瞻科技，2022，1（3）：101-114.

[48] 陈世适，姜臻，董晓飞，等. 微小型飞行器发展现状及关键技术浅析. 无人系统技术，2018，1（1）：38-53.

[49] 张伟，祝名，李培蕾，等. 微系统发展趋势及宇航应用面临的技术挑战. 电子与封装，2021，21（10）：7-15.

[50] 余晓畅，赵建村，虞益挺. 像素级光学滤波-探测集成器件的研究进展. 光学精密工程，2019，27（5）：999-1012.

[51] Lu T，Serafy C，Yang Z，et al. TSV-Based 3-D ICs: Design methods and tools. IEEE Transactions on Computer-Aided Design of Integrated Circuits Systems（TCAD），2017，36（10）：1593-1619.

[52] 杨依宁，刘万成.浅析 2019 年度微系统关键技术进展.光电技术应用，2020，35（6）：1-7，27.

[53] 阮国庆，易侃，孙家栋，等. 智能战场感知技术研究现状与发展趋势. 指挥信息系统与技术，2022，13（3）：17-22.

[54] 殷毅. 智能传感器技术发展综述. 微电子学，2018，48（4）：504-507，519.

[55] 李志伟，张卫平，谷留涛. 面向 Micro-IMU 的 MEMS 三维可折叠系统的设计与研制. 半导体光电，2021，42（1）：61-65.

[56] Tez S，Aykutlu U，Torunbalci M M，et al. A bulk-micromachined three-axis capacitive MEMS accelerometer on a single die. Journal of Microelectromechanical Systems，2015，24（5）：1264-1274.

[57] Wu Y，Sun D，Huang W，et al. Dynamics analysis and motion planning for automated cell transportation with optical tweezers. IEEE Transactions on Mechatronics，2013，18（2）：706-713.

[58] Monroy G L，Shemonski N D，Shelton R L，et al. Implementation and evaluation of google glass for visualizing real-time image and patient data in the primary care office. Advanced Biomedical and Clinical Diagnostic Systems ⅩⅡ，International Society for Optics and Photonics，2014，8935：893514.

[59] 马忠贵，李卓，梁彦鹏. 自动驾驶车联网中通感算融合研究综述与展望. 工程科学学报，2023，45（1）：137-149.

[60] 宋卫东，马宁，孟庆良，等. 元宇宙军事仿真应用探索. 制导与引信，2022，43（4）：30-34，56.

[61] Gerevini L，Bourelly C，Manfredini G，et al. A preliminary characterization of an air contaminant detection system based on a multi-sensor microsystem. AISEM Annual Conference on Sensors and Microsystems. Cham：Springer International Publishing，2020：215-222.

[62] 尤政. 智能制造与智能微系统. 中国工业和信息化，2019，（12）：50-52.

[63] 王巍，邢朝洋，冯文帅. 自主导航技术发展现状与趋势. 航空学报，2021，42（11）：18-36.

[64] Wang W，Wang X，Xia J. The nonreciprocal errors in Fiber optic current sensors. Optics & Laser Technology，2011，43（8）：1470-1474.

[65] 孟凡琛，宋健民，邢朝洋，等. 高密度集成微惯性导航自主完好性监测. 中国空间科学技术，2024，44（1）：34-43.

[66] Wu X，Cao M，Shan G，et al. A fast analysis method of multiphysics coupling for 3D microsystem. IEEE Transactions on Computer-Aided Design of Integrated Circuits and Systems，2022，41（8）：2372-2379.

[67] 李磊，王彤，胡勤莲，等.DARPA 拒止环境中协同作战项目白军网络研究. 航天电子对抗，2018，34（6）：54-59.

[68] 戴锦文. 晶圆级封装技术的发展. 中国集成电路，2016，25（Z1）：22-24，79.

[69] 文苏丽，张国庆. 美国 GPS 受限条件下导航定位技术的新发展. 战术导弹技术，2014，（6）：81-87.

[70] 李薇，席翔，吴宇列. 定位导航授时微系统技术. 国防科技，2015，36（5）：37-41.

[71] 杨元喜，李晓燕. 微 PNT 与综合 PNT. 测绘学报，2017，46（10）：1249-1254.

[72] 冯笛恩，龚静，樊鹏辉，等. 微小型无人机飞控导航微系统设计与实现. 导航与控制，2022，21（Z1）：123-132，77.

[73] He W，Meng T，Zhang S，et al. Trajectory tracking control for the flexible wings of a micro aerial vehicle. IEEE Transactions on Systems，Man，and Cybernetics：Systems，2018，48（12）：2431-2441.

[74] 张庆学，赵国良，王艳玲，等. 基于 TSV 的星载微系统设计与可靠性实现. 遥测遥控，2022，43（3）：109-118.

[75] 缪旻，金玉丰. 微系统集成全新阶段——IC 芯片与电子集成封装的融合发展. 微电子学与计算机，2021，38（1）：1-6.

[76] 朱振才，张科科，陈宏宇，等. 微小卫星总体设计与工程实践. 北京：科学出版社，2016.

[77] 李鸿儒. 导弹制导与控制原理. 北京：科学出版社，2019.

[78] 马卫华. 导弹/火箭制导、导航与控制技术发展与展望. 宇航学报，2020，41（7）：860-867.

第 2 章
GNC 微系统架构设计技术

2.1 概述

GNC 微系统集成了传感、处理、执行、通信和能源等功能模块，采用了新的设计理念、设计方法和制造方法，同时融合了体系架构、功能算法、微电子、微光子和微机械等核心要素。具体而言，体系架构是构建 GNC 微系统的基本骨架，功能算法是其"灵魂"，微电子、光电子和微机电等是其关键组成部分，学科交叉融合则提供了创新源泉。总之，GNC 微系统并不是简单的物理器件堆积，而是以信息流为主线的系统架构的再造，更是对集成工艺、微小型核心器件、多物理场耦合误差抑制技术等深度融合的结果。从功能和价值而言，通过优化设计 GNC 微系统架构，可以进一步自主重构内部系统，不断减少系统的"熵"（即其无序化程度等），使其不断进化，并支持灵活组合在线扩展。

以机载/星载/弹载 GNC 微系统为例，本章首先介绍其架构设计的技术要点、存在问题及优化方法；其次，通过研究上述共性技术，阐明其通用设计方法，包括硬件架构、软件架构、即插即用以及多场耦合性能等；最后，具体分析微处理器软件优化设计等内容，为后续 GNC 微系统信息融合与控制设计提供支撑。

2.1.1 微系统架构设计

微系统技术通过系统架构和软件算法，采用微纳制造及先进集成封装工艺，将微传感器、微控制器、微执行器、微能源及多种接口，进行一体化软硬件优化设计与多功能集成，可实现系统结构的微纳尺度化，从而提供了从平面结构到立体结构、从单片集成到多芯片集成的解决途径，被公认为 21 世纪的革命性技术之一[1, 2]。微系统典型架构如图 2.1 所示。

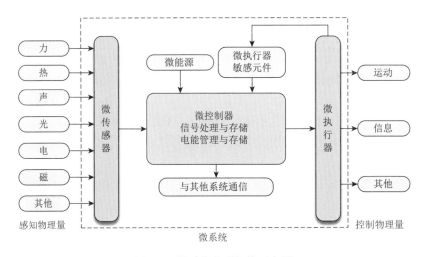

图 2.1　微系统典型架构示意图

在微系统中，微传感器将外界传感信息（力、热、声、光、电、磁等物理量）转换成电信号，并传递给微控制器，经过信号转换（包括模/数转换）、处理、分析、综合后，将生成的指令传递给微执行器。微执行器通过敏感元件检测其执行状态，并根据控制指令将检测信息反馈至微控制器，实现整个执行机构的局部闭环。微能源为整个系统提供电能，上述模块相互作用下形成典型的微系统，具有感知、处理、决策、通信、控制、执行和监测等能力[3-5]。

1. 微系统架构设计的约束

为实现整体综合性能较优的目标，微系统的架构设计需考虑多尺度、多物理场、多能量域的协同以及多学科的联合优化，平衡性能指标与限制条件，进而实现自上而下的信息流、物质流和能量流的深度融合。从特征尺寸、供电模式、电磁兼容、热场温度、振动冲击、探测感知、处理性能、通信性能以及供电时间等角度，微系统架构设计的实用性能与约束因素之间形成的基本关系如图 2.2 所示。

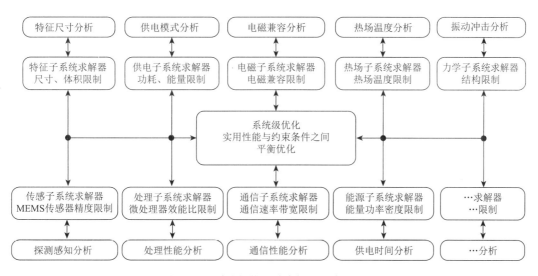

图 2.2　微系统优化器基本性能约束示意图

2. 微系统集成架构的设计

通常来讲，微系统包括信息流、能量流和物质流的集成。其中，信息流集成包括算法、软件在硬件中的协同部署，实现获取、处理、分析、决策、表达等功能；能量流集成包括能量策略和方法，以及收集、存储、释放等能量管理功能的模块集成；物质流集成包括多种功能、多种类型的异质/异构芯片以及器件、部件的芯片级混合集成，并考虑在物理层面复合约束实现方法、关键技术支撑和可行性等，最终同步支撑信息流和能量流集成。微系统典型集成架构如图 2.3 所示。

3. 微系统测试架构的设计

由于与外界环境存在多样化的交互，微系统测试架构的设计受到多种复合因素影响。同时，传感、探测、控制、执行、能量等诸多要素需要进行标准化、自动化和智能化的测试系统设计，且一般需具备自检测、自诊断和自校准等能力，从而实现全生命周期的

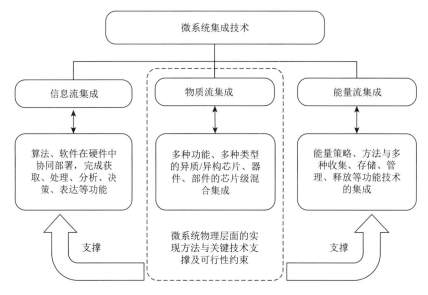

图 2.3　微系统典型集成架构示意图

测试管理。作为较高功能密度"感、存、算、动、能"一体化的复杂系统，微系统包含数字 IC、模拟 IC、存储 IC、现场可编程逻辑门阵列（field programmable gate array，FPGA）、射频 IC、MEMS 芯片、光电器件、微能源器件、连接结构和封装结构等部分。在设计过程中，需要充分考虑可检测性和可测试性等；在集成制造过程中，需要多种测试方法和手段来保证工艺质量；在测试验证过程中，需要进行全面的测试，包括力学、热学、光学、电学和环境适应性等功能和性能测试以及可靠性和失效测试。微系统测试技术典型架构如图 2.4 所示。

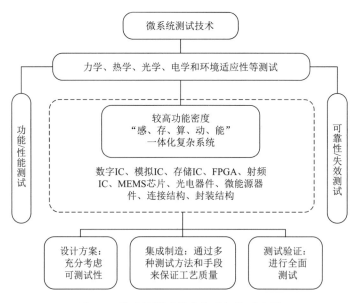

图 2.4　微系统测试技术典型架构示意图

2.1.2　GNC 微系统架构设计

在微系统集成和测试架构等设计约束基础上，GNC 微系统融合导航、制导与控制专业技术，协同优化多物理场，并支持即插即用扩展。当前，GNC 微系统架构正向设计、集成、制造、测试等多功能一体化方向发展[6-8]。

1. GNC 微系统架构设计的意义

随着新一代信息技术的快速发展，在航空航天和军事装备等领域，其应用场景越来越复杂。尤其是在组合导航、轨迹规划、图像制导、目标识别等功能上，对 GNC 微系统的实时性、快速性、高效性需求越来越大。同时，为了适应不同应用场景需求，要求 GNC 微系统实现的架构都不尽相同，因此，可能存在缺乏通用性、可扩展性、可维护性等挑战。从上述现实需求出发，结合导航、制导与控制技术研究经验，并提炼出 GNC 微系统通用架构设计相关技术，有助于研发人员提前识别技术风险，提高系统开发效率[9-11]。

2. 现有 GNC 微系统架构的不足之处

现有 GNC 系统大多基于分立器件、板级集成，相互之间电缆连接，模块化、标准化、通用化程度较低，研制周期长、成本较高，难以支撑微小型飞行器的规模应用和"蜂群式"集群作战需求[12-14]。因此，设计出满足军民领域通用需求的 GNC 微系统，成为新一代信息技术的重要发展趋势[15]。

3. GNC 微系统架构设计的基本思路

由于 GNC 微系统内涵和外延的拓扑关系相对复杂，需要厘清顶层到底层、外部到内部、硬件到软件、整体到局部的逻辑关系，构建生态系统架构、功能逻辑架构、硬件架构、软件架构，进而清晰地描述整个 GNC 微系统从抽象到具体的实现过程[16]，即 GNC 微系统架构设计的主要目标。

以信息流为核心，GNC 微系统需要通过梳理多种功能模块间逻辑拓扑关系，构建"科研＋系统＋智能＋平台＋应用"的"开环闭链"生态系统架构，跨越学科壁垒，实现技术深度融合。围绕上述目标，需要以架构驱动力及演化迭代为基础，通过软硬件设计、程序编写及测试联调等方式，同时嵌入"三化六性"质量保证和技术风险识别等管理体系，构建完备的 GNC 微系统体系架构，具体如图 2.5 所示。

4. GNC 微系统架构设计的要点

通过梳理数据总线、数据接口及功能器件间的逻辑关系，GNC 微系统可综合分析多种功能器件的物理特性、多物理场耦合等因素，从而构建出高密度集成系统架构，具体设计要点如下：

（1）需要综合分析不同功能器件的物理特性、材料特性等因素；

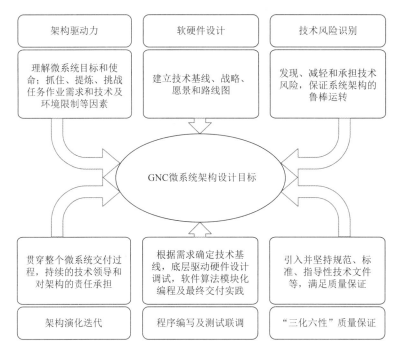

图 2.5　GNC 微系统架构设计目标

（2）需要综合考虑不同功能器件的机械接口、电气接口、通信接口等类型；

（3）重点考量电气接口的统一化、适配性问题，GNC 接口的可扩展性、力学环境适应性等问题，以及通信接口的带宽、容量、数据传输率和容错性等问题。

（4）需要分析 GNC 微系统高密度集成后多种功能器件的多物理场耦合、高效散热及可测试性等问题。

总之，GNC 微系统可以通过总体架构设计，同时考虑系统的微小型化、低功耗和工艺可行性等因素，实现满足多种约束条件、性能优良的微系统集成架构。

2.1.3　典型 GNC 微系统架构设计

作为航空航天和军事装备等领域的典型应用，机载/星载/弹载 GNC 微系统在不同的应用场景中，所需扩展的外源传感器也有所不同。具体而言，机载 GNC 微系统需要扩展光流传感器、气压高度计、光电载荷执行机构等，星载 GNC 微系统需要扩展星敏感器、磁力矩器、反作用飞轮等，弹载 GNC 微系统需要扩展激光/红外/雷达导引头、舵机控制器等。

本节主要从机载/星载/弹载 GNC 微系统导航、制导与控制系统回路设计，尤其是需要从局部子系统闭环以及整体大系统闭环角度出发，厘清 GNC 微系统通用的软硬件架构、电气接口、信息流图等关键要素，设计多源信息融合流程并划分子模块功能，明确子功能层间的逻辑关系。GNC 微系统架构设计基本原理框图如图 2.6 所示。

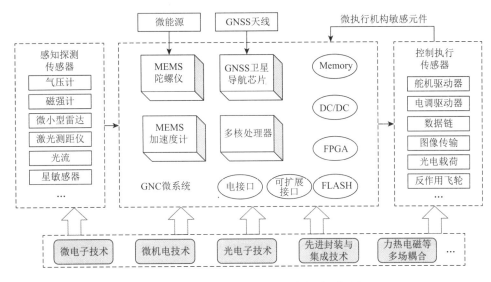

图 2.6　GNC 微系统架构设计基本原理框图

1. 机载 GNC 微系统架构设计

在军民领域，微小型无人机的优势日益凸显，已成为该领域的研究前沿和研发热点。通过机载飞控系统，无人机可以自主导航、制导以及携带有效载荷执行远程作业等，并能利用微型数据链实时交互信息，形成"数据链 + 人在环路"模式。

1）机载 GNC 微系统设计要点

机载 GNC 微系统是典型的复杂控制系统，具有非线性、强耦合、多输入、多输出等特征，其设计要点如下所述。

（1）系统稳定性：对于速度状态而言，系统的稳定性代表微小型空天飞行器在飞行或悬停时角速度稳定或基本为零；对于位置状态而言，系统的稳定性代表飞行器能够稳定在目标位置或角度，无论悬停还是遥控器等远程控制方式。

（2）系统准确性：对于速度状态而言，系统的准确性代表当微小型空天飞行器受到干扰时，飞行器能否准确地回到原来的状态，或者是对干扰产生一定的迟钝；对于位置状态而言，系统的准确性代表当目标位置改变时，飞行器能否准确响应并到达目标指定的位置。

（3）系统快速性：对于速度状态而言，系统的快速性代表当微小型空天飞行器受到干扰时，飞行器能否快速地回到原来的状态；对于位置状态而言，系统的快速性代表当目标位置改变时，飞行器能否快速响应到达目标位置，响应是否过冲或延迟。

2）机载 GNC 微系统典型架构

机载 GNC 微系统在基本架构上，主要包括惯性传感器、GNSS 导航芯片、数据链模块、存储逻辑模块、多核处理器、电调驱动器以及电源模块等[17, 18]，如图 2.7 所示。自动控制系统中，通常包括姿态敏感元件、放大计算装置以及微执行器，类似于自动驾驶仪的功能，并与升降舵构成闭环系统。

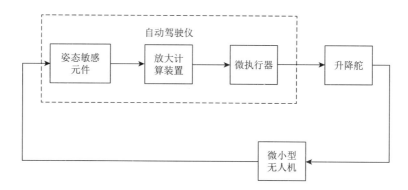

图 2.7 机载 GNC 微系统典型架构

表面上，各个传感器导航精度与其本身的输出精度有关，但实际将传感器应用于无人机导航系统时，反而是各传感器的测量特点与噪声特性对导航精度影响较大。在惯性传感器中，加速度计与磁强计的相对噪声一般远小于陀螺仪的相对噪声，而陀螺仪的误差又主要以漂移误差的形式出现，因此，需在此基础上确定机载 GNC 多传感器组合导航系统的信息融合架构，以及详细的信息流、物质流和能量流等。总之，导航技术作为 GNC 微系统的重要环节，将直接影响姿态稳定控制性能[19, 20]。

3）微惯性导航系统回路设计

机载 GNC 微惯性导航系统用于解算无人机姿态参数，然后将这些参数传给姿态控制器，使之通过闭环控制，减小期望姿态参数与解算姿态参数之间的偏差，进而调整无人机的飞行姿态。微惯性导航模块一般包括 MEMS 陀螺仪、MEMS 加速度计、磁强计及必要的微传感器及微执行器。其基本工作原理如下：在已知运动初始条件后，利用 MEMS 惯性敏感元件，测量载体相对惯性坐标系的线运动与角运动，由牛顿运动定律和相应的坐标转换矩阵，得到载体的瞬时姿态和速度。

在机载 GNC 微惯性导航系统的参数获取上，一般需完成数据融合和姿态解算两个步骤。为完成数据融合步骤，通常采用多传感器信息融合技术，对陀螺仪、加速度计和磁强计等原始数据进行误差补偿和信息融合；为完成姿态解算步骤，一般采用方向余弦法、欧拉法和四元数法等。

4）姿态稳定控制系统回路设计

姿态控制是机载 GNC 微系统较为关键的环节。无人机的姿态变化会直接影响飞行状态的稳定。为保证顺利完成飞行任务，无人机的飞控系统需要较好地控制俯仰、滚转、偏航等 3 个维度以及飞行速度，并能根据遥控指令或自身程序来改变飞行的位置姿态。无人机的多种飞行性能，例如，起飞着陆性能、作业性能、安全可靠性能、系统的自动化性和可维护性等，在很大程度上也都取决于无人机姿态控制器的设计质量。此外，无人机在飞行过程中还需适应多种不确定因素的干扰，例如，复杂的空中环境、自身状态的改变、飞行任务的动态调整等，这些均对姿态控制器提出了较高要求。具体而言，机载 GNC 微系统姿态稳定控制回路基本原理如图 2.8 所示。

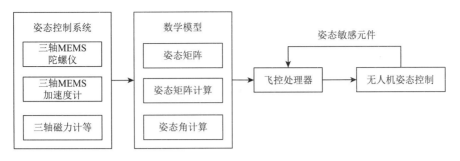

图 2.8　姿态稳定控制回路示意图

5）飞行控制系统回路设计

基于微惯性导航和姿态稳定控制系统输出姿态、速度等信息，机载 GNC 飞行控制系统可结合微数据链获得的地面控制指令，输出执行机构控制信息，进而保持或改变无人机的姿态、高度或者航迹等状态。

以某机载 GNC 飞行控制系统为例，分为地面和机载两部分，在物理上独立，但在逻辑上彼此相连。地面部分又分为地面站和遥控器，两部分相互独立。整体上，飞行控制系统回路包括微控制器、微数据链、电调驱动、姿态测量、高度测量、位置测量、微能源、地面站和遥控器等，系统基本框图如图 2.9 所示。

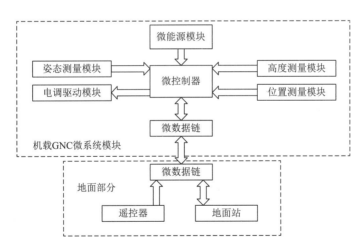

图 2.9　机载 GNC 微系统飞行控制系统基本框图

作为机载 GNC 微系统常用的控制算法，串级 PID（proportion，integral，differential）由内外两环串联调节，并以外环控制器为主导。换言之，外环回路类似定值控制系统，而内环回路可看成一个精细化随动控制回路。外环控制器按负荷和操作条件的变化不断纠正内环控制器的设定值，使得内环控制器的设定值适应负荷和操作条件的变化，可以说，串级控制系统能够适应不同负荷和操作条件的变化，鲁棒性较强。机载 GNC 微系统串级 PID 基本原理如图 2.10 所示。

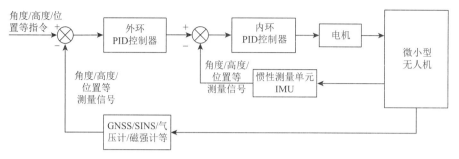

图 2.10　机载 GNC 微系统串级 PID 基本原理框图

2. 星载 GNC 微系统架构设计

为实现既定目标，星载 GNC 微系统需联合控制一系列轨道规划和轨道机动等。而对于不同的轨道或飞行任务，则需要考虑多种技术因素，既包括精度、重量和体积等物理因素，也包括地面测控和系统完好性等宏观因素。

1）星载 GNC 微系统设计要点

微纳卫星在轨道上不断地相对地球运动，其总体架构设计取决于具体任务需求，一般需考虑以下 3 个要素。

（1）卫星对地联系方式。

卫星通常以电磁波方式与地面测控站保持通信。不同类型卫星的主要区别在于通信频段和电磁波性质。对星上信息变换、处理和向地面发射信号等要求的不同，将导致星上接收和变换信息的有效载荷和所使用的无线电频段不同。

（2）卫星对地联系区域的位置和范围。

卫星在运行轨道上的任一时刻，只能与地球表面一部分设备进行通信，因此，轨道高度将决定卫星对地联系范围的上限。不同卫星将基于任务决定其联系区域的具体地理位置和范围，从而选定卫星的运行轨道。具体而言，若想扩大瞬时作用区，就需增高轨道；而要使卫星到达高纬度地区，则需增大轨道倾角。

（3）卫星对地联系时间。

卫星和地面某一区域之间的通信时间通常是受限的，例如，近地卫星一次飞越过顶的时间通常只有几分钟。通过选择不同轨道类型，可增加卫星对地联系时间，具体而言，一是地球同步轨道，它使卫星能对某区域保持连续的通信；二是回归轨道，它能使卫星按一定时间间隔重复地通过某一区域，如 12 小时轨道、准太阳同步轨道等。

整体而言，为满足有效载荷功能指标、运行轨道和寿命、可靠性等 3 项设计要求，需要综合分析上述多种要素，具体如图 2.11 所示。

作为微纳卫星的重要组成部分，星载 GNC 微系统是其进行多种航天任务必不可少的先决条件。

总之，星载 GNC 系统的设计要求是，在保证系统安全、可靠的前提下，提高自主导航系统在入轨、再入、大姿态机动和变轨时的绝对导航，在交汇对接时的相对导航、在轨姿态确定和着陆时的精确定位等；同时，还需要降低系统的体积、重量、功耗和成本，进而提高综合效费比[21, 22]。

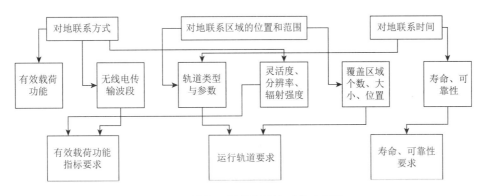

图 2.11　微纳卫星总体设计要素示意图

2）星载 GNC 微系统典型架构

星载 GNC 微系统通过自身有效载荷和微处理器，可实现姿态测量、姿态控制、轨道测量和轨道控制等功能。为获得当前卫星准确的姿态信息，在执行姿态测量及执行机构控制等过程中，通常在卫星星体上需安装不同的姿态测量敏感器件，如太阳敏感器、星敏感器、微型陀螺仪等，从而通过对太阳或恒星的测量，实时输出卫星当前的姿态信息。同时，在姿态控制算法支撑下，可利用反作用飞轮、控制力矩陀螺、磁力矩器等姿态执行机构，驱动卫星姿态至期望姿态，其典型架构如图 2.12 所示。

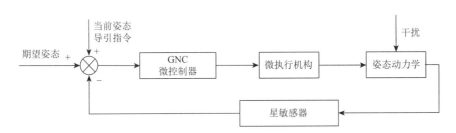

图 2.12　星载 GNC 微系统典型架构示意图

星载 GNC 微系统主要通过目标、姿态敏感器提取当前目标运动参数，形成导引指令，并通过微处理器、传动装置等操纵星体，并结合操纵面敏感元件，进行内回路局部闭环监测，稳定、精确跟踪控制星体运动参数姿态。需着重指出，微纳卫星在典型架构设计时，需考虑以下因素：

（1）卫星质量约束，包括满足运载约束、适当余量、单机质量控制以及结构质量控制等；

（2）卫星功耗约束，包括供电要求及功率分配等；

（3）卫星轨道控制约束，包括发射入轨偏差修正、轨道维持、一箭多星入轨相位调整、轨道转移、编队构型轨道控制、寿命末期轨道控制等；

（4）卫星通信链路约束，包括星际链路损耗以及星地链路损耗等。

星载 GNC 微系统典型设计约束如图 2.13 所示。

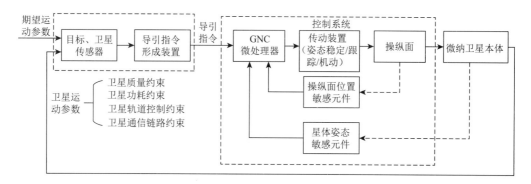

图 2.13　星载 GNC 微系统典型设计约束示意图

3）高稳定度姿态控制跟踪回路设计

在精确获得微纳卫星当前姿态信息的基础上，星载 GNC 微系统在满足上述多种约束条件下，需对其姿态进行闭环控制，进而抵消建模误差或空间干扰等引起的姿态影响。以反作用飞轮执行机构为例，星载 GNC 微系统根据磁力矩器磁矩和飞轮转速信息计算控制力矩，结合微纳卫星的动力学、运动学模型及星敏感器测量信息等，解算出当前卫星的姿态，并形成控制指令。微纳卫星执行机构动作过程中，通过光纤陀螺仪测量当前角速度信息，并结合偏差角速度估计算法，计算出微分增益 K_d 参数；同时基于偏差角位置估计算法，结合误差角位置矢量限幅器，计算出比例增益 K_p 参数；再结合前馈补偿矩阵，形成控制矢量限幅器等，利用飞轮干扰补偿器形成反作用飞轮控制方案，实现整个系统的闭环控制并确保姿态控制的稳定性，PD 前馈补偿控制方法基本原理框图如图 2.14 所示。需要注意的是，微纳卫星姿态控制律的设计，一般应充分考虑执行机构的固有频率，设计过程中要留有足够的余量，以避开其固有频率，并按照控制系统的需求设计相应的姿态控制律和合理的控制参数。

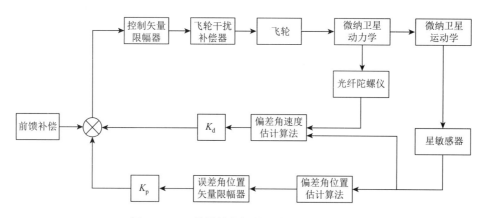

图 2.14　PD 前馈补偿控制方法基本原理框图

3. 弹载 GNC 微系统架构设计

作为弹载 GNC 微系统应用的典型代表，微小型制导导弹具有较强的非对称作战能力、突防能力和集群作战能力，已成为高烈度对抗性战争中的核心装备之一。微小型制导导弹是按反作用推进的方式，并受弹载 GNC 微系统控制，自动导向目标或沿预定轨道飞行的带有战斗部的无人飞行器[23]。

1）弹载 GNC 微系统设计要点

弹载 GNC 微系统架构设计中，关键环节是飞行弹道的最优设计、最优控制以及高目标截获。实际应用中，需考虑以下设计要点。

（1）弹道飞行参数。

微小型制导导弹飞行时的弹道参数（如飞行速度、转速等），可以为飞行弹道的最优设计提供重要参考。因此，精确获取弹道飞行参数，是弹载 GNC 微系统外弹道设计过程中的关键技术。然而实际应用中需要解决的问题是，用于弹道优化设计的某些弹道参数难以直接测量。可以说，如何从现有直接测量的数据中准确提取待用弹道参数，并计算目标截获概率，对于制导导弹精度的提高至关重要。

（2）干扰因素抑制能力。

为使微小型制导导弹获得更大初始速度、更远射程、更高作战效率，弹载 GNC 微系统不但需具备较强的抗冲击能力，还需具有较高的导航精度。设计时，需考虑组合导航误差、导引头波束指向误差、天线罩瞄准线误差和数据传输延迟等多种干扰因素。

2）弹载 GNC 微系统典型架构

弹载 GNC 微系统主要通过微感知传感器提取当前目标运动参数，形成导引指令，并通过微处理器、微传动装置等操纵弹体，结合操纵面敏感元件，进行内回路闭环监测，实现导弹运动参数的姿态稳定控制和制导回路控制。弹载 GNC 微系统典型架构如图 2.15 所示。

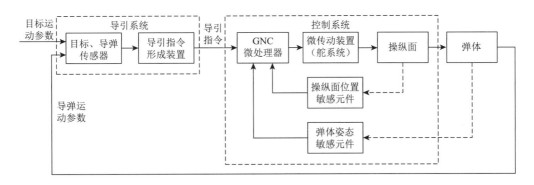

图 2.15　弹载 GNC 微系统典型架构示意图

3）制导系统回路设计

制导系统通常被认为是制导导弹的"神经系统"，是导引和控制导弹飞向目标的仪器、装置和设备的总称，分为导引系统和控制系统。一般情况下，制导系统是一个多回路系统。需要说明的是，并不是所有的制导系统都要求具备各自的内回路，例如，某些微小型导弹可能没有稳定回路，也有些导弹的执行机构采用开环控制的方式，相同的是，所有的导弹都必须具备制导系统大回路。作为制导系统大回路的关键环节，稳定回路本身也是闭环回路，而且可能是多回路，如包括阻尼回路和加速度计反馈回路等。在该情况下，执行机构通常采用位置或速度反馈方式形成闭环回路。稳定回路能直接影响到制导系统准确度，因此，弹载 GNC 微系统应既能保证导弹飞行的稳定性，又能保证导弹的机动性，即对微小型导弹飞行具有控制和稳定的双重作用。

4）导引系统设计

导引系统主要通过探测装置，确定微小型导弹相对目标或发射点的位置，并形成相关的导引指令。其中，探测装置负责测量目标和导弹间的运动信息，因其测量的物理量或者采用的传感器类别不同，会形成不同的制导体制。例如，可以在选定的坐标系内，分别测量目标或导弹的运动信息，也可在选定的坐标系内，测量目标与导弹的相对运动信息。具体而言，探测装置可以是制导站上的红外或雷达测角仪，也可能是装在导弹上的导引头。尤其是当测量系统与控制系统的执行坐标系不一致时，可采用方向余弦法或者四元数法进行坐标转换。导引系统根据探测装置测量的参数，按照设定的导引方法形成导引指令，并传输至弹载 GNC 微系统执行对应任务。

5）控制系统设计

控制系统通过准确地执行导引系统发出的导引指令，直接操纵微小型导弹飞向目标。另一项重要任务是，保证微小型导弹在每一飞行段能够稳定地飞行，所以它也常被称为稳定回路或稳定控制系统。

设计控制系统时，一般先将微小型导弹运动按三个正交方向分解为 3 个独立的通道，再根据控制理论设计每个通道的控制器，控制算法通常采用经典控制理论中的时域法、频率响应法和根轨迹法等。以导弹直接力控制系统为例，根据末制导最优制导率、飞控系统动态滞后小化等原则，可分为第 I 类控制指令型控制器、第 II 类控制指令型控制器和第 III 类控制指令型控制器，具体如下所述。

（1）第 I 类控制指令型控制器。在传统反馈控制器的基础上，利用控制指令形成直接力控制信号，属于前馈-反馈控制方案。前馈控制不影响系统稳定性，故原来的反馈控制系统不需要重新确定参数，在控制方案上具有良好的继承性。同时，当其操纵力矩系数存在误差时，不会影响到原来反馈控制方案的稳定性，只会改变系统的动态品质，其典型控制器系统如图 2.16 所示。其中，$G(s)$ 代表传递函数，$R(s)$ 代表系统输入象函数，$e(s)$ 代表偏差信号，$C(s)$ 代表系统输出象函数。

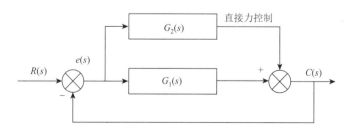

图 2.16　第 I 类控制指令型线性复合控制器示意图

（2）第 II 类控制指令型控制器。主要利用气动舵，来控制构筑攻角反馈飞行控制系统，利用控制指令来形成攻角指令。基本思路是利用控制指令误差形成直接力控制信号，以气动舵面控制为基础的攻角反馈系统作为前馈，最终以直接力控制为基础，构造法向过载反馈控制系统。直接力反馈控制系统通常具有较大的稳定裕度，其典型结构如图 2.17 所示。

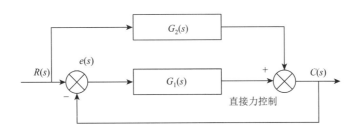

图 2.17　第 II 类控制指令型线性复合控制器示意图

（3）第 III 类控制指令型控制器。可通过提高导弹的最大可用过载，来改善导弹的制导精度，并直接叠加导弹的直接力和气动力，有效提高导弹的可用过载。具体的控制器形式如图 2.18 所示。其中，K_0 为归一化增益，K_1 为气动力控制信号混合比，K_2 为直接力控制信号混合比。通过合理优化控制信号混合比，可以得到较佳的控制性能。

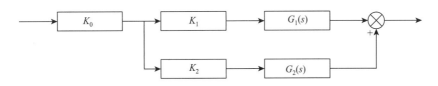

图 2.18　第 III 类控制指令型复合控制器示意图

2.2　GNC 微系统通用架构设计

本节在 2.1.3 节的基础上，对机载/星载/弹载 GNC 微系统不同对象特点与需求进行归纳总结，重点阐述共性架构部分，其核心分为架构基础支撑模块和信息处理模块，具体如图 2.19 所示。

GNC 微系统信息处理模块主要依托于架构基础支撑模块，进行数据采集、主处理器信息处理。其中，信息处理模块包括闪存（Flash memory，简称 Flash）和同步动态随机存取内存（synchronous dynamic random-access memory，SDRAM）等存储单元，并采用易修改、可配置和易调试的 FPGA，进行高速底层传感器数据采集及接口扩展操作。在 GNC 微系统架构基础支撑模块上，则涉及集成工艺、硬件架构、电气接口、软件架构、信息流图、测试自检及电源管理等模块，本书第 3 章将详细介绍集成工艺设计，第 7 章详细阐述误差分析与测试技术。

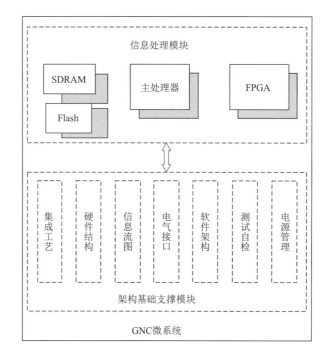

图 2.19　GNC 微系统主机信息处理模块基本组成示意图

2.2.1　通用架构总体设计

结合载体动力学、工作环境及任务场景，GNC 微系统通用架构总体设计可分为功能器件层、物理接口层、接口驱动层、协议栈层、分系统层、系统管理层和功能应用层等 7 个层级，具体介绍如下所述。

（1）功能器件层。主要根据 GNC 微系统的不同应用场景，选择对应的传感器。除了多源感知器件（如微惯性导航器件、GNSS 导航芯片等）、存储器、多核微处理器等共性器件外，机载/星载/弹载 GNC 微系统还需根据各自载体特点及动力学模型，进行感知、探测、执行等传感器扩展。

（2）物理接口层。主要根据功能器件层所选器件，确定系统物理接口，包括机械、电气和通信等接口。一般应具备上电自检、时空协同、原始数据采集、归一化数据输出等基本功能，并形成相应的感知、处理和存储等架构。

（3）接口驱动层。主要根据接口信息完善底层驱动函数，将功能子函数封装成指针函数，同时设定通用的指针数组，以提高内部指令执行效率，例如，感知器、处理器、存储器等驱动模块。

（4）协议栈层。主要根据不同的接口信息，确定 GNC 微系统的通用输入输出协议，以便高度适配外界 GNC 应用场景需求。

（5）分系统层。结合应用需求，将 GNC 微系统内部划分成多个分系统，例如，探测分系统、处理分系统、执行分系统、通信分系统等。在嵌入式运行过程中，通过不同的内部时隙分配、中断触发等操作，实现分系统之间的协同工作。

（6）系统管理层。针对整个 GNC 微系统内部的不同模块，进行整体的时隙分配、信息流控制、数据控制、中断控制、内部处理资源和存储资源分配等。

（7）功能应用层。结合 GNC 微系统功能需求，并根据不同场景及任务需求，进行在线扩展，例如，多源信息融合、导航制导与控制、协同组网、路径规划等模块[24]。GNC 微系统具体层级分类如图 2.20 所示。

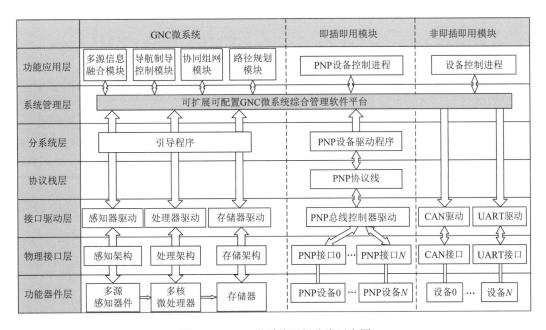

图 2.20　GNC 微系统层级分类示意图

在上述层级实施层面，GNC 微系统总体架构包括通用模块设计、即插即用模块和非即插即用模块设计。其中，即插即用模块 PNP 设备代表 Plug-and-Play 即插即用设备，即插即用系统包括 PNP 总线控制器驱动、PNP 协议线、PNP 设备驱动程序以及 PNP 设备控制进程等。非即插即用系统包括多个底层设备，通过控制器局域网总线（controller area network，CAN）接口或通用异步收发器（universal asynchronous receiver-transmitter，UART）接口等进行底层设备输出数据的二次转化，完成对底层设备控制进程的管理。

2.2.2　硬件架构设计

在多源自主导航和 GNSS 拒止场景下，保持 GNC 微系统的可靠性离不开硬件支持。本节面向上述需求，结合 GNC 微系统在复杂场景下的导航、制导与控制等功能，梳理出典型的硬件模块，具体如图 2.21 所示。

1. 基本组成

GNC 微系统主要由微感知、微处理、微通信、微执行和其他外围辅助模块组成。

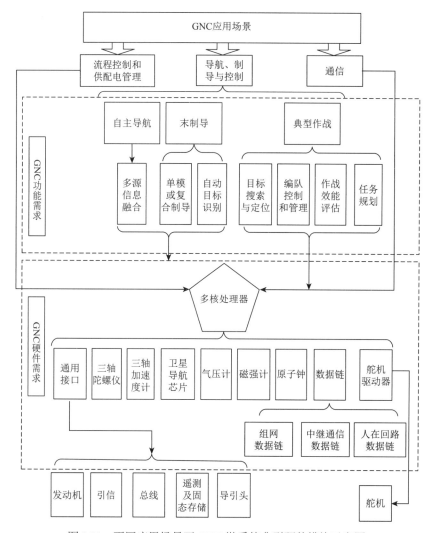

图 2.21 不同应用场景下 GNC 微系统典型硬件模块示意图

在硬件层面，微感知模块主要包括三轴陀螺仪、三轴加速度计、卫星导航芯片、气压计、磁强计、原子钟等传感器；微处理模块主要包括多核处理器和辅助接口模块，例如，不同类型的机械、电气、通信等接口，以及发动机、引信、遥测及导引头等功能接口；微通信主要包括协同组网、中继通信、人在回路等数据链通信模块；微执行主要包括舵机控制器、电调驱动控制器等模块。

在功能需求层面，GNSS 拒止场景下涉及多源自主导航，机载 GNC 微系统涉及目标搜索与定位、作战效能评估、任务规划等；星载 GNC 微系统涉及姿态稳定跟踪控制；弹载 GNC 微系统涉及末制导，包括单模或者多模复合制导、自动目标识别等功能。

2. 核心组件

按核心组件的重要程度分类，GNC 微系统一般可分为处理器、惯性测量、卫星导航、通信驱动、电源管理和执行机构等组件，具体如图 2.22 所示。

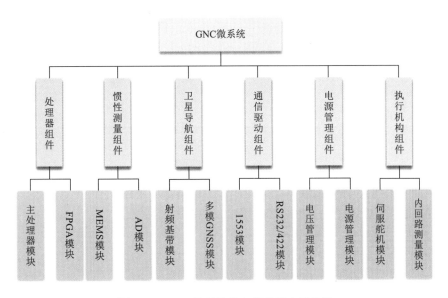

图 2.22　GNC 微系统核心组件基本示意图

作为 GNC 微系统的"心脏",处理器组件需根据应用场景、外源传感器数据量、数据更新频率等技术指标要求,进行处理器选型,需考虑的因素包括处理器主频、中断数量、串口数量、串口类型、RAM/ROM 存储空间等;惯性测量组件需根据任务需求,确定量程、温度漂移(常温、全温)、重复性、非线性度等指标;卫星导航组件选型需根据一些关键指标,包括 GNSS 多频多系统(BDS/GPS/GLONASS/Galileo)、高精度载波相位差分技术(real time kinematic,RTK)、失锁重捕等;通信驱动组件通过 RS232/RS422/SPI/UART 等协议进行内外部的数据收发;电源管理组件需要根据 GNC 微系统各个硬件传感器工作电压、电流需求,进行模块化处理和功率二次分配,同时,还需考虑隔直及电磁兼容(electro magnetic compatibility,EMC)等问题,确保电源能为各个部组件提供电压电流;执行机构组件包括机载伺服舵机组件(尾翼舵机、副翼舵机、风门舵机等)、星载微喷发动机组件、弹载舵机组件等执行机构。

GNC 微系统中的处理器组件、惯性测量组件和执行机构组件主要用于稳定载体的姿态角,控制发动机转速和载体航迹,实现俯仰角、倾斜角、航向角的稳定控制,以及侧向偏离控制和自动转弯控制等。结合机载/星载/弹载等具体应用,GNC 微系统进行相应的接口扩展操作,包括但不限于接口标准化、归一化处理,以及软硬件部分的"即插即用"和"非即插即用"扩展[25]。

3. 电气接口

根据输入/输出对象分类,GNC 微系统接口通常可分为机械接口、电气接口、信息接口与环境接口。本节以航空航天领域常用的电气接口为例,重点阐述其接口类型和特点。

以多核处理器为中心,GNC 微系统常采用星形拓扑结构的电气接口,并通过 FPGA 完成逻辑译码、底层信息快速读取及多种接口的在线扩展,实现导航、制导与控制相关的多源信息融合解算[26]。其中,多核处理器聚焦可重构"主控核 + 异构多核阵列",内部集成了卫星导航基带处理、数据链基带处理、AD 数据处理、计数器及多种接口控制器。同时，还包括存储器接口，可根据需要选择外接 NOR Flash、NAND Flash、SRAM、SDRAM 或 DDR SDRAM 等存储器，进而构成谱系化微系统产品，以满足不同任务和场景需求。GNC 微系统典型电气接口如图 2.23 所示。

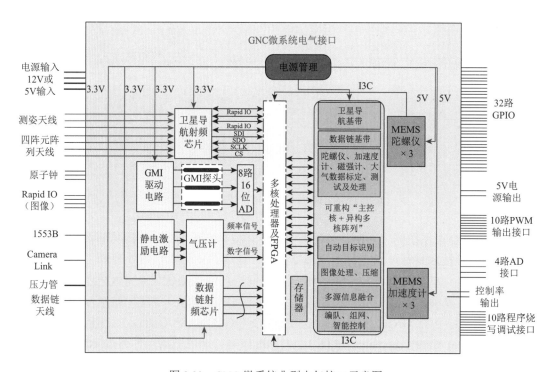

图 2.23　GNC 微系统典型电气接口示意图

GNC 微系统内部集成的传感器，通常与多核处理器直接通信。根据输出的数据量带宽大小，多核处理器可选择不同的接口类型，与外源传感器进行数据通信。例如，MEMS 陀螺仪和 MEMS 加速度计采用 SPI、I2C 或 I3C 等接口方式，与多核处理器进行直接数据传输；磁强计输出的模拟信号，通过 GMI 驱动电路和 AD 采样、量化后传输至多核处理器；气压计输出的数字信号通过串口方式传输至多核处理器[27]；此外，GNC 微系统多核处理器预留 Rapid IO 和 Camera Link 图像处理高速总线、通用型 1553B 数据总线、CAN 和串口等低速总线、通用输入/输出（general purpose input output，GPIO）和脉冲宽度调制（pulse width modulation，PWM）输出等接口，能够与导引头、舵机驱动器等外部设备进行通信连接，有助于微小型空天飞行器外部传感器的在线扩展，实现在线编队、协同组网和智能控制[28]。

4. 典型硬件设计实例

以惯性/GNSS/磁强计组合导航设计为例[29]，GNC 微系统核心元器件包括微处理器、卫星导航芯片、MEMS 陀螺仪和 MEMS 加速度计等传感器，基本原理框图如图 2.24 所示。

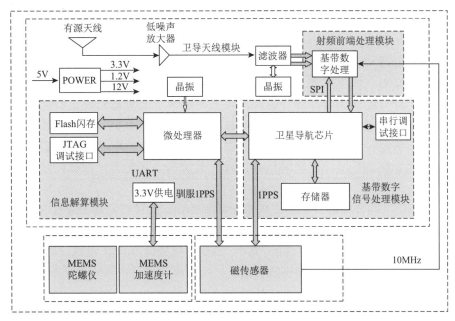

图 2.24 惯性/GNSS/磁强计组合导航基本原理框图

首先，基于 GNC 微处理器和卫星导航芯片，系统通过高速串行外设接口 SPI 协议将
MEMS 惯性测量单元信息读入处理器模块，并进行惯导系统 IMU 陀螺仪和加速度计测量
值预处理、测量误差估计、四元数更新、捷联矩阵迭代更新、姿态、速度和位置更新等
运算；其次，卫星导航模块的基带信号数字处理单元主要完成 GNSS 信号的捕获、跟踪、
比特同步和帧同步处理，同时进行卫星所在导航空间坐标系计算、地球旋转修正、速度
位置更新以及接收机伪距、伪距率更新；再次，磁传感器模块主要进行磁强计横滚俯仰
角解算、误差建模以及磁航向标定；最后，多源信息融合模块主要进行惯性/GNSS/磁强
计组合导航卡尔曼滤波主滤波器设计、量测方程设计、过程噪声和量测噪声矩阵估计等
信息融合解算。

2.2.3 软件架构设计

1. 软件模块分类

按照信息流串行方式，GNC 微系统软件架构采用模块化设计思路，从下到上可分成
5 个模块：底层驱动和通信模块、任务管理与状态监测模块、多源信息融合模块、制导与
控制模块、协同组网模块[30-32]。每个模块又划分成若干子模块，每个子模块对应一个主
要功能。

（1）底层驱动和通信模块。主要完成硬件与软件的底层信息交互，以及系统与外界
的信息交互，具体包括不同传感器设备信息源的标准化、归一化处理。该模块又可以细
分为底层驱动模块、接口协议模块、数据链通信模块。底层驱动实现 GNC 微系统内部传
感器模块、处理器模块、舵机等控制执行模块的硬件初始化、自检测工作以及多核处理
器硬件与应用软件的信息交互；接口协议模块主要完成多核处理器与不同传感器、执行

器、导引头等多源信息的协议转换、接口通用化、归一化处理以及信息交互；数据链模块主要辅助完成飞行器与飞行器、飞行器与指挥中心的信息交互。

（2）任务管理与状态监测模块。主要完成多核处理器的资源分配、任务管理与智能规划、自主避障、自主决策、状态监测、任务重规划等。系统管理软件模块主要完成多核资源实时分配、高效并行计算等；任务管理与智能规划模块主要完成多任务的管理和智能航迹规划，包括航迹规划、导航计算、信息交互、飞行控制等；自主决策主要基于人工智能、大数据等先进算法，进行动态规划和实时决策；状态监测主要对多核处理器的主核、子核、任务的执行过程、存储器的状态等，进行在线监测和应急处理。

（3）多源信息融合模块。主要完成惯性导航解算、卫星信号基带处理与导航解算、大气数据解算、磁强计传感器数据解算、图像信息采集和导航解算以及多源信息的模式识别、故障诊断、数据融合滤波等功能。其中，卫星导航模块可兼容 BDS、GPS、GLONASS 和 Galileo；外源传感器模块主要包括磁强计、气压计、里程计等外部传感器信息；惯性测量模块主要采集 MEMS 陀螺仪、MEMS 加速度计数字信号，并进行量测值预处理、测量误差估计、四元数估计、捷联矩阵计算和误差修正等；最后通过多源信息融合解算模块进行姿态、速度和位置更新。

（4）制导与控制模块。包括单模制导、复合制导、目标自动识别、姿态稳定控制、执行机构控制、飞行控制等子模块，主要完成基于单模信息的制导运算和基于多模信息的复合制导计算，以及目标自动识别、姿态稳定控制、飞行控制以及执行机构控制等。

（5）协同组网模块。包括协同态势感知、编队控制与管理、协同干扰与攻击、协同评估等子模块[33-36]。

GNC 微系统软件功能模块如图 2.25 所示。

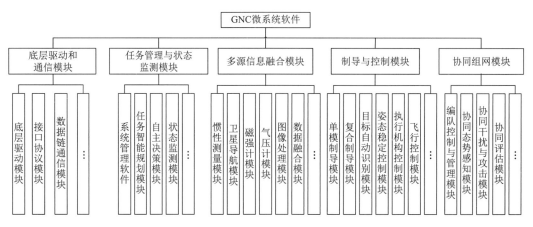

图 2.25　GNC 微系统软件模块基本示意图

2. 软件架构分类

根据传感器与处理器的信息融合方式，GNC 微系统软件架构设计中，多源信息融合结构可分为集中式、分布式、混合式和多级式。

（1）集中式融合结构。

集中式融合结构是将传感器输出信息集中传递至融合中心进行信息对准、关联、滤波及解算等。在融合过程中，其优点是信息损失较小，但由于处理的信息量过大，不可避免地存在关联困难、计算负担较重、容错能力较差等缺点，难以适用于多传感器组合导航系统的融合。

（2）分布式融合结构。

分布式融合结构的特点是，先由传感器进行局部滤波估计，再将处理过的局部滤波输出信息送至融合中心，完成全局估计。这种结构有机结合了局部独立融合与全局评估，已被广泛地应用于多种融合系统中。

（3）混合式融合结构。

混合式融合结构保留了集中式与分布式两种结构的优点，同时，传输全局评估与局部估计信息，但这种结构在通信和计算量上要付出更高代价。

（4）多级式融合结构。

在多级式融合结构中，各局部节点可单独是一个局部融合中心，结构可以是集中式、分布式或混合式。各局部融合中心将接收和处理来自多个传感器的信息，并完成对准、关联、滤波、反馈和校正等。目前，多级式融合结构的应用范围正不断扩大，尤其适用于同一平台上的多传感器组合导航系统[37]。

3. 软件架构基本原理

GNC 微系统软件架构设计基本原理如图 2.26 所示，卫星导航模块通过天线下变频，将 GNSS 射频信号转化成数字中频信号，获取的 GNSS 导航信号伪随机噪声码与本地进行相关运算，实现卫星导航信号的捕获、跟踪、比特同步和帧同步运算，最终提取出卫导信号伪距和伪距率原始观测量，外源传感器模块获取外接的磁强计、气压计、里程计等传感器数据；惯导信息采集模块通过三轴 MEMS 陀螺仪和加速度计进行内部误差补偿，获取角速度和比力信息；组合导航多源信息融合模块基于卫星信号幅值的滚动角运算估计，获取修正后的伪距和伪距率，并结合外部传感器信息、惯导信息进行组合导航扩展卡尔曼滤波器设计、过程噪声和量测噪声估计，同时反馈校正惯导误差漂移，采用紧组合导航滤波器进行姿态、速度和位置等信息融合解算[38, 39]，最后，将多源信息融合结果输出至制导与控制模块以及协同组网模块，进行单模制导、复合制导、目标自动识别、舵机控制、飞行控制等，或者编队控制、协同态势感知、协同干扰、协同攻击等。

4. 软件架构信息流概述

GNC 微系统信息流一般包括微感知、微处理、微执行等部分。微感知信息流主要包括 GNSS 导航单元、IMU 惯性测量单元以及外源传感器（如磁强计、气压计、里程计）等信息。微处理信息流主要包括处理器、存储器、计数器及中断器等信息。微执行信息流主要包括微型舵机、微型电机及微型喷射推进器等信息。

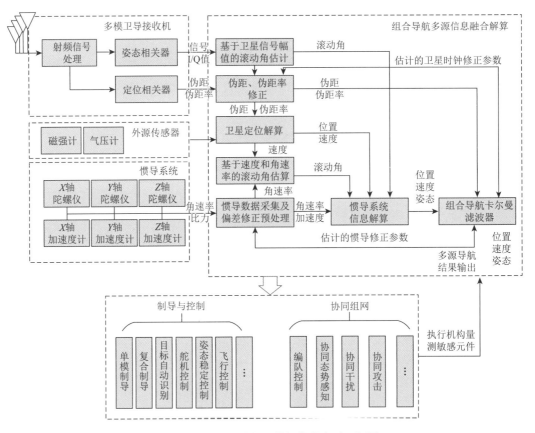

图 2.26　GNC 微系统软件架构基本原理框图

GNSS 导航信息通过卫星导航接收机天线以及前置滤波器和前置放大器的滤波放大后，再与本机振荡器产生的正弦波本振信号进行混频，然后下变频成中频信号，再经过 AD 转换成离散的数字中频信号，最后经过本地捕获、跟踪、比特同步和帧同步模块解调出原始的 GNSS 导航星历文件，并经过多核处理器模块进行 GNSS 卫星坐标、卫星导航信号发射时间组装、卫星到接收机端伪距、伪距率计算，获取本地接收机位置速度时间等信息[40-42]。

IMU 惯性测量单元包括陀螺仪和加速度计。其中，陀螺仪原始数据输出后根据陀螺仪产品自检和状态位定义以及转换协议，转换成陀螺仪数字量信号，输入多核处理器模块中；同理，加速度计原始数据输出后，根据加速度计产品自检和状态位定义以及转换协议，转换成加速度计数字量信号，输入到多核处理器模块中。

其他外源传感器（磁强计、气压计、里程计等）数字量信息输入多核处理器模块后，开始进行 GNC 微系统多源信息融合处理工作。多核处理器模块根据载体的位置信息、速度信息与卫星导航解算出的位置信息、速度信息进行联合计算，得到载体的伪距、伪距率信息；然后通过卫星导航解算模块解算出的伪距信息、伪距率信息，同时结合磁强计、气压计、里程计等其他传感器信息进行基于伪距、伪距率的卡尔曼组合滤波，将载体的位置、速度、姿态信息融合解算得到的误差量对系统状态误差方程进行修正，得到更精确的导航信息，最后将控制信号传输至舵机控制器等执行机构单元中，通过设置占空比及对应协议控制舵机运行速度等。在整个控制系统大回路中，通过设置标识位进行舵机的正转、反转操控。另外，借助执行机构姿态敏感量测信息，实现内回路精细化控制[43, 44]。GNC 微系统典型的信息流图设计如图 2.27 所示。

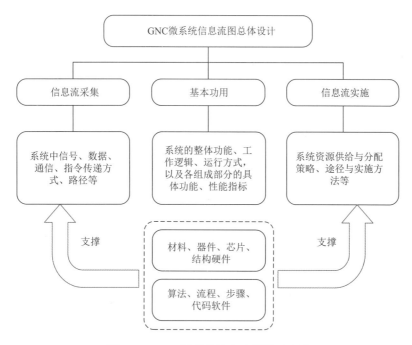

图 2.27 GNC 微系统信息流设计示意图

为实现 GNC 微系统的基本功用，在信息流图架构设计过程中，硬件以材料、器件、芯片、结构等为支撑。软件以算法、流程、步骤、代码等为支撑，包括信息流设计和实施。其中，信息流设计主要包括信号、数据、通信、指令传递方式、路径等；基本功用主要包括系统的整体功能、工作逻辑、运行方式以及各组成部分的具体用途、性能指标；信息流实施包括系统资源供给与分配策略、途径与实施方法等。

5. 软件架构信息流具体设计

为实现多源自主导航、制导与控制功能的高可靠、强鲁棒，以硬件架构、软件架构、多场耦合为基础，实现 GNSS 导航信号、IMU 惯导信号、磁强计、气压计、里程计等外源传感器输入信号以及微型数据链通信，分析典型的信息流图，具体如图 2.28 所示。

（1）GNC 微系统上电后，多核处理器先进入系统初始化设置，主要包括对系统中断模块、系统总线模块、系统定时器模块及系统的串口模块进行初始化配置；同时完成卫星导航接收机环路和相关器参数初始化，惯性导航系统的初始对准及卡尔曼滤波器参数初始化配置、输入输出通信模块的初始化配置，整个系统上电自检等。

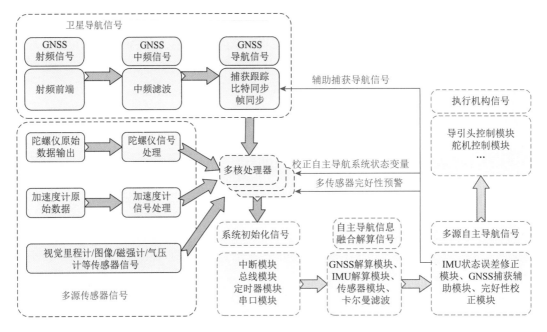

图 2.28　GNC 微系统典型信息流图

（2）系统提前给每一个功能算法函数设置执行时间周期，并进行串口中断设置，每到一个时间周期后执行特定的函数，实现系统资源的时隙分配。系统初始化完成后，进入 GNC 微系统主函数，在 GNSS 导航解算函数内，执行 GNSS 电文译码、星历解调、PVT 解算。GNSS 的数字中频信号经过本地接收机捕获、跟踪、比特同步和帧同步模块解调出原始的 GNSS 导航星历文件，并经过多核处理器模块进行 GNSS 卫星坐标、卫星信号发射时间组装、伪距、伪距率计算，获取本地接收机位置速度时间等 PVT 信息。

（3）GNSS 导航解算完成后，按顺序执行陀螺仪和加速度计信息数据采集和处理函数，并进行陀螺仪角速度姿态更新和四元数解算、多子样采样计算，加速度计比力计算和速度增量更新，最后通过姿态矩阵进行位置更新，实现 IMU 惯导模块的姿态速度位置更新。

（4）IMU 惯导解算完成后，顺序执行组合导航卡尔曼滤波以及外源传感器信息融合解算函数，主要是将惯性导航模块解算得到的载体位置信息、速度信息与本地接收机解算出的位置信息、速度信息进行信息融合，得到载体的伪距、伪距率信息；然后通过卫星导航模块解算出的伪距信息、伪距率信息，进行基于伪距、伪距率的卡尔曼组合滤波，将载体的位置、速度、姿态误差对系统进行修正，同时结合外源传感器信息进行系统观测方程量测矩阵运算，得到更精确的系统状态方程信息。

（5）信息融合解算完成后，顺序执行系统误差校正函数，考虑到组合导航卡尔曼滤波的系统状态方程变量为 15 维（导航坐标系下的三轴陀螺仪、三轴加速度计、三轴姿态、三轴速度、纬度、经度和高程）或者 17 维（额外包含本地接收机钟差、频漂），将组合导航卡尔曼滤波的主滤波器误差状态变量反馈并校正 GNC 微系统的姿态、速度和位置信息，同时进行系统完好性自主监测，并对出现的传感器或者卫星伪距测量误差及时发出告警信息，确保输出结果的可靠性和完备性。

（6）系统误差校正完成后，顺序执行控制程序，包括电调驱动控制、舵机控制、数据链指令收发等，实现外部模块的精确控制。

（7）控制数据输出完成后，顺序执行串口数据输出函数，将 GNC 微系统信息融合的姿态、速度、位置等信息反馈至上位机软件。

（8）制导与控制模块收到内回路量测的姿态、位置等导航数据信息后，执行舵机控制、目标自动识别、飞行控制等制导控制指令；协同组网模块收到导航数据信息后，执行编队控制、协同态势感知、协同干扰、协同攻击、协同评估等任务指令。

（9）状态数据输出完成后，顺序执行 GNC 微系统多源信息融合解算，结合卡尔曼滤波系统状态方程参数，计算得到卫星与载体之间的多普勒频移与多普勒频移变化率等信息，反馈到卫星导航模块从而调整本地载波与伪码的产生，同时也提供了在复杂环境下 GNSS 导航信号持续跟踪的能力，然后触发中断函数继续执行步骤（2）。

以上为 GNC 微系统内部信息流转的基本过程，实际系统研发过程中，需要结合不同的应用场景、使用环境以及可能面临的电磁干扰等，进行外源传感器调整。尽管整个信息系统具体运转过程中可能稍有变化，但本节提出的信息流转过程是有普适性的，可适用于普遍的 GNC 微系统工程实践。

6. 实际案例分析

以嵌入式软件开发过程中的串行时序为基准，GNC 微系统通过 GNSS/IMU 信息融合解算内部实际工作模式，阐述其典型的信息流转过程。以美国 TI 公司的 TMS320C6748 处理器为例，主频为 456MHz 定点和浮点超长指令字，系统中断函数执行周期大约为 200μs，解算输出周期为 10ms；系统分为两大主要模块——低频运算模块和高频运算模块，其中高频运算模块主要包括 GNSS 导航解算、IMU 惯导解算及误差补偿运算、外源传感器信息解算、控制数据输出以及状态数据输出模块；低频运算模块主要包括多维度组合导航信息融合解算模块和系统误差校正模块。GNC 微系统内部典型模块的函数执行过程如图 2.29 所示，其中横轴代表多源信息融合解算过程中的主要步骤，纵轴代表功能模块的执行顺序。

系统定时器函数是以 1ms 进行计数，存在固定的 1ms 中断，每次执行到 1ms 中断函数后，系统 Cnt 计数函数进行加 1，以便于整个主函数进行不同功能模块的时隙分配。串口收发函数的执行周期大概为 50μs，GNSS 导航解算函数执行周期大概为 100μs，IMU 惯导解算函数执行周期大概为 50μs，组合导航卡尔曼滤波信息融合解算函数执行周期大概为 400μs，系统误差校正函数执行周期大概为 10μs，控制数据输出函数执行周期大概为 10μs，状态数据输出函数执行周期大概为 10μs，GNSS 参数优化函数执行周期大概为 10μs。实际的工程应用中，整个系统通过中断定时器模块进行 1ms 累加，每到固定的时间，开始执行固定的函数，结合不同处理器主频信息、用户端输出接口协议、用户输出频率以及多种运算模块单元的计算复杂度，进行适当的时隙分配，确保 GNC 微系统有序执行任务作业。

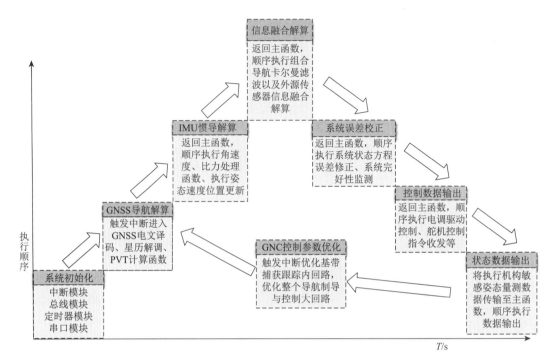

图 2.29　GNC 微系统典型函数执行示意图

2.2.4　即插即用设计

在 GNC 微系统软硬件架构基础上，针对"即插即用"开放式体系架构需求，同时结合系统关键技术的关联度和逻辑关系，可以将整个微系统划分为 5 层：物理层、通信协议层、系统管理层、GNC 算法库层和 GNC 应用层。GNC 微系统"即插即用"逻辑结构示意图如图 2.30 所示。

1. 即插即用设计要点

GNC 微系统采用分层管理的开发模式，实现多源探测、信息统筹、整体规划和并行开发[45]，具体如下所述。

（1）物理层：作为 GNC 微系统的基础和关键，主要包括多源感知传感器、多核处理器、数据链通信及微执行器等芯片级硬件模块。

（2）通信协议层：作为多核处理器与其他功能元件、部件的交互"桥梁"，通过 GNC 微系统标准协议实现其硬件层的统一通信、调度与管理。根据各功能单元的接口类型、通信需求，制定标准化的数据总线及通信协议，并支持在线可扩展"即插即用"。

（3）系统管理层：主要用于任务管理、任务分解、资源管理、时钟管理和驱动管理等工作。其中，任务管理是指对并发的多种任务实施动态管理和优先级管理；任务分配是指对某一任务进行计算处理的模块分解，实现高速并行计算；资源管理是根据任务特点对系统的存储资源、计算资源等进行动态调度；时钟管理实现对主频信号的分频、倍频等，以及对时间信号的实时校正；驱动管理主要完成对不同接口的底层驱动统一管理和动态配置。

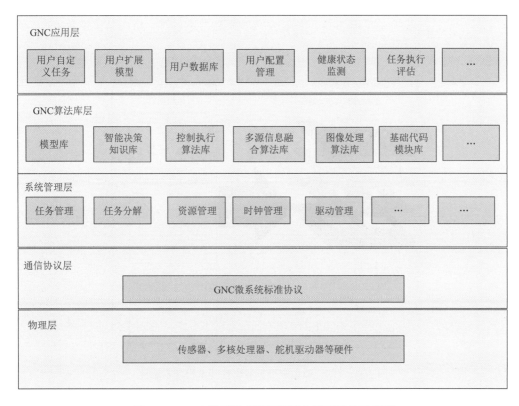

图 2.30　GNC 微系统"即插即用"逻辑结构示意图

（4）GNC 算法库层：主要完成通用型算法、模型的开发和配置，包括模型库、基础代码模块库、多源信息融合算法库、图像处理算法库、控制算法库、智能决策知识库等。其中，模型库主要完成多种复杂环境模型、传感器误差模型的管理；基础代码模块库主要完成通用型的数据读取、数据解析、标准运算等算法模块的开发；多源信息融合算法主要完成多源信息融合滤波、误差估计与修正、自适应导航等；图像处理算法库主要完成图像分割、智能识别、自动匹配和图像压缩等；控制算法库主要完成姿态稳定控制、跟踪控制、控制律设计等；智能决策知识库主要完成系统的完好性故障诊断、动态航迹规划和实时决策等。

（5）GNC 应用层：是面向用户可灵活配置的应用开发平台，包含用户自定义任务、用户扩展模型、用户数据库、用户配置管理、健康状态监测和任务执行评估等模块。用户自定义任务模块旨在为用户提供任务描述和规划的快速开发平台；用户扩展模型为用户提供可以扩展的模型基本型和基本配置接口，便于快速扩展；用户数据库提供历史数据管理、专家知识管理等；用户配置管理用户常规的参数配置；健康状态监测主要针对特定任务进行的健康状态监测快速开发平台和工具；任务评估主要提供任务评估的标准和准则以及评估算法等。

通常而言，即插即用可作为灵活组合的一种特例。以星载 GNC 微系统为例，其基本型包括 MEMS 传感器、导航芯片、数据链、存储单元、逻辑单元、电源模块等，采用即插即用的形式，在线扩展星敏感器、太阳敏感器和磁力矩器等，形成微小卫星 GNC 微系统，其可扩展组件具体如图 2.31 所示。

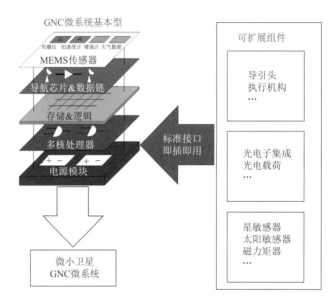

图 2.31　GNC 微系统可扩展组件基本设计示意图

2. 即插即用模块标准化设计

GNC 微系统即插即用模块具体工程实现过程中，可采用总线技术，这里以 CAN 总线技术为例，让多种传感器以 CAN 报文的形式与组合导航模块进行数据传输。具体而言，利用 CAN 总线负载率算法，增强即插即用模块的通信可靠性、实时性，进一步优化整个组合导航系统，主要考虑传感器快速响应以及小体积、低功耗、低成本等问题[46-48]。以 DSP 处理器为例，MEMS 陀螺仪和 MEMS 加速度计通常均采用 SPI 协议，且 MEMS 陀螺仪 SPI 与处理器通信最高速率不超过 10MHz，MEMS 加速度计 SPI 与处理器通信最高速率不超过 5MHz。实际数据信号采集处理过程中，需通过优化电源模块以防止闩锁效应发生，可从标准化物理接口和标准化接口协议两方面具体说明。

（1）标准化物理接口。一般而言，标准化物理接口包含两个方面的标准化。一是根据电源驱动能力不同，如 1A 和 10A 的电流驱动能力，连接器会有所不同。二是连接器的标准化，针对不同的接口标准，选型不同的连接器，并对每个电气接口的引脚进行详细定义。标准化的物理接口为整机 GNC 微系统提供了统一的即插即用接口，保证了即插即用部件从机械安装的角度快速接入系统。

（2）标准化接口协议。在标准化的物理接口基础上，GNC 微系统设定标准化数据传输格式，包括不同功能消息帧协议的定义、数据帧头、数据帧尾、数据校验等方式。通过标准化数据传输格式，GNC 微系统可使所有通信导航部件传输数据时，使用统一的接口协议，当通信导航兼容部件加入通信导航系统时，标准化的接口协议可保证兼容部件快速加入本系统，无须进行协议二次转换，并显著提升系统执行效率。

总体而言，即插即用模块的组成可分为两大部分：一是导航、制导与控制系统的相关物理接口，包括电源驱动能力、接口连接器型号、连接器引脚定义等；二是导航、制导与控制软件标准协议，包括标准消息帧头、子帧类型、消息正文、校验位定义等，以及如何快速应用这类标准协议，接下来将从软件层面进行"即插即用"可扩展性设计说明。

3. 即插即用模块具体设计

为进一步增强即插即用模块的通用性，本节提出一种适用于 GNC 微系统应用的软硬件一体化解决方案。具体而言，GNC 微系统选择在 DSP 外置独立的 CAN 控制器，具体型号可采用 MCP2515 协议控制器。该控制器通过高速 SPI 与 DSP 进行通信，但由于本系统 DSP 上的 SPI 接口需要和 Flash 芯片以及 MEMS 惯性传感器连接，进行导航基带信号和惯性传感器信号处理，可利用软件实现 GPIO 模拟 SPI，使控制器只需连接 DSP 上的 4 个 GPIO 口，实现预期功能。即插即用模块工程应用具体设计如图 2.32 所示。

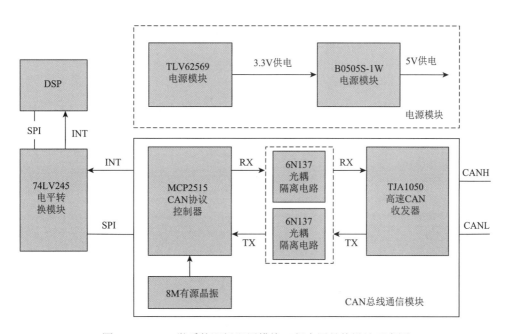

图 2.32　GNC 微系统即插即用模块工程应用具体设计示意图

CAN 控制器需要 CAN 接收器才能识别 CAN 总线上数据。本系统设计中接收器推荐选用 TJA1050，因为其不仅增强了 EMC 能力，还可在不上电时，使总线呈现出无源特性。为了进一步增强抗干扰能力，在 CAN 控制器与收发器之间设置光电隔离电路，MCP2515 的 TXCAN 和 RXCAN 管脚通过高速光电耦合器 6N137 与 TJA1050 的 TXD 和 RXD 相连，触发时间约为 75ns。为抑制带外干扰，系统采用小功率电源隔离模块 B0505T-1W。为提高模块运行的稳定性，系统在输出端并联了两个 120Ω 的电阻，防止因输出负载过小而影响模块工作性能。由于 DSP 与 MCP2515 的电压不同，因此，二者不能直接连接，系统需在 MCP2515 和 DSP 的 GPIO 引脚之间，额外添加 74LV245 电平转换模块。

GNC 微系统可通过软件将 DSP 的 GPIO 模拟成 SPI，完成相应的通信功能。首先，对 DSP 的 PINMUX 寄存器进行配置，将 DSP 的相应引脚配置为 GPIO。其次，配置 GPIO_DIR 寄存器，将相关引脚配置成输入或者输出。最后，根据 SPI 读写时序，当片选拉低后，时钟信号在每 1 个上升沿，读取 1 位数值。同理，写数据的时候，将读入变成发出，即在输入字节（MISO）或输出字节（MOSI）引脚分别读取和写入相应的数据，以此对相关引脚进行逻辑操作，实现 DSP 的 GPIO 模拟 SPI 通信功能。GNC 微系统即插即用模块通信的具体实现流程如图 2.33 所示。

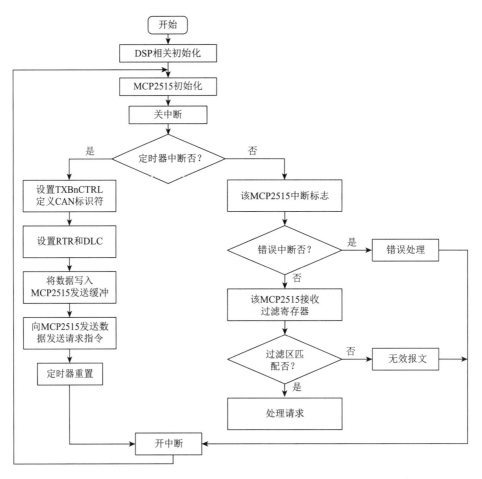

图 2.33　即插即用模块软件流程示意图

首先，初始化 DSP，对 DSP 时钟和某些系统寄存器进行初始化和上电自检配置，并将与 CAN 控制器相连的 GPIO 引脚复用为普通 I/O。然后，选择输入和输出功能，把与

MCP2515 的 INT 引脚相连的 GPIO 配置成下降沿中断触发。最后，初始化配置 CAN 控制器，包括 CAN 总线的波特率、发送接收滤波器和缓冲器配置等。标准化接口转化协议如图 2.34 所示。

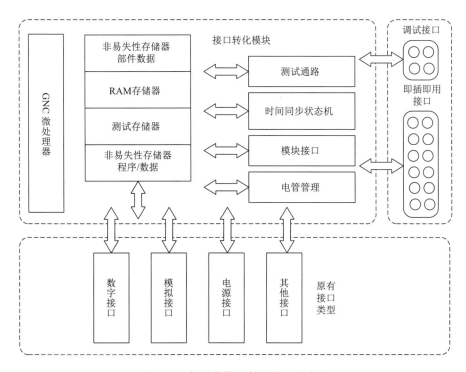

图 2.34　标准化接口转化协议示意图

协议控制器 MCP2515 提供了状态查询和中断两种数据操作模式，本节采用中断模式接收和发送 CAN 总线数据。整个系统的主程序提供定时器和外部中断等两种方式，其中，定时器中断子程序包括 DSP 向 MCP2515 发送请求命令以及数据发送，而外部中断处理子程序包括 CAN 总线错误处理子程序和数据接收子程序，共同实现软件层面的"即插即用"。

2.2.5　多场耦合性能设计

1. 多物理场基本耦合关系

GNC 微系统不仅在有限的空间内，集成了众多微电子器件和微互连结构，从而形成了实际使用时的多物理场（如应力场、热场、电场、磁场和介质场等）耦合作用。这些器件之间的相互作用非常复杂，使得对其做出准确、全面的分析模拟异常困难[49, 50]。由于 GNC 微系统涉及力、热、电、磁等能量之间的产生、转换，必然涉及多种物理场间的相互耦合，因此，多物理场（能量域）的相互作用是一个相当复杂的系统。因此，多物理场的耦合分析是 GNC 微系统设计中的难点之一，其基本耦合关系如图 2.35 所示。

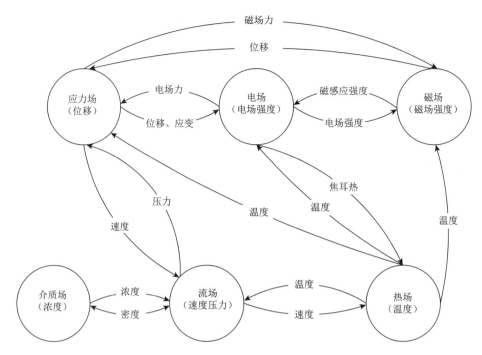

图 2.35   GNC 微系统多物理场的基本耦合关系

需要指出，在某些耦合作用相对较弱的情况下，可以忽略其耦合效应的影响。在不影响分析效果的情况下，一定程度上可简化 GNC 微系统分析过程。但 GNC 微系统的几何结构复杂，且存在非线性的耦合，在其设计中需充分考虑多物理场间的耦合作用，否则，在多个物理场的综合作用下，反而可能导致系统功能的衰减，甚至失效[51]。因此，需要借助有效的多物理场耦合分析方法，深入地了解 GNC 微系统在不同能量域耦合作用下的影响。综上，正确地模拟和预测系统的行为特性，是当前 GNC 微系统设计领域亟需解决的问题。只有解决了该问题，才能更真实地反映 GNC 微系统的动态行为，以更好地指导 GNC 微系统的设计、制造和测试。

2. 典型多物理场耦合分析

电磁场与热场、结构场作为 GNC 微系统热效应的主要来源，三者之间相互关联、相互作用，它们之间的耦合关系如图 2.36 所示。

从数学物理模型而言，电磁-热-结构场的耦合问题，主要表现在电磁场的麦克斯韦方程组中的介质本构参数 ε、μ，特别是导体的电导率 σ，结构场平衡方程中的杨氏模量 E 和热膨胀系数 β，均为温度 T 的函数，而热扩散方程中的温度 T、结构场中的洛伦兹力 f 又是电磁场的函数，电磁场中的寄生参数等将随着结构的变化而变化。具体而言，结构场、热场及电磁场分布的耦合关系如下：

（1）结构场对热场，结构变化对热场影响很微弱可以忽略；

（2）热场对结构场，温度的变化引起应力的改变而导致结构变形；

（3）热场对电磁场，温度变化对电阻、磁化强度产生影响；

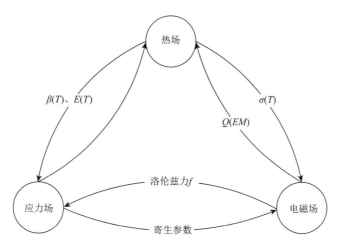

图 2.36　电磁-热-结构三场基本耦合关系

（4）电磁场对热场，电流致热及磁致热效应；

（5）电磁场对结构场，电磁场对结构的作用表现为电场力和磁场力（洛伦兹力）而产生的力的作用；

（6）结构场对电磁场，结构形变对电磁场寄生参数产生影响，进而影响电磁场。

整体而言，热场分布由电磁场分布决定，而绝大部分金属的热导率随温度升高而降低。热场分布决定了结构场分布，可能会引起热应力、热膨胀，甚至热破坏。而热场分布、结构场分布又反作用于电磁场分布，通过材料及结构属性的变化，反过来影响电磁场分布。它们相互耦合的过程，使得在一定的时间，内部热源与外界的热传导将达到平衡，至此，电导率、热源、热交换、应力也均达到平衡状态，即整个耦合过程达到平衡状态，如图 2.37 所示。

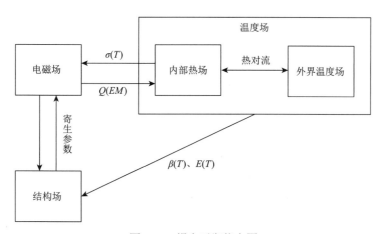

图 2.37　耦合平衡状态图

3. 多物理场耦合性能设计方法

以内部热场设计分析为例，GNC 微系统的应力场、电场、磁场等可参照执行，其基本设计方法如图 2.38 所示。

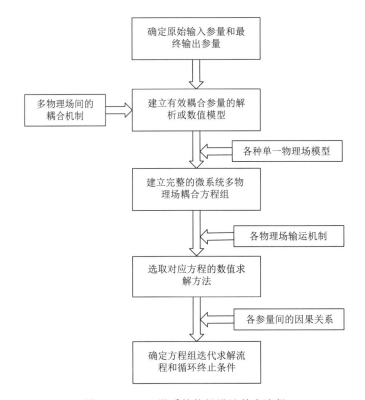

图 2.38　GNC 微系统热场设计基本流程

基于上述过程，第一步，需确定原始输入参量和最终输出参量，输入参量可以看作模型的初始条件，输出参量可以看作待求量。第二步，目标是建立包含温度的电导率解析或数值模型，可基于多物理场之间的耦合机制，针对特定的耦合参量，建立其解析或数值模型（如热场可通过电导率来影响电场）。第三步，可结合多种单一物理场模型方程，得到完整的微系统多物理场耦合方程组。为获得准确、高效的数值求解方法，可针对不同物理场的特性选取不同的数值求解方法。第四步，根据各参量间的因果关系（如电场会产生热场、热场会产生应力场），可确定耦合方程组，迭代求解流程和循环终止条件，从而得到耦合方程组的求解方案，并对 GNC 微系统多物理场耦合影响进行量化分析，完成多场耦合的整体架构设计。

2.3　GNC 微处理器技术

2.3.1　微处理器概述

微处理器是可编程特殊集成电路，是将多种组件小型化至一块或数块集成电路内的一种处理器，使之可在其一端或多端接收编码指令。可理解为通过执行此指令，输出描述其状态信号的一种集成电路。这些指令能在微处理器内部输入、集中或存放起来。微处理器是微型计算机的运算控制部分，能取指令、执行指令，与外界存储器和逻辑部件交换信息。微处理器又称半导体中央处理器，是微型计算机的一个主要部件。CPU 就像人的大脑，指挥系统完成多样化的活动，其组件通常安装在一个单片上或在同一组件内，但也可分布在不同芯片上。在具有固定指令集的微型计算机中，微处理器由算术逻辑单元和控制逻辑单元组成。在具有微程序控制指令集的微型计算机中，它还包含控制存储单元。

1. 微处理器基本组成

微处理器主要包括寄存器堆、运算器、时序控制电路，以及数据和地址总线等。同时，为提高微处理的适用范围，还包括指令存储器、数据存储器、加速处理单元（用于提高处理器运算能力）、JTAG（joint test action group）接口（用于调试）、UART 接口（用于交互），外设定时器（用于测试定时中断），与处理器的功能接口对接的控制寄存器和接收寄存器，记录处理器执行轨迹的记录缓存，实现随机数发生器，以满足随机指令插入、随机数据通路极化等功能。除了微处理器内核外，通常配置还包括片上本地存储器 SRAM（紧耦合指令/数据存储器）、SoC 总线、配备多种外设 IP（intellectual property）、RS232、RS422、RS485 等异步串行收发接口、通用 GPIO、专用 IO、System 复位接口、上电复位（power-on reset，POR）接口、系统启动配置管脚等。

2. 微处理器主要特点

微处理器与传统的中央处理器相比，具有体积小、重量轻和易集成等优点。之所以会被称为微处理器，不仅是因为它比"迷你"计算机处理器小，更是因为各大芯片厂商的制程已实现微米尺度。在微米尺度下研制出来的处理器芯片，在产品名称上一般添加"微"字，以彰显其自身技术特点。总之，微处理器已经无处不在，无论家电产品，还是汽车电子系统，以及精确制导导弹等，都要嵌入多种不同的微处理器。微处理器不仅是微型计算机的核心部件，也是多种数字化智能设备的关键部件。国际上，超高速巨型计算机、大型计算机等高端计算系统也都采用了大量通用高性能微处理器。

2.3.2　微处理器分类

早在微处理器问世之前，电子计算机的中央处理单元就经历了从真空管到晶体管，再到后来的离散式晶体管逻辑集成电路等阶段。甚至在电子计算机以前，还出现过以齿轮、轮轴和杠杆等为基础的机械结构计算机。可以说，微处理器的发明，使得复杂的电路得以制成单一的电子组件，进一步提升了处理器性能。

根据微处理器的不同需求，可进行特定的分类。在用作通用处理时，被称为中央处理器，专用于图像处理的 CPU 称为 GPU（graphics processing unit）图形处理器（如 Nvidia GeForce 30X0 GPU）；用于音讯资料处理的 CPU 称为 APU（audio processing unit）音讯处理单元（如 Creative emu10k1 APU）等。从物理角度而言，它是一块集成了数量庞大的微型晶体管与其他电子组件的半导体集成电路芯片。从最基本的逻辑角度出发，可分为复杂指令集（complex instruction set computing，CISC）与精简指令集处理器系统两大类。

按照 CPU 处理信息的字长，可以分为：4 位微处理器、8 位微处理器、16 位微处理器、32 位微处理器以及 64 位微处理器。

2.3.3 微处理器架构

微处理器架构承担了软硬件接口，可以理解为一个抽象层，定义了硬件能够提供给软件的能力，构成处理器底层硬件与运行于其上的软件之间的桥梁与接口，也是现在计算机处理器中最重要的一个抽象层，是计算机本体作为信息处理的核心。通常，中央处理器指令架构定义了几类典型指令操作，如数据存储、算术运算、逻辑运算、浮点运算、批量数据处理、流程控制以及其他扩展指令等。除了指令操作外，还定义了私有特权架构，如支持的数据类型、存储器和寄存器状态、寻指模式、存储模型、调试机制等。功用主要包括如下几点。

控制单元（control unit）作为 CPU 的控制中心，负责将存储器中的数据发送至运算单元并将运算后的结果存回到存储器中，其行为均来自于指令。运算单元（arithmetic/logic unit）可以执行算术运算和逻辑运算，执行来自于控制单元的命令。存储单元（storage unit）是 CPU 中数据暂时存储的位置，其中，寄存有待处理或者处理完的数据。寄存器（registers）与内存相比，可以减少 CPU 访问数据的时间，也可以减少 CPU 访问内存的次数，提高 CPU 工作效率。微处理器指令集架构在计算机系统中的位置如图 2.39 所示。

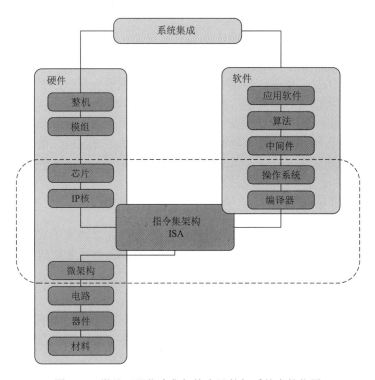

图 2.39　微处理器指令集架构在计算机系统中的位置

目前 CPU 主要分为复杂指令集 CISC 和精简指令集 RISC 模式。CISC 以 Intel 的 x86

指令集架构为代表，其核心理念是让硬件为软件提供尽可能多的支撑。因此，基于该流派的指令集架构，包含大量的面向不同计算任务的指令，可以简化软件编程，提升代码密度。但是从实际使用情况而言，只有 20%的指令会被 80%的任务经常用到，导致了 CISC 处理器要付出额外的成本、面积和功耗的开销。RISC 则与 CISC 正好相反，这个流派的指令集架构只包含常用的指令集，简化硬件设计，软件（特别是编译器）工作量相对多一些。代表指令集架构包括伯克利的 RISC-I 到 V（RISC-V 是伯克利第五代 RISC 架构），和源自斯坦福的 MIPS 架构，IBM 公司的 Power 架构，Sun 公司的 SPARC 架构，早期摩托罗拉公司的 M-Core 架构以及 ARM 架构。

综合而言，指令集架构是否能够一直存在并被广泛使用，不光取决于其技术，还取决于系统的生态。由于 Intel 和 ARM 各自在 PC 时代和移动时代抓住了历史机遇，以及对生态建设持续投入，经过几十年的发展，x86 的 Intel 牢牢地把持了桌面和服务器领域，而 ARM 则把持了手机应用处理器和 32 位的嵌入式领域，并试图进入服务器和桌面领域，指令集架构没有出现类似 3GPP、ITU、Wi-Fi 等国际标准，而是由 Intel 和 ARM 等巨头以一种封闭的方式各自维护。

2.3.4　GNC 微处理器应用设计

工程应用中，国产多核微系统芯片内部主要由可扩展处理器架构（scalable processor architecture，SPARC）、数字信号处理器（digital signal processor，DSP）和 FPGA 构成，采用"通用处理器核心 + 加速处理单元"的架构，通过总线互连、复位策略、存储一致性等方案，实现算力共享和内存共享。整个 GNC 微处理器的数据通路部分，采用取指（instruction fetch，IF）、译码（decoding，DE）和执行（execution，EX）等 3 级流水线，具体如下所述。

1. 数据通路设计

（1）取指级 IF 设计。

在取指级，处理器先从指令缓存（iCache）或紧耦合的本地指令存储器（instruction level memory，ILM）中预取一组指令（指令包），然后对这些指令进行快速译码（由 mini decoder 逻辑完成），并为分支预测和确定指令取值位置提供信息。分支预测单元（branch prediction unit，BPU）用于执行分支预测，在指令包中存在分支的时候确定下一条指令的程序计数器值（program counter value，PC）。PC 值指向的指令被从预取的指令缓冲存储器中提取出来，存到指令寄存器（instruction register，IR）中，完成取指级 IF 设计。

（2）译码级 DE 设计。

在译码级，译码操作主要由译码器（decoder）完成，并对 IR 中的指令进行译码。译码之后的操作信息，如操作数、目的寄存器、有无立即数、是否为分支指令等，将被写入操作数和操作码缓冲器中。同时，在这一级，还会根据指令译码的结果，读取寄存器堆中的操作数。为提高流水线性能、解决数据冒险等问题，在 DE 级中还设置了数据前递（forwarding，FWD）逻辑，用于把执行级中上一条指令算出的数据直接传递到下一条指令的输入寄存器中，综合完成译码级 DE 设计。

（3）执行级 EX 设计。

执行级 EX 具有多种运算单元，例如，乘法器（multiplier，MUL）、除法器（divider，DIV）、算数单元（arithmetic unit，AGU）等，同时还包含了执行指令的加载存储单元（load store unit，LSU）单元。LSU 单元可以对数据缓存（dCache）和本地数据寄存器进行读写。对于控制状态寄存器的操作也在 EX 级执行。该处理器支持自定义扩展指令，并采用了标准扩展接口，可以执行外挂的硬件运算单元指令。此外，本级还能够执行指令结构写回（write back，WB）的功能，并由 WB 模块完成，实现执行级 EX 的设计。

处理器内部的缓存器和本地存储器，则通过总线接口部件（bus interface unit，BIU）和内核外的系统存储器和数据存储器相连。内核的紧耦合外设（中断控制器、私有外设接口、定时器和高速 IO 接口）则通过本地交互总线接口模块连接到 LSU 单元上。由于它们的访问也是采用内存映射的模式，可以等效为存储器访问。

2. 典型 GNC 微处理器

作为国际上比较流行的 RISC 处理器体系架构之一，SPARC 架构具备 RISC、支持 32 位/64 位指令精度、运行稳定、可扩展性优良、体系标准开放等特点。SPARC V8 是目前嵌入式控制系统常用的处理器标准版本，并广泛应用在航天电子系统中，也可作为 GNC 微系统的典型处理器。SPARC V8 处理器架构采用超高速集成电路硬件描述语言（very-high-speed integrated circuit hardware description language，VHDL）编程设计，是开源免费的 CPU，不需要其他架构的国外授权，可以详细分析处理器结构并增删功能，有利于实现我国微处理器自主可控的目标。同时，SPARC V8 还采用"寄存器窗口"结构，使得高性能编译成为可能，并且缩短了存储器加载/存储指令的执行时间。在硬件设计层面上，具有如下特点：

（1）SPARC 处理器由定点单元、浮点单元以及可选的协处理器构成，具有用户模式与监控模式等两种模式；

（2）处理器的所有指令都为 32 位宽度，Load/Store 指令能够寻址 232 字节的地址空间；

（3）对于定点单元，实际硬件设计时，可含有 40～520 个 32 位寄存器；对于浮点单元，具有 32 个 32 位宽度的寄存器；

（4）在处理器运行的某一时间，一条被执行的指令可以访问 8 个全局寄存器和 1 个寄存器窗，该寄存器窗由处理器状态寄存器中的当前寄存器窗指针指定；

（5）当定点单元从存储器中访问读取一条指令，将由地址空间标识符判断处理器当前所处的模式，以及该指令的访问操作是指向指令存储器还是数据存储器。

SPARC V8 微处理器基本架构如图 2.40 所示。

3. GNC 微处理器应用设计实例

在航空航天领域，以微小型旋翼无人机为例，GNC 微系统通过对任务场景、飞控导航、外源传感器、通信接口等功能分解，将其微处理器划分为 6 个不同功能的子系统，包括信息采集子系统、计算处理子系统、存储子系统、通信子系统、执行子系统、电源子系统，以及实现高性能数据通信的片上互联网络，具体包括以下几点：

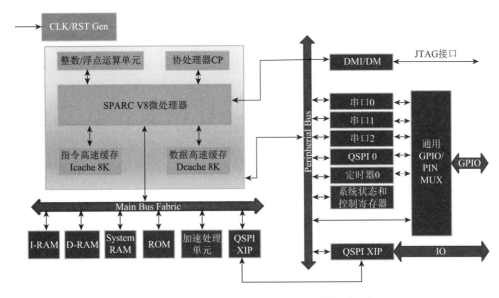

图 2.40　SPARC V8 微处理器基本架构示意图

（1）信息采集子系统。包括高度、光电、电磁、加速度、角速度等多种传感器所采集的信号输入，以及模拟-数字信号转换单元。

（2）计算处理子系统。包括用于执行机载控制管理任务的通用处理单元 CPU，用于数据分析处理的数字信号处理器 DSP，用于并行图形图像处理的图像处理器 GPU，以及面向目标识别和辅助决策等智能任务的智能计算单元。

（3）存储子系统。包括 Cache、RAM、ROM、Flash、铁电存储器等多种存储结构，实现 GNC 微系统内部分布式高效数据存储。

（4）通信子系统。包括 S 波段卫星通信，RS232/422、SPI、USB、PWM 等多种通信传输接口，以及与无人机集群中其他智能体的协同组网。

（5）执行子系统。包括微型电机、电调驱动控制器、内回路敏感姿态信息测量、光电载荷控制等，将 GNC 微系统的计算结果以不同的方式执行并确保微小型旋翼无人机的平稳飞行。

（6）电源子系统。包括微型内置电源、能量采集、动态节能管理等功能单元，同时具备 6～40V 宽电压输入，以及内部 3.3V 和 5V 二次电源转换功能。

在模块化的微系统架构设计中，不同子系统的功能组件被抽象为一个个独立的 IP 核。为开发出满足不同需求的微系统芯片架构，基于 Vivado、Simulink 等工具预先建立每个 IP 核的特性参数模型，包括硬件尺寸、处理能力、数据输入/输出、平均功耗等，从而构建完整的 GNC 微系统 IP 微功能核库，支持模块化的定制开发。

整体上，GNC 微处理器一般需根据消耗的硬件资源（如处理资源、存储资源等）选择处理器型号，然后，在确认好硬件的基础上，优化相关的软件算法（包括底层驱动、传感器数据读取、数据传输、综合数据处理等），从而提高 GNC 微系统整体运行效率。

2.3.5 GNC 微处理器软件优化设计

在软件层面，从底层驱动到上层应用的角度出发，GNC 微处理器软件优化方法可分为算法级优化、编译器级优化和体系结构级优化，并且前两种属于通常采用的方法。

（1）在算法级优化方面，作为 GNC 微处理器资源占用较多的函数，多源信息融合扩展卡尔曼滤波模块中的主滤波器函数，内部涉及 double 型数组以及矩阵求逆等运算操作，可通过状态方程和观测方程等矩阵特征进行算法优化。

（2）在编译器级优化方面，GNC 微处理器可在程序编译过程中优化指令，主要包括寄存器重构、循环展开、指令流水优化以及指令排序优化等方法。

1. GNC 微处理器软件优化类别

从优化级和平台匹配性等角度出发，GNC 微系统软件优化方法可分为两类，即通用的优化方法和与 GNC 平台相关的优化方法。一般主要从计算量和访存开销等方面入手，通过使用多种方法减少指令数量和访存次数，来提升程序运行效率，适用于所有平台。与之不同的是，依据处理器硬件特性，GNC 微系统平台常从执行时间和执行效率等方面进行优化。优化方法与平台特性紧密相关，不同平台的优化方法也不尽相同。

目前处理器种类繁多、特点各异，具体表现在指令集架构、流水线深度、计算资源数量、存储结构层次和大小等诸多方面。此时，通用化的软件优化方法整体优化效果一般，反而平台相关的优化方法效果更佳。因此，针对 GNC 平台进行的微处理器软件优化具有重要意义。

2. GNC 微处理器软件优化设计要点

在集成电路高速发展的技术背景下，处理器发展的速度与热度依旧不减。随着工艺提高和新技术持续投入，各平台新产品层出不穷，使得处理器特点不一、各有千秋。GNC 微处理器软件优化设计时，常关注以下设计要点。

（1）软硬件协同设计。同样的程序，在不同的硬件平台环境下，运行效率有所不同，应当有较适合它的编程规则，这就是软件在不同平台运行的差异性问题。虽然处理器设计人员竭力平台化应用开发环境，在应用分析、编译器等方面进行大量改进，但仍难以彻底解决上述问题。这在资源紧俏、速度要求较高、功耗要求较低的嵌入式系统上尤为突出。

（2）处理器基本特征。编程人员对高级语言的理解和使用水平不一，并不能做到像使用汇编语言时，让处理器完全按照自己的意图去执行，也难以完全发挥处理器的性能。这些问题都需要了解处理器特征，来指导软件开发或软件优化。

（3）处理器资源优化。在有限的资源下，软件优化方法是提高系统性能的重要手段。而高质量的代码优化需要兼顾体积和性能，究竟应该偏向何方，就需要对处理器的特点有一定的了解，同时，结合不同应用场景下的硬件特性，权衡处理器资源，以达到较理想的优化效果。

综合而言，高性能、低功耗、高可靠已成为微处理器的发展趋势。一方面，高性能始终是微处理器设计的主要研究方向；另一方面，低功耗和高可靠设计方法也会对微处理器造成一定的性能损失。如何以更少的处理器资源，实现低功耗和高可靠设计，也成为微处理设计中的关键难题。

2.3.6　GNC 微处理器软件优化实例

通常情况下，GNC 微处理器包括惯性传感器、卫星导航芯片、数据链通信模块、存储逻辑单元、多核处理器以及电源管理模块等，并根据不同的应用场景，进行对应的外源传感器扩展。其中，从 GNC 微系统软件优化的角度出发，主要涉及微惯性测量模块、卫星导航模块和多源信息融合模块。

1. GNC 微处理器软件处理流程

以松组合信息融合模式为例，通过捷联惯导系统姿态速度位置更新和卫导系统的新息量测，GNC 微处理器结合组合导航接收机所跟踪的各个可见卫星仰角和信号载噪比，实时调整组合导航扩展卡尔曼主滤波器观测噪声矩阵权重，利用卫导和惯导伪距、伪距率量测值更新组合导航卡尔曼滤波器状态方程和误差协方差矩阵，最后通过卫导与惯导信息融合结果，反馈校正系统状态矩阵，并输出当前的姿态速度位置等解算结果。

2. GNC 微处理器运算量分析

以 DSP 的底层运算时钟作为统一的基准，GNC 微处理器对核心模块的运算量进行综合评估。以 TI 公司的 C6000 系列 DSP 芯片 TMS320C6713 为例，该芯片具有超长指令字结构，时钟最高主频达到 300MHz，工程实测结果表明，执行一次浮点加运算需要 20 个时钟周期，执行一次浮点乘运算需要 19 个时钟周期（此处注意执行浮点乘所需的时钟反而比浮点加运算还要少，原因在于 DSP 内部乘法运算存在硬核加速），执行一次浮点除运算需要 212 个时钟周期，执行一次浮点开方运算需要 457 个时钟周期，由于 DSP 中浮点加和浮点乘的运算时钟接近，故将浮点加和浮点乘的时钟统计到一起，执行一次浮点加和浮点乘平均按照 19.5 个时钟周期来计算，对总体运算量统计的影响微乎其微，具体过程详见文献[52]。

3. GNC 微处理器软件优化调试要点

合理设置中间断点是提高嵌入式软件调试的"利器"。在工程实际设计中，需要注意 MEMS 陀螺仪和 MEMS 加速度计的原始观测量 SPI 输出速率以及时钟线的极性问题，同时注意调整上电顺序以防闩锁效应发生，具体调试要点如下所述。

（1）合理利用位域字符标志位，优化内存空间。

嵌入式软件调试过程中，可考虑 C 语言的位域操作，通过 8bit 的不同标志位，既可以节省存储空间，同时提高运算效率，并且在调试过程中注意保护熔断机制的设置，因为一些大型复杂算法会存在诸多不可控的因素，例如，在多模卫星导航系统运算过程中，因为跟踪的可见卫星能够达到 48 颗及以上，如果所有跟踪的可见卫星都参与接收机结果解算，那通过 double 类型的扩展卡尔曼滤波器将会给处理器造成较大的负担，通过多系统选星操作，能够降低系统的计算复杂度，但是多系统选星具体算法中涉及卫星几何精度因子的最优选择问题，通过增加熔断机制重置最优卫星空间分布，可确保算法及内存指针不发生溢出情况。此外，考虑 ARM 或者 DSP 处理器与传感器信号采集单元通信过程中的时间锁存机制，可确保每一个时间戳内提取数据的边界信息达到精确的同步。

（2）合理利用"典型"中间变量，提高调试效率。

GNC 微系统组合导航信息融合解算具体调试过程中，可通过 DSP 或者 ARM 处理器中提取的卫导伪距、伪距率信息倒推卫星导航接收机码片的原始观测量信息，并拟合卫导信号处理过程中的时间信息，考虑到卫导时间组成包括周内秒 + 当前子帧 + 电文比特 + 伪随机码周期 + 码片 + 码片相位，并且经过时间与光速的相乘运算操作后，拟合出的卫星信号发射时间应该是线性连续的。如果时间变动比较大，通过底层不连续时间码片等数据，可以推断出对应的故障模块。

（3）合理利用矩阵变量特性，提高运算效率。

GNC 微系统组合导航状态估计扩展卡尔曼滤波信息融合解算过程中，存在较多的 double 型数组，同时涉及矩阵求逆操作，但是矩阵中包括正定矩阵以及大部分状态转移矩阵的数据是 0，所以通过先进算法实现矩阵求逆的优化操作，可减轻处理器运算负担，进一步提高 GNC 微系统软件算法的运行效率。

GNC 微系统处理器软件部分优化完毕后，其他的硬件部分，如 MEMS 陀螺仪、MEMS 加速度计、磁强计、气压计、舵机控制器、电调驱动控制器、数据链通信等部组件也需要结合具体应用场景（或者协议）进行软件优化。同时，GNC 微系统通常利用 SiP 和 PoP 技术，将处理器、铁电存储器、串口驱动器、MEMS 惯性传感器、接口芯片、气压传感器等器件进行系统级封装。具体工程实现中，首先将系统控制部分电路通过 SiP 系统级封装技术，封装为一颗 BGA 芯片，然后通过穿塑通孔（through mold via，TMV）技术将底部的 BGA 芯片与传感器及 Memory 连接，实现 POP 的封装，最终形成 SiP + POP + BGA 系统级封装的 GNC 微系统产品。

参 考 文 献

[1] 尤政. 智能制造与智能微系统. 中国工业和信息化，2019，（12）：50-52.

[2] 向伟玮. 微系统与 SiP、SoP 集成技术. 电子工艺技术，2021，42（4）：187-191.

[3] 唐磊，匡乃亮，郭雁蓉，等. 信息处理微系统的发展现状与未来展望. 微电子学与计算机，2021，38（10）：1-8.

[4] 冯跃，娄文忠，韩炎晖. 军用微系统设计与制造. 北京：北京理工大学出版社，2021.

[5] Chen S，Xu Q，Yu B. Adaptive 3D-IC TSV fault tolerance structure generation. IEEE Transactions on Computer-Aided Design of Integrated Circuits and Systems，2019，38（5）：949-960.

[6] 于明卫，邢建平，王胜利，等. 北斗 GNSS/INS/DR 敏捷精准测控微系统单元. 卫星导航定位与北斗系统应用 2019——北斗服务全球融合创新应用，2019：308-312.

[7] 张伟，祝名，李培蕾，等. 微系统发展趋势及宇航应用面临的技术挑战. 电子与封装，2021，21（10）：7-15.

[8] Rafatnia S，Nourmohammadi H，Keighobadi J. Fuzzy-adaptive constrained data fusion algorithm for indirect centralized integrated SINS/GNSS navigation system. GPS Solutions，2019，23（3）：62.

[9] Liu S，Li S，Zheng J，et al. Benefits of using carrier phase tracking errors for ultra-tight GNSS/INS integration：Precise velocity estimation and fine IMU calibration. IEEE Transactions on Instrumentation and Measurement，2022，71：8500912.

[10] 陆元九. 火箭轨道控制的辉煌成就. 科学通报，1960，11（3）：69-70.

[11] 丁衡高，王寿荣，黄庆安，等. 微惯性仪表技术的研究与发展. 中国惯性技术学报，2001，9（4）：46-49，73.

[12] 朱晓枭，周瑜，刘云飞，等. 微系统技术发展现状及趋势. 电声技术，2021，45（7）：21-29.

[13] Vavilova N B，Golovan A A，Kozlov A V，et al. INS/GNSS integration with compensated data synchronization errors and displacement of GNSS antenna. Experience of Practical Realization. Gyroscopy and Navigation，2021，12（3）：236-246.

[14] Zorina O A，Izmailov E A，Kukhtevich S E，et al. Enhancement of INS/GNSS integration capabilities for aviation-related applications. Gyroscopy and Navigation，2017，8（4）：248-258.

[15] 孙海钦，李金，吴振广，等. 航天微系统技术及其应用概述. 电子元器件与信息技术，2021，5（4）：72-73.

[16] Ge D，Cui P，Zhu S. Recent development of autonomous GNC technologies for small celestial body descent and landing. Progress in Aerospace Sciences，2019，110：100551.

[17] Mohammadkarimi H，Nobahari H. A model aided inertial navigation system for automatic landing of unmanned aerial vehicles. Journal of The Institute of Navigation，2018，65（2）：183-204.

[18] Du B，Shi Z，Wang H, et al. Multi-layer model aided inertial navigation system for unmanned ground vehicles. Measurement Science and Technology，2022，33（7）：075110.

[19] 杜君南，王融，熊智，等. 集群飞行器分层式结构协同导航方法研究. 电光与控制，2021，28（5）：6-10.

[20] Nourmohammadi H，Keighobadi J. Decentralized INS/GNSS system with MEMS-grade inertial sensors using QR-factorized CKF. IEEE Sensors Journal，2017，17（11）：3278-3287.

[21] 张伟，许俊，黄庆龙，等. 深空天文自主导航技术发展综述. 飞控与探测，2020，3（4）：8-16.

[22] 王巍. 光纤陀螺在宇航领域中的应用及发展趋势. 导航与控制，2020，19（Z1）：18-28.

[23] 李鹏勃，马方远，王西泉，等. 弹载 GPS/BD 数据引导雷达的数据处理方法. 探测与控制学报，2021，43（2）：110-113.

[24] Bai M，Huang Y，Zhang Y，et al. A novel progressive Gaussian approximate filter for tightly coupled GNSS/INS integration. IEEE Transactions on Instrumentation and Measurement，2020，69（6）：3493-3505.

[25] 陈耿，于山，方楚雄，等. 弹载组合导航算法仿真实现. 火控雷达技术，2021，50（3）：25-30.

[26] Zhang Q，Niu X，Shi C. Impact assessment of various IMU error sources on the relative accuracy of the GNSS/INS systems. IEEE Sensors Journal，2020，20（9）：5026-5038.

[27] Canciani A，Raquet J. Airborne magnetic anomaly navigation. IEEE Transactions on Aerospace and Electronic Systems，2017，53（1）：67-80.

[28] Wang D，Dong Y，Li Z，et al. Constrained MEMS-based GNSS/INS tightly coupled system with robust Kalman filter for accurate land vehicular navigation. IEEE Transactions on Instrumentation and Measurement，2020，69（7）：5138-5148.

[29] 马伟，李沅，康健，等. 基于联邦滤波的偏振光/SINS/BDS/地磁组合导航算法. 传感器与微系统，2022，41（2）：136-139.

[30] Sadi F，Klukas R. New jump trajectory determination method using low-cost MEMS sensor fusion and augmented observations for GPS/INS integration. GPS Solutions，2013，17（2），139-152.

[31] Langer M，Trommer G F. Multi GNSS constellation deeply coupled GNSS/INS integration for automotive application using a software defined GNSS receiver. 2014 IEEE/ION Position，Location and Navigation Symposium-PLANS 2014，2014：1105-1112.

[32] Zhang A，Atia M M. An efficient tuning framework for Kalman filter parameter optimization using design of experiments and genetic algorithms. Navigation，2020，67（4）：775-793.

[33] 刘菲，王志，戴晔莹，等. 基于预测残差的抗差自适应滤波组合导航算法. 北京航空航天大学学报，2021：1-14.

[34] Jiang W，Liu D，Cai B，et al. A fault-tolerant tightly coupled GNSS/INS/OVS integration vehicle navigation system based on an FDP algorithm. IEEE Transactions on Vehicular Technology，2019，68（7）：6365-6378.

[35] Stebler Y，Guerrier S，Skaloud J，et al. Generalized method of wavelet moments for inertial navigation filter design. IEEE Transactions on Aerospace and Electronic Systems，2014，50（3）：2269-2283.

[36] Pan S，Meng X，Gao W，et al. A new approach for optimising GNSS positioning performance in harsh observation environments. The Journal of Navigation，2014，67（6）：1029-1048.

[37] Daneshmand S，Lachapelle G. Integration of GNSS and INS with a phased array antenna. GPS Solutions，2017，3（2018）：1-14.

[38] Bhattacharyya S，Gebre-Egziabher D. Kalman filter-based RAIM for GNSS receivers. IEEE Transactions on Aerospace and Electronic Systems，2015，51（3），2444-2459.

[39] 董毅，王鼎杰，吴杰. 载波相位时间差辅助的 SINS/GNSS 紧组合导航方法. 中国惯性技术学报,2021,29（4）:451-458.

[40] 姚晓涵，陈帅，杨博，等. 基于联邦滤波的异质异步多传感器组合导航算法. 航天控制，2021，39（5）：27-31，38.

[41] Gu S，Dai C，Fang W，et al. Multi-GNSS PPP/INS tightly coupled integration with atmospheric augmentation and its application in urban vehicle navigation. Journal of Geodesy 95，2021，64：1-15.

[42] Chen Y，Zhan X. GNSS vulnerability reliable assessment and its substitution with visual-inertial navigation. Aerospace Systems，2021，4（3）：179-189.

[43] 薛连莉，沈玉芃，宋丽君，等. 2019 年国外导航技术发展综述. 导航与控制，2020，19（2）：1-9.

[44] Cui B，Wei X，Chen X，et al. On sigma-point update of cubature Kalman filter for GNSS/INS under GNSS-challenged environment. IEEE Transactions on Vehicular Technology，2019，68（9）：8671-8682.

[45] 王大轶，胡启阳，胡海东，等. 非合作航天器自主相对导航研究综述. 控制理论与应用，2018，35（10）：1392-1404.

[46] 王琮，陈安升，陈帅，等. MIMU/GNSS/ODO/高度计/航姿仪组合导航微系统硬件设计.航天控制，2020，38（5）：73-79.

[47] Sun R，Yang Y，Chiang K W，et al. Robust IMU/GPS/VO integration for vehicle navigation in GNSS degraded urban areas. IEEE Sensors Journal，2020，20（17）：10110-10122.

[48] Li W，Guo L. Robust particle filtering with time-varying model uncertainty and inaccurate noise covariance matrix. IEEE Transactions on Systems，Man，Cybernetics：Systems，2021，51（11）：7099-7108.

[49] 黄浩铭，邢朝洋，单光宝，等. 惯性微系统中三维互连结构可靠性研究. 惯性技术发展动态发展方向研讨会论文集——前沿技术与惯性技术的融合与应用，2021：225-231.

[50] 黄云，周斌，杨晓锋，等. 微系统及其可靠性技术的发展历程、趋势及建议. 电子产品可靠性与环境试验，2021，39（S2）：21-24.

[51] 向伟玮. 微系统与 SiP、SoP 集成技术. 电子工艺技术，2021，42（4）：187-191.

[52] Meng F C，Wang S，Zhu B C. Research of fast satellite selection algorithm for multi-constellation. Chinese Journal of Electronics，2016，25（6）：1172-1178.

第 3 章

GNC 微系统工艺技术

3.1 概述

随着微电子芯片的尺寸逐步达到光刻极限，通过缩减线宽提升性能愈发困难，因此，超越摩尔定律成为集成电路及电子信息产业的重要发展方向。微系统技术正由系统级向芯片级三维集成方向发展，对集成度、复杂度要求也更高。同时，随着 MEMS 器件晶圆级封装（wafer-level packaging，WLP）、三维垂直互连、新型键合工艺等技术的发展，集成电路芯片与集成封装组件的界限日渐模糊，形成了相互促进、融合发展的新局面，共同推动微电子技术向更高集成度、更小体积、更低功耗、更低成本等方向发展[1-4]。

作为航空航天和军事装备等领域的核心技术，GNC 微系统在总体结构层面，以晶圆级集成、芯片堆叠、倒装焊等为核心技术，采用 SiP/PoP 混合集成方式进行系统级微尺度集成[5,6]，包括处理器电路、通用数据接口电路、传感器电路、电机半桥控制电路、存储器电路等。具体地，该技术采用 SiP 形式，高密度集成主控单元、辅助处理单元、串口协议转换单元、半桥驱动单元、电机反馈单元、看门狗、运放单元及部分无源器件；以 MEMS 陀螺仪、MEMS 加速度计平面化设计为基础，采用有机介质基板，集成微惯性测量单元、气压高度计、铁电存储器、时钟单元、电压基准单元以及部分无源器件，最终形成完整的 GNC 微系统。微系统集成技术的发展，某种程度上为电子产品的性能提升带来了颠覆性的进步，如集成度和功率密度显著提高、体积明显减小、功耗显著降低等。异质异构集成在实现体积小型化、高性能集成的同时，也必须克服诸多技术难题，例如，高深宽比刻蚀、保型淀积、各向异性电镀等。

本章将从 2D、2.5D、3D 集成等微系统工艺技术发展现状出发，具体介绍集成关键工艺技术、晶圆级封装关键工艺和三维热管理技术等方面，并主要关注微凸点、重布线、硅通孔、无源器件集成（integrated passive device，IPD）、芯粒以及光电子集成等。最后，对 GNC 微系统工艺技术发展趋势进行了展望。

3.2 微系统工艺技术发展现状

当前，应用需求不断驱动晶体管追求更小尺寸、更低功耗、更低成本。但随着线宽的不断缩小，对相应光刻技术以及封装构架的要求也越来越高，导致高昂的加工成本和严苛的材料性能。此外，小线宽带来的散热问题也越来越严峻。至此，人们逐渐意识到，单一芯片难以集成更高密度的电路，于是出现了超越摩尔的呼声。超越摩尔定律聚焦于单个封装系统的高密度集成，试图将越来越多的器件或功能集成在一个封装体芯片中，甚至包括微处理器、数据转换器、发射器、接收器和无源器件等[7-9]。

从工艺角度而言，GNC 微系统是一种结合功能材料及薄膜化制备工艺，以三维集成封装技术为基础，面向硅、玻璃和金属等材料的系统[10,11]。它可将微传感、微处理、微执行和微能源等组件集成在一个芯片（SoC 功能芯片）或一个封装管壳内（SiP/SoP 等），服务于集成化、微型化的完备系统，支撑该类系统实现导航、制导与控制等功能[5,6,12]。

从基板材料角度而言，可分为硅基、玻璃基、陶瓷基、柔性基等集成技术[10]；从空间结构角度而言，可分为 2D 集成、2.5D 集成以及 3D 集成等方式[13, 14]，也是本书重点介绍的内容。一般而言，由于硅基集成技术相对成熟，具有线宽小、集成度高、与传统 IC 工艺兼容性较好等优势，是目前使用较为广泛的集成技术之一。

3.2.1 2D 集成封装技术

2D 集成可在基板的表面，水平安装所有芯片和无源器件实现集成。在坐标系设置上，通常以基板上表面的左下角为原点，X、Y 轴处于基板上表面，Z 轴位于基板法线方向。在物理结构上，芯片和无源器件均以直接接触的方式，安装在基板 XY 平面，且基板上的布线和过孔均位于 XY 平面下方。在电气连接上，大部分芯片和无源器件需通过基板（少数通过键合线直接连接的键合点除外）。常见的 2D 集成技术主要应用于印制电路板（printed circuit board，PCB）、MCM 以及部分 SiP。

1. 2D-MCM 技术概述

作为微系统 2D 集成的主流技术，2D-MCM 通过金丝键合线以及基底材料，将多个芯片甚至裸芯片集成到一个封装里，进而降低系统组件的尺寸和成本。该技术具有如下益处：第一，由于不再需要单独封装组件内的多种芯片，芯片间的走线可更短，因此，能够实现更优的传输性能，从而克服半导体 IC 的诸多局限；第二，由于集成度较高，更易对 2D-MCM 进行集中的屏蔽和保护，优于传统分立器件的系统可靠性；第三，将不同工艺的晶片集成在一个封装内，还可构建模拟、数字、射频以及电阻、电容等无源器件的混合系统，使用方式上更加灵活。目前，2D-MCM 技术在微系统集成领域应用广泛，例如，美国国际商业机器公司（international business machines corporation，IBM）研制了基于 2D-MCM 技术的 Power5 处理器[15]，集成了 4 个微处理器芯片和 4 个 36MB 的外部三级缓存芯片，如图 3.1 所示。

图 3.1 美国 IBM 公司 Power5 处理器

2. 2D-SiP 技术概述

传统的封装技术主要面向器件，不存在"集成"的有关概念，仅需要实现保护芯片、尺度放大和电气连接等功用。随着 MCM 技术的兴起，封装领域逐渐有了集成的概念，其本质也发生了变化，逐渐由芯片转向模块、组件甚至系统。2D-SiP 的工艺路线和 MCM 相似，但其规模通常比 MCM 大，更易形成独立的系统。

2D-SiP 将多个芯片组装到同一封装载体表面，常用组装工艺包括引线键合、倒装芯片，或者两种工艺混合使用。由于封装载体上的布线比芯片上的布线宽出 3 个数量级，所以该结构在互连芯片的数量上会受到一定的限制。主要流程为，先制作有机基板或高密度陶瓷基板，然后，在此基础上进行封装和测试。

3.2.2　2.5D 集成封装技术

2.5D，顾名思义，介于 2D 和 3D 之间，通常指既有 2D 的特点，又有部分 3D 特征的一种维度。在布局 2.5D 集成封装技术的物理结构时，芯片和无源器件均位于 *XY* 平面上方，部分芯片和无源器件安装在转接板上。在 *XY* 平面的上方，设计转接板的布线和过孔。在 *XY* 平面的下方，设计基板的布线和过孔。对应在电气连接上，转接板可实现其面上芯片的电气连接功能。

2.5D 集成的关键在于转接板，它分为硅和玻璃等两种材质。在硅转接板上，通常将穿越转接板的过孔称为 TSV，对于玻璃转接板，称为玻璃通孔（through glass via，TGV）。近年来，基于微组装、TSV、TGV、RDL、微凸点（micro bump）和 IPD 等技术，2.5D 微系统发展迅速，并广泛应用于微处理器、逻辑和存储器件等领域。

1. 基本分类

基于硅转接板（或硅基板）的三维异构集成，是最常见的 2.5D 集成技术之一。根据是否包含 TSV 通孔，通常可分为基于 TSV 的 2.5D 集成和无 TSV 的 2.5D 集成。

（1）基于 TSV 的 2.5D 集成，芯片通过微凸点与转接板相连接，且转接板表面通过 RDL 布线，采用凸点和基板相连。其中，TSV 作为硅基板上下表面的电气连接通道，适合芯片规模较大、引脚密度较高的情形，且芯片一般以倒装的形式安装在硅基板上[16]，如图 3.2 所示。

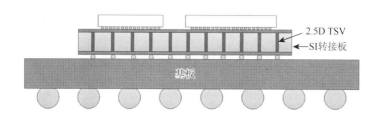

图 3.2　基于 TSV 的 2.5D 集成示意图

（2）无 TSV 的 2.5D 集成，其基板上不包含 TSV 通孔结构，典型结构如图 3.3 所示。面积较大的裸芯片直接安装在基板上，该芯片和基板的连接可采用键合线或倒装等方式。大芯片上方可安装多个较小的裸芯片，但小芯片难以直接连接到基板，通常需要插入一

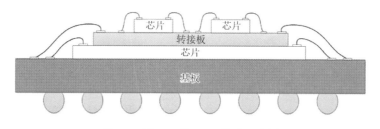

图 3.3　无 TSV 的 2.5D 集成示意图

块转接板，然后在转接板上方安装多个裸芯片。由于转接板上存在 RDL 布线，可将芯片的信号引出到转接板的边沿，通过键合线连接到基板。此类转接板通常不需要 TSV，只需通过转接板上表面的布线进行电气互连，且转接板采用键合线和封装基板相连接。

2. 典型产品

作为芯片和有机基板的中间层，硅转接板因与硅芯片的热膨胀系数相近，可集成多颗具有高密度凸点的芯片，如美国赛灵思（Xilinx）公司的 FPGA 产品；可作为高带宽存储器（high bandwidth memory，HBM）和处理器的互连通道，如美国英伟达（NVIDIA）公司的 A100 产品；可实现两颗 SoC 芯片的拼接，如美国苹果（Apple）公司发布的 M1 Ultra 芯片[17]。硅转接板以是否集成特定功能，分为无源和有源转接板。其中，无源转接板仅包含金属互连层，有源转接板包含可集成供电、片内网络通信等功能。

作为 2.5D 集成封装技术的典型产品，中国台湾积体电路制造股份有限公司（简称台积电或 TSMC）推出了基板上晶圆上的芯片（chip on wafer on substrate，CoWoS）封装，其技术路线如图 3.4 所示。

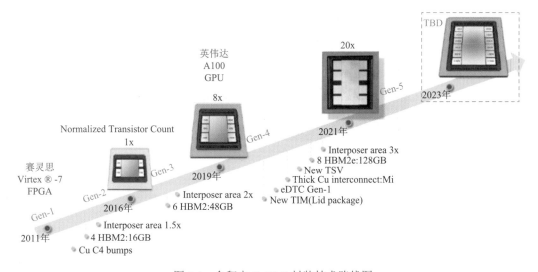

图 3.4　台积电 CoWoS 封装技术路线图

台积电 CoWoS 封装技术的主要工艺特点如下：

（1）通过微凸点，将多颗芯片并排键合至硅基无源转接板晶圆上，形成芯片至晶圆装配体；

（2）减薄晶圆背面以露出 TSV；

（3）制备可控塌陷芯片连接（C4）凸点；

（4）切割晶圆并将切好的晶圆倒装焊至封装基板上，形成最终的 CoWoS 封装。

自 2012 年起，该技术已更新了 5 代，通过掩模板拼接技术，无源转接板尺寸从接近 1 个光罩面积，增至 3 个光罩面积（2500mm²）。前两代为同质芯片集成，主要集成硅基逻辑芯片，从第 3 代起，演变为异质芯片集成，主要集成逻辑 SoC 芯片和 HBM 阵列。为提高芯片的电源完整性，该技术开始在无源转接板内集成深沟槽电容。

2020 年，美国 NVIDIA 公司采用台积电第 4 代 CoWoS 技术，封装了其 A100 GPU 系列产品（图 3.5（a）），将 1 颗英伟达 A100 GPU 芯片和 6 颗韩国三星电子（Samsung）公司的 HBM2（带宽为 256GB/s），集成在一个 1700mm² 的无源转接板上，每个 HBM2 集成 1 颗逻辑芯片和 8 个动态随机存取存储器（dynamic random access memory，DRAM），基板为 12 层倒装芯片球栅格阵列（flip-chip ball grid array，FCBGA）基板（图 3.5（b）），尺寸为 55mm×55mm。

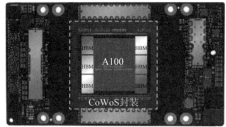

(a) A100 GPU和HBM阵列

(b) CoWoS封装切面图

图 3.5　美国 NVIDIA 公司 A100 GPU CoWoS 封装

3.2.3　3D 集成封装技术

20 世纪 80 年代，国外首次提出 3D 大规模集成电路的制造方法，将其晶圆从背面减薄，并键合到另一个较厚的大规模 IC 晶圆上。20 世纪 90 年代，开始将 Si 晶圆间的键合技术用于 MEMS 剪切应力传感器，并采用 TSV 垂直互连的多层 3D 大规模 IC，开发了多晶硅 TSV 技术，并先后研发了实时微视觉系统，为三维微系统集成的发展奠定了技术基础[18]。

1. 与 2.5D 集成封装主要技术区别

不同于 2.5D 集成在转接板上布线和打孔，3D 集成可直接在芯片上打孔（TSV）和布线（RDL），通过电气连接上下层芯片。在物理结构层面，芯片和无源器件均位于 XY 平面上方，芯片堆叠在一起，在 XY 平面的上方存在穿过芯片的 TSV，在 XY 平面的下方存在基板的布线和过孔。在电气连接层面，通过 TSV 和 RDL 将芯片直接进行电气连接。具体而言，2.5D 封装和 3D 封装的主要区别如下所述。

（1）互连方式不同。2.5D 封装主要通过 TSV 转换板连接芯片，而 3D 封装将多个芯片垂直堆叠在一起，通常利用直接键合技术实现芯片间互连。在 2.5D 结构中，两个或多个有源半导体芯片并排放置在硅中介层上，以提高芯片到芯片的互连密度。在 3D 结构中，有源芯片通过芯片堆叠集成，以实现较短的互连和较小的封装尺寸。

（2）制造工艺不同。2.5D 封装需要制造硅基中介层，并需要进行微影技术等复杂的工艺；而 3D 封装需要进行直接键合等高难度的制造工艺。

（3）应用场景和性能要求不同。2.5D 封装通常应用于高性能计算、网络通信、人工智能、移动设备等领域，具有较高的性能和设计灵活性；而 3D 封装通常应用于存储器、传感器、医疗器械等领域，具有较高的集成度和较小的封装体积。

2. 基本分类

从应用产品的角度而言，3D 集成可分为同构集成和异构集成两类。

（1）3D 同构集成是指将多个相同的芯片垂直堆叠在一起，通过穿过芯片堆叠的 TSV 互连，如图 3.6 所示。3D 同构集成主要应用在存储器集成领域，例如，DRAM 堆叠、Flash 堆叠等。

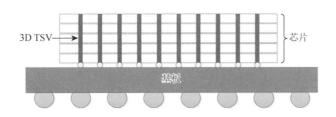

图 3.6　3D 同构集成基本示意图

（2）3D 异构集成是指通过 TSV 将两种或多种不同的芯片进行电气连接，或和下方的基板互连。有时需在芯片表面制作 RDL，来连接上下层的 TSV，进而形成垂直堆叠的集成方式，如图 3.7 所示。

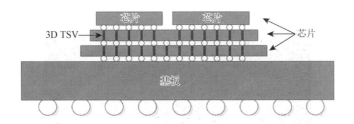

图 3.7　3D 异构集成基本示意图

从集成工艺的角度而言，3D 集成可分为 SiP 工艺、TSV 工艺、PoP 工艺和柔性集成等 4 种类别，具体将在后面内容详细介绍。

1）基于 SiP 工艺的 3D 集成封装技术

作为最早出现的 3D 集成技术之一，SiP 技术可将多个不同工艺单独制造的芯片封装到一起，并可对不同组件（包括不同工艺、不同功能、不同制造商生产等情况）进行一体化封装，具有物理尺寸较小、电性能较高、封装效率较高和兼容性较好等优点，如图 3.8 所示。

图 3.8 基于 SiP 工艺的 3D 集成封装示意图

在异构集成层面，它可将采用 7nm、10nm、28nm、45nm 等不同工艺的芯片封装在一起；在异质集成层面，它可将 Si、GaN、SiC、InP 等生产加工的芯片封装到一起，使不同材料的半导体在同一款封装内协同工作。它不仅能够实现面内集成，还可以向 Z 轴扩展，实现 2D 到 3D 的立体集成。

随着系统复杂度的提升，多异质功能 SiP 集成技术也逐步受到关注。2017 年，欧洲 3D 会议上，某公司提出了一种基于 Fan-out SiP 的 Chip-on-Chip 技术，并成功将硅光（Si photonics）集成到 SiP 中。美国 IBM 公司展示了带光口（VCSEL/PD）的 CPU/开关封装组件，体现了其在整合电子封装、降低成本、提高光电封装效能等方面的能力。可见，光、机、电一体化多异质功能集成封装，将成为新一代 SiP 集成封装的重要发展趋势，以满足复杂多元系统的应用需求。多异质功能 SiP 集成已广泛应用在国外军民领域，例如，某微小型导弹将 IC 芯片、MEMS 器件和光电器件等进行了 3D 封装集成，对外模块既有电连接的管脚，又有光纤端口，实现了光、机、电一体化集成封装，图 3.9 为该微小型导弹驱动模块示意图。

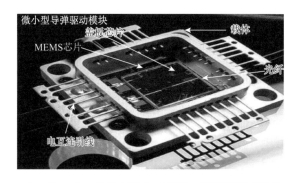

图 3.9 光、机、电一体化封装集成的微小型导弹驱动模块示意图

2）基于 TSV 工艺的 3D 集成封装技术

3D TSV 技术是异质异构集成、高端处理器和高端存储器的核心技术之一。在存储器领域，3D TSV 目前已经实现了量产。3D TSV 是 SiP 集成的理想互连解决方案，可集成 IC 电路、MEMS、传感器、RF 器件以及光电器件等。同时，基于 TSV 的 3D 堆叠技术，通过垂直 TSV 通孔代替传统平面互连，具有高密度、高性能和多功能等优点，使之适应性较广、技术细节多样，将是 3D SiP 的主流技术。

国际上参与 3D TSV 的机构较多，其中，整合元器件制造商（integrated device manufacture，IDM）有 Samsung、Micro、Freescale、Sony、Toshiba、STMicroelectronics 等公司；委外封测代工厂（OSAT）有 SPIL、Amkor、ASE、Powertech 等公司，CMOS 晶圆代工厂（foundry）有 TSMC、SMIC 等公司。同时，SPIL、Amkor 主要关注存储器、MEMS 和传感器等领域；Samsung 主要关注 CMOS 图像传感器（CIS）、硅转接板和 LED 等领域。Sony 是 3D TSV CIS 技术的领导者，他们采用 TSV 通孔全填充和 Via-Last 技术，实现 CIS 在 CMOS 芯片上的堆叠，芯片表面利用率超过 90%。类似地，3D TSV 技术也应用在 MEMS 和其 ASIC 芯片的堆叠集成，如 mCube 和 Bosch 公司的加速度计。

另外，3D TSV 堆叠器件集成 IPD 也应用于医疗等领域，典型产品如下：在存储器领域，基于 TSV 硅转接板多层存储器芯片堆叠，能实现大容量、低功耗、宽带宽存储，是基于 TSV 3D 高密度集成典型应用代表，目前已经在几个存储器大厂量产。美国美光（Micron）公司于 2013 年推出的首批 HMC（hybrid memory cube）4 层堆叠 DRAM 芯片产品，具体如图 3.10 所示。韩国 Samsung 公司于 2015 年批产的 4 层堆叠 128GB DRAM 芯片，如图 3.11 所示。

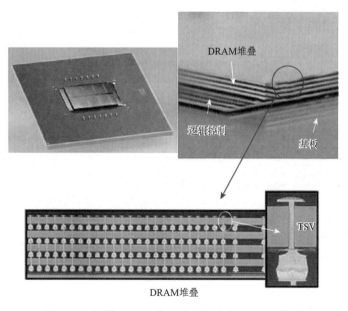

图 3.10　美国 Micron 公司的 4 层堆叠 HMC 存储器

图 3.11 韩国 Samsung 公司的 4 层堆叠 DRAM 存储器

在图像处理器领域，美国超威半导体（AMD）公司研制的图像处理器是 3D TSV 高性能和多功能集成的典型代表，如图 3.12 所示。它在 TSV 硅转接板上集成 1 个 GPU 图像处理器，4 个 HBM 高带宽存储器，GPU 和 HBM 间的电互连通过 TSV 硅转接板上的多层 RDL 解决，其他引脚经 TSV 硅转接板一次扇出后，再经过有机基板的 BGA 球栅阵列输出。其中，AMD 的 GPU 芯片采用 TSMC 的 28nm 工艺，尺寸 23mm×27mm；Hynix 的 HBM 有 1024 路 I/O，并集成界面逻辑芯片；TSV 硅转接板使用中国台湾联华电子（UMC）公司的 65nm 工艺线，尺寸 28mm×35mm；有机基板 54mm×55mm[17]。

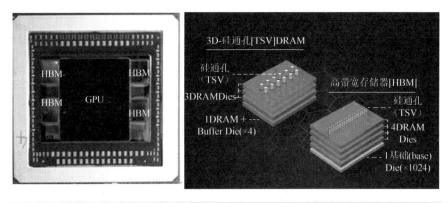

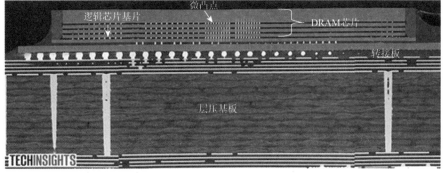

图 3.12 TSV 硅转接板上集成 GPU 和 HBM 存储器

在处理器领域，英国 AI 芯片公司 Graphcore 在 2022 年发布了一款智能处理单元

（intelligent processing unit，IPU）产品 Bow，其结构示意图如图 3.13 所示。它采用台积电晶圆对晶圆（wafer on wafer，SoIC-WoW）混合键合技术，将 7nm 处理器晶圆和供电晶圆堆叠在一起。其中，供电晶圆上含有深沟槽电容，用来存储电荷，背面 TSV 允许互连至晶圆内层；与上一代相同 7nm 制程相比，采用 3D WoW 封装技术后，性能和功耗改善明显[17]。

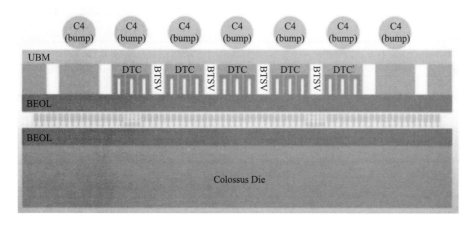

图 3.13　台积电 SoIC-WoW 混合键合技术示意图

在混合元器件领域，美国英特尔（Intel）公司开发了一款基于 22nm 工艺的有源转接板，包含 11 层金属和 TSV，TSV 与顶部金属层相邻，面积为 90.85mm^2，集成了供电、PCIe Gen3、USB Type C 等功能。通过 Foveros 技术，它将计算芯片和有源转接板面对面连接在一起，如图 3.14 所示。其中，有源转接板基于 22nm 成熟工艺，计算芯片基于 10nm FinFET 先进工艺，存在 13 层金属，面积为 82.5mm^2，融合了混合 CPU 架构、图像等功能[17]。

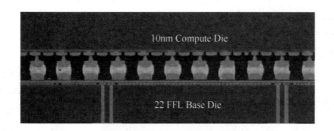

图 3.14　美国 Intel 公司 Foveros 技术示意图

总之，在 TSV 硅转接板上集成处理器芯片和存储器芯片，是 3D TSV 集成的典型应用，如图 3.15 所示。它可突破处理器芯片和存储器芯片间的数据传输瓶颈，实现高性能和多功能集成。

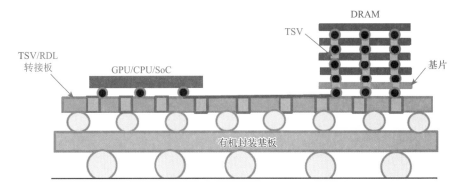

图 3.15　TSV 硅转接板上集成处理器芯片和存储器芯片示意图

3）基于 PoP 工艺的 3D 集成封装技术

作为新型 3D 集成技术之一，封装体叠层 PoP 技术可将具有相同外形逻辑和存储芯片的封装体进行二次集成。该技术已广泛应用于手机、存储器等领域。

（1）典型产品。

苹果手机是该技术成功应用的典型案例，早期推出的 iPhone6 和 iPhone7 处理器 A9（图 3.16）和 A10（图 3.17）模块中，均采用了双层有机基板的 PoP 堆叠技术。其中，A9 模块的底层处理器采用常规 FC　BGA 封装工艺，顶层存储器采用 2 层存储器芯片堆叠，且 PoP 堆叠的层间电互连仅通过焊球实现；A10 模块的底层处理器采用 Fan-out 封装工艺，顶层存储器采用 4 片平铺结构的存储器芯片，PoP 堆叠的层间电互连通过穿过塑封料的 TIV 和焊球共同实现[15]。

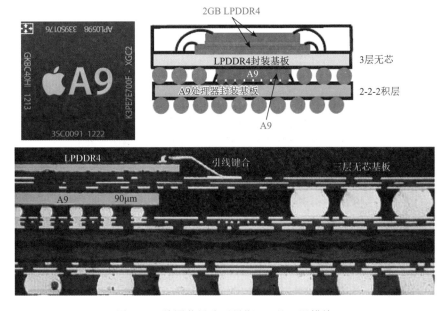

图 3.16　美国苹果公司早期 A9 处理器模块

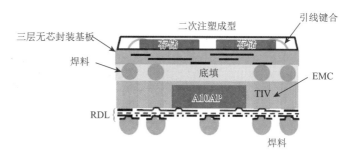

图 3.17　美国苹果公司早期 A10 处理器模块

（2）PoP 技术演化。

对于底层 PoP 封装而言，引线键合正迅速被倒装焊技术所取代[19]。一方面，受更小封装尺寸的技术要求推动，焊球节距也在不断缩小。当前，在底层 PoP 中，0.4mm 的焊球节距已非常普遍。另一方面，顶层封装的 DRAM 芯片和包含闪存的 DRAM 芯片，都要求更高速度和更大带宽，顶层封装也需要实现更大焊球数目的需求。综上，由于要求同时实现更大焊球数目和更小封装尺寸，因此，降低顶层封装的焊球节距成为重要发展趋势。过去 0.65mm 的节距已足够应对上述难题，而现在需要实现 0.5mm 的节距，甚至 0.4mm 的节距。

对应地，封装间焊球节距的缩小，带来了诸多技术难题。主要原因在于，更小的焊球节距要求更小的焊球尺寸，而顶层封装与底层封装的间隙高度在回流之后也将会更小。目前，为应对上述难题，广泛采用倒装芯片和封装间互连技术转变，以满足兼容较小封装尺寸和叠层高度的要求。封装体的尺寸、高度和焊球节距发展趋势如图 3.18 所示。

（3）发展趋势。

当前及未来的一段时间内，小而薄的 PoP 将会是主流发展趋势。首先，一种更薄的高密度衬底技术正在陆续研发中，可使用与硅器件本身性质更加匹配的材料，以降低翘曲变形。其次，也可使用包含 TSV 的硅基衬底方案，以实现超薄的 PoP 叠层，并可能会在顶层 PoP 存储器叠层中得到规模应用。最后，通过扇入型 PoP 等技术，实现高密度小节距封装间互连，其基本趋势如图 3.19 所示。

4）基于柔性集成的 3D 集成封装技术

随着微电子、微机械等信息技术的快速发展，基于柔性集成的 3D 集成封装电子系统复杂度日益提升，集中体现在导航传感器、先进集成工艺和 GNC 微系统应用等领域。

PoP发展趋势

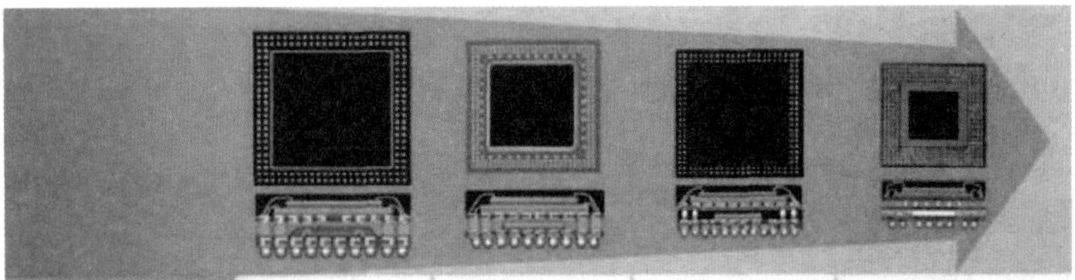

封闭尺寸 (mm/边)	＜17	＜15	＜14	＜12
堆叠 PoP 高度/mm	＜1.8	＜1.6	＜1.4	＜1.2
最小焊球节距， 底层 PoP/mm	0.5	0.5	0.4	0.30/0.32
最小焊球节距， 顶层 PoP/mm	0.65	0.4	0.4	0.30/0.32

图 3.18   封装体的尺寸、高度和焊球节距发展趋势示意图

图 3.19   更高互连密度、更薄体积的叠层 PoP 发展趋势

（1）GNC 微系统导航传感器领域典型产品。

在美国 DARPA 支持下，加利福尼亚大学欧文分校针对 GNC 微系统中关键的导航传感器及 IMU，采用 3D 柔性集成技术，于 2010 年报道了 DARPA 的 IMU 项目三维集成研究结果及 3D 柔性集成工艺方案，如图 3.20 和图 3.21 所示。

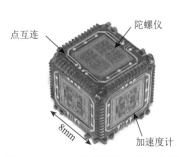

图 3.20   IMU 集成研究成果示意图

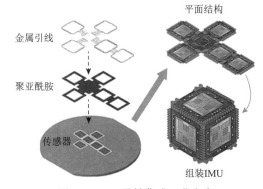

图 3.21   3D 柔性集成工艺方案

上述 IMU 项目设计采用了折叠正方体集成结构，并在一片 Si 晶圆上，实现了 MEMS 陀螺仪、MEMS 加速度计和柔性连接板间的单片集成，同时，实现用于折叠位置固定的闩锁结构。随后，采用折叠金字塔结构，形成的柔性 3D 集成样品，如图 3.22 所示，实测表明，其表面传感器轴变动在 0.2mrad 之内。

（2）先进集成工艺领域典型产品。

2011 年，挪威 Sensonor 公司采用刚柔结合的 PCB 板级集成工艺，将 3 轴 MEMS 陀螺仪和 32 位微控制器，通过 SMT 工艺，表面贴装在 PCB 板上，研制了当时最高精度柔性集成多轴 MEMS 陀螺仪模组 STIM210（尺寸 44.8mm×38.6mm×21.5mm，重量 52g），其零偏稳定性为 0.5°/h，性价比优于同精度等级 FOG 光纤陀螺仪，如图 3.23 所示。

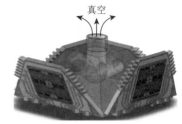

图 3.22　折叠金字塔结构 IMU 项目 3D 柔性集成工艺示意图

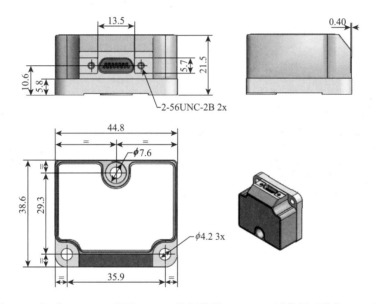

图 3.23　挪威 Sensonor 公司 MEMS 陀螺模组 STIM210 示意图（单位：mm）

此外，为满足半导体器件、IC 电路柔性集成的需求，有关学者陆续开展了 Si、GaAs 基柔性集成技术研究。2014 年，沙特阿卜杜拉国王科技大学报道了具有一定的柔性、可弯曲电子系统研究成果[20]。该系统采用湿法或干法工艺，选择腐蚀介质层或牺牲层的剥离工艺，从传统刚性半导体 Si、GaAs 等材料上剥离表面的电子层，再转移到柔性材料上，这样以三维集成方式形成层叠后的电子系统，仍具有一定的柔性、可弯曲，如图 3.24 所示。

2017 年，美国前沿科技探索公司德雷珀实验室将科技与生物相结合，成功试飞了一种新型混合无人机系统——可控制的蜻蜓无人机（DragonflEye）。该款无人机为蜻蜓加装包含微型导航、微型太阳能电池和光极等系统的电子背包，通过电子背包的控制，使蜻蜓按照人类的指令飞行，具体如图 3.25 所示。

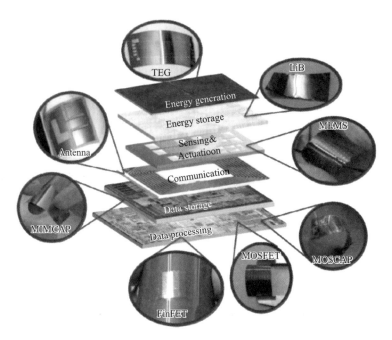

图 3.24　沙特阿卜杜拉国王科技大学科研团队的柔性三维集成

图 3.25　美国集成电子背包的蜻蜓无人机 DragonflEye 示意图

　　在实现方式上，通过将 3D 集成封装与柔性互连技术相结合，将塑封芯片和元器件 SMT 表贴在柔性电路板上，并通过柔性电路板上的布线，实现器件间的互连以及柔性电路板的弯折，进而完成超高集成密度的异构组件集成，并使得系统在保证多种功能性的同时，还具有尺寸微小等优势。与传统微型无人机相比，这种半生物、半机械的受控蜻蜓无人机，拥有与蜻蜓类似的飞行时间、机动和隐蔽性，在军民领域应用前景广阔。

　　相比于常用的陶瓷基、硅基、玻璃基，柔性基微系统 3D 集成技术具有轻质化、可弯曲等优势，但柔性基板的研制尚处于起步阶段，不具备量产能力，刚性半导体器件与柔性基板电互连性能差，尚需进一步提高贴合性与安全性。目前，柔性基微系统集成技术主要应用于可穿戴、医疗领域的微系统研发设计。

　　综上，硅基微系统集成技术相对成熟、兼容性较好、集成度较高，在未来一段时间内仍将是主流微系统集成技术。将与 Chiplet 融合，在高性能计算、GNC 微系统导航与制导等方向获得长足发展。而柔性基微系统集成技术具有质量较小、可弯曲等优势，未来一段时间内仍将在可穿戴、医疗领域占据主导地位。随着 GNC 微系统规模和复杂度的逐步提升，单一基板集成方式的局限性也逐步凸显，技术进步和产业发展将引导、推动 GNC 微系统集成技术进一步融合发展。总之，多基板、多工艺融合将是构建多功能、小体积、低成本、高可靠 GNC 微系统的重要方向。

3.3　微系统集成关键技术

微系统三维异构集成的关键在于，实现三维方向的电气互连与机械互连，其核心包含微凸点、RDL、TSV、IPD 和 Chiplet 等关键技术。通常而言，微凸点起着界面互连和应力缓冲的作用；RDL 起着 XY 平面电气延伸的作用；TSV 起着 Z 轴电气延伸的作用，并将晶圆视为 IC 电路的载体以及 RDL 和 TSV 的介质和载体。IPD 主要用于实现偏置、去耦、噪声抑制、滤波等功能。Chiplet 则具有 IP 重用功能，能够显著提高芯片设计的灵活性和效率。

3.3.1　微凸点技术

凸点作为微系统封装结构中的重要一环，为堆叠芯片及固定装配提供所需的机械支撑，并实现芯片与中介层，芯片与芯片间的电气互连[21]。

凸点的发展趋势是尺寸不断缩小，从球栅阵列焊球（ball-grid-array solder ball，BGA ball），其直径范围通常在 0.25～0.76mm，到倒装凸点（flip-chip solder Bump，FC Bump），也被称为可控塌陷芯片焊点（controlled callapse chip connection solder joint，C4 solder joint），其直径范围通常在 100～150μm，再到微凸点，其直径可小至 2μm。作为 FC 互连中的关键组成部分之一，芯片凸点具有形成芯片与基板间的电气连接、芯片与基板间的结构连接，以及为芯片提供散热途径等 3 个主要功能。微凸点与 RDL、TSV、晶圆的三维互连基本示意图如图 3.26 所示。

1. 基本分类

微凸点可以通过光刻电镀的方法，在整片晶圆上进行大规模制备，生产效率高，可降低批量封装成本。按照凸点的结构，微凸点可以分为焊料凸点和铜柱凸点。

（1）焊料凸点。它是目前倒装封装互连凸点的主流选择。焊料凸点（solder ball bump，SBB）一般为锡基的焊料形成的凸点，材料成分主要包括纯 Sn、Sn-Pb、Sn-Cu、Sn-Ag、Sn-Zn 和 Sn-Bi 等体系的合

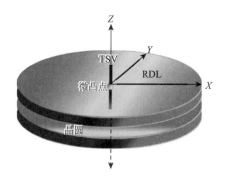

图 3.26　三维互连基本示意图

金。由于组装工艺较为简单，目前焊料凸点应用广泛。其中，近年来元器件无铅化趋势显著，无铅焊料被使用得越来越多。但无铅焊料在铺展能力和润性方面存在不足，而助焊剂作为辅助材料，可与无铅焊料配套使用，因而需求量持续增长。

（2）铜柱凸点。它将成为高密度、窄节距微系统封装市场的主流方式。随着先进封装对凸点间距要求越来越小，为避免桥接等现象的发生，IBM 公司于 21 世纪初首次提出

了铜柱凸点，以实现更高 I/O 密度。在焊料互连过程中，铜柱凸点能够保持一定的高度，既可以防止焊料的桥接现象发生，又可以掌控堆叠层芯片的间距高度。考虑到铜柱凸点的高径比不受阵列间距的限制，在相同的凸点间距下，可以提供更大的支撑高度，显著改善了底部填充胶的流动性。

2. 工艺流程

20 世纪 60 年代初期，微凸点随着倒装焊技术的发展而普遍应用，凸点的形状也多种多样，较为常见的是球状、柱状和块状等，典型类型的凸点如图 3.27 所示。

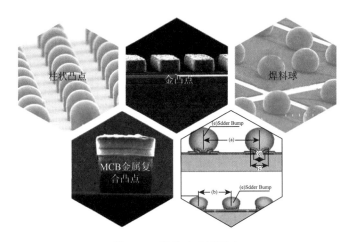

图 3.27　微凸点典型形态

凸点具有界面之间的电气互联和应力缓冲等功能，从 Bondwire 工艺发展到 FlipChip 工艺，凸点起到了重要的促进作用。常用的凸点有 C4 和 C2（chip connection）两种，目前，FC 晶圆 C4 凸点制造技术普遍常用电化学沉积或电镀工艺，具体如图 3.28 所示。

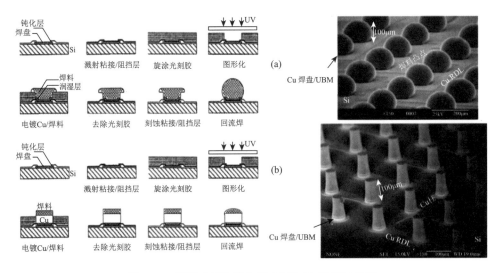

图 3.28　晶圆或芯片键合用 C4 和 C2 工艺示意图

芯片凸点的蒸镀工艺主要流程如下：将钼掩模板对中至晶圆，在晶圆上蒸镀 UBM 层后进行焊料的蒸镀，随后移去掩模板，最后，通过回流焊使焊料成为光滑的球型。蒸镀工艺的材料利用率较低，导致其存在成本劣势，同时采用蒸镀工艺得到的凸点节距较大，较难应用于细节距芯片，因而限制了其应用范围。

C4 工艺可以满足较薄封装外形、较高引脚密度的要求，且具有电性能优良、凸点芯片可返修等优点。同时，C4 焊料凸点在熔融过程中，其表面张力还可帮助焊料与金属层自对准，一定程度上降低了对沉积精度及贴片精度的要求，一般 C4 凸点芯片的焊料回流焊凸点节距可以小至 $50\mu m$。

由于更高的引脚数和更紧密的间距（焊盘之间的间距更小）需求，铜柱方案作为解决方案被提出，该方案具有导线互连和带焊帽的特征，即通常所说的 C2 凸点。C2 技术中使用的铜柱直径不受高度影响，可实现更细节距凸点的制备。铜柱可以分为不带焊料帽和带焊料帽。C2 凸点与 C4 凸点相比，既能够处理更精细的间距，还能提供更好的散热和电气性能。

3. 工艺要点

在芯片表面金属层上制备芯片凸点时，如果封装中的金属及污染离子向芯片表面金属层扩散，可能造成腐蚀或形成硬脆的金属间化合物，导致互连系统的可靠性降低。为防止上述现象，需在芯片表面金属层与芯片凸点之间添加凸点下金属化层（under bump metallurgy，UBM）结构，以此作为过渡层。

UBM 结构包括覆盖在芯片金属层上的粘接层、阻挡层、润湿层和抗氧化层。常见的 UBM 结构如图 3.29 所示，其中，金属 Cr 为黏附/扩散阻挡层，可替换金属材料有 Ti、Ti-W 等；金属 Cu 为焊球润湿材料，可替换金属材料有 Ni；Au 为氧化保护层，可替换材料有 Pb。

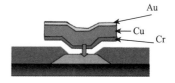

图 3.29　UBM 金属层示意图

随着 FC 技术的出现与发展，陶瓷基板一直扮演着重要角色，但其成本较高。近年来，有关机构通过研发多层层压基板、消除基板核心层等方法，提高传统低成本层压有机封装基板的性能。在 FC 的三维封装发展中，为满足多样化的产品需求，基板种类日益丰富，其中，热压键合可适用于具有 C2 凸点的芯片与硅、陶瓷或有机封装基板等多材料体系的互连，因而成为当前研究热点。

热压键合通过 Bond Head 和 Bond Stage 的结构，完成待键合芯片之间的高精度对准，并可在键合过程中施加一定的压力以辅助键合，可以封装成更薄的芯片，也可使得 I/O 的间距更小，在高精度键合领域表现出色，未来前景广阔。

3.3.2　重布线技术

重布线层 RDL 可发挥 XY 平面电气延伸和互联的作用。主要是在晶圆表面沉积金属层和相应的介质层，并形成金属布线，对 I/O 端口重新布局并形成面阵列排布。简单的再布线层设计，是将四周分布的焊盘变换为规则的阵列分布焊盘，以增加焊盘面积或提升

I/O 数量。对于复杂的器件，焊盘的再分布不一定为规则分布的图形，因而在 RDL 内还可以进行 IPD，进一步提高器件集成度。

1. 基本用途

作为微系统集成的关键技术之一，RDL 可将 I/O Pad 进行扇入 Fan-In 或者扇出 Fan-Out，形成不同类型的晶圆级封装。RDL 通常和硅基板、TSV 结合，用于 2.5D 和 3D 集成。

（1）在 2.5D 集成中，RDL 将网络互联并分布到不同的位置，从而连接硅基板上方芯片的微凸点和基板下方的微凸点。

（2）在 3D 集成中，对于堆叠上下是同一种芯片的情形，TSV 通常可直接实现电气互连功能，而堆叠上下如果是不同类型芯片的情形，则需通过 RDL 重布线层，将上下层芯片的 I/O 进行对准，从而完成电气互连。

2. 工艺流程

随着工艺技术的发展，RDL 形成的金属布线的线宽和线间距也会越来越小，从而提供更高的互连密度。RDL 结构与凸点的工艺密切相关，例如，氮化物上凸点、聚合物上凸点以及铜柱凸点等所涉及的 RDL 结构会存在区别。典型 RDL 的主要工艺流程如下：

（1）在圆片涂覆介质材料，保护下方电路；

（2）光刻出互连窗口，刻蚀介质材料，去胶后溅射金属形成薄膜；

（3）光刻出线路，沉积金属薄膜生成导线与再分布后的凸点焊区，去胶后涂覆第二层介质材料；

（4）光刻出 RDL 后的凸点焊区，刻蚀介质材料露出 RDL 焊区，后接凸点工艺。

RDL 基本结构示意图如图 3.30 所示。

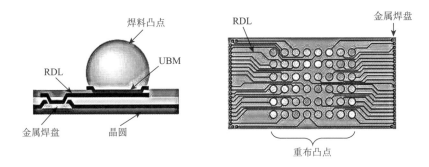

图 3.30　RDL 基本结构示意图

3. 技术优势

RDL 技术存在诸多优点。第一，再布线层使得原本分布在芯片周边的引脚，可以分布在芯片的整个表面上，显著提高了封装中的 I/O 数量。第二，RDL 工艺可以显著降低成本，一方面，其工艺与 IC 电路生产工艺兼容，成本较低；另一方面，RDL 技术可以增大焊盘节距，为后续的凸点制备降低成本。第三，高密度集成的 RDL 还可进行多层设计，通过制备两层或三层甚至更多层 RDL，用于对更高密度的焊盘进行再分布。第四，RDL 工艺允许在层内集成无源器件，将电容、电感和电阻等无源器件集成到 RDL 层中，进一步提高了器件的集成度。因此，国际知名的封装测试企业，例如，美国安靠公司、德国弗劳恩霍夫研究所等，都已在各自的圆片级封测产品中广泛采用 RDL 技术。

在 GNC 微系统中，双层 RDL 的应用可以有效地对倒装式 MEMS 惯性器件中的空气隔离 Si-TSV 焊盘进行再分布。在这个结构中，采用绝缘衬底上的硅（silicon-on-insulator，SOI）晶圆进行双层 RDL 制备。双层 RDL 不仅可以用于 TSV 的再布线，而且可以更好地为空气隙 Si-TSV 提供支撑力。

3.3.3　硅通孔技术

硅通孔 TSV 利用垂直硅通孔完成芯片间的互连，主要功能是起到 Z 轴电气延伸和互连的作用，是实现 GNC 微系统小型化、高性能集成的关键技术之一。国际半导体技术路线蓝图将 TSV 定义为连接硅晶圆两面并与硅衬底和其他通孔绝缘的电互连结构，其基本结构示意图如图 3.31 所示。

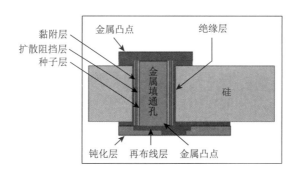

图 3.31　TSV 基本结构示意图

1. 基本分类

按照集成类型，TSV 可分为 2.5D TSV 和 3D TSV。其中，2.5D TSV 指位于硅转接板上的 TSV，3D TSV 指贯穿芯片体之中，连接上下层芯片的 TSV[22-24]。基于通孔制作的时间不同，TSV 可分为以下 4 类：

（1）在 CMOS 工艺完成之前，先进行盲孔制作并填充导电材料，然后对硅片背面减薄露出盲孔开口形成互连，为先通孔（Via First）工艺；

（2）在 CMOS 工艺和后端工艺（back end of line，BEOL）之间制作通孔，为中通孔（via middle）工艺；

（3）在 BEOL 工艺完成之后再制作通孔，当通孔制成后即与电路相连，为后通孔（via last）工艺；

（4）在硅片减薄、键合后再进行制作硅孔，为键合后通孔工艺。

TSV 工艺分类具体如图 3.32 所示。

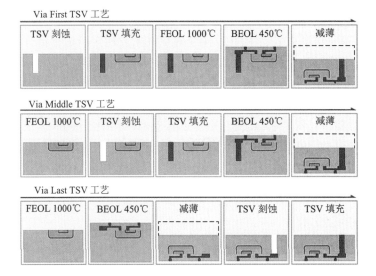

图 3.32　TSV 工艺基本示意图

灰色单元代表晶圆厂工艺，黄色单元代表后端封装工艺

2. 技术优势

与传统的引线键合堆叠、PoP 层叠以及 MCM 等相比，TSV 三维集成具有高性能、低功耗、小尺寸、高密度和多功能等技术优势[25-27]。

（1）在性能方面，TSV 垂直互联显著缩短了芯片间互连长度，互连线的 RC 延迟得到降低，能有效地提高芯片间的数据传输速率，进而提高数据传输的带宽。

（2）在功耗方面，由于芯片间互连线缩短，互连线寄生电阻、电容减小，可降低芯片间互连功耗。

（3）在集成密度方面，通过超薄芯片堆叠技术，可成倍提升系统的功能集成密度。

（4）在多功能方面，TSV 技术可以三维集成不同节点、不同厂商、不同功能以及不同材料的芯片，实现多功能微系统。

3. 工艺流程

TSV 工艺与通孔刻蚀、通孔薄膜淀积（SiO$_2$ 钝化层、阻挡层、种子层沉积）、通孔填充、化学机械抛光（chemical mechanical polishing，CMP）等关键技术密切相关，其工艺流程依次为：第一，使用光刻胶对待刻蚀区域进行标记；第二，使用深反应离子刻蚀工艺在硅片的一面刻蚀出盲孔；第三，使用化学沉积，形成二氧化硅（SiO$_2$）绝缘层，使用物理气相，沉积形成阻挡层、种子层，避免 TSV 与衬底之间形成通路；第四，运用化学电镀在盲孔中填充金属导体，其导体种类通常为多晶硅、钨、铜等；第五，通过 CMP 和背面磨削法对硅片进行减薄，露出硅通孔的另一端，最终完成 TSV 制作。

（1）基于时间顺序的 TSV 工艺流程。

以先通孔 Via First、中通孔 Via Middle 和后通孔 Via Last 为例，TSV 工艺流程如下所述。

Via First 意味着在 CMOS 处理开始之前形成 TSV。为了与高温 CMOS 工艺相兼容，需选用耐高温的多晶硅作为 TSV 过孔填充的导电材料。由于电阻率较大，需与先进 IC 晶圆厂商密切配合，改变原有电路版图和制作工艺流程，厂商代表有 IBM、IMEC、TSMC 等。

Via Middle 是指在 CMOS 工艺之后，但在互连层之前形成 TSV。由于不需要考虑其与高温 CMOS 工艺的兼容性，可以使用铜填充 TSV 通孔。Via Middle 具有较高的集成密度，但对原有电路工艺改动较大。

Via Last 是指在半导体晶圆工艺完成后，形成 TSV 和 RDL 互连，集成方式灵活可扩展，无须改变原有电路设计和工艺流程，主要代表有弗劳恩霍夫研究所、安靠公司等。

（2）基于产品类型的 TSV 工艺流程。

以 3D IC 集成产品为例，其 TSV 制造工艺如图 3.33 所示，通常包括以下 5 个关键步骤：

①通过深反应离子蚀刻或激光钻孔形成通孔；

②热氧化、等离子体增强化学气相沉积或化学气相沉积进行 SiO_2 沉积，制备绝缘层；

③通过物理气相沉积阻挡层和种子层；

④镀铜以填充通孔；

⑤化学和机械抛光晶圆表面电镀铜。

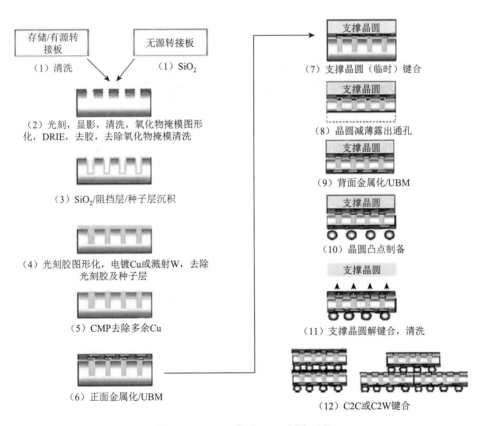

图 3.33　3D IC 集成 TSV 制造工艺

在大多数 3D IC 集成应用中，无源/有源转接板的厚度范围为 100～200μm，堆叠存储芯片的厚度范围为 20～50μm。因此，大多数 TSV 是盲孔填充，且减薄后晶圆呈现柔性硅特性、刚度低，需要通过支撑晶片（载片）临时键合形成支撑，以满足后续半导体设备传输、真空吸附等工艺需求。

4. TSV 典型应用

TSV 技术已经成为高端存储器的优选互连解决方案，并广泛应用在逻辑电路与 CMOS 图像传感器、MEMS 传感器以及射频滤波器等领域。典型产品为 Xilinx 公司与 TSMC 公司合作研发的 FPGA 产品 Virtex-72000T，它采用 TSV、微凸点、嵌入式等工艺，实现多芯片高密度互连，将 4 个不同的 FPGA 芯片在无源硅中介层上并列互连堆叠，构建了相当于容量达 2000 万门 ASIC 的可编程逻辑器件[28]，具体如图 3.34 所示。

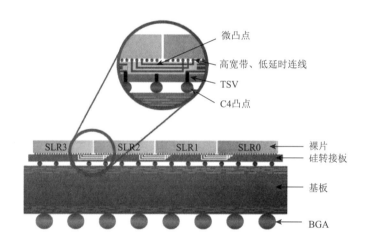

图 3.34　Xilinx 公司与 TSMC 公司推出的 TSV 典型应用产品

该结构主要包括 TSV、裸芯片、基板、BGA、无源硅介质、微凸点和 C4 凸点等。无源硅介质位于芯片和基板之间，并且在无源硅介质上分布了水平及垂直金属化布线。其中，无源硅介质上的每个微凸点，通过水平金属化布线进行互连，然后，采用 TSV 使微凸点及 C4 凸点实现垂直互连，最后，每个芯片通过微凸点并列组装在无源硅介质上，进而实现信号传输。各微凸点的直径约为 10μm、间距约为 40μm，因此，可以很好地把芯片之间的距离控制在 0.5mm 以内，从而实现多个芯片的高密度互联。

北京航天控制仪器研究所研制的导航微系统产品，基于 TSV、IPD、FC 等工艺，进行 Micro-PNT 的微系统集成。一般而言，高精度的 MEMS 惯性传感器，常采用单片单轴的形式。因此，在具体三轴正交集成的应用中，要求系统具备 3 个安装面，每个安装面可以分别进行多芯片的立体集成，然后进行三维组装，实现三维立体集成的导航微系统[2]。多芯片 TSV 立体集成如图 3.35 所示。

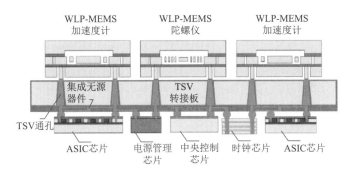

图 3.35　多芯片 TSV 立体集成示意图

Micro-PNT 的三维集成通常分两个层次进行。第一个层次是多芯片的 TSV 集成。每个安装面进行 TSV 集成（按照如图 3.35 所示的方式），每个芯片上设计有多个用于垂直连接的金属突出或者凹槽，从而实现多个芯片的直接垂直连接，形成相对独立的模块。第二个层次是模块级立体集成技术。它通过设计微型立方体的机械结构，通过 TSV、IPD、FC 等方式进行二次集成，微型机械结构的每一个面都可以集成一个模块，最终实现微系统的一体化集成。

3.3.4　无源器件集成技术

作为电子系统的重要组成部分，无源器件包括电阻类、电感类和电容类等基础元器件，以及无源滤波器、谐振器、转换器和开关等模块，并具有偏置、去耦、噪声抑制、滤波、调谐和反馈等多种重要功能。在 GNC 微系统中，其无源器件的种类、数量及面积占比均较大。近年来，随着微系统的微型化、多功能、低功耗、批量化等发展趋势，无源器件的集成技术呈现出机遇与挑战并存的局面。

1. IPD 基本分类

根据物理结构分类，无源器件可分为分立式器件、集成式器件和嵌入式器件等 3 种形式，具体如图 3.36 所示。

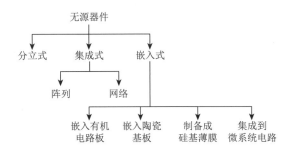

图 3.36　无源器件分类示意图

分立式器件是相对简单的器件形式，器件上存在引脚或用于表面安装的端电极，它是一个单独的器件，每个器件的端接点定义了器件的电路连接特性。嵌入式器件，是指无源器件与基板同时加工成型，器件埋于（嵌入或集成）基板中，基板可以是陶瓷、硅等材料。而集成式器件是将多个无源器件构成阵列或者网络集成到同一个封装体内，实现特定的滤波、功分等功能。

根据器件种类分类，IPD 可分为电阻、电容和电感等器件。根据无源器件不同的制作工艺，IPD 可分为薄膜工艺技术和厚膜工艺技术。其中，厚膜工艺技术以陶瓷材料为基体，制作无源器件；而薄膜工艺技术是在合适的衬底材料上，利用 IC 工艺制程制作多种电阻、电感和电容等器件的技术。常用的衬底材料有硅、玻璃、砷化镓、层压塑料和蓝宝石等。

2. IPD 电容和电感结构特性

（1）电容结构特性。

电容是 GNC 微系统中不可缺少的器件，具有直流隔离、滤波、耦合、调谐、整流等作用。硅基 IPD 电容通常采用金属-介质-金属形式的电容结构，近似于平行板电容器，电容量可表示为

$$C = \varepsilon_0 \varepsilon_r \frac{A}{h} \tag{3.1}$$

式中，A 为金属上下极板的正对面积；h 为介质层厚度；ε_0 为真空介电常数，通常为 0.089pF/cm；ε_r 为介质相对介电常数。由式（3.1）可知，提高单位面积电容值的方法有两种，一是减小介质层的厚度 h，二是应用高介电常数材料作为介质层。但对于常规材料，如 Si_3N_4（$\varepsilon_r = 7$）而言，厚度减薄会导致不可接受的漏电流，因此，可考虑采用新型的高介电常数材料。

（2）电感结构特性。

作为 IPD 的典型结构，硅基螺旋电感量与其几何形状存在着密切关系，其精确的计算可通过求解麦克斯韦方程组得出，针对四边形、六边形和八边形等典型的螺旋电感，可由式（3.2）计算：

$$L = K_1 \mu_0 \frac{n^2 d_{avg}}{1 + K_2 \rho} \tag{3.2}$$

式中，μ_0 为磁导率；n 为线圈匝数；d_{avg} 为电感线圈内径与外径的平均值；ρ 为线圈填充率；K_1、K_2 是由电感线圈形状所确定的常数，且电感形状为四边形时，K_1 为 2.34，K_2 为 2.75；电感形状为六边形时，K_1 为 2.33，K_2 为 3.82；电感形状为八边形时，K_1 为 2.35，K_2 为 3.55。

3. IPD 集成方式

在 2.5D/3D 集成应用中，无源器件与硅转接板工艺兼容性较好，IPD 集成方式主要包括堆叠集成和直接集成。

（1）堆叠集成方式。它主要将 IPD 芯片切片并制作微凸点后，通过 FC 工艺键合到 2.5D/3D 转接板上，并与相关电路相连接实现既定功能，该堆叠方式工艺上较易实现，但引入的损耗较大，会存在应力问题，且所占面积较大，因此，研究重点聚焦为高性能小型化的 IPD 芯片。

（2）直接集成方式。它主要将滤波器结构直接集成到转接板的 RDL 布线层中，并实现既定功能。该方法可节约转接板面积，且引入的损耗较小。但由于在金属层中集成电容器件，为电感器件提供电磁屏蔽的难度较大，集成工艺较难实现。即便如此，这种集成方式具有应力较小、占用面积较小等优点，可很好地应用于高速及小型化电路中。因此，研究重点聚焦于如何更好地在工艺上实现 IPD 与转接板的直接集成。

4. IPD 典型应用

作为实现三维集成和"超越摩尔"的关键技术之一，IPD 技术具有布线密度较高、体积较小、成本较低、集成度较高等优点，可集成多种不同器件，并实现多样化的功能。

事实上，存储器的"存储墙"限制了计算芯片性能的进一步发挥。为突破上述瓶颈，由逻辑芯片和多层 DRAM 堆叠而成的 HBM 技术应运而生[17]，HBM1 和 HBM2 的带宽分别为 128GB/s 和 256GB/s，未来 HBM3 甚至可突破 1.075TB/s。片外存储从并排布局的双倍数据传输存储器，借助 IPD、RDL、TSV 等技术，可转为三维堆叠 HBM。当容量为 1GB 时，HBM 模组占用面积减少约 94%，如图 3.37（a）和（b）所示。第 1 代 HBM 的架构如图 3.38（a）所示，由逻辑芯片和 4 层 DRAM 堆叠在一起，每个 HBM 存在 8 个通道，每个通道有 128 个 I/O。因此，每个 HBM 拥有 1024 个 I/O，即 1024 个 TSV，位于 HBM 的中间区域。存储器和处理器通过无源转接板上的 IPD 和 RDL，将 HBM 逻辑芯片的端口物理层与处理器连接在一起，具体如图 3.38（b）所示。

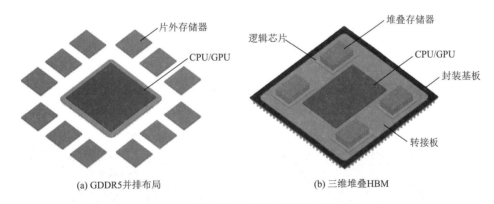

(a) GDDR5并排布局　　　　　(b) 三维堆叠HBM

图 3.37　片外存储从并排布局转为三维堆叠

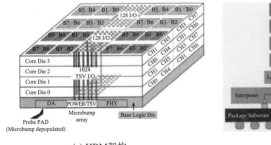
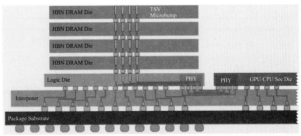

(a) HBM架构　　　　　(b) HBM与处理器集成结构

图 3.38　基于 IPD 的 HBM 架构和封装集成示意图

总体而言，将 IPD 技术应用到 2.5D/3D 集成封装中，具有诸多益处。首先，由于引脚的减少以及无源器件和芯片、基板之间的连线长度缩短，无源器件间的寄生效应显著降低。其次，无源器件与硅衬底的高密度集成，还可减小封装体积，增强电气性能，提高封装效率等。最后，将无源器件集成到转接板上，再与功能芯片相连接，可有效地实现高集成度与小型化的系统级封装，在解决信号完整性与电源完整性问题的同时，尽可能地降低了其他干扰，综合提高了系统鲁棒性。

3.3.5 芯粒技术

芯粒（Chiplet）是指预先制造好、具有特定功能、可组合集成的晶片，主要利用先进封装方法，将不同工艺/功能的芯片进行异质/异构集成，其本质是硅片级别的 IP 重用技术。一般而言，增大芯片尺寸可增加晶体管数量，从而集成更复杂的微体系结构、更多的片上存储器以及更多的内核，从而提高芯片整体性能。然而，芯片尺寸受限于光罩极限，且芯片良率随尺寸的增大会降低。因此，Chiplet 异质集成技术已成为维持超越摩尔定律的一种有效方法。

1. 基本背景

随着集成电路工艺复杂度不断提升，芯片生产将面临严重的成本问题，主要表现在制造成本和设计成本越来越高。当前，集成电路的发展受"四堵墙"（"存储墙"、"面积墙"、"功耗墙"和"功能墙"）制约。为解决该问题，有关学者引入了芯片级三维集成技术，提出模块化的设计方法。其中，具有重要发展前景的当属 Chiplet 技术[29]，该技术将传统的系统级芯片划分为多个单功能或多功能组合的"芯粒"，然后，在一个封装内，通过基板互连成为一个完整的复杂功能芯片，具体如图 3.39 所示。

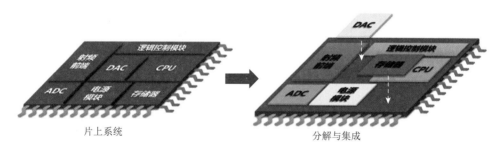

图 3.39　基于 Chiplet 系统集成示意图

2. 技术优势

以 Chiplet 异质/异构集成为核心的先进封装技术，将成为集成电路发展的关键路径和突破口[17]，并拥有以下优势：

（1）尽管存储器、数字逻辑、模拟、射频、硅光等芯片的工艺不同，工艺尺寸缩小的速度也存在差异，但 Chiplet 集成技术可满足上述器件在不同工艺下的异构集成需求；

（2）在 Chiplet 的芯片设计方法中，单颗芯粒由于面积减少，其良率将会得到提高，从而降低芯片的制造成本；

（3）Chiplet 可以在不同产品中实现重用，显著缩短产品的研制周期；

（4）通过多种测试，可对不同 Chiplet 的性能进行分类和筛选，实现更优的 Chiplet 集成组合和产品性能控制。

3. Chiplet 集成技术

多个 Chiplet 通过基板进行三维互连，形成一个完整的芯片系统。常用的基板包括硅基板和有机基板等。有机基板的成本较低、互连线损耗较小，有利于信号的高速长距离传输，但互连线的密度相对较低。

采用高速串行互连技术时，一定程度上可以解决有机基板互连线密度较低导致的带宽问题。如 AMD 的 Zeppelin 处理器芯片，采用基于有机基板和高速串行互连的 Chiplet 集成技术。在硅基板中，互连线的密度比有机基板高，当一个 HBM 接口需要上千个 I/O 来提供数百 GB/s 的内存带宽时，远超有机基板的封装能力。此时需采用硅基板进行 Chiplet 集成。此外，Xilinx 的新一代 Virtex 系列 FPGA 产品，也采用了 TSMC 的 CoWoS 工艺，基于硅基板进行 Chiplet 集成，但缺点是其成本较高[17]。

采用有机基板和硅基板混合的集成技术时，可以在保持互连密度和性能的同时，降低整体制造成本。Intel 在其 EMIB 封装工艺中，采用的就是这种混合结构。在 EMIB 封装中，有机基板上埋嵌硅基板，实现高密度的三维互连，剩余信号的互连则通过有机基板实现。该工艺不必要求整个互连基板均采用成本更高的硅基板工艺，进而提升了产品的整体性价比。

作为 Chiplet 集成的典型应用，美国 AMD 公司通过 3D 芯粒及混合键合技术，将两个 64MB 三级静态缓存芯片和 1 个含 TSV 的 8 核 CPU 垂直键合在一起，实现了 3D 芯粒集成，如图 3.40 所示，其混合键合的间距为 9μm，互连密度约为 12345 个/mm²，相比间距为 36μm 的微凸点，互连密度提升大于 15 倍，互连能效提升大于 3 倍[17]。

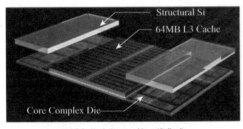
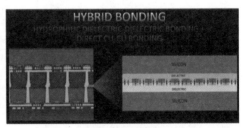

(a) 缓存芯片和CPU核三维集成　　　　　　　　(b) 混合键合技术

图 3.40　美国 AMD 公司 3D 芯粒及混合键合技术

此外，Chiplet 的集成也可扩展到垂直方向，例如，Intel 的 Foveros 封装工艺，实现了垂直方向的 Chiplet 集成。Chiplet 之间通过微凸点进行面对面的堆叠集成后，再与 HBM 存储器等 Chiplet，通过埋嵌的硅基板进行高密度的水平互连。随着系统集成度的提高，

Chiplet 混合结构同时在垂直和水平两个方向进行集成，更有助于满足日益提升的产品性能需求，如图 3.41 所示。

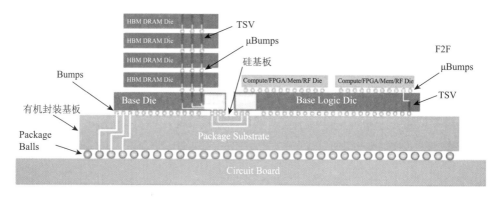

图 3.41　水平和垂直方向集成的 Chiplet 结构示意图

4. 典型产品

2017 年，在"电子复兴计划"中，美国 DARPA 正式发布了"通用异质集成和知识产权复用策略"项目，其目标是促成一个兼容、模块化、IP 复用的芯粒生态系统。为此，DARPA 联合了军工企业、半导体企业、电子设计自动化企业以及高校，共同推进此项目。近年来，美国 Intel、AMD 和法国原子能委员会电子与信息技术实验室分别推出了 Ponte Vecchio 处理器、Zen 3 Ryzen 处理器和 96 核处理器等芯粒产品，如图 3.42 所示。其中，Ponte Vecchio 处理器集成了 47 个功能单元和 16 个散热单元，Zen 3 Ryzen 处理器实现了 CPU 核和三级静态缓存的三维垂直堆叠，96 核处理器集成了 6 个相同的计算芯粒[17, 18]。

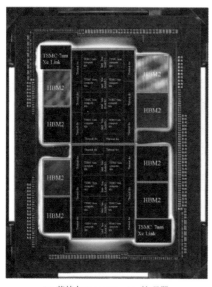

(a) 英特尔Ponte Vecchio处理器

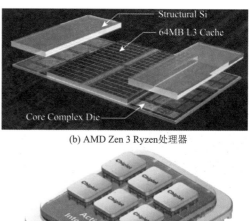

(b) AMD Zen 3 Ryzen处理器

(c) CEA-Leti 96核处理器

图 3.42　处理器领域典型芯粒产品

此外，在高性能信息处理方面，美国国家航空航天局（National Aeronautics and Space Administration，NASA）与喷气推进实验室（Jet Propulsion Laboratory，JPL）联合启动的高性能航天计算项目，其计算机架构采用"芯粒"的设计理念，可根据任务需求进行灵活的计算机架构设计，提高了数据的实时处理能力与容错能力、任务的并发执行能力，进一步降低了整机功耗。主要应用在火星探测器与着陆器的 GNC 微系统中，如图 3.43 所示。

图 3.43　基于"芯粒"的航天 GNC 微系统应用场景

尽管 Chiplet 技术有诸多优势，但相比于传统芯片的设计流程，Chiplet 也面临众多技术挑战，例如，功能模块的具体划分，Chiplet 和转接板上互连线的协同仿真，Chiplet 与转接板协同的时序分析，电源网络和设计可靠性分析等。总之，当前与 Chiplet 有关的设计流程和工具仍有待进一步完善。

5. 发展趋势

为打造芯粒生态系统，实现更快捷、低成本、多元化的电子系统设计，Intel 联合 AMD、ARM、高通、微软、谷歌云、Meta、台积电、日月光以及三星行业巨头，于 2022 年成立了通用芯粒高速互连（Universal Chiplet Interconnect Express，UCIe）联盟，制定了 UCIe 技术标准。该协议基于 Intel 开放的高级总线，可实现芯粒的模块化、快速化和低成本组合。作为一个开放性的标准规范，它可用于指导与芯粒有关的系统集成，为推动芯粒技术产业化奠定基础。

3.3.6　光电子集成技术

作为微系统感知、处理和传输的核心器件之一，光电子器件在信息处理领域具有重要应用价值。随着集成封装等先进工艺技术的发展，光电子集成器件的种类、数目和处理速度不断提高，功耗不断降低，应用范围包括激光雷达、微波光子雷达、高性能光子计算和人工智能等领域[30, 31]。然而，随着集成光电子器件数量的不断增加，光电集成芯片性能在不断提高，新的挑战也随之而来。

具体而言，传统的光电集成芯片主要是在二维平面内，通过引线键合方式实现光信号和电信号的互连与控制，但该方式的引线较长，会占用较大的面积，而且当信号频率较高时，寄生效应越来越明显，导致芯片的集成密度、带宽密度和能效明显下降。对此，光电共封装（co-packaged optics，CPO）技术可缩短互连长度、减小芯片尺寸，为减小寄生效应、提高集成密度和减小功耗提供了有效方案。

1. 技术优势

光电子集成通常是指在单个芯片上集成多种光学功能的过程，例如，在光子集成电路（photonic integrated circuit，PIC）中，可实现较多的光学和光电子功能。而 CPO 技术则是将多个芯片集成到一个封装中，然后进一步集成到收发器模块中，最终可在单个组件中集成更多功能。总之，光电子集成和 CPO 技术都具有功耗低、尺寸小和容量大等优势。

2. 主要分类

作为光电子集成技术的典型代表，硅基光电子集成技术使用硅作为光学介质，并利用 CMOS 制造加工技术，能够在单个器件中更紧密地单片集成多种光学功能。对比传统光学系统大多使用分立器件，硅基光电子技术可将多数器件集成到一个硅芯片上，进一步降低了体积和功耗，基本结构如图 3.44 所示。

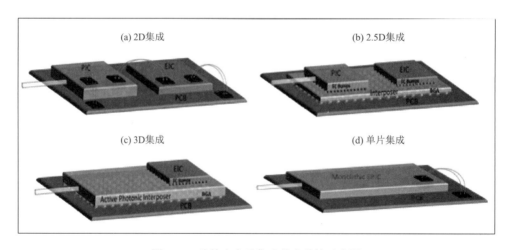

图 3.44　硅基光电子集成基本结构示意图

1）2D 平面光电集成

2D 平面光电集成结构如图 3.44（a）所示，电子集成电路（electronic integrated circuit，EIC）和 PIC 水平排列封装在 PCB 上，采用引线键合的方式实现和 EIC 的互连互通，最后，通过板上芯片封装技术实现 2D 集成。该技术优势在于，可单独设计制备 EIC 和 PIC，具有较高的灵活性，集成封装工艺相对简单。但是，EIC 和 PIC 之间的电学互连较长，当传输高频信号时，信号在传输过程中会发生明显的衰减，导致

2D 集成的光模块性能下降。此外，由于引线键合所占的面积较大，也会导致光模块整体尺寸和功耗较大。

2）2.5D 光电集成

2.5D 集成是 EIC 和 PIC 都通过 FC 的方式集成在转接板上，并通过转接板上的金属布线，实现 PIC 和 EIC 之间的电学互连，最后，转接板再与下方的封装基板或 PCB 相连，其结构如图 3.44（b）所示。其中，转接板与下方的封装基板或 PCB 相连方式为以下两种：一是利用引线键合使转接板连接到下方的封装基板或 PCB；二是在转接板中制备 TSV，使其成为硅通孔转接板，上方的 PIC 和 EIC 通过硅通孔转接板垂直连接到封装基板或 PCB。

3）3D 光电集成

3D 集成方案是将 PIC 直接作为转接板，与 EIC 在垂直方向上实现堆叠，实现更短的互连长度、更高的集成密度以及更好的高频性能，如图 3.44（c）所示。一般而言，3D 光电集成是通过 EIC 倒装在 PIC 的顶部，再从 PIC 的边缘引线到 PCB 板上，实现光电集成芯片和封装基板或 PCB 的互连。另外，还可以在 PIC 上直接制备 TSV，做成有源光子 TSV 转接板（active photonic TSI），将 EIC 倒装在 PIC 上，通过 PIC 上的 TSV 与下方的封装基板或 PCB 实现垂直互连，从而进一步缩短电学互连长度。但硅基光电子器件对折射率变化敏感，在硅光芯片上实现 TSV 金属通孔会引入应力，从而改变材料的折射率，因此，需在设计制备时，预先考虑 TSV 对光子器件性能的影响。

4）单片光电集成

单片集成是指在同一个平台上同时制备光器件和电器件，通过芯片内部的金属实现两种器件之间的电学互连，如图 3.44（d）所示。对于单片集成结构而言，因为 PIC 和 EIC 在同一个管芯中，PIC 和 EIC 之间的电学互连显著缩短，从而减小 RC 时间常数以及电学损耗对信号传输的影响，显著降低功耗。另外，单片集成结构可高效利用现有的 CMOS 工艺平台，从而实现低成本和规模化量产。

3. 典型应用

1）微型激光雷达

微型激光雷达芯片内部的集成器件较多，尤其需要调控光电子器件。对此，2.5D/3D 集成技术可有效缩短电学互连长度，显著减小光电互连的面积，从而减小激光雷达模块的尺寸、重量和成本。因此，随着硅基 2.5D/3D 集成、先进封装等基础性技术的发展，显著促进了更大规模的光电器件集成，使得更高性能的硅基激光雷达芯片成为可能。

2）光子计算芯片

由于光子本身具有传输速度高、低功耗和可并行等优点，光子计算芯片自然成为高性能计算的关键技术之一。依据现有报道，某些光子计算芯片采用外置电路驱动和激光器，能通过 2.5D/3D 集成技术，将激光器和驱动电路集成到计算芯片上，将显著缩小光子计算芯片的尺寸和芯片的整体功耗，从而集成到现有的计算机上[30]。此外，当矩阵越来越大时，所需要的光器件数量也随之增加，此时，若通过引线键合等传统方式去实现可编程控制电路，所需的面积和功耗均会明显增加。对比而言，采取 2.5D/3D 集成技术，可在较小的尺寸内，实现矩阵操作所需的控制电路，进而获得高集成度的低功耗硅基光子计算芯片。

3.4 晶圆级封装关键技术

作为先进封装技术的重要组成部分，WLP 能够为芯片封装带来批量加工的规模经济效应。随着每块圆片制造出的封装数量的增加，其封装成本也会同步下降[32]，因此，WLP技术的开发也成为集成技术的核心[33, 34]。

3D SiP 可充分利用 MEMS 的 TSV 和 WLP 技术，完成多芯片的高密度堆叠，在 Si和 GaAs、Si 和陶瓷等异质材料间，实现垂直互连和圆片级集成，是目前该领域的关键核心技术之一。该技术可以将传感系统、RF 系统、MEMS、功率放大、处理器等多种电子系统一体化，成倍提高系统的功能密度、信息密度与互连密度，实现系统的微型化、集成化和系统化，有力支撑后摩尔时代集成电路和新型多芯片集成 GNC 微系统的发展。

3.4.1 圆片级芯片规模封装技术

圆片级芯片规模封装（wafer level chip scale package，WLCSP）是一种将 WLP 和芯片尺寸封装（chip scale packaging，CSP）合为一体的封装技术。它首先在整片晶圆上进行封装和测试，再切割成单独的 IC 颗粒，封装后 IC 与裸芯尺寸相当，能够有效地缩减封装体积，提升数据传输的速度与稳定性。

1. 基本用途

WLCSP 适合于智能手机、GNSS 导航、射频收发器和电源管理模块等智能硬件产品，其基本应用如图 3.45 所示。

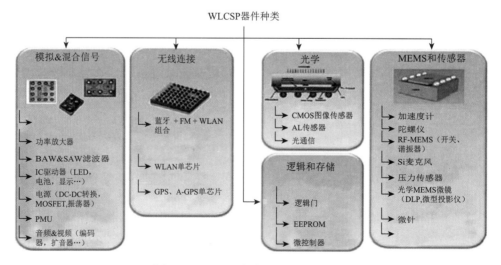

图 3.45 WLCSP 封装工艺应用示意图

2. 基本分类

根据应用方式的不同，WLCSP 可以分为扇入式（Fan-In）和扇出式（Fan-Out）两种，具体如图 3.46 所示。

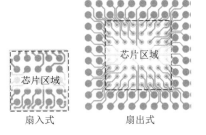

图 3.46 扇入式和扇出式封装示意图

（1）扇入式作为最早的 WLCSP 技术之一，凸点全部制备在裸片上，主要用于芯片焊盘（pad）的再布局。Fan-In 封装是较为严格意义上的 WLP，适合较小裸片和较少 I/O 数量的芯片。

（2）扇出式通过特殊的填充材料，主动扩大 Fan-In 封装芯片的尺寸，并在整个封装范围上走线和排布 I/O，将部分焊球或凸点制备在裸片外面，是芯片级封装和晶圆级封装的折中。它可通过 RDL 技术实现小节距的互连，应用场景为芯片焊盘较多、原芯片尺寸内部难以全部排布所需 I/O 数量。Fan-Out 封装技术具有减小封装厚度的潜力，可用于下一代 PoP 封装和无源集成，并为后续设计提供了新型封装集成的可能性。

根据植球工艺的不同，WLP 可分为焊盘上植球（bump on pad，BOP）和 RDL 上植球。

（1）BOP 工艺主要用于模拟/功率器件，允许更多的垂直电流经焊球流入半导体层，其凸点结构如图 3.47 所示。一般而言，设计时需综合考虑焊球下金属 UBM 尺寸、焊球高度、PI 开口等因素，且焊球高度越低，UBM 尺寸越大。

（2）RDL 上植球工艺的方式较多，其互连线通常为铜，具体如图 3.48 所示。

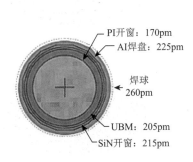

图 3.47 BOP 凸点结构示意图

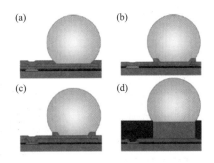

图 3.48 RDL 植球工艺典型结构示意图

图 3.48（a）的焊球直接焊接在电镀铜互连层，为典型的 3 掩模 RDL 上植球结构，且要求电镀铜足够厚，否则铜将被焊锡消耗掉；图 3.48（b）的铜互连线上电镀铜后，再将焊球焊接，也为典型的 3 掩模 RDL 上植球结构；图 3.48（c）是由图 3.48（b）演变而来的，是 4 掩模 RDL 上植球工艺，且 RDL 布线层在聚合物上，最常用的为聚酰亚胺；图 3.48（d）为基于 WLCSP 技术的模压铜柱工艺，由于聚合物上存在 RDL，铜柱延长了支架高度。为保证 RDL 上置球可靠性，RDL 设计时，应避免出现 90°拐角。焊盘通常为圆形，对于细铜迹线，一般从焊盘到迹线采用泪滴过渡，以避免焊盘/迹线颈部区域的应力过于集中，RDL 走线和铜焊盘示例具体如图 3.49 所示。

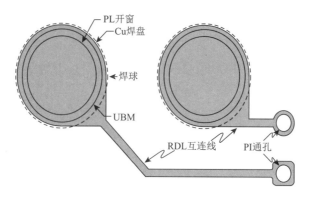

图 3.49 RDL 走线和铜焊盘示例

3. 工艺流程

作为 WLCSP 技术的典型，Fan-Out 具有薄型化、低成本等优点。它可以将 RDL 和微凸点引出到裸芯片的外围，I/O 数更高，可实现单芯片和多芯片晶圆级封装、无载板封装。

Fan-Out 工艺流程如图 3.50 所示，需要先进行裸芯片晶圆的划片分割，然后，将独立的裸芯片重新配置到晶圆工艺中。以此为基础，通过批量处理、金属化布线互连，形成最终的封装。

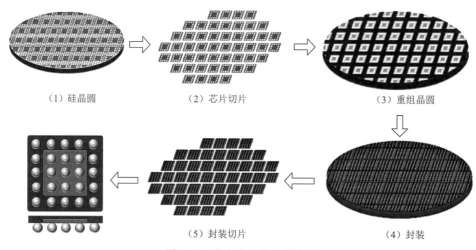

（1）硅晶圆　　　　（2）芯片切片　　　　（3）重组晶圆

（5）封装切片　　　　（4）封装

图 3.50 扇出式封装工艺流程

未来，扇出式封装可能会分成两种典型应用。一是单芯片扇出封装，主要应用在基带处理器、电源管理、射频收发器等芯片领域。二是高密度扇出封装，主要针对应用处理器、存储器等具备较大数量 I/O 引脚的芯片领域。

4. 关键技术

1）集成式扇出技术

集成扇出封装（integrated fan-out，InFO）是 TSMC 于 2017 年开发出来的先进封装

技术，可理解为多个芯片 Fan-Out 工艺的集成。InFO 技术融合了晶圆代工和晶圆级封装工艺的优点，以紧凑的 2D 和 3D 形式，可提供高性价比的系统集成产品。典型 InFO 多芯片集成结构如图 3.51 所示，该技术可应用于射频和无线芯片的封装、处理器和基带芯片封装、图像处理器和网络芯片的封装等领域。

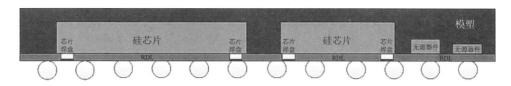

图 3.51　多芯片 InFO 封装示意图

此外，基于 InFO 技术衍生出的 InFO_PoP（InFO packages on package）封装技术（图 3.52），能够通过应用细间距 RDL 技术，使得线宽/间距/高度分别达到 2μm/2μm/2μm，相比于封装基板（线宽/间距/高度为 15μm/15μm/15μm），InFO_PoP 封装技术可显著减少串扰噪声，进而实现更宽的设计余量和灵活的布线规则。

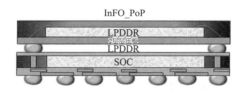

图 3.52　InFO_PoP 封装示意图（截面）

2）超高密度扇出技术

2020 年，TSMC 发布了一种超高密度扇出封装技术[17]，即集成扇出型晶圆上系统（InFO system-on-wafer，InFO_SoW），如图 3.53 所示。它将多颗较好的晶粒、供电、散热模块和连接器紧凑地集成在晶圆上，包含 6 层 RDL，前 3 层线宽/线距为 5/5 μm，用于细线路芯片间互连；后 3 层线宽/线距为 15/20μm，用于供电和连接器互连。相比 PCB 级多芯片模块，InFO_SoW 具有高带宽、低延迟和低功耗等优点。

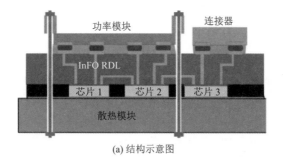

(a) 结构示意图

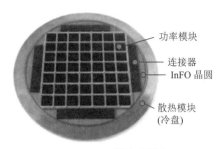

(b) 系统组装样品

图 3.53　台积电 InFO_SoW 技术

2021 年，美国特斯拉（Tesla）公司推出了其自研的面向 AI 领域专用的 Dojo D1 芯片[17]，如图 3.54（a）所示。D1 芯片采用台积电 7nm 工艺，面积为 645mm²，基于超高密度扇出技术，其晶体管数量可达 500 亿个，1mm² 面积上的晶体管数量已超过英伟达 A100 芯片，包含 354 个训练节点，BF16/CFP8 的峰值算力高达 362 TFLOPs，TDP 为 400W。通过台积电 InFO_SoW 封装技术将 25 颗 D1 芯片集成在一起，再将供电、散热、连接器等模块集成进来，形成 1 个 Dojo 训练 Tile，BF16/CFP8 算力高达 9.1 PFLOPS，如图 3.54（b）所示。将 120 个 Dojo 训练 Tile 组装成了 ExaPOD 超级计算机，ExaPOD 含有 3000 颗 D1 芯片，106.2 万个训练节点，BF16/CFP8 算力可以达到 1.1 EFLOPS。因此，晶圆级片上大规模集成可显著提升系统的算力和带宽，是提升系统性能的一种重要途径。

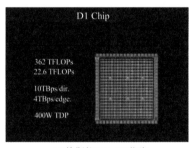

(a) 特斯拉Dojo D1芯片

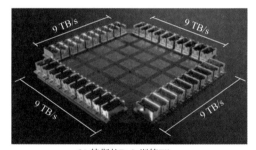

(b) 特斯拉Dojo训练Tile

图 3.54　美国 Tesla 公司 Dojo D1 芯片晶圆级片上大规模集成示意图

3.4.2　GNC 微系统核心器件晶圆级封装技术

为满足 MEMS 惯性传感器的小型化、轻质化、高性能、高可靠需求，以德国 Bosch 公司、美国 mCube 公司、德国 Fraunhofer 研究所为代表，国际 MEMS 惯性领域的有关单位对惯性 MEMS 三维集成技术开展了系列研究，并将全硅基 3D 晶圆级封装（3D-WLP）技术视为高质量、批量化生产的有效手段之一。

作为 GNC 微系统核心器件的典型代表，MEMS 惯性传感器基于 TSV 技术，主要分为基于 TSV 的惯性 MEMS 晶圆级封装、惯性 MEMS 芯片与专用 ASIC 晶圆级封装两种工艺。

1. 基于 TSV 的惯性 MEMS 晶圆级封装

瑞典 Silex 公司于 2008 年推出了标准 TSV 工艺，并将其作为 MEMS 陀螺仪、MEMS 加速度计的 WLP 标准技术，如图 3.55 所示。它的通孔采用绝缘物填埋技术，用重掺杂低阻硅作为电极导体，导通电阻在 1Ω 量级，能够实现可靠的真空/气密晶圆级封装。截至目前，它仍是惯性 MEMS 器件的主流 WLP 技术。

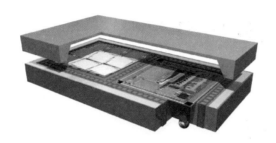

图 3.55　瑞典 Silex 公司基于 TSV 工艺的 WLP 系统集成示意图

同时，该公司基于玻璃熔融回流技术，提出了一种 Sil-Via 圆片级真空封装盖板的新型加工工艺，如图 3.56 所示。其技术特点是在硅片上刻蚀，形成单晶硅 TSV 硅柱阵列，并在四周形成隔离环。在流程上，首先，利用阳极键合技术，在刻蚀面键合一片硼硅玻璃片，并使隔离环内形成真空状态。其次，在高温退火炉中，将键合后的硅-玻璃片加热至玻璃熔融，并在真空的作用下，使之回流至 TSV 硅柱四周的真空隔离环中。经过后续的硅减薄、玻璃减薄、CMP 抛光、BGA 植球等工艺流程，最终，形成可用于 MEMS 器件圆片级真空封装的盖板。该项工艺可增加 TSV 四周的绝缘介质层厚度，从而减少内部引脚之间的寄生电容。然而，该项工艺流程较为复杂，采用该技术的 MEMS 器件流片成品率整体较低。

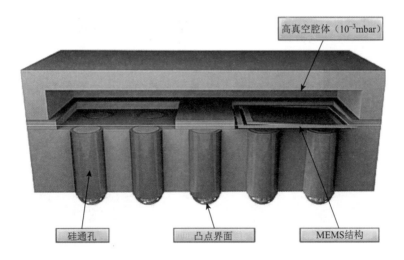

图 3.56　瑞典 Silex 公司 Sil-Via 圆片级真空封装技术

此外，瑞典 AAC Microtec 公司提出了一种基于双面铜电镀的 TSV 盖板圆片级真空封装方案（XiVIA），如图 3.57 所示。与常规 TSV 相比，该技术可在厚度为 300～800μm 的硅片上，制作穿通硅片的 MEMS 圆片级真空封装盖板。因此，盖板的刚度较大，且适用于惯性 MEMS 器件的真空封装。然而，该技术采用铜电镀制作 TSV 电极引出子，并将其作为气密封装填充材料，类似于普通金属化的 TSV 技术。但存在长期可靠性问题，特别是在军用全温环境需求下，电镀金属和硅衬底的结合紧密度，将直接影响器件的漏率和长期真空度。

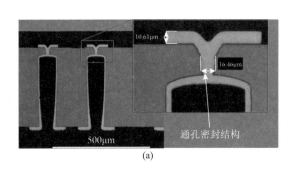
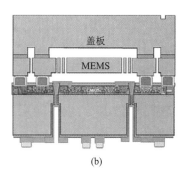

图 3.57　瑞典 AAC Microtec 公司 XiVIA 圆片级真空封装示意图

与欧洲主流半导体企业工艺路线不同，美国 ADI 公司提出了一种基于 TGV 技术的 MEMS 圆片级真空封装工艺方案，如图 3.58 所示。该方案通过腐蚀玻璃形成通孔，并用金属回填通孔。优点在于不需要制备绝缘介质层，并且电极间的绝缘性较好。但其劣势在于，难以实现高深宽比的 TGV，以及存在玻璃和硅材料之间的热失配应力等问题。

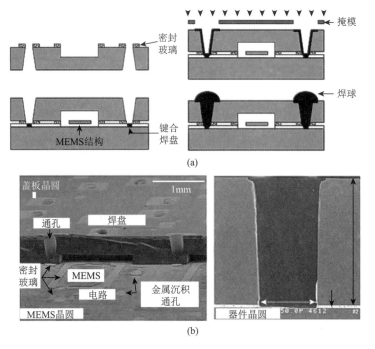

图 3.58　美国 ADI 公司基于 TGV 的 MEMS 圆片级真空封装方案

2. 惯性 MEMS 芯片与专用 ASIC 晶圆级封装

MEMS 圆片级真空是一种高度集成化方案，利用 ASIC 芯片作为 MEMS 器件圆片级真空封装的盖板，如图 3.59 所示。ASIC 芯片在流片时，需制作电极引出（I/O）所需的 TSV 通孔，而 ASIC 盖板和 MEMS 芯片的焊接面，同样需制备 TSV 接触孔，并制作键合焊料环。该技术具有高度集成化优势，无须通过 TSV 转接板，也可直接实现 MEMS-IC 的纵向堆叠集成。然而，该技术方案存在一定的限制，例如，用于 AISC 的 MEMS 芯片的面积需保持一致，而 IC 技术按比例缩小的速度要远超过 MEMS 技术，因此，要求两者的芯片面积保持一致，随之导致芯片面积的浪费以及成本的提高。

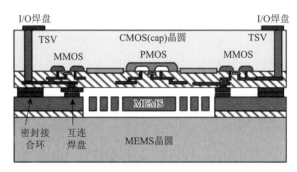

图 3.59　MEMS-IC 单片集成圆片级真空封装方案

1）MEMS 加速度计典型产品

美国 mCube 公司于 2013 年推出了三轴 MEMS 加速度计芯片，作为当时国际上最小的三轴 MEMS 加速度计，其面积仅为 2mm^2，横切面电子扫描显微镜照片如图 3.60 所示。该款产品通过 Al-Ge 键合工艺，使 MEMS 加速度计结构层圆片键合在专用集成电路圆片衬底上。MEMS 加速度计结构层中存在硅通孔，且 TSV 内填充了金属钨，因而 MEMS 加速度计结构层与衬底位置的专用 IC 可进行电气互连。同时，封帽圆片通过键合工艺，实现了 MEMS 加速度计结构的局部气密性封装。在该方案中，TSV 互连与惯性 MEMS 器件的设计及加工紧密相关，专用 IC 圆片与惯性 MEMS 结构圆片也密切相关，三者构成了互相影响的有机整体。

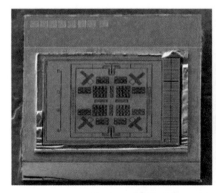
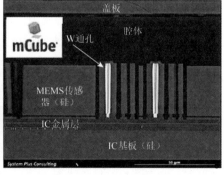

图 3.60　美国 mCube 公司研发的三轴 MEMS 加速度计

2）六轴 IMU 典型产品

六轴 IMU 典型产品一般由 MEMS 陀螺仪和加速度计组成，典型产品为美国 InvenSense 公司研发的 MPU-6500，它采用 24 个 I/O 端口，其节距为 0.5mm，如图 3.61 所示。该款产品通过 AlGe 键合工艺，将 MEMS 陀螺仪结构层圆片键合至 MEMS 专用集成电路 IC 圆片上，然后借助 Ge 键合层，将 MEMS 陀螺仪结构层与 MEMS 专用 IC 之间，实现电气连接。最后，通过封帽覆盖 MEMS 陀螺仪结构层，且 MEMS 专用 IC 通过粘接固定在 QFN 衬底上，引线键合实现与 QFN 衬底之间的电气互连，最终产品体积仅为 4mm×4mm×0.9mm。

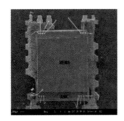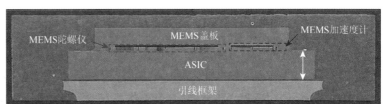

图 3.61　美国 InvenSense 公司六轴 IMU 产品

总之，在 GNC 微系统集成封装过程中，通常采用 WLP 封装技术，除了包括传统 IC 封装的功能部分，即电源分配、信号分配和散热分配等，还需考虑应力、气密性、隔离度、封装环境及可测性等问题。例如，GNC 微系统的微感知模块中，光学 MEMS 探测器件可能由于冲击、振动或热膨胀等原因，产生封装应力，造成光路对准发生偏移；MEMS 陀螺仪的可动部件，需在真空环境中持续运动以减小摩擦，以确保长期的可靠性；应用于微小型制导导弹的红外探测器，宜采用真空封装技术，以减小其与周围空气之间的热导，同时还需具有高透过率的红外窗口。因此，先进封装技术不仅局限于后道工艺，一些关键工艺在前道平台上进行，最终还需要实现前后道的协同设计开发。

3.5　GNC 微系统三维热管理技术

GNC 微系统高密度集成后，其内部高功率点将在三维立体空间分布，能量密度整体较大；同时，受到"远距离冷却"散热模式的局限，目前只能对三维集成外部进行散热，其内部芯片耗散生成的热量难以快速传递出去。因此，热管理问题已成为微系统三维集成技术的重要挑战之一[35]。当前，微系统三维热管理技术主要包括微流道、微热管、微型热电制冷和高热导率导热薄膜等技术。

3.5.1　微流道技术

当微系统的功率密度超过 $100W/cm^2$ 时，传统的热沉、风扇和热管等冷却方式一般难以满足其散热要求。为了克服该问题，1981 年，美国 Tuckerman 和 Pease 首次提出微流道结构[36]，并将液冷微流道散热技术应用于超大规模集成电路的散热，目前已成为热管理技术的重要研究方向。具体而言，它利用微细加工等技术，在基板上制备出微尺度通道。当液体流经微流道时，可直接或利用蒸发将热量带走。此处，微流道是指通道宽度为1～1000μm的流体通道[37]，且工艺方法对微流道的成形质量和加工精度影响较大，进而影响散热效果[38, 39]。

1. 微流道散热基本原理

作为微系统散热的有效方法之一，微流道冷却系统基本原理运作如下：首先，微泵将冷却的液体通过封装衬底的液体入口，泵入微系统中的每层微流道中；其次，冷却液从微系统中吸收热量后，将热冷却剂从液体出口抽出，并输运至外部的液体冷却系统中，对热冷却剂进行冷却；最后，将冷却剂泵入 2.5D、3D 堆叠中，以形成完整的液体冷却回路。总之，通过微流道冷却系统，冷却液不断地循环迭代，从而对微流道进行有效的散热，具体如图 3.62 所示。

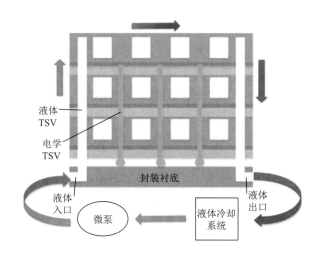

图 3.62　微系统典型冷却系统示意图

2. 基本分类

按微流道散热器的层数分类，可分为单层微流道散热器、双层微流道散热器和多层微流道散热器；按微流道设计构型分类，可分为直线型、折线型、螺旋型、曲线型、S型、梯型和树型等。总之，在外部驱动等方式的辅助下，通过微流道承载冷却液，对热源进行强制散热，可有效提升微系统的热管理效率。

3. 基本工艺流程

微流道的制作工艺与 CMOS 工艺兼容，其制作流程如图 3.63 所示。考虑到硅基板的正面需形成器件层，为此，基板的背面采用等离子体刻蚀等方法形成微流道。随后，微流道需被封盖，使液体能够在芯片的背面形成循环回路。同时，还需加盖微流道帽，可选用聚合物板或者硅基板。

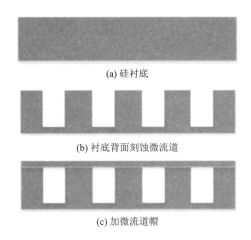

(a) 硅衬底

(b) 衬底背面刻蚀微流道

(c) 加微流道帽

图 3.63　微流道工艺流程示意图

GNC 微系统设计时，考虑到硅基微系统集成技术较为成熟、线宽较小、与传统 IC 工艺兼容性较好，故采用硅基板作为流道帽。硅流道帽与硅衬底通过晶圆键合的方式结合在一起，避免了使用非 CMOS 工艺材料，可显著提高层间热导率。

具体而言，微流道冷却技术通过在每层芯片背面刻蚀微流道，采用层间微流道的液冷方式，当液体在流动过程中，可带走芯片产生的热量，以较高效的散热能力满足电路的散热要求。为使得每层芯片都能有效散热，所设计的微流道层数也随芯片层数目的增大而增加。在当前的技术手段下，可将微流道和微电子器件进行直接集成。相比于传统散热方式，它能使微电子器件的热量更容易散发出去，显著提高器件的散热效果。

通常，微通道可选用聚合物（如聚甲基丙烯酸甲酯）、镍、铜、陶瓷、硅等作为基底材料[40,41]。相较之下，采用金属和合金时的散热效果，明显优于聚合物材料的散热性能。此外，作为微流道散热的常用冷却液，去离子水、乙醚或氟碳化合物能够取得较好的散热效果。

4. 研究现状

当前，国内外已有众多微流道主动散热相关的技术研究。国外典型代表为美国 IBM 公司提出的三维封装结构，特色为以 3D-IC 底填界面和芯片衬底内嵌微流道[42]，可使其散热热流密度达 $500W/cm^2$；美国普渡大学提出了嵌入芯片内部的新型微通道绝缘冷却技术[43]，旨在解决功率密度 $1000W/cm^2$ 芯片的散热问题。

针对硅基材料工艺，中国电子科技集团公司第 58 研究所联合无锡中微高科电子有限公司，提出了一种新型嵌入微流道硅基转接板工艺方法[35]。该方法通过硅晶圆上二次深反应离子刻蚀技术和硅-硅低温键合技术，在嵌入微流道硅基转接板的制作上，实现微流道侧壁光滑、垂直度好、键合强度高。在嵌入微流道硅基转接板 40mL/min 流量通液的情况下，散热能力表现出最大热流密度超过 $1000W/cm^2$、芯片结温低于 100℃。由于散热性能优异，为高功率高密度三维集成微系统的热管理提供了一种有效的解决方案。

针对低温共烧陶瓷（low temperature co-fired ceramics，LTCC）材料工艺，西安微电

子技术研究所基于微流道的强制液冷散热技术[44]，提出了内嵌金属柱多层微流道结构的优化设计方法。在保证基板结构可靠性的同时，可有效地提升 LTCC 基板的散热效率，在典型值 15W/cm^2 的功率密度下，可将热源温度降至 80℃ 以下。

微流道典型研究成果如图 3.64 所示。

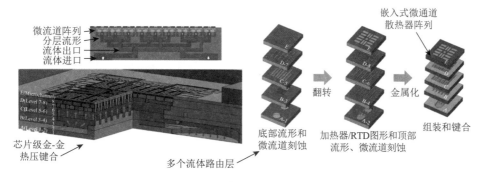

图 3.64　微流道典型研究成果

5. 发展趋势

硅基微流道一体化集成技术是目前高效散热研究的热点，其中，集成 TSV 的微针肋结构是 GNC 微系统高效热管理的重要趋势。该技术在硅转接板内制作较多的微针肋，热量通过微针肋周围腔体上下表面传输到冷却液。与传统微流道相比，其显著提高了散热能力。同时，微针肋内部制作的 TSV 阵列，既实现了流体的传输，又保障了电信号的高密度传输（图 3.65）。然而，大部分基于芯片或板级微流道的冷却系统，因此，需要与外界有冷却介质的接口，而且这种接口的体积和尺寸可能远超过芯片的尺寸，这些问题仍需在未来研究中解决。

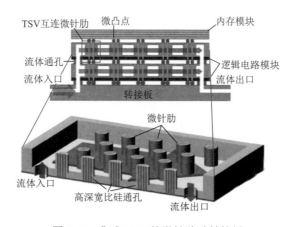

图 3.65　集成 TSV 的微针肋硅转接板

3.5.2　微热管技术

微热管是通过微小空间的毛细力，驱动工质蒸发冷却，从而完成相变导热的传热器件。1965 年，完整的热管理论由 Cotter 教授率先提出，并于 1984 年，在第五届国际热管会议上首次提出"微热管"的概念，为后来热管的性能分析和设计研究奠定了理论基础[45, 46]。

1. 基本特点

相比传统热管，微热管具有更大的蒸发和冷凝区域，内部构造更加复杂。因此，微热管能够在有限的温度梯度下，传递更多的热量，使得局部热源引起的热量快速转移，同时，具有结构密实、质量轻便、热导率较高、均温性较好等优点。

微热管的性能受到多种因素的影响，包括微槽结构、毛细力、热流密度、充液率、倾斜角度等。根据应用场景的不同，通常需要衡量热管的传热性能、启动性能以及等温性能等。

2. 基本组成

典型的微热管由管壳、吸液芯和端盖等 3 部分组成。通常情况下，微热管工作时，液态工质回流的驱动力由微热管内腔尖角区或微细槽道产生的轴向毛细压差提供。该压差将液态工质从冷凝段压回到热管的蒸发段，以此实现持续循环流动换热[47, 48]。微热管的基本工作原理如图 3.66 所示。

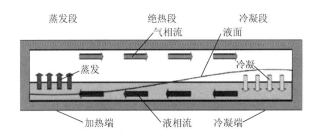

图 3.66　微热管的基本工作原理示意图

为使微热管应用效果更好，有关学者探索了不同的工质、不同的基体材料、不同的几何构型。然而，在设计更小巧、更高效、更可靠的微热管过程中，依然存在诸多挑战，尤其是传热原理上，难以完整地解析微热管内部的相变过程和二相流动。因此，更有效的数学模型和更廉价的制作方法获得了广泛关注。

3. 典型微热管

典型微热管是适用于微系统散热的热管结构，主要包括脉动微热管和平板微热管两种。

（1）脉动微热管是将细小的毛细铜管弯曲成蛇形结构，管内抽真空后注入工质，工质在表面张力的作用下，以液塞和气塞的形式存在。一端置于加热端，另一端置于冷凝端，内部随机形成的气塞和液塞。在压力差的作用下，会随机地形成振荡流动，将热量从蒸发端流至冷凝端，具体如图 3.67 所示。

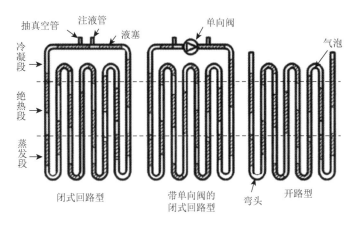

图 3.67　脉动热管示意图

脉动微热管具有结构简单、成本低廉、传热性能较好和适应性较强等优点，是未来高热流密度散热器件的主要结构，常用于的微电子散热、冷冻技术、余热回收等，在航空航天领域中展现出了良好的应用前景。

（2）平板微热管属于热管的另一种典型结构，是一个内壁呈现毛细结构的真空腔体。突出优点是，其形状有利于对集中热源进行热扩散。作为平板热管的代表，蒸汽腔的平板热管结构如图 3.68 所示。工作时，腔体抽成真空并充入工质，当热量由热源传导至蒸发区时，腔体内的工质在低真空度的环境中，会产生液相气化现象。此时，工质吸收热能，并且体积迅速膨胀，气相的工质会较快地充满整个腔体。当气相工质接触到一个相

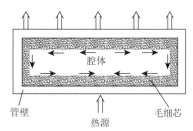

图 3.68　平板微热管示意图

对较冷的区域时，便会产生凝结的现象，从而释放出在蒸发时累积的热量。凝结后的液相工质，由于毛细结构的吸附作用，将再回到蒸发热源处，此过程将在腔体内周而复始地进行，因此，能够快速吸收模块的热量。

与传统热管相比，平板微热管具有诸多优点。第一，通过减小温度梯度、降低热阻等方式，获得较高的热导率，确保热量快速传递，能够有效地解决散热难题。第二，用热管基板代替金属基板，能够显著强化基板的热扩散性能。同时，具备优良的热板等温性能，也有益于降低热阻，并为 GNC 微系统的一体化封装提供了必要条件。因此，平板热管正成为国内外当前微系统散热设计领域的研究热点。

3.5.3　微型热电制冷技术

热电制冷器（thermo electric coolers，TEC）基于佩尔捷效应（Peltier effect），即泽贝克效应（Seebeck effect）的逆效应，来达到制冷的目的。在两种不同半导体连成的封闭回路中，当两端的半导体结点温度存在差值时，回路中会存在电动势和电流，即"泽贝克效应"；而逆效应是当电流流过不同的半导体时，半导体电偶对的一端会吸收热量，

另一端会放出热量。最终，一端温度降低，形成冷端，而另一端温度升高，形成热端。典型结构如图 3.69 所示。

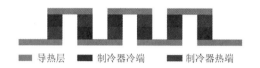

　　■ 导热层　　■ 制冷器冷端　　■ 制冷器热端

图 3.69　热电效应制冷结构

1. 基本原理

　　TEC 由夹在陶瓷板之间的多个热电元件（热电臂）模块连接组成，热电制冷元件呈电串联热并联的方式排列[49]。每组半导体热电元件由带正电荷的 P 型半导体和带负电荷的 N 型半导体以及金属连接片连接构成，其中，热电元件（热电臂）材料为 Bi_2Te_3，金属连接片材料为 Cu，如图 3.70 所示。

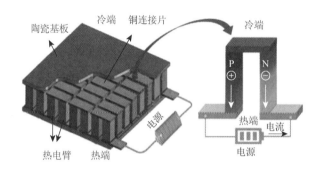

图 3.70　热电制冷器及单元结构示意图

　　TEC 制冷原理是当电流方向是 N→P 时，P-N 结处温度降低，冷端吸热产生制冷效果；当电流方向是 P→N 时，P-N 结处温度升高，热端放热产生放热效果。

2. 基本特点

　　与传统的制冷方式相比，TEC 具有结构紧凑、可靠性较高、寿命较长等优点，同时，能够通过点制冷的形式，改善系统内高热点的难题[50, 51]，满足小区域内高热流密度的工况。此外，微型 TEC 能够进一步减小体积，提高系统集成的兼容性，因此，未来应用前景广阔。

3. 发展趋势

　　作为 TEC 的主流结构，垂直型 TEC 具有反应速度快、制冷功率密度高等特点，当前聚焦于 TEC 的理论研究和制备工艺。

　　在理论研究方面，同济大学提出了热电制冷非稳态传热模型构建方法，分析了端电压、制冷量和臂长等参数对 TEC 制冷过程温度变化特性的影响[52]。目前，国内外大多数学者采用理论解析法和数值计算方法，来研究 TEC 的工作特性。常用的数值解析法为有限差分法及有限元法，因而更侧重稳态下的制冷特性研究。

在制备工艺方面，德国 Fraunhofer 研究所将成膜技术与微系统技术相结合，采用干法刻蚀工艺制造出微型 TEC。该技术方法有利于微型 TEC 的批量化生产[53]。与工艺有关的热电材料，目前主要集中在高优值系数（thermoelectric figure of merit，ZT）热电材料。作为热电制冷器使用较多的材料之一，半导体金属合金型热电材料主要包括 Bi_2Te_3 基热电材料、PbTe 等硫族化合物、SiGe 合金、方钴矿类和 Half-Heusler 型合金等。

综上所述，相较于其他半导体材料，Bi_2Te_3 半导体热电材料具有较大的泽贝克系数和较佳的 ZT 值，而 Bi_2Te_3 纳米材料的制备工艺简单，且物理化学性质相对稳定，因此，被广泛应用于室温附近的热电制冷领域，也是目前使用最广泛的热电材料之一[54]。

3.5.4　高热导率导热薄膜技术

由于传统的金属导热材料存在密度大和易氧化等问题，近年来，以石墨烯基材料为代表的非金属碳基材料逐渐成为国内外的研究热点。

1. 基本原理

在结晶固体材料中，热量通过晶格的振动及声子进行传导。由于结晶高分子具有复杂的多级结构，其声子传输机理比在固体中更复杂。为了解结晶高分子的传热机理，有关学者通常利用第一原理和分子动力学方法，研究大分子链和单晶中的声子传输机理。与纯高分子材料相比，复合材料的传热机理也更为复杂，复合材料的导热系数会受到如下因素影响，如导热填料的基本特性（尺寸、形状、晶体结构）、高分子的基本特性（结晶程度、分子量、链间相互作用和链取向程度）、填料的微观结构（填料取向和网格结构）和界面热阻（填料/填料、高分子/高分子、填料/高分子）等。

一般而言，复合材料的最终导热系数由导热填料的含量和本征导热系数决定。当填料确定后，提高复合材料导热系数的有效策略之一是控制填料的微观结构及构建导热通路，同时降低填料与高分子之间的界面热阻。

2. 典型导热薄膜材料

目前，多数电子器件内散热器是由铜和铝合金构成的，其中，纯铜和纯铝热导率分别为 402 和 237W/(m·K)。金属材料依靠自由电子受热后，通过能量增加、运动加剧等方式进行导热，因此，金属的导热性较好。虽然金属材料的延展性好且易加工，但也存在密度较大和易氧化等缺点，难以满足电子器件高效率的散热需求[55]。

为此，有关学者开始研发新型导热材料，包括金属基复合材料、导热硅胶材料和石墨烯基材料。例如，通过改变增强相（碳、陶瓷等）的种类、占比以及工艺方法来调节金属基复合材料的热导率，但此类材料的热导率大多仍不超过 500W/(m·K)。而石墨烯基薄膜由于具有良好的传热性能以及柔韧性、密度低等特点，成为新型高导热材料的研究热点之一。

石墨烯材料属于非金属材料，与传统导热金属材料不同，石墨烯主要依靠声子作为载体导热。目前，石墨烯基导热材料的制备方法包括化学气相沉积（chemical vapor deposition，CVD）、真空抽滤、涂覆等。

3. 石墨烯导热薄膜常用制备方法

1）少层石墨烯导热薄膜制备方法

CVD 因具有可控、高质量生长石墨烯的优点，引起国内外关注。据报道，石墨烯薄膜可在多个衬底上生长，如 Fe、Cu、Ni、Pt 等[56]。例如，美国莱斯大学和佐治亚理工学院等通过 CVD 方法制备了石墨烯，通过原位纳米力学测试，发现断裂应力明显低于石墨烯的固有强度[57]。得克萨斯大学奥斯汀分校则开发了一种 CVD 工艺，能够在 300mm 的大尺寸铜膜上生长出单层石墨烯。中国科学院金属研究所开发了一种分离-吸附 CVD 方法，利用该方法在 Pt 衬底上，实现了石墨烯的成核密度（分离形式）和单层生长（表面吸附）同时显著增加，并在晶粒尺寸为 10μm 时，热导率达到 5230W/(m·K)，且实现了晶粒尺寸可调[55]。

尽管利用 CVD 方法能够生产出高质量石墨烯薄膜，但在实际应用中制备昂贵，且产物尺寸较小，一定程度上，上述缺点限制了其在热管理领域的应用。

2）还原氧化石墨烯导热薄膜制备方法

CVD 法生长的薄膜存在转移较难和尺寸较小等问题，难以满足实际散热材料的需求。氧化石墨烯（graphene oxide，GO）片具有多种亲水性含氧官能团（羟基、环氧基、羧基），可显著提升 GO 在水和有机物等溶剂中的分散能力，为制备石墨烯基薄膜提供了新思路。

GO 片的制备主要采用以下 3 种方法：Brodie、Staudenmaier 和 Hummers，目前较为常用的是 Hummers 及其改良法[58]。然而，从天然石墨通过 Hummers 方法制备 GO 的过程中，会产生较多的官能团和结构缺陷，这些都将成为声子散射中心。虽然经过化学还原或高温石墨化，能够将一部分氧化官能团去除，但仍会有部分残留。

3）多层石墨烯导热薄膜制备方法

尽管亲水性含氧官能团能够使得 GO 具有亲水性，并进一步赋予了其加工可能性，但也严重破坏了石墨烯的共轭 sp^2 网络，使热导率提高受到限制。因此，有关学者尝试以石墨为原料，直接通过球磨、剪切力剥离、超声剥离等方法制备石墨烯，并结合真空抽滤法、涂布法等方式进行组装，可有效减少制备 GO 过程中的引入缺陷和杂质[55]。例如，加利福尼亚大学将石墨烯分散液涂布在聚对苯二甲酸乙二醇酯上形成膜，进一步压缩后，薄膜的厚度为 9～44μm，热导率为 40～90W/(m·K)[58]。2019 年，北京大学刘忠范院士团队采用垂直石墨烯集成到 LED 器件中（图 3.71），使其能够更快地从垂直方向导出热量。

由于活性剂的加入同样会成为声子散射中心，而降低热导率。因此，在制备垂直石墨烯（vertical graphene，VG）薄膜时，仍需要采用高温退火工艺，去除所加活性剂而引入的官能团。例如，北京航空航天大学通过球磨获分散液，将其经过真空抽滤、2800℃退火以及机械压缩，制备的石墨烯膜在电导率上为 $2.2×10^5$S/m，热导率上为 1529W/(m·K)[59]。

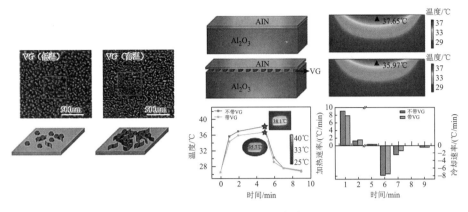

图 3.71　基于垂直石墨烯散热薄膜的 LED

综上所述，石墨烯基薄膜因具有轻质、高导热、力学性能较好等优点，逐渐成为国内外的研究热点，并已取得了重要突破，目前其相关散热器件已在微系统等产品上得到了应用。但不能忽视的是，研发高性能石墨烯基薄膜所需加工工艺仍很复杂，导致成本较高，且热导率与理论值相差甚远。因此，探索高性价比的新方法、新工艺，在电子器件、微系统等领域，进一步推动石墨烯导热薄膜的应用和产业化，将是未来主要的研究方向之一。

3.6　GNC 微系统工艺技术发展趋势

GNC 微系统涉及微感知、微处理和微执行等器件，包括多种类型、多种功能的芯片以进行载体的导航、制导与控制，最终实现多尺度时空约束下，多物理场异构信息的获取和运动信息的自主解译。近年来，与微系统相关的基础性技术蓬勃发展，在集成方法与封装工艺上有了新突破，微电子器件特征尺寸持续微缩，为 GNC 微系统技术发展提供了有效支撑，并将向中高性能、低功耗、小尺寸、低成本、批量化等方向发展。

3.6.1　MEMS 惯性器件的平面化技术

作为 GNC 微系统关键的微感知模块之一，MEMS 惯性器件是将微加速度计、微陀螺仪和信号处理电路进行综合集成，从而获得惯性测量结果，具体包含了运载体姿态和位置信息的 6 个独立运动参数[60, 61]。基于微组装工艺，GNC 微系统将分立惯性传感器装配成微感知模块，在组装过程中可能会引入较大的安装误差。为实现三个轴向的惯性参数测量，通常需将分立的惯性传感器进行三维安装，此举显著增加了微系统 SiP/PoP 混合集成的工艺难度。因此，较为理想的手段是，通过微结构设计及加工，使得 MEMS 陀螺仪和 MEMS 加速度计通过平面安装即可实现三个方向角速度和加速度信号的检测。

以加速度计为例，Z 轴 MEMS 加速度计是专用于仪表安装平面外方向检测的惯性仪表，也是发展单片三轴集成 MEMS 惯性器件的重要组成部分。该方式无须垂直安装，并为系统的集成提供了显著便利。然而，Z 轴 MEMS 加速度计敏感结构具有独特的面外运动方式，在参与单片三轴集成化时，需考虑其在性能、结构和制造工艺上，与水平轴加速度计的匹配性，这也使得 Z 轴 MEMS 加速度计的发展面临着重要挑战[62]。为此，国内外做出了如下探索性研究。

1. 国外发展现状

美国佐治亚理工学院、得克萨斯大学阿灵顿分校等提出了采用参数优化、参数解耦等方式，提升 Z 轴 MEMS 加速度计灵敏度。日本日立公司等研究机构提出了通过敏感结构优化的方式，提升 Z 轴 MEMS 加速度计的噪声性能。此外，基于市场对三轴 MEMS 加速度计的需求，众多科研机构开展了 Z 轴 MEMS 加速度计三轴集成化以及制造工艺定制化等方面的研究[63, 64]，典型产品为佐治亚理工学院研制的铰链式加速度计，具体如图 3.72 所示。

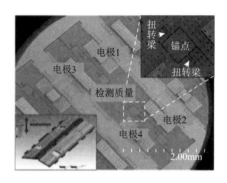

图 3.72　佐治亚理工学院研制的铰链式加速度计

2. 国内发展现状

我国科研人员重点对 Z 轴 MEMS 加速度计的多个性能指标进行研究和提升，验证了一些新结构、新工艺，并根据未来发展趋势，提出了多种单片三轴集成方案，可适用于 GNC 微系统应用的 Z 轴加速度计[61]。典型成果为中国科学院上海微系统与信息技术研究所研制的双面折叠梁 MEMS 加速度计，具体如图 3.73 所示。

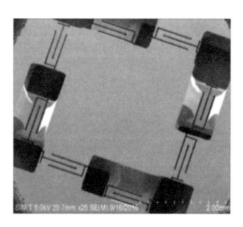

图 3.73　双面折叠梁 MEMS 加速度计

3. 设计要点

（1）通过调节检测质量块的面积、厚度、质量、检测间隙以及梁结构弹性刚度等多种结构设计参数，以及设计参数的组合优化方式，可提高 Z 轴加速度计的机械灵敏度。

（2）通过采用受空气阻尼作用较小的检测质量块通孔布局，并进行真空封装，同时结合高密度材料制造检测质量块等方式，可降低 Z 轴 MEMS 加速度计的机械噪声。

（3）随着多层组合工艺、3D 打印等新工艺的涌现，赋予 Z 轴 MEMS 加速度计更加灵活的设计方式。一方面，通过多层 UV-LIGA 工艺，制造不同厚度的检测质量块与弹性梁，使得弹性梁刚度摆脱了检测质量块重量的束缚；另一方面，通过 3D 打印制造面外方向折叠的弹性梁，为敏感结构提供了更加灵活的面外运动模态。

总之，为实现 MEMS 加速度计的单片三轴集成，需对分立式单片三轴集成、单质量块单片三轴集成等多种方式进行验证，为扭摆式结构、"三明治"式结构的 Z 轴加速度计提供可行的三轴集成思路。

3.6.2　微感知与微执行器件的先进集成技术

MEMS 微感知和微执行器件是 GNC 微系统集成的重点和难点之一，也是进行多功能集成的核心，主要工艺路线如下：

（1）微组装技术，与 SiP 和 SoP 相关，类似于微纳米与介观尺度的先进工艺；

（2）空间叠层集成技术，当前同质 2.5D 集成已相对成熟，正向 3D 集成迈进；

（3）异质集成技术，是实现芯片级系统平台目标的关键，即在同一衬底上实现不同材料、不同工艺的微纳器件的集成。但其技术路线较有特色，例如，直接异质集成、晶圆级或芯片级三维异质集成等[65, 66]。

1. 集成封装基本路线

国际上，MEMS 传感器集成封装的技术路线如图 3.74 所示。对于 MEMS 传感器集成封装后的芯片应力而言，无论基于柔性基板的倒装封装，还是基于 TSV 的晶圆级封

图 3.74　MEMS 传感器封装的技术路线

装以及陶瓷封装，均能为 MEMS 芯片提供较低的残余应力，但从封装成本上考虑，它们对应的成本也依次增加。综合而言，如重点考虑 MEMS 器件应力和封装成本，基于 TSV 的 MEMS 晶圆级封装占有综合优势，因而成为了当前主流的工艺技术路线。

2. MEMS 晶圆级真空封装工艺流程

硅基 WLP 惯性器件优选采用空气隔离 Si-TSV 的真空封装工艺技术。具体流程为，首先，在硅盖板的正面刻蚀形成隔离环，如图 3.75（a）所示；其次，通过热氧化在隔离环的内壁形成一层致密的 SiO_2 绝缘层，如图 3.75（b）所示；最后，通过化学气相沉积生长 SiO_2 后，进一步填充未填实的环形隔离槽，并通过单项工艺确保填充过程不产生孔洞，如图 3.75（c）所示。

完成绝缘介质填充后，在 TSV 硅柱位置对 SiO_2 进行光刻及图形化，打开 Au-Si 接触窗口，如图 3.75（d）所示。随后，通过磁控溅射或蒸发在盖板表面形成一层 Cr/Au 金属层，并光刻形成接触电极以及 Au-Si 键合焊料环，如图 3.75（e）所示。将加工好的 MEMS 惯性器件和硅盖板进行 Au-Si 共晶键合，并设定键合机压力为 MEMS 惯性器件所需的封装气压，如图 3.75（f）所示。在键合后的 MEMS 圆片表面，通过物理气相沉积生长倒装焊金属层并光刻图形化形成焊点，如图 3.75（g）所示。在硅片表面，通过光刻形成空气隔离环的 ICP 深刻蚀掩模，对 MEMS 硅圆片上盖板进行 ICP 深刻蚀。刻蚀过程中，空气隔离环底部必须刻蚀到 SiO_2 绝缘环，以确保 Si-TSV 引线柱和盖板体硅本体断开，从而实现电学独立，如图 3.75（h）所示。最后，对 MEMS 惯性器件硅圆片进行无掩模 ICP刻蚀，利用倒装焊金属焊点的掩蔽作用，对 Si-TSV 导电柱进行刻蚀保护，而其他位置将被刻蚀减薄 $10\mu m$ 左右，以确保 Si-TSV 导电柱高于芯片顶部平面，便于后续的倒装焊工艺操作。

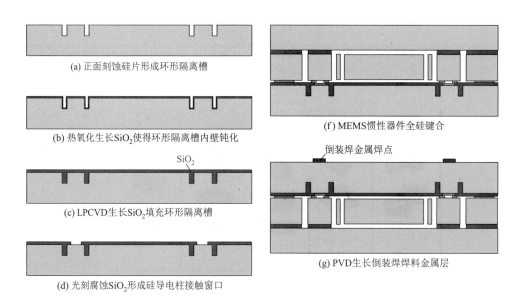

(a) 正面刻蚀硅片形成环形隔离槽

(b) 热氧化生长SiO_2使得环形隔离槽内壁钝化

(c) LPCVD生长SiO_2填充环形隔离槽

(d) 光刻腐蚀SiO_2形成硅导电柱接触窗口

(f) MEMS惯性器件全硅键合

(g) PVD生长倒装焊焊料金属层

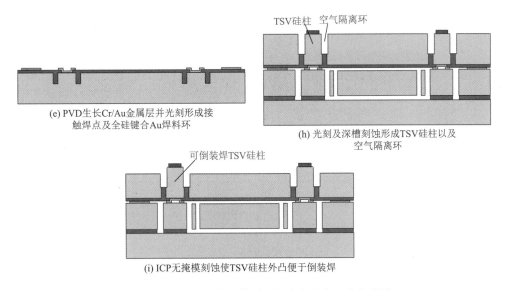

(e) PVD生长Cr/Au金属层并光刻形成接
触焊点及全硅键合Au焊料环

(h) 光刻及深槽刻蚀形成TSV硅柱以及
空气隔离环

(i) ICP无掩模刻蚀使TSV硅柱外凸便于倒装焊

图 3.75　MEMS 惯性器件晶圆级真空封装工艺流程图

3. 典型产品

MEMS 产品研制过程中，中间结构层采用 ICP 等离子刻蚀工艺制备，经过三次刻蚀工艺得到双层 MEMS 表头结构。Au-Si 共晶键合后，通过磁控溅射或蒸发，在盖板表面形成一层 Cr/Au 金属层，并光刻形成凸点。随后，在盖板表面进行光刻，形成空气隔离环的 ICP 刻蚀掩模，对 MEMS 硅圆片上盖板进行 ICP 深刻蚀。刻蚀过程中，需确保空气隔离环底部刻蚀到 SiO_2 绝缘环，以确保 Si-TSV 引线柱和盖板本体硅电隔离，具体如图 3.76 所示。

图 3.76　等离子刻蚀工艺空气隔离 Si-TSV 结构示意图

基于上述工艺，完成了 MEMS 微感知与微执行器件 WLP 封装的制备，如图 3.77 所示。

图 3.77　WLP 封装硅微 MEMS 惯性器件样品

此外，采用双面倒装工艺，将 WLP 封装惯性器件与配套 ASIC 芯片倒装至硅转接板的两面，形成 2.5D 堆叠，具体如图 3.78 所示。

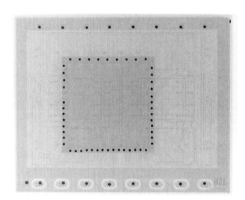 

图 3.78　2.5D 集成惯性器件 X-ray 结果

3.6.3　GNC 微系统的 3D 集成技术

GNC 微系统主要由三轴 MEMS 陀螺仪、三轴 MEMS 加速度计、三轴磁强计、气压高度计、GNSS 接收机（射频芯片和基带处理 SoC 芯片）、微处理器、微执行器、时钟单元、对外接口芯片、电源芯片以及部分无源器件等组成，基本原理框图如图 3.79 所示。

GNC 微系统常采用 SiP/PoP 混合集成的设计思路，以实现导航、制导与控制功能。其中，在上层，PoP 采用表面贴装 SMT 技术，将传感器、存储器、时钟单元及部分无源器件贴至基板。在底层，则使用 SiP 方式集成并塑封裸芯和元器件。最后，采用 TMV 技术，可实现上下层的堆叠与信号传输。一般而言，TMV 技术广泛应用于 PoP 封装中，可有效解决裸芯倒装时的翘曲等问题。通过在上下层封装互连焊接点处打孔，然后穿透塑封，并将焊锡球柱植入，从而形成上下层的连接[67, 68]。底层采用 TMV 技术打孔后，通过灌入导电胶，将底层信号引出封装外，再与上层板的焊球进行连接，实现 SiP 与 PoP 的一体化设计。

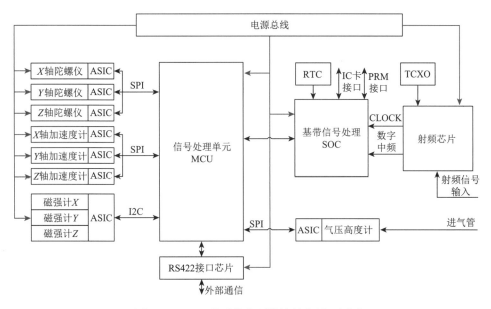

图 3.79　GNC 微系统典型模块基本原理框图

　　总体而言，为使 GNC 微系统达到性能、功能、成本等各方面综合最优化，先进集成封装技术将成为有效手段之一，同时，它也是实现微系统低成本、批量化的重要技术抓手。此外，随着新材料、新工艺、新方法的发展，将会进一步推动全产业链的创新发展和规模应用。

参 考 文 献

[1]　李男男，邢朝洋. 惯性微系统封装集成技术研究进展. 导航与控制，2018，17（6）：28-34.

[2]　王国栋，邢朝洋，杨亮，等. 微型定位导航授时系统集成设计. 导航定位与授时，2019，6（3）：62-67.

[3]　Neisser M. International roadmap for devices and systems lithography roadmap. Journal of Micro/Nanopatterning，Materials，and Metrology，2021，20（4）：044601.

[4]　Chen W，Bottoms B. Heterogeneous integration roadmap：Driving force and enabling technology for systems of the future. 2019 Symposium on VLSI Technology，IEEE，2019：50-51.

[5]　冯笛恩，龚静，樊鹏辉，等. 微小型无人机飞控导航微系统设计与实现. 导航与控制，2022，21（Z1）：123-132，77.

[6]　吴美平，唐康华，任彦超，等. 基于 SiP 的低成本微小型 GNC 系统技术. 导航定位与授时，2021，8（6）：19-27.

[7]　毛军发. 半导体异质集成电路的现状与挑战. 电子产品世界，2021，28（8）：1-2，17.

[8]　Radosavljevic M，Kavalieros J. Taking Moore's law to new heights：When transistors can't get any smaller，the only direction is up. IEEE Spectrum，2022，59（12）：32-37.

[9]　黎明，黄如. 后摩尔时代大规模集成电路器件与集成技术. 中国科学：信息科学，2018，48（8）：963-977.

[10]　单光宝，朱嘉婧，郑彦文，等. 微系统集成技术发展与展望. 导航与控制，2022，21（Z1）：20-28，5.

[11]　唐磊，赵元富，吴道伟，等. 航天电子微系统集成技术展望. 航天制造技术，2022，（5）：69-73.

[12]　Osada T，Godwin M. International technology roadmap for semiconductors（2012 Edition）. China Integrated Circuit，2013.

[13]　Yu R. High density 3D integration. International Conference on Electronic Packaging Technology，IEEE，2008.

[14]　Jang H，Yoon L，Kim C，et al. Quantifying architectural impact of liquid cooling for 3D multi-core processors. Journal of Semiconductor Technology and Science：JSTS，2012，12（3）：297-312.

[15]　Fukushima T，Konno T，Kiyoyama K，et al. New heterogeneous multi-chip module integration technology using

self-assembly method. Electron Devices Meeting，2008：1-4.

[16] 赵雪薇，阎璐，邢朝洋，等. 微系统集成用倒装芯片工艺技术的发展及趋势. 导航与控制，2019，18（5）：11-21，7，39.

[17] 曹立强，侯峰泽，王启东，等. 先进封装技术的发展与机遇. 前瞻科技，2022，1（3）：101-114.

[18] 赵正平. Chiplet 基三维集成技术与集成微系统的新进展. 微纳电子技术，2023，60（4）：477-495.

[19] 弗林·卡森. 封装体叠层（PoP）技术及其应用. 集成电路应用，2015，（2）：38-41.

[20] Zhang Y，Lee K，Anjum D H，et al. MXenesstretch hydrogel sensor performance to new limits：Hydrogels sense and healbetter with MXene. Science Advances 4，2018.

[21] 周刚，曹中复. 用于 2.5D 封装技术的微凸点和硅通孔工艺. 微处理机，2017，38（2）：15-18.

[22] 朱健. 3D 堆叠技术及 TSV 技术. 固体电子学研究与进展，2012，32（1）：73-77，94.

[23] Chen S，Xu Q，Yu B. Adaptive 3D-IC TSV fault tolerance structure generation. IEEE Transactions on Computer-Aided Design of Integrated Circuits and Systems，2019，38（5）：949-960.

[24] Maity D，Roy S，Giri C. Identification of random/clustered TSV defects in 3D IC during pre-bond testing. Journal of Electron Test 2019，35：741-759.

[25] Huang L，Huang S，Sunter S，et al. Oscillation-based prebond tsv test. IEEE Transactions on Computer-Aided Design of Integrated Circuits and Systems，2013，32（9）：1440-1444.

[26] Kaibartta T，Biswas G，Das D. Co-optimization of test wrapper length and TSV for TSV based 3D SOCs. Journal of Electron Test 2020，36：239-253.

[27] Saha D，Sur-Kolay S. Guided GA-based multiobjective optimization of placement and assignment of TSvs in 3d-ICs. IEEE Tranasaction on Very Large Scale Integration（VLSI）Systems，2019，27：1742-1750.

[28] 周晓阳. 先进封装技术综述. 集成电路应用，2018，35（6）：1-7.

[29] 许居衍，黄安君. 后摩尔时代的技术创新. 电子与封装，2020，20（12）：3-6.

[30] 欧祥鹏，杨在利，唐波，等. 2.5D/3D 硅基光电子集成技术及应用. 光通信研究，2023，（1）：1-16.

[31] 吴林晟，毛军发. 从集成电路到集成系统. 中国科学：信息科学，2023，53（10）：1843-1857.

[32] 张宁. 三维集成中的 TSV 技术. 集成电路应用，2017，34（11）：17-22.

[33] Ebefors T，Liljeholm J. 3D MEMS wafer level packagingusing TSVs & TGVs. Advanced Packaging Conference：Interconnects in Miniaturized Systems，2015.

[34] Merdassi A，Kezzo M，Chodavarapu V. Wafer-level vacuum-encapsulated rate gyroscope with high quality factor in a commercial MEMS process. Microsyst Technol，2017，23，3745-3756.

[35] 朱家昌，周悦，李奇哲，等. 嵌入微流道硅基转接板工艺及散热性能研究. 电子产品可靠性与环境试验，2022，40（5）：33-39.

[36] Tuckerman D，Pease R. High-performanceheat sinking for VLSI. IEEE Electron Device Letters，1981，2（5）：126-129.

[37] Kandlikar S，Garimella S，Li D，et al. Heat Transfer and Fluid Flow in Minichannels and Microchannels. Oxford：Elsevier Science，2005.

[38] Xu W，Wang B，Duan M，et al. A three-dimensional integrated micro calorimetric flow sensor in CMOS MEMS technology. IEEE Sensors Letters，2019，3（2）：1-4.

[39] Fu K，Zhao W S，Wang D W，et al. A compact passive equalizer design for differential channels in TSV-Based 3-D ICs. IEEE Access，2018，6：75278-75292.

[40] 李奇哲，朱家昌，夏晨辉，等. 嵌入 MEMS 微流道的硅转接基板键合工艺研究. 电子产品可靠性与环境试验，2022，40（2）：67-75.

[41] 朱家昌，周悦，李奇哲，等. 嵌入微流道硅基转接板工艺及散热性能研究. 电子产品可靠性与环境试验，2022，40（5）：33-39.

[42] Dang B，Colgan E，Yao F H，et al. Integration and packaging of embedded radial micro -channels for 3D chip cooling，IEEE Electronic Components and Technology Conference，2016：1271-1277.

[43] 孙棕檀. 普渡大学研发出嵌入芯片内部的微冷却 [EB/OL]. http://www.dsti.net/Information/ews/ 107133.html.[2021-12-01]

[44]　张遇好，袁海，王明琼，等. LTCC 基板内嵌金属柱多层微流道技术. 电子工艺技术，2023，44（3）：35-37，59.

[45]　杨金钢，钮鑫鑫. 平板微热管的研究进展回顾与展望. 科学技术与工程，2022，22（33）：14559-14570.

[46]　张芳莉，杨庆. 微型热管的研究分析与发展综述. 节能，2019，38（5）：171-174.

[47]　万意，闫珂，董顺，等. 微型平板热管技术研究综述. 电子机械工程，2015，31（5）：5-10，14.

[48]　Xin F，Ma T，Wang Q W. Thermal performance analysis of flat heat pipe with graded mini-grooves wick. Applied Energy，2018.

[49]　夏丽，吴萧良，吴洪鹏，等. 微型热电制冷器中半导体热电元件热电冷却过程的建模与仿真研究. 电气应用，2022，41（5）：47-53.

[50]　黄焕文，冯毅. 半导体制冷强化传热研究. 制冷技术，2010，38（8）：60-63.

[51]　孟凡凯，徐辰欣，孙悦桐. 含发热元件密闭空间热电制冷器瞬态特性. 浙江大学学报（工学版），2023：1-9.

[52]　李茂德，殷亮，乐伟，等. 半导体制冷系统电极非稳态温度场的数值分析. 同济大学学报（自然科学版），2004，（6）：767-770，810.

[53]　Bottner H，Nurnus J，Cavrikov A，et al. New thermoelectric components using microsystem technologies. Jounal of Microelectromechanical Systems，2004，13（3）：414-420.

[54]　吴雷，高明，张涛，等. 热电制冷的应用与优化综述. 制冷学报，2019，（6）：1-12.

[55]　曹坤，王菁潇，董承卫，等. 石墨烯基导热薄膜的研究进展. 材料科学与工艺，2023：1-16.

[56]　Pedrazzetti L，Gibertini E，Bizzoni F，et al. Graphene growth on electroformed copper substrates by atmospheric pressure CVD. Materials，2022，15（4）：1572.

[57]　Zhang P，Ma L，Fan F，et al. Fracture toughness of graphene. Nature Communications，2014，5（1）：3782.

[58]　徐博，李春丽，张浩月，等. 改进 Hummers 法制备氧化石墨烯的机理研究. 膜科学与技术，2021，41：18-26.

[59]　Teng C，Xie D，Wang J F，et al. Ultra high conductive graphene paper based on ball-milling exfoliated graphene. Advanced Functional Materials，2017，27（20）：1700240.

[60]　Hsu Y W，Chen J Y，Chien H T，et al. New capacitivelow-g triaxial accelerometer with low cross-axis sensitivity. Journal of Micromechanics & Microengineering，2010，20（5）：055019.

[61]　邢朝洋. 高性能 MEMS 惯性器件工程化关键技术研究. 北京：中国航天科技集团公司第一研究院，2017.

[62]　万蔡辛，付丽萍，薛旭，等. 微机械加速度计发展现状浅析. 导航与控制，2012，11（2）：73-77.

[63]　Zega V，Credi C，Bernasconi R，et al. The first 3D-printed Zaxis accelerometers with differential capacitivesensing. IEEE Sensors Journal，2018，18（1）：53-60.

[64]　Yeh C Y，Huang J T，Tseng S H，et al. A low-power monolithic three axis accelerometer with automatically sensor offset compensated and interface circuit. Micro electronics Journal，2019，86：150-160.

[65]　代刚，张健. 集成微系统概念和内涵的形成及其架构技术.微电子学，2016，46（1）：101-106.

[66]　马福民，王惠. 微系统技术现状及发展综述. 电子元件与材料，2019，38（6）：12-19.

[67]　Selvanayagam C S，Zhang X W，Rajoo R，et al. Modelingstress in silicon with TSVs and its effect on mobility. IEEE Transactions on Components，Packaging and Manu-facturing Technology，2011，1（9）：1328-1335.

[68]　Jiang L J，Kolluri S，Rubin B J，et al. Thermal modelingof on-chip interconnects and 3D packaging using EM tools. IEEE-EPEP Electrical Performance of ElectronicPackaging，2008：279-282.

第 4 章

GNC 微系统典型器件技术

4.1 概述

随着微系统基础性器件技术的迅速发展，微电子器件尺寸进一步缩小，微处理器、微射频、微执行等器件性能逐步提升。为实现功能更为复杂和完整的电子系统，需在集成电路的基础上，对多种芯片、元器件、天线等进行异质异构封装集成，形成跨尺度、跨材料、跨工艺、跨维度的微系统。同时，碳化硅与氮化锌等第三代半导体材料器件也进入了应用推广阶段，有效支撑了 GNC 微系统技术的规模化发展[1-3]。

作为关键基础性支撑技术，微器件技术以电路芯片化、器件微型化为抓手，有效助力了传统 GNC 系统走向高密度三维集成。从功能特点而言，GNC 微系统的典型器件可分为微感知、微处理、微执行器件等。其中，微感知器件主要包括：微惯性器件（以 MEMS 陀螺仪和 MEMS 加速度计为代表）、GNSS 导航芯片（包括 BDS、GPS、GLONASS、Galielo 等）、微型磁强计、MEMS 气压计、红外焦平面探测器、MEMS 激光雷达、微波雷达和微型星敏感器等；微处理器件主要包括由寄存器堆、运算器、时序控制电路以及数据和地址总线等组成的微处理器；微执行器件主要包括微型舵机、微型电机和微型推进器等；其他典型微器件主要包括芯片级原子钟和微型数据链芯片等。

本章首先阐述典型微感知器件的基本原理、关键技术及目前进展等。与微感知器件相关的微惯性器件（MEMS 陀螺仪和 MEMS 加速度计）将在第 5 章详细介绍，具体包括敏感结构、检测回路、闭环控制回路、单片六轴惯性测量单元等设计。其次，与 GNC 微系统相关的微处理器件则可参考第 2 章的详细介绍，具体包括典型分类、基本架构及设计要点等。再次，围绕不同工质的典型微型电推进技术，重点分析微执行器件的技术特点、关键技术及发展现状等。最后，针对拒止环境下的自主导航及集群协同组网等典型场景，阐明芯片级原子钟和微型数据链芯片设计要点等。

4.2 微感知器件技术

4.2.1 卫星导航芯片

卫星导航芯片主要由天线、射频、基带数字信号处理器、时钟和多种接口组成，同时可以接收多个卫星系统的信号，代表性案例包括美国的 GPS、俄罗斯的 GLONASS、欧洲的 Galileo、中国的 BDS 等。GNSS 导航芯片能够接收、解调、定位和导航卫星信号，已被广泛应用于航空航天和军事装备等领域。

需要指出，卫星导航信号到达地面时功率已经十分微弱，其原因，一是长距离传输导致信号功率衰减严重，导航卫星通常位于地面 2 万 km 以外的太空中，会因多种效应和空间环境而被衰减；二是本身发射功率较低，考虑到电池使用时间和使用寿命，卫星难以提供较高的发射功率。以 GNSS 的 L1 频点为例，经过长距离传输后，到达接收机（用户）接收端时，其信号的功率水平其实仅为–130dBm 左右，而且会淹没在带内热噪声中，导致最终到达接收机天线处的信噪比为–20dB 左右。如此微弱的卫星导航信号，面对 –70dBm 甚至更强的干扰信号时，使卫星导航系统难以正常工作[4, 5]。

为解决上述难题，卫星导航芯片通常从 GNSS 导航信号处理和信息解算等两个维度攻关关键技术，具体如下所述。

1. 信号处理关键技术

为提高复杂电磁环境下的生存能力，要求卫星导航芯片形成较强的鲁棒性和弹性以及抗干扰能力，需要的关键技术如下所述。

（1）抗干扰技术。具体包括分析和比对干扰信号的功率、体制、带宽、数量以及其他时域、频域等特征，主要分为抗窄带干扰和抗欺骗式干扰技术。

（2）全频点兼容接收技术。主要是合理地划分卫星导航各频段，设置频综、采样带宽，进而妥善布局、分配内部接收通道，以实现较大兼容性和较高集成度的总体设计。

（3）多分集天线模块复用技术。主要是通过分析各分集天线间接收的码片相位和多普勒频偏特征，实现军码模块的复用以及分集天线的自适应切换，使得在外部天线被遮挡或天线收星质量不佳的条件下，仍具有较高的定位精度和可靠性。

（4）数模混合集成电路高隔离度设计技术。主要是在设计射频数模混合集成电路中，从信号通道布局以及严格的匹配设计两方面进行版图优化，实现模拟与数字、高频与低频的隔离，提高其抗干扰能力[6-8]。

在具体的工程实践中，主流厂商通常将 GNSS 导航信号处理相关的关键技术固化至导航芯片内部，但不对外开放。因此，导航工程师一般选择聚焦信息解算相关的关键技术，并进行二次开发。

2. 信息解算关键技术

为应对"危险、极端、特殊、恶劣"等复杂场景，卫星导航需要根据冗余信息进行故障检测和识别，达成上述目的的有效方法之一是实现接收机自主完好性监测（receiver autonomous integrity monitoring，RAIM），该方法具有易操作、效率高等优点。作为传统卫星导航 RAIM 算法中多差错和小差错故障检测的典型代表，多假设分离（multiple hypothesis solution separation，MHSS）完好性监测算法，可解算各个跟踪卫星的垂直误差保护级（vertical protection level，VPL），进而实现故障卫星的检测与识别。具体而言，首先，MHSS 算法可给出单故障、多故障等多种假设；其次，计算该条件下的 VPL 数值，按照各假设发生的概率，加权计算整体 VPL 值；最后，去掉可见卫星中的一颗或者多颗卫星，可组成多个卫星子集，从而实现基于 MHSS 算法计算所有子集的整体 VPL 值。在得出结果后，VPL 数值一般会随着故障卫星的增多而增大。通常情况下，子集的 VPL 值要大于所有可见卫星的 VPL 值。但如果某颗卫星存在较大的量测偏差，去掉此卫星后，子集的 VPL 值则会明显变小。因此，子集构成的 VPL 值比所有可见卫星整体 VPL 值小的子集，所去掉的卫星即故障卫星。

总之，MHSS 算法通过甄别最小化 VPL 值进行卫星故障检测与排除，也就是说，凡是有利于减小 VPL 值的卫星都有可能被排除，而无论这颗卫星是否真的会造成较大的定位误差[9]。卫星导航完好性监测算法中，垂直误差保护级 VPL 定义如下：

$$VPL = x_v \pm k_v \cdot \sigma_v \tag{4.1}$$

式中，x_v 为本地接收机天顶方向的误差；当完好性风险设置为 10^{-7} 时，$k_v = 5.33$；σ_v 为垂直方向量测误差标准差，其具体定义如下：

$$\sigma_v^2 = ((G^{\mathrm{T}}WG)^{-1})_{3,3} \tag{4.2}$$

式中，G 为用户接收机至可见卫星的观测矩阵；W 为权重矩阵[9, 10]。

理论上，MHSS 算法通过检测各个子集，计算出 VPL 数值的不同，进而完成故障检测与排除，MHSS 算法基本流程图如图 4.1 所示。

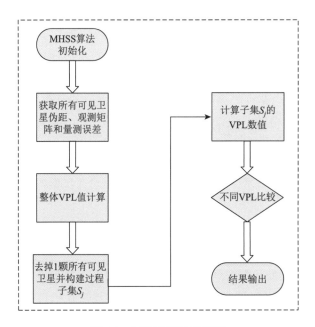

图 4.1　MHSS 算法流程图

4.2.2　微型磁强计

磁强计是用来测量磁感应强度（或磁通密度）的传感器，又称为磁传感器、特斯拉计和高斯计等。在 GNC 微系统中，基于微型磁强计获取的地磁数据，可独立实现 GNC 微系统的姿态测量、定向定位等功能，同时在拒止环境下，也可与其他信息源进行融合，保证 GNC 微系统导航制导功能的正常运行。

1. 基本分类

根据测量原理的不同，磁强计可分为感应式、磁力式、核磁共振式、磁致弹性式、磁致电阻式等。依据所测量对象性质的不同，又可分为矢量式和标量式磁强计。矢量式磁强计所测量的是某一处磁感应强度矢量三个正交分量中的一个分量或多个分量，而标量式磁强计只能测量某一处磁感应强度矢量的模（或全量），又称为全量式磁强计。根据不同的物理效应，磁传感器可分为霍尔效应（Hall effect）传感器、各向异性磁阻（anisotropic magneto resistive，AMR）传感器、巨磁阻（giant magneto resistive，GMR）传感器和隧道磁阻（tunnel magneto resistance，TMR）传感器等 4 类。

2. 发展历程

磁强计主要经历了 3 个不同发展阶段。第一代磁强计基于半导体技术，主要是利用磁探测线圈感知磁通量，进而测量磁场的强弱。该传感器尺寸较大，灵敏度相对较低，分辨率约为 10^5nT。第二代磁强计以霍尔传感器和 GMR 传感器为代表，在尺寸较小的情况下，提高了磁场探测的灵敏度，其分辨率可达 10^3nT 以上。第三代磁强计为巨磁阻抗效应（giant magneto impedance，GMI）传感器，相比于上一代传感器，在体积、功耗、灵敏度等方面，其性能优势明显，且分辨率可达 10^{-1}nT。目前，磁阻传感器主要基于纳米薄膜技术和半导体制备工艺，通过探测磁场信息，可精确测量电流、位置、方向、转动和角度等物理参数。

国外，GNC 微系统在利用微型磁强计时，主要聚焦 MEMS 技术和半导体技术。例如，美国霍尼韦尔（Honeywell）公司利用半导体材料、软磁材料等，在磁场作用下，具有改变电阻率的特性，从而研制出磁致电阻式微型磁强计产品，其灵敏度优于霍尔式传感器[11]。该公司研制的 HMC5883L 磁强计，采用抗干扰 AMR 技术，具备 12bit ADC 采样、160Hz 最大输出频率，尺寸为 3mm×3mm×0.9mm，功耗优于 0.33mW，能在 ±8 高斯（Gs）的磁场中实现 5mGs 分辨率。近年来，美国航空航天局发射了磁层多尺度探测（magnetospheric multiscale，MMS）卫星[12]，用于研究地球磁重联现象，其搭载的数字微型磁强计分辨率达到 24bit，系统噪声仅为 8pT$/(\sqrt{\mathrm{Hz}})@1\mathrm{Hz}$。此外，荷兰、日本、英国、瑞士和捷克等国家也在开展微型磁强计的研究，其主流结构基本都由磁芯和立体线圈构成，通过线圈中磁场的变化来检测外界信号。目前，微型磁强计的主要研究方向为改进立体线圈和磁芯的工艺。

国内，关注微型磁强计的主要研究机构包括北京大学、北京航空航天大学、苏州大学、中国科学院国家空间科学中心、中国科学院地质与地球物理研究所等。其中，中国科学院国家空间科学中心研制了高精度模拟磁通门磁强计，已应用于萤火一号（YH-1）火星探测器，能够对 ±256nT 以内的空间矢量磁场进行高精度测量，噪声水平为 8pT$/(\sqrt{\mathrm{Hz}})@1\mathrm{Hz}$。作为我国第一颗近地轨道的电磁场科学检测实验卫星，"张衡一号"电磁监测卫星搭载了高精度磁通门磁强计[13]，克服了宽频带与大动态测量范围等技术难点，其量程可达 ±70000nT，噪声水平优于 0.025nT$/(\sqrt{\mathrm{Hz}})@1\mathrm{Hz}$。中国科学院地质与地球物理研究所研制的高精度矢量数字磁通门磁强计[11]，代表了我国数字磁通门磁强计研究的先进水平，于 2020 年成功应用于中国首个火星探测器，即"天问一号"巡视器（"祝融号"火星车）。它能在火星表面，提供空间高分辨率的磁场测量结果，量程为 ±65000nT，数字分辨率为 0.01nT，固有噪声水平为 10pT$/(\sqrt{\mathrm{Hz}})@1\mathrm{Hz}$。

3. 典型产品

基于 MEMS 技术的微型磁强计具有高灵敏、高稳定、宽量程、微型化等特征，既是实现地磁导航的核心传感器，也是复杂环境下 GNC 微系统不可或缺的重要组成部分。尤其在卫星导航拒止环境下，微型磁强计通过与其他信息源融合，可共同确保 GNC 微系统导航、制导功能的正常运行。

作为微型磁强计的典型代表，TMR 传感器利用自旋电子学原理，通过测量输入信号下的输出电压或电阻变化，来检测磁场是否存在以及强度信息。相较于其他常见的磁传感器，如 Hall Effect 传感器和 AMR 传感器，TMR 传感器具有更高的灵敏度和分辨率，并且具有更广的线性范围，可广泛应用于导航、通信、数据存储等领域。

4. 关键技术

为满足磁强计的强环境适应性、芯片化、低功耗等应用需求，三轴 TMR 传感器涉及高热稳定性设计、高信噪比设计及微型三轴高密度集成等技术，包括高热稳定性 TMR 异质结制备、高磁电阻比 TMR 器件微加工等，其基本原理如图 4.2 所示。

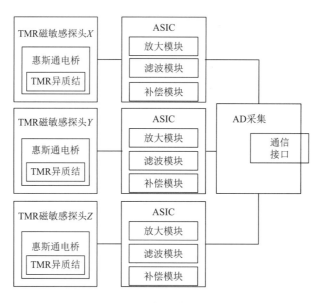

图 4.2　TMR 传感器基本原理示意图

（1）高热稳定性 TMR 传感器设计技术。主要涉及高热稳定性 TMR 异质结制备和 TMR 传感器电路温度补偿等技术。

（2）高信噪比 TMR 传感器设计技术。主要包括高磁电阻比 TMR 磁电阻制备和 TMR 地磁响应噪声抑制等技术。

（3）微型 TMR 传感器三轴高密度集成技术。主要包括 TMR 磁强计三轴封装工艺和多场耦合误差抑制等技术。

5. 发展趋势

微型磁强计正朝着高精度、集成化、低功耗等方向发展。

（1）高精度。

在地磁导航、姿态测量等功能场景下，微型磁强计所面对的地磁场信息通常较微弱，且随空间位置的不同，其变化量较小，地磁场梯度变化范围可从每千米几纳特到几十纳特不等，要探测如此微小的地磁变化，对磁强计的精度和分辨率提出了相当苛刻的要求。因此，推动微型磁强计的高精度测量，成为重要的技术发展趋势。

（2）集成化。

随着导航、制导与控制系统的集成化发展趋势，磁强计同样需要高密度集成化。对于磁强计而言，其微型化集成主要包含两个方面：一是磁敏感元件的微型化集成；二是微弱信号数字处理电路的芯片化集成。

（3）低功耗。

为满足 GNC 微系统的微感知应用，目前磁强计的功耗已降低至 mW 量级，但限于磁强计基本工作原理，其功耗与探测精度的矛盾日益凸显。因此，为解决该矛盾，综合考虑磁强计的探测性能和灵敏度，实现微型磁强计的低功耗智能化管理是目前的有效途径之一。

4.2.3　MEMS 气压计

MEMS 气压计主要用来测量大气压力，通过不同高度的气压，可计算海拔高度，与 GNSS 导航定位信号进行信息融合，从而实现更精确的三维定位。简言之，气压计主要基于真空盒式气压传感器，气压的存在将导致真空盒发生形变，即上下两块电容板的距离发生改变，由此引发电容改变，最终可间接测量大气压的数值。

1. 基本原理

根据结构来划分，MEMS 气压计通常可分为压阻式、电容式和谐振式三种结构。

（1）压阻式 MEMS 气压计。它可利用微小的压阻元件来测量气压。当气压变化时，压阻元件的电阻值也会随之变化，此时通过测量电阻值的变化，即可计算气压值。压阻式 MEMS 气压计的平面薄膜由各向异性腐蚀的体微加工技术制成。其压敏电阻则采用扩散法或离子注入法，既可制作到膜里，也可淀积在膜上。由于放置在薄膜的边缘附近，电阻分布在膜内，则不会超过薄膜的边缘。当有压力或加速度作用时，薄膜发生应变，产生与压力成比例的应力，该应力使得压敏电阻的阻值发生变化，由电阻值变化的大小，可以测得压力的数值，如图 4.3 所示。

（2）电容式 MEMS 气压计。它利用微小的电容元件来测量气压。当气压变化时，电容元件的电容值也会发生变化，即通过测量电容值的变化来计算气压值。电容式 MEMS 气压计基本原理如图 4.4 所示，其结构包括两个表面积为 A、间距为 d 的平行极板，通过可动膜片和固定电极板间电容的变化来量化外界压力。

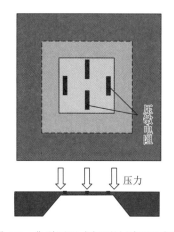

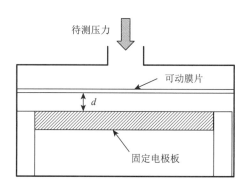

图 4.3　典型压阻式气压计原理示意图　　　　图 4.4　典型电容式气压计原理示意图

静止时的电容由式（4.3）决定：

$$C_0 = \frac{\varepsilon A}{d} \tag{4.3}$$

式中，ε 为两极板中间物质的介电常数；A 为两极板面积；d 为两极板间距。在简单传感器结构中，电极之一即可动膜片，这时电容由如下积分给出：

$$C = \iint \frac{\varepsilon}{d - \omega(x,y)} \mathrm{d}x\mathrm{d}y \tag{4.4}$$

式中，$\omega(x,y)$ 为膜的挠度，也是平面位置 x 和 y 的函数。式（4.4）表明，外界施加的压力和电容的变化呈现出非线性关系。如果膜是带中部凸起的，此电容只由凸起部分决定，式（4.4）则被简化为

$$C = \frac{\varepsilon A_{\text{boss}}}{d - \Delta d} \tag{4.5}$$

式中，Δd 是与压力相关的膜的挠度；A_{boss} 是凸起部分的表面积。此时，电容的倒数与挠度呈线性关系，而且在较小的挠度下，与压力也呈线性关系。然而，实际上，这一线性关系将被寄生电容 C_p 破坏，而且电容的导数不再与挠度保持线性关系。因此，总电容计算公式如下：

$$C = \frac{\varepsilon A_{\text{boss}}}{d - \Delta d} + C_p \tag{4.6}$$

对比而言，电容式压力传感器获得的灵敏度明显优于压阻式压力传感器。前者通常能够获得 30%～50% 的电容变化，而压阻器件的电阻变化最多只有 2%～5%。由于电容器极板间的静电力可以用来补偿外压力，因此，电容式结构还能实现力反馈，同时还能使电容式压力传感器的功耗较低。然而，电容式压力传感器由于其自身结构特点，不可避免地存在一些缺陷：一是，虽然其结构精细，但实际工艺制作难度较大；二是，电极板还可能与周围物体包括仪器，甚至与人体之间产生寄生电容，从而虚假输出信号；三是，由于需要测量的电容通常较微弱，并且需要接口电路，对电路的灵敏度噪声抑制要求较高，因而，使得整体研制难度较大。

（3）谐振式 MEMS 气压计。它利用微小的谐振元件来测量气压。当气压变化时，谐振元件的振动频率也会发生变化，从而可通过测量振动频率的变化来计算气压值。谐振式气压计虽然具有较高的精度和可靠性，但其制造过程复杂度较高。谐振式 MEMS 压力传感器通常分为两种：一种由振动膜构成，其谐振频率依赖于薄膜的固有频率，当薄膜存在上下压差时，膜内产生应力，该应力使得薄膜谐振频率发生变化；另一种采用膜上面的振动结构，压差引起膜的挠曲，振动结构的谐振频率随膜表面的应力变化而变化，其基本原理如图 4.5 所示。

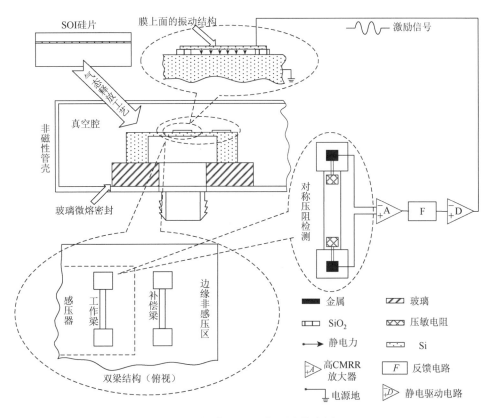

图 4.5　谐振式 MEMS 气压计基本原理

采用谐振式传感器，可获得较高的精度，其输出信号形式是谐振频率的变化量，适用于 GNC 微系统的芯片化、高精度和集成化。谐振式 MEMS 气压计具有诸多优点，但其制造工艺复杂，总体实现难度较大。例如，通常需将振动元件集成在挠曲膜上，然而谐振器和薄膜之间的机械耦合也会引起许多问题，对信号处理电路要求也较高。

2. 关键技术

MEMS 气压计需实现超小型敏感结构设计、复合敏感结构整体刻蚀工艺、超小型高性能静电激励/压阻拾振、超小型低应力双路封装等关键技术。一般在 GNC 微系统多物理场耦合环境下，通过建立传感器不确定度模型，揭示其内在物理规律，设计超小型微结构的加工和专用 ASIC，突破传感器的激励/拾振和封装等技术，实现 MEMS 气压计的芯片化和集成化，为未来微小型无人机提供技术支撑。

4.2.4　红外焦平面探测器

红外探测器是一种能够探测并感应红外线辐射的设备，红外辐射属于电磁波，其波长介于可见光和微波之间，通常被认为是 $0.75\sim1000\mu m$ 的波长范围内的辐射。它通常由红外传感器、前置放大器、信号处理电路等组成[14]，可以将其热电元件的输出信号转换成电信号，从而实现红外线的侦测和测量。

1. 基本分类

根据探测机理，红外探测器可分为热探测器和光子探测器。按其工作中载流子类型，可分为多数载流子器件和少数载流子器件。按照探测器是否需要制冷，可分为制冷型探测器和非制冷型探测器。按探测波长，可分为短波红外探测器、中波红外探测器和长波红外探测器。

2. 典型代表

回顾其发展历程，红外探测器主要经历了三代更迭，具体而言：第一代主要是以单元、多元器件，进行光机串/并扫描成像；第二代是线列或中小规模面阵焦平面；第三代为红外焦平面，以大面阵、高分辨、高灵敏、多波段为特征，正处于蓬勃发展期。

作为红外探测器的典型代表，红外焦平面探测器主要由焦平面阵列和读出电路内部分组成。其中，焦平面阵列由大量微小的探测器组成，其性能直接决定了探测系统的优劣。每个探测器负责检测一小块区域内的辐射强度，并将其转换为相应的电信号，并被传输到读出电路中，进行放大、滤波和数字化处理，最终形成红外图像。它具有高灵敏度、高时空分辨率、不需要透镜等优点，因而在航空航天、军事、医疗等领域广泛应用。

3. 红外探测器材料

在红外探测器的材料选择上，一般采用碲镉汞（mercury cadmium telluride，MCT）、量子阱红外探测器（quantum well infrared photodetector，QWIP）及 InAs/GaSb Ⅱ类超晶格等 3 种材料，均可实现长波红外探测[15, 16]。

（1）MCT 材料。它属于直接带隙半导体材料，可通过调节三种原子组分，进而调整探测波长，几乎可覆盖整个红外波段，其吸收系数和量子效率通常高于 80%。碲镉汞材料中，电子有效质量较小，载流子迁移率较高，对红外辐射的响应速率较快，因而在第三代凝视型红外焦平面中广受重视，但碲镉汞红外探测器造价较为昂贵。

（2）QWIP 材料。它是一种周期性异质结构材料，得益于分子束外延技术，在 GaAs/AlGaAs 量子阱材料上研究广泛。量子阱通过结构设计和周期厚度变化，来实现对探测波长的调节。由于其材料生长缺陷密度较低，探测器制备工艺稳定，目前，某些长波量子阱焦平面探测器已被商用。但是，量子阱的光谱呈现出窄谱吸收模式，由于光跃迁属于带内子带跃迁，只响应平行于生长面的光，导致吸收系数和量子效率均较低。

（3）InAs/GaSb Ⅱ类超晶格。它是一种周期性的低维量子结构材料，具有能带灵活、范围可调等优点，可覆盖 3～30μm 的中波至远红外波段。该红外探测技术建立在较为成熟的Ⅲ-Ⅴ族化合物半导体技术基础上，可以实现高性能的红外焦平面制备，特别是在长波和甚长波波段，具有优越的材料和器件均匀性，是当前红外焦平面技术的研究热点。

InAs/GaSb Ⅱ类超晶格可以通过能带结构设计，抑制俄歇复合（auger recombination），其电子有效质量相比碲镉汞较大，特别是在长波红外超晶格材料方面，较大的电子有效质量有利于抑制隧穿电流。近年来，在 InAs/GaSb Ⅱ类超晶格长波红外焦平面探测器上，其性能显著提高，正逐渐接近实现 HgCdTe 红外探测器的相关性能，显示出优良的应用前景。目前，采用分子束外延技术，可实现大尺寸超晶格材料的均匀外延生长，有利于研制出大规模长波红外焦平面探测器。

4. 关键技术

红外焦平面探测器的关键是数字读出电路技术。具体而言，通过将 ADC 集成到读出电路中，使得探测器光电流信号在读出电路片内实现数字化，从而读出电路直接输出数字信号。根据 ADC 集成到读出电路的方式不同，目前主要包括列级 ADC 数字焦平面探测器和数字像元红外焦平面探测器[17, 18]。

（1）列级 ADC 数字焦平面探测器。主要解决的是光电信号的数字化问题，但是仍然在模拟域内完成对光电流的抽取、积分以及行多路选择，每一列像元采用一个高精度、低功耗 ADC，进行光电信号的量化，在数字域选择列多路及输出数据。它可借助片上数字信号处理的优势，集成片上数字视频电路，处理可变增益、相关双采样以及列固定图案噪声扣减等，从而提升光电信号质量。

（2）数字像元红外焦平面探测器。它可以在像元内提取、量化及积分光电信号，从像元直接输出数字信号。该探测器实现了对光电信号处理的全数字化，显著提升了读出电路的性能。数字像元电路的本质为计数型 ADC，此 ADC 的量化单位由电荷扣减量决定，采用计数器实现多次积分。实质上，可视为实现数字积分的过程，通过完成光电流积分及量化功能，进一步简化了数字像元的电路设计。

在数字像元电路中，电荷扣减量决定了 ADC 的量化分辨率，计数器位数决定了系统的动态范围。借助于 CMOS 工艺的飞速发展，在有限的像元面积内，可以实现 16 位以上的计数器，显著提升读出电路的电荷处理能力，从而扩展数字像元读出电路的动态范围。

5. 发展趋势

红外焦平面探测器将向焦面上图像在线处理等方向发展。在数字像元读出电路中，由于像元内实现了光电信号的数字化，进而可实现像元内的数字信号处理，例如，累加、平均、背景扣除以及帧间差读出等。将数字像元电路中计数器重构为移位寄存器，可以实现信号在像元间的移位传输，从而实现片上图像处理功能，如图像的电子稳像、时间延迟积分以及空间滤波等。总之，在新一代红外成像系统中，焦面上图像在线处理技术具有广泛的应用前景。

与模拟红外焦平面探测器相比，数字红外焦平面探测器能提供更高的探测灵敏度、帧频以及更好的信号质量，同时使得应用更为便捷。列级 ADC 数字读出电路将普遍应用于大面阵、小像元红外焦平面探测器，作为大面阵数字焦平面探测器，能提供更好的信号质量、光电性能及应用便捷性。而数字像元读出电路将普遍应用于长波红外焦平面探测器，作为数字像元红外焦平面探测器，能显著提升探测灵敏度，并为未来的焦面上图像处理打下技术基础。综上，不同类型的红外焦平面探测器各有千秋，将其数字信号高速传输至 GNC 微系统中，可进一步提高系统的探测距离和信噪比。

4.2.5　MEMS 激光雷达

激光雷达（light detection and ranging，LiDAR）是一种使用激光来感知和测量物理参数（如距离、速度、方向和形状等）的精密传感器。它通过发射脉冲激光束到目标表面，并测量激光脉冲返回时所需的时间，来计算距离，其探测距离可为几米至几千米。相比较微波、声波等其他雷达工作波段，激光雷达具有高亮度性、高方向性、高单色性和高相干性等优点，因此，激光雷达具有角分辨率高、距离分辨率高、速度分辨率高、低空探测性能好、抗干扰能力强等特点，可以采集探测对象三维数据（如方位角/俯仰角/距离/速度/回波强度），并将数据以图像的形式显示，获得几何分布图像、距离选通图像、速度图像和目标类型图像，因而在军民领域应用广泛[19, 20]。

1. 激光雷达基本分类

激光雷达按照不同体制平台等可分为多种类别，具体如下所述。

（1）按工作体制分类，激光雷达可分为多普勒激光雷达、合成孔径成像激光雷达、差分吸收激光雷达、相控阵激光雷达等。

（2）按载荷平台分类，激光雷达可分为便携式激光雷达、地基激光雷达、车载激光雷达、机载激光雷达、船载激光雷达、星载激光雷达和弹载激光雷达等。

（3）按工作介质分类，激光雷达可分为固体激光雷达、气体激光雷达、半导体激光雷达、二极管泵浦固体激光雷达等。

（4）按有无机械旋转部件分类，激光雷达可分为机械激光雷达和固态激光雷达。

2. 激光雷达基本原理

依据测量体制，激光雷达可分为相干测量型和直接测量型两类。其中，相干探测法利用多个光波电场，在探测器光敏面上实现相干叠加效果，同时，利用探测器的平方律响应特性来实现光混频，通过其差频成分获取目标回波的光波电场信息。直接测量法又可分为连续波测量方式和脉冲测量方式，对于连续波测量方式，通过相位调制光载波、测量光信号往返过程中的相差，来获取距离信息；对于脉冲测量方式，则通过直接测量脉冲往返过程中的飞行时间来获取距离信息。

依据成像体制，激光雷达可分为扫描型和凝视型两类。扫描型激光雷达通过改变激光光束照射方向，来对目标表面不同位置主动照明，进而探测不同位置的反射回波信号，以实现探测功能。凝视型激光雷达利用面阵探测器接收激光回波，并对目标表面一次性成像，其成像速度快，且无须引入扫描模块。然而，其能量利用率不高、探测距离有限，并且接收光学系统结构复杂，使得激光雷达系统的整体重量、体积、功耗均较大。

3. 微型激光雷达典型代表

微型激光雷达属于一种新型激光雷达技术，结合了传统雷达与现代激光技术，是一种先进的主动式光学探测技术，具有体积小、重量轻、功耗低等特点。

作为微型激光雷达的典型代表，MEMS 激光雷达通过使用 MEMS 振动镜或微型扫描器，实现大面积的扫描，能够识别距离、速度和位置等信息，可在不同的视角下获取三维图像，并随时更新环境模型数据。它具有结构固态化、质量轻、功耗低等显著优点[21, 22]，是 GNC 微系统微探测器件的主流技术路线。

4. 核心部件

MEMS 振镜属于光学 MEMS 执行器芯片，在驱动作用下，可对激光光束进行偏转、调制、开启闭合及相位控制，被广泛应用于投影、光通信等场景。此外，MEMS 激光雷达将 MEMS 振镜作为激光光束扫描元件，具有体积小、宏观结构简单、可靠性高、功耗低等优势，是目前激光雷达落地应用的技术路径之一。

总体而言，MEMS 振镜的品质受数值影响，数值越大，则越有利于提升激光雷达性能。相较而言，单轴 MEMS 振镜因整体结构更为简便，所以，更容易得到更大扫描角度、光学孔径和更高的谐振频率，也更适用于 MEMS 激光雷达的规模化应用。

5. 研究进展及发展趋势

传统激光雷达系统大多基于机械扫描、光栅扫描等方式，采用分立式光学及电学元件，光机扫描结构复杂，扫描速度较慢。考虑到其可靠性和环境适应性较差，尤其是体积、重量和功耗较大，因而价格昂贵，一般仅适用于高精度测绘等专业用途。为减小激光雷达系统尺寸、提高扫描速度，传统多线机械扫描正逐步被微机电系统和光学相控阵（optical phased arrays，OPA）替代，即通过引入 MEMS 扫描机构和半导体技术，将核心模块（如激光雷达的激光发射、激光接收和激光扫描等）微型化，实现研制片上集成的微型激光雷达。

截至目前，国内外已开展大量相关研究且成果显著，尤其是在片上光相控阵发射技术、硅光集成技术等激光雷达应用方面。其中，美国 DARPA 重点开展了以下研究：一是以短距离、宽视场、较高灵敏度的电扫描光学发射器（SWEEPER 计划）为基础，重点研究了芯片式激光雷达的发射模块，在光相控阵阵列技术方面取得了系列成果；二是基于"电子光子异构集成（E-PHI）"项目，研究了基于硅光芯片的微片光束偏转技术，支撑推动其在激光雷达方面的应用；三是启动"64 通道毫米波收发前端"项目，实现了三维高分辨率近场成像；四是开展"高效线性全硅发射机集成电路（ELASTx）"项目研究，突破了收发硅基全集成关键技术；五是借助模块化光学孔径布控项目（MOABB 计划），开展了结构超紧凑的光学侦察和测距激光雷达系统研究，目标是使用扁平的半导体薄片取代传统激光雷达的透镜组合，从而建造超紧凑的新型激光雷达系统[23, 24]。除美国 DARPA

外，美国麻省理工学院（Massachusetts Institute of Technology，MIT）在 SOI 硅片上实现了 64×64 阵列的大规模光学二维相控阵，采用特殊的热电极调相设计，以降低加热功耗，并提高了扫描速度，最终实现了 24° 的扫描范围，扫描速度达到 100kHz，远超传统机械式 LiDAR 系统。此外，该团队还实现了扫描范围达到 51° 的一维光学波束扫描，其设计的一维和二维波束扫描架构如图 4.6 所示。

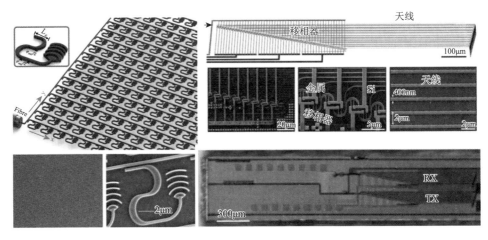

图 4.6　一维和二维波束扫描的芯片架构

2016 年，美国 Intel 公司在 300mm CMOS 工艺线上实现了高精度无混淆的光束扫描，其波束扫描架构、检测系统、阵列分束、天线以及扫描过程如图 4.7 所示。其中，一维天线涵盖在相控单元中，采用功率非均衡的发射阵列，压缩由过大的天线间隔造成的较大栅瓣。

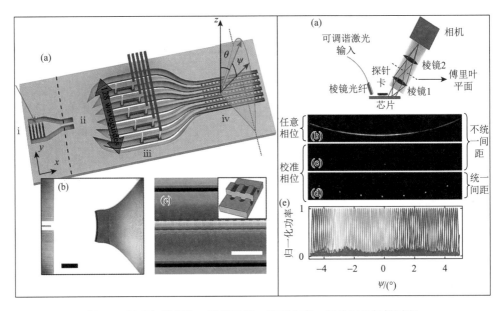

图 4.7　波束扫描架构、检测系统、阵列分束、天线以及扫描过程

同时，在一个轴上实现了 80°的扫描范围，采集点数多达 500 个。在另一个轴上，通过在一定范围内调谐波长，实现 17°范围的扫描。除此之外，其出射光的发散角较小，仅为 0.14°[23, 24]。

2019 年，美国 Analog Photonics 公司研制了一维 OPA 激光雷达，其采用的 512 像元 OPA 尺寸为 10mm²，响应时间为 30μs，实现视场角 20°和距离 200m 的点云生成。尽管 OPA 激光雷达无任何活动部件，结构简单，体积较小，扫描速度较快[25]，但还存在一些难点，包括相位精准控制与集成制造工艺等。此外，我国哈尔滨工业大学研制的 16pixel×16pixel Flash 激光雷达，采用光纤耦合探测器设计，可降低探测器阵列成本，同时又可增加激光雷达像素数量[23]。目前，国内 Flash 型激光雷达性能仍受限于高分辨率探测器阵列芯片制造工艺。随着集成度要求的提高，激光雷达正逐渐从传统多线机械扫描型，向 MEMS、OPA、Flash 型激光雷达等多个种类发展。

为进一步提高激光雷达集成度，SoC 技术正成为轻量型感知激光雷达的发展趋势。SoC 激光雷达作为先进 LiDAR，集光电探测、IC 设计与半导体制造技术于一体，未来在先进半导体材料与半导体制造生态产业链上，应用前景广阔。

4.2.6　微波光子雷达

微波雷达是一种小型化高精度的精密传感器，利用高频电磁波进行雷达测量，主要由发射天线、接收天线及微波信号处理模块等组成。具体而言，它通过发射微波信号接收被测目标反射信号，进而计算出该目标的位置、速度等其他特征。传统雷达的发射机，尤其是宽带雷达信号的发射机，需经过多次变频、混频，才能实现雷达信号的产生，再经过功率放大后输送到天线进行发射。受限于"电子瓶颈"，宽带信号的产生、控制和处理在传统电子学中较为复杂，甚至难以完成[26]。

光子技术与生俱来的大带宽、低传输损耗、抗电磁干扰等特性，使其成为突破雷达带宽瓶颈的关键使能技术。同时，光子系统重量轻、体积小、可集成，能够将雷达系统的体积、重量明显减小，从而显著减轻微小型无人机、微纳卫星等载荷压力。因此，光子技术的引入，有可能改变现有微波雷达系统的体制，赋予 GNC 微系统更强的探测感知能力[27, 28]。

1. 基本介绍

相较于传统电子技术，微波光子技术能够提供高频率、多波段的本振源和高精细、大带宽的任意波形产生，基于光真延时的波束形成技术，可解决传统相控阵波束倾斜和孔径渡越等难题，微波光子模数变换在高采样率下仍能保持较高的有效比特数。此外，微波光子技术还具有传输损耗低、质量轻及抗电磁干扰等潜在优势，因此，基于微波光子技术的雷达，能有效克服传统电子器件的若干技术瓶颈，改善和提高传统雷达多项技术性能，甚至有望成为下一代雷达的重要发展趋势。

作为微波雷达的典型代表，微波光子雷达系统通常利用电光调制器，将接收到的回波信号调制到激光载波上，并对驱动电压提出较高的要求，实则难以实现微弱回波信号的接收。尤其是在大气传输过程中，高频微波回波信号容易出现能量衰减，特别是在雨天或潮湿等特殊环境中，吸收损耗会受到更严重的影响，将导致微波光子雷达探测过程中，所接收到的回波信号强度微弱、信噪比较低，最终，不得不显著降低雷达的有效作用距离。

为解决上述难题，通常需采用高功率信号发射器，并在雷达系统的接收端，利用一系列低噪声放大器来增益信号，从而实现对微弱信号的探测。这一方法无疑增加了接收端所需的体积和功耗，使其一致性较差，某种程度上，限制了微波光子雷达的广泛应用。因此，针对微弱信号的高灵敏度探测，推进更加阵列化和小型化的微波信号接收处理技术，是当前微波光子雷达领域的重要发展方向之一。

2. 研究进展

目前，国际上微波光子雷达主要有美国、欧盟等主流发展路径，中国也在不断地跟踪研究中形成了鲜明的特色。

1）国外研究进展

早在 20 世纪 80 年代末，美国 DARPA 陆续支持了相关技术的研究项目，将微波光子学在雷达系统中的应用分为三个阶段。第一阶段，开展高线性模拟光链路的研究，利用超低损耗的光纤（传输损耗仅有 0.0002dB/m）取代传统微波雷达接收前端中的同轴电缆，克服后者的体积较大、质量较大、损耗较大和易被电磁干扰等缺点，典型成果为 20 世纪 70 年代末美国莫哈韦沙漠（Mojave Desert）中的"深空网络"[29]。第二阶段，开展光控（真延时）波束形成网络的研究，用于替代在宽带情况下的传统相移波束网络，解决波束倾斜、孔径渡越等问题，典型成果是 1994 年美国休斯飞机（Hughes Aircraft）公司研制的基于光纤波束形成网络的宽带共形阵列[30]。第三阶段，进入 21 世纪后，随着光纤通信的蓬勃发展，光子技术越来越成熟，光电转换效率不断提升，微波光子相关技术也同步快速发展。因此，作为微波光子雷达研究该阶段典型目标，美国 DARPA 期望研制出芯片化的微波光子雷达射频前端，典型项目包括"高线性光子射频前端技术（PHORFRONT）"、"光子型射频收发（P-STAR）"、"超宽带多功能光子收发组件（UL-TRA-T/R）"、"可重构的微波光子信号处理器（PHASER）"、"大瞬时带宽 AD 变换中的光子带宽压缩技术（PHOBIAC）"、"模拟光信号处理（AOSP）"、"高精度光子微波谐振器（APROPOS）"等。尽管美国 DARPA 对微波光子学的研究投入较大，显著推动了微波光子学的发展，但实际更加重视攻关微波光子学基础技术，在微波光子雷达系统上的研究成果报道也较少[26]。

不同于美国，欧盟更加关注微波光子雷达系统的研究。据报道，2014 年，意大利国家光子网络实验室成功研制了世界首部微波光子雷达[31]，如图 4.8 所示。在发射机层面，系统利用两个滤波器，从锁模激光器中分别选择两个梳状线。首先，一个梳状线被基带波形调制，而另一个由频移产生。其次，两个信号在同一个探测器上拍频，产生所需频带的雷达波形。然后，通过改变基带信号，可以重新调制产生雷达信号波形，通过选择两个不同频率间隔的梳状线，可以自主切换中心频率。最后，雷达波形的中心频率可以实现 400MHz～40GHz 的变换，带宽为 200MHz，但其产生的波形带宽还是会受锁模激光器的重复频率限制。在接收机层面，系统接收到的回波由同一超短光脉冲进行采样。然后，通过光串并联转换和时间拉伸，将采样信号转换为低速信号。因此，一个低速的电子模数转换器足以对每个通道的信号进行数字化采用。实验结果表明，雷达的探测距离达到 30km，距离分辨率约为 23m[26]。如果采用较大带宽的中频波形，可以进一步提高距离分辨率。

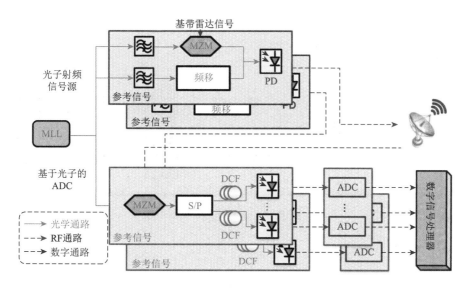

图 4.8 基于全光结构的可重构微波光子雷达原理示意图

2）国内研究进展

国内对微波光子雷达的研究可追溯到 21 世纪初，虽然相比美国和欧盟起步略晚，但发展较为迅速。2013 年，南京航空航天大学先后开展了基于光纤连接的分布式雷达、超宽带噪声雷达、无源雷达等雷达系统研究[26]。2017 年，南京航空航天大学联合中国电子科技集团公司第 14 研究所，研制了微波光子雷达验证系统，可实现小目标实时成像。该系统利用微波光子技术对接收信号预处理，在不损失信息量的前提下，显著压缩了数据量，成功实现了对小尺寸目标的实时高分辨成像，成像精度优于 2cm。同期，中国科学院电子学研究所完成了基于微波光子技术的 SAR 成像研究[32]，其雷达发射信号带宽为600MHz，对应成像分辨率 25cm。该系统实现了大型非合作目标波音 737 的成像，有效论证了微波光子雷达的可行性。2020 年，西北工业大学提出了一种基于 Sagnac 环路中两个相位调制器和 I/Q 平衡检测器的宽带光子图像抑制射频接收机[33]，如图 4.9 所示。在 X波段的工作频率范围内，实现了良好的 I/Q 幅值平衡（<0.8dB）和相位平衡（<0.7°）。由于采用了平衡检测方案，偶阶失真和直流偏置得到了明显的抑制。结合模拟中频（IF）正交耦合器，实现了 99.4dB 的无杂散动态范围和 50.3dB 图像抑制。

从上述若干典型微波光子雷达系统可以看出，引入微波光子技术，可以增强雷达系统的性能。当前及未来一段时期，研究热点尤其聚焦于微波雷达传感方面，能够显著提升其探测精度，实现多波段多功能的融合。

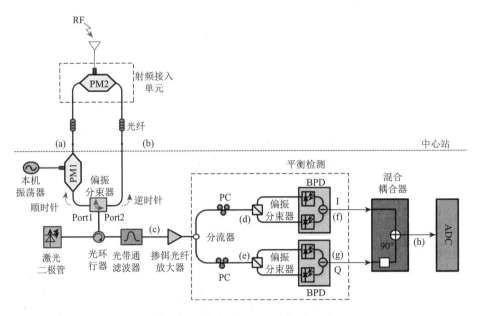

图 4.9　微波光子雷达接收机原理图

3. 发展趋势

微波光子雷达技术是位移与距离测量系统中的关键技术之一，也是 GNC 微系统主流的微探测器件典型技术。未来，将向超高分辨率、多波束化、集成化和智能化等方向发展[34]，以期在提高距离分辨率、改善目标识别成像等诸多性能的同时，又能提高雷达的隐蔽性与抗干扰性能。

（1）超高分辨率：随着微波雷达技术的进一步发展，其分辨率也将得到显著提升，从而能够更加准确地识别和定位目标物体。

（2）多波束化：多波束技术能够更加精确地探测和定位目标物体，是未来微波雷达技术的一个重要发展方向。

（3）集成化：微波光子雷达将朝着小型化、轻量化方向发展，同时也会更加集成化，以满足不同应用场景的需求。

（4）智能化：微波光子雷达还将向智能化方向发展，通过人工智能、深度学习、强化学习等技术，实现对目标物体的自动识别、稳定跟踪以及复杂环境下的智能决策。

4.2.7　微型星敏感器

星敏感器是一种用于姿态控制和方位导航的精密光学设备。它能够观测周围的恒星，通过测量其位置，来确定载体相对于地球的方位和姿态。在已知姿态测量的仪器中，星敏感器具有较高的角秒级精度，同时，还具有高精度、无漂移、工作寿命长等特点。随着空间技术的发展，空间任务更加强调规模化、小型化与航班化，也对星敏感器的体积、重量、功耗及成本提出了更高要求。因此，微型星敏感器成为航空航天领域重要的技术发展方向。

作为 GNC 微系统的重要微探测扩展器件，微型星敏感器通过观测天空中的恒星，来确定微纳卫星等航天器的姿态，从而实现对航天器的方位测量和在线调整。与传统的光电星敏感器相比，微型星敏感器在精度、响应速度和可靠性等方面都具有显著优势，并且可以与其他惯导装置相结合，提高姿态测量的准确度和稳定性[35, 36]。

1. 基本原理

微型星敏感器基于星光导航技术，主要由光学系统、CMOS 图像电路、FPGA 处理电路、DSP 数字处理电路、机械结构和电气接口等部分组成。首先，通过微型星敏感器的光学系统，视场范围内的星空可成像在 CMOS 图像传感器的焦平面上。其次，FPGA 驱动电路对 CMOS 发出时序控制信号，并快速读取和预处理图像数据，包括数据位的转换和实时的星点细分定位。然后，结合上述星点位置和亮度信息，DSP 数字处理电路可进行星图识别和星体目标跟踪，最后，输出微型星敏感器的三轴姿态信息[37, 38]。具体而言，基本工作原理如下：

（1）微型星敏感器预先存储星图模板，包含了几百颗高亮度的恒星位置和亮度信息；

（2）微型星敏感器光学系统将周围的天空纳入视野，并记录下周围的恒星分布情况；

（3）微型星敏感器 DSP 匹配视场内的恒星，以确定自身当前的方向和姿态。

2. 工作模式

微型星敏感器工作模式通常分为全天球识别和星跟踪两种。

（1）在全天球工作模式下，微型星敏感器通过光学镜头拍摄得到的星图，经过星点质心定位、星图识别和姿态解算等，可直接输出姿态信息。

（2）在星跟踪模式下，微型星敏感器利用先验姿态信息，进入星跟踪算法模块，通过局部的星点质心定位和识别，最终解算出当前的姿态信息。

3. 国外发展现状

星敏感器技术最早出现于 20 世纪中期，其发展经历可划分为四个阶段：早期星敏感器、第一代电荷耦合器件（charge-coupled device，CCD）星敏感器、第二代 CCD 星敏感器、第三代 APS-CMOS 星敏感器[39, 40]。

（1）早期星敏感器阶段（1940～1970 年）。典型代表包括：美国战略侦察机 SR-71 安装的 LN-20 扫描式星跟踪器；小型天文卫星（SAS-C）、阿波罗系列飞船等航天应用中使用的星敏感器；苏联 Geofizika 设计局研制的用于行星轨道器、空间飞船的星敏感器等。早期星敏感器采用扫描跟踪式，以光电倍增管与图像析像管为探测元件，只能获取视场中少数亮星的角距。由于析像管限制，实际很难满足高精度测量要求，且还存在体积、重量、功耗、磁效应与高压击穿等问题，最终限制了析像管星敏感器技术的发展。

（2）第一代 CCD 星敏感器阶段（1970～1990 年）。典型代表为 20 世纪 70 年代美国贝尔实验室成功研发的以 CCD 为代表的固态传感器，以此为基础，美国喷气推进实验室（JPL）于 1975 年成功研制出第一代 CCD 星敏感器 STELLAR，其视场为 3°×3°，探测器为 Fairchild 公司 100 像素×100 像素的 CCD 传感器，处理器采用 Intel 8080 系列，最大跟踪星数目为 10 颗，精度为 10″。由于 CCD 具有功耗低、体积小、可靠性高、几何精度高、光谱响应范围宽等优势，在 10 年时间内完全取代了析像管星敏感器产品。与此相关联，随着离焦与亚像素定位技术的出现，使得星点定位精度达到亚像素级别，提升了星敏感器的恒星观测矢量精度。这一阶段，星敏感器产品视场较小，为非自主式 CCD 星敏感器，需将拍摄星图传回地面进行后续处理（星图识别与位姿计算），且通常与其他精度较低的姿态敏感器联合使用，自身仅输出星点位置坐标信息，因此，不具备自主星图识别与姿态计算能力[39, 40]。

（3）第二代 CCD 星敏感器阶段（1990 年至今）。进入 20 世纪 90 年代，航天任务的现实需求表现为对星敏感器在轨实时星图识别与位姿解算。同时，随着微处理器、大容量存储器与 CCD 阵面技术的发展，具有自主导航能力的第二代 CCD 星敏感器由此诞生。相比于第一代非自主 CCD 星敏感器，它的主要优点如下：一是可自主实现星图识别与姿态计算，既无须地面解算，也无须其他姿态敏感器配合；二是提升了恒星捕获概率、姿态测量精度与全天球工作范围，主要通过中、大视场光学系统与高分辨率图像传感器实现；三是减轻了中央处理负担，主要通过将导航数据库与算法固化于硬件电路中，对外直接输出姿态数据。

第二代 CCD 星敏感器技术发展至今已趋于成熟，目前主要的研究高校和科研机构包括：美国得克萨斯农工大学、丹麦技术大学、美国 JPL 实验室、美国 BALL 和 Lockheed Martin 公司、法国 Sodern 公司等。他们已经相继研发出高精度星敏感器产品应用于航天任务，其中较为典型的案例为美国 Lockheed Martin 公司的 AST-301 星敏感器[41]，BALL 公司的 HAST 星敏感器以及法国 Sodern 公司的 SED36 星敏感器[42]，其姿态测量精度可达到亚角秒量级。

（4）第三代 APS-CMOS 星敏感器阶段（1990 年至今）。美国 JPL 实验室在 20 世纪 90 年代研制出 APS-CMOS 图像传感器，并最早提出将其应用于星敏感器。相比于 CCD 图像传感器，APS-CMOS 图像传感器具有集成度高、单一电源供电、抗辐射性能好、功耗低（仅为 CCD 的 1/100～1/10）、数据读出灵活等优势。APS 星敏感器更好地满足了现代航天任务中对于可靠性、体积、重量、功耗、抗辐射性能等方面的严苛要求，成为星敏感器技术重要的发展方向[39, 40]。

基于 APS CMOS 的第三代星敏感器因体积小、重量轻、功耗低、可靠性高等特点，较好地满足了微小型卫星的需求，因而得到快速发展。目前，代表性研究机构包括：美国 JPL 实验室、蓝色峡谷技术公司、德国柏林空间技术公司、欧洲航天局、比利时 IMEC 公司、加拿大多伦多大学等，他们对 APS 星敏感器技术进行了大量研究，相关产品已相继进入应用阶段。其中，最具代表性的小型 CMOS 星敏感器产品有 ST-16、BCT Nano、ST-200（图 4.10），在此分别对其进行介绍。

ST-16 星敏感器由加拿大多伦多大学牵头研制，其传感器设计采用 500 万像素 CMOS 器件，视场角为 20°×15°，视轴方向测量精度为 7.2″，姿态数据更新频率为 2Hz，尺寸为 4.9cm×4.6cm×3.25cm，无遮光罩质量仅为 90g，且其平均功耗为 0.7W。ST-16 星敏感器的硬件设计全部采用成本较低的商业级器件，且无跟踪模式，即每一帧星图识别均采用全天球星图识别算法完成。BCT Nano 星敏感器由美国蓝色峡谷技术公司研发，视场

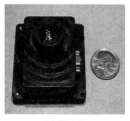

(a) ST-16　　　　　　　(b) BCT Nano　　　　　　(c) ST-200

图 4.10　国外小型星敏感器产品

角大小为 9°×12°，极限探测星等为 7.0Mv，其视轴测量精度为 6.0″，姿态更新频率为 5Hz，尺寸为 10cm×6.73cm×5cm，质量仅为 350g，其平均工作功耗为 1.2W，全天球星图识别成功率达到 99%。ST-200 星敏感器由德国柏林空间技术公司研发，其应用主要面向微小型卫星的需求，是目前最小的一款商用小型星敏感器，其视轴测量精度为 30″，姿态更新频率为 1Hz，尺寸为 3cm×3cm×3cm，质量仅为 50g，其平均功耗为 220mW，峰值功耗为 0.7W，但它仅为星敏感器模块，并无独立结构。

总之，当前国外星敏感器产品处于第二代 CCD 星敏感器与第三代 APS-CMOS 星敏感器的过渡时期，主要围绕高精度、小型化、自主化等趋势展开。当前，国外星敏感器技术相对比较成熟，并已实现商业化。

4. 国内发展现状

为满足国内航天技术的发展需求，近年来第二代 CCD 星敏感器与第三代 APS 小型星敏感器陆续研制成功，功能更为强大。航天科技集团 502 所为"嫦娥一号"配置了中等精度星敏感器，精度为 18″，并于 2007 年成功完成在轨任务，标志着我国第二代星敏感器产品的应用。中国船舶集团 717 所研发出基于 CCD 的 ST-3 型星敏感器，其相关产品已逐步应用于机载、舰载、弹载等诸多平台。中国气象科学研究院研制了用于"风云四号"卫星的星敏感器。然而，上述第二代 CCD 星敏感器的产品体积、质量、功耗较大，且费用高昂，难以满足国内微小卫星的发展需求。因此，国内一些单位陆续开展小型星敏感器的研发，并取得一系列成果[39, 40]。

清华大学于 2000 年启动对 APS CMOS 星敏感器的研制，并成功研发 AAST 小型星敏感器（图 4.11（a）），其探测器设计采用赛普拉斯公司 STAR1000 图像传感器，视场角大小为 24.5°×24.5°，视轴测量精度为 30″，更新频率为 1Hz，质量为 1kg，工作功耗为 4.0W。北京航空航天大学研发了多款小型星敏感器，其中以 YK010（图 4.11（b））星敏感器较为典型，其视场角均为 20°×20°，全天球范围识别时间为 0.5s，精度为 2″，频率为 10Hz，功耗为 1.5W，重量为 1.5kg，代表了当时国内星敏感器技术的较高水平。清华天银星际公司研发了多款小型星敏感器，如纳型 NST 星敏感器（图 4.11（c））与皮型 PST 星敏感器（图 4.11（d））系列，代表了我国小型高精度星敏感器的领先水平。具体而言，NST10-G1 纳型星敏感器的视场角大小为 19°×18°，视轴测量精度达到 4.0″，总重为 500g，尺寸为 90mm×90mm×20mm，质量为 500g，平均功耗为 2.0W。PST3S-H1 星敏感器更为小型，其总重仅为 130g，尺寸为 34.5mm×34.5mm×134mm，平均功耗为 0.7W。纳型星敏感器代表了新一代全自主超小型高精度星敏感器，已成功在吉林 1 号、高分微纳、激光通信、创新 06、CE-4 绕月编队星座、珠海欧比特星座、微景星座及天仪星座等实现在轨应用或选用[43]。此外，中国科学院长春光学精密机械与物理研究所研发的 QH-CIOMP-01 型星敏感器（图 4.11（e）），已成功搭载于 SJ-902 星平台，具有轻小型、高精度、低功耗等优点。

(a) AAST　　　(b) YK010　　　(c) NST　　　(d) PST　　　(e) QH-CIOMP-01

图 4.11　国内小型星敏感器典型产品

此外，针对星敏感器国产化、高精度和小体积等应用需求，在珠海欧比特宇航科技股份公司国产化 SoC 多核处理器芯片、高集成度电路、SiP 封装集成等技术的基础上，国内某单位设计了一种基于国产化 S698PM 芯片的高精度小型化星敏感器电控系统，该电控系统可实现对目标图像的捕获，对数字图像数据的存储和输出，能够与载体控制器和遥测部分实现可靠的通信，促进了其自主可控、国产化、高集成度、小型化，从而解决了狭小空间高度集成小型化等问题，最终形成了小型化星敏感器电控系统，外形尺寸为 35mm×35mm×15mm，重量为 30g，采取 QFP-144 封装形式[44]，具体如图 4.12 所示。

总体而言，当前国内微型星敏感器研究内容主要涉及：星敏感器光学成像系统、星图处理专用芯片装置、质心跟随成像系统、星敏感器 SiP 电控系统、全天球星图快速识别方法和姿态实时跟踪方法等。国内星敏感器理论和方法体系已经初步形成，与美欧等先进国家相比，逐步从"跟跑、并跑"向"创新、主导"的方向发展。

图 4.12　微型星敏感器电控系统实物图

4.3　微执行器件技术

4.3.1　微型舵机

舵机是用于控制机械运动方向和位置的电机类设备，通常采用 PWM 信号控制。舵机通过输入数字控制信号来控制电机旋转角度，进而实现机械运动的方向和角度控制。按控制电路分类，舵机可分为模拟舵机和数字舵机。按机械材质分类，可分为塑料齿舵机和金属齿舵机等。按控制接口分类，可分为 PWM 舵机和总线舵机等。

在军用领域，舵机是导弹和无人机控制系统的重要组成部分。以导弹为例，它可根据导弹制导控制信号或测量元件,输出姿态稳定信号,操纵导弹的舵面或弹翼偏转,以控制和稳定导弹的飞行状态。现代微小型制导飞行要求其控制系统具有微型化、高精度和高灵敏度等特征,因此,高可靠的微型舵机成为重要的技术发展方向,其优劣直接决定飞行器的动态品质性能。

1. 基本组成

作为 GNC 微系统的重要执行单元,微型舵机是一个高精度位置伺服系统。一般而言,微型舵机由综合放大元件、伺服控制元件、执行元件和反馈元件等 4 部分组成。综合放大元件将对输入信号和舵反馈信号进行综合放大,由伺服控制元件变换成驱动控制信号,操纵多面(弹翼)偏转。反馈元件将执行元件的输出量反馈至输入端,构成闭环回路,以改善调节微型舵机的动态响应特性。简言之,微型舵机通过控制器的舵面偏角指令,来操纵舵面的偏转,从而实现微小型导弹姿态与轨迹的稳定控制。

传统舵机驱动器受限于器件的开关损耗,其开关频率一般在几十到几百 kHz,导致无源器件体积较大,限制了整体系统的尺寸。虽然软开关技术实现了上 MHz 开关频率,但是,谐振回路中的无源器件增加了变换器电路设计的复杂性,同时降低了系统可靠性[45]。为解决上述问题,需开展对如下关键技术的研究,包括基于氮化镓(gallium nitride,GaN)场效应晶体管(field-effect transistor,FET)功率器件的微型舵机驱动总体设计,增强型 GaN 功率器件工艺,GaN FET 高速半桥门极驱动芯片、高密度三维集成封装等,从而实现微型舵机伺服驱动器小型化、模块化、集成化的目标,为 GNC 微系统提供技术支撑。GaN 舵机驱动器基本组成如图 4.13 所示。

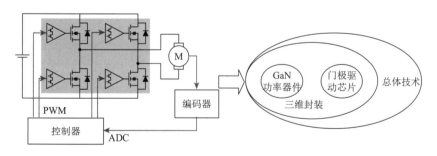

图 4.13　GaN 舵机驱动器基本组成

GaN 舵机驱动涉及功率器件、集成电路、电子封装、电力电子与自动控制等多个器件及学科技术,主要关键技术将在后面内容介绍。

2. 增强型 GaN 功率器件工艺技术

增强型 GaN 功率器件工艺技术主要包括用于栅下势垒层凹槽刻蚀的湿法刻蚀、欧姆金属沉积前材料表面处理工艺以及欧姆金属退火工艺等技术,通常包括以下 4 点。

(1)通过热氧化辅助湿法刻蚀技术,实现栅下势垒层凹槽刻蚀,该刻蚀技术自停止于势垒层与 GaN 界面处,易于控制刻蚀深度,且对 GaN 表面损伤较小。

（2）针对绝缘栅介质生长，采用原子层沉积与低压化学气相沉积两种薄膜生长技术相结合的方法，制备栅介质。考虑到刻蚀表面损伤，需辅以栅介质生长前的表面处理工艺。

（3）针对欧姆接触工艺，研究欧姆金属沉积前材料表面处理工艺和欧姆金属退火工艺。对于 GaN FET 器件，欧姆接触制作于 AlGaN 表面。由于 AlGaN 材料表面性质较活跃，在器件制作过程中，容易受到空气中氧和金属离子杂质的污染。这些元素与 AlGaN 表面发生化学反应，生成新的物质，使金属与半导体之间的势垒宽度增加，严重影响了欧姆接触的质量，因此，沉积金属前对半导体进行表面处理尤为重要。另外，不同欧姆金属组合以及欧姆退火条件也对欧姆接触产生重要影响。

（4）针对新型增强型 GaN FET 器件结构与制备工艺，需攻关基于新型 GaN 异质结构材料的增强型 GaN FET 器件结构和制备工艺技术，例如，晶格匹配的 InAlN/GaN 异质结构或极化更强的 AlN/GaN 异质结构。

整体而言，针对增强型 GaN FET 器件的载流子输运机理，需研究 GaN FET 器件沟道载流子在强场条件下的输运机理，优化 GaN 基电子器件材料和结构，提升 GaN FET 器件性能。对于器件击穿机制，需建立器件仿真平台和参数模型，探究不同击穿机制的作用范围及其敏感结构的影响因素，研究不同材料和器件结构样管的击穿过程，结合器件物理仿真结果，确定不同击穿机制的主导影响因素，为后续的器件结构设计提供参考。

3. GaN 高速半桥门极驱动芯片技术

在半桥电路中，上管源极为浮动电位，其驱动器供电需要隔离。常见的电气隔离技术包括光耦隔离、变压器隔离与电平位移电路。其中，光耦隔离受限于可靠性、结温与能量传输效率等条件的影响。变压器隔离能满足高温应用需求，但其体积较大，不适用于小型化需求。实践中，可采用基于电平位移电路的隔离方案，能够提供片上高低压隔离。同时，采用基于自举电路上管供电电源的设计方案，通过自举电路的二极管与电容，替代传统独立的上管驱动供电电源，从而达到简化电路设计、降低系统成本、提升功率密度的目的。

目前，GaN 的应用大多基于分立器件、板级集成，一定程度上，限制了 GaN 优异性能的发挥。虽然 GaN FET 具有较高的开关速度，但在电力电子系统中，为避免由杂散电感引起的电磁干扰，GaN 功率器件的开关速度通常被故意降低。为最大限度地减少寄生电感效应、显著提高舵机驱动系统集成度和系统可靠性，需将 GaN FET 功率开关与其驱动电路进行单片集成，基于 GaN CMOS 技术，通过优化设计放大器电路、电平位移电路以及其他数字逻辑门电路等，实现对 GaN 高速半桥门极驱动芯片的总体优化设计。

4. 高密度三维集成封装技术

传统舵机驱动器通常采用 PCB 板级集成的方式，已难以满足 GNC 微系统小型化的应用需求。当前，GNC 微系统通过集成高性能微处理器，精细化操控微型舵机，同时，以总线的形式，传输对功率器件和小型舵机伺服驱动器的控制指令，进而执行舵机相应的功能。着重从以下 4 个方面进行突破。

（1）在多物理场失效机理方面，电力电子模块中热应力导致焊点脱落是其失效的主要原因。首先，通过电力电子仿真软件 PLECS、PSIM 等，可完成损耗计算，建立电-热耦合机理模型。其次，通过有限元计算软件 ANSYS、COMSOL 等，可完成应力仿真，建立热-力耦合机理模型。考虑到 GaN 的高速开关与封装内部的寄生参数，导致了较为严重的电磁干扰，同时也是目前限制 GaN 模块封装的瓶颈之一，可通过 ANSYS 研究电-磁耦合下封装内部杂散电感分布与电磁干扰等机理。最后，完成 GNC 微系统电-热-力等多物理场耦合下，对其失效机理以及相关抑制方法等的研究。

（2）在电磁干扰抑制方面，GaN 变换器开关速度导致了较为严重的电磁干扰问题。因此，在封装设计中，首先，可结合电路和结构，优化局部拓扑结构并着重优化散热问题。其次，使用先进封装工艺技术，可减小互连长度和回路面积。然后，进一步优化封装设计，可最大限度减小寄生电感和寄生电容。最后，通过先进封装工艺，可实现 GNC 微系统的高密度三维集成。

（3）在先进封装方面，GNC 微系统采用陶瓷转接板上倒装互连（flip chip on ceramic，FCOC）的三维封装技术，高密度集成功率器件、驱动芯片与无源器件，进而减小元器件互连引入带来的杂散寄生参数，提供较大的电流承载能力，同时提高功率模块散热效率、耐冲击能力以及系统可靠性。

（4）在封装可靠性方面，由于焊接封装时，传统焊料熔点较低，使其在高温环境下的封装可靠性面临挑战。同时，在满足连接牢固、热膨胀匹配、可靠性等基本性能的前提下，还需要焊料的烧结温度不能过高。为同时满足上述指标，可采用基于纳米银焊料的方案。相比传统焊料，纳米银在烧结后，表现出更高的工作温度和更好的导电、导热性能。此外，在高低温冲击下，低弹性模量能够缓冲芯片与相关基板金属带来的热膨胀系数失配问题。因此，作为高压芯片的封装连接材料，纳米银焊料表现出较为明显的优势。为防止压力导致芯片损伤，还需降低纳米银焊料中银颗粒的粒径，增加其表面能，烧结过程中，可辅助以较低的压力，甚至在无压条件下，实现烧结并形成稳定的连接，最终综合提升舵机驱动器封装可靠性。

4.3.2　微型电机

电机是指依据电磁感应定律实现电能转换或传递的一种电磁装置。不同于工业用的大型电机、中小型电机，微型电机体积、容量较小、输出功率较小，对用途、性能及环境条件要求特殊。微型电机常被用于控制系统或传动机械负载中，以完成对机电信号或能量的检测、解析运算、放大、执行或转换等功能[46]。

1. 基本分类

作为 GNC 微系统技术的重要微执行机构，微型电机采用 MEMS 工艺，可用于微小型空天飞行器的动力装置。从工作原理角度分类，微型电机可分为静电驱动微电机、电磁驱动微电机、压电微电机等[47]。根据构造方式的不同，三种微电机又有不同的形式。其中，静电驱动微电机主要包括静电感应电机、驻极体微电机、电晕微电机；电磁驱动微电机主要包括永磁微电机、磁阻微电机；压电微电机主要包括超声波电机等。

2. 典型代表

静电驱动微电机和压电微电机虽然具有较高的转速，但往往功率密度较低。而电磁驱动微电机具备更高的功率密度，能够满足微小型空天飞行器对动力装置的需求。

受限于 MEMS 微线圈当下技术水平，永磁微电机一般采用的 MEMS 平面线圈[48]，工艺难度较低，但平面线圈的占用面积较大、电感密度较低，且不能插入铁心，因此功率密度仍不理想。随着 MEMS 三维复杂结构工艺技术的发展，逐渐出现了 MEMS 三维螺线管式线圈[49]。部分研究者进一步研制了可插入铁心的 MEMS 螺线管式线圈[50]，并验证了其在电感密度上的显著优势，而含铁心的微线圈真正具备了应用于高功率密度微电机的潜力，已成为目前微型电机的重要技术发展方向。

作为微型电机的典型代表，径向磁路的无刷直流永磁微电机厚度仅为 2mm，电机本体外直径为 18mm，采用 6 槽 4 极结构形式，静子绕组采用三相星型连接，转子采用表贴式永磁体形式，驱动电路工作方式为 120°导通、全桥逆变驱动、六状态的方波驱动工作方式[51, 52]，具体如图 4.14 所示。

图 4.14　MEMS 微型电机基本结构示意图

1-驱动器 PCB 板；2-静子；2-1-上衬底；2-2-线圈绕组；2-3-铁心；2-4-下衬底；3-转子；3-1-转轴；3-2-永磁体

3. MEMS 微型电机总体工艺和装配方案

为实现执行机构微型电机的批量化生产，GNC 微系统采用与 IC 工艺兼容的 MEMS 微纳制造工艺，进行微型电机的静子衬底及线圈加工，并将应用较广、工艺较为成熟的单晶硅作为电机衬底材料。由于单晶硅密度较低，导热性能优良，因此，它能够提高微型电机的功率密度。同时，作为绕组线圈材料，电镀铜具有优良的导电和导热性能，且工艺相对成熟。在绝缘方面，通过在硅衬底上热氧化，生成 0.4μm 厚的二氧化硅层，实现线圈与衬底的绝缘。在材料方面，以磁轭铁心材料为硅钢，采用机械加工方式，磁轭为分割式，由 6 个 T 形铁心从侧面插入硅衬底内部，从而组成完整磁轭。永磁体材料为钕铁硼，形状为瓦片形[51]。MEMS 微型电机的总体工艺和装配方案如图 4.15 所示。

4. 关键技术

微型电机的核心设计在于含铁心 MEMS 螺线管式线圈技术。虽然常规尺度电机均采用这一形式，但因微尺度集成下，其工艺难度较大，此种线圈在 MEMS 微电机中尚未实

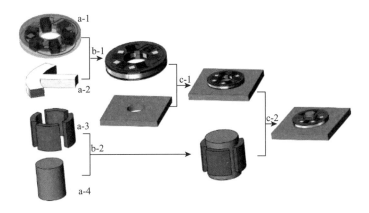

图 4.15　MEMS 微型电机总体工艺和装配方案

a-1-静子衬底和绕组的加工；a-2-静子铁心的加工；a-3-转子永磁体的加工；a-4-转子转轴的加工；b-1-静子装配；
b-2-转子装配；c-1-静子与 PCB 的电连接；c-2-整机装配

现规模应用。但相对于 MEMS 微电机普遍使用的平面式线圈，插入铁心的螺线管式绕组具有较低的漏磁和较高的电感密度。

传统平面式线圈可以在线圈平面外引入铁心材料，但其漏磁较大，电感密度较低。插入铁心的螺线管式线圈，则能较好地束缚磁感线，形成低磁阻的磁路，有利于提升磁路效率。同时，其电感密度显著提高，而绕组电感能够表征出反电势的相对大小，体现了绕组进行电磁能量转换、产生电磁力的能力，直接影响了输出功率。因此，采用含铁心螺线管式绕组，能够显著提高 MEMS 微型电机的性能。

4.3.3　微型推进器

当前，以微纳卫星为代表，小型化航天器已成为航天领域的重要发展趋势。同时，微纳卫星 GNC 微系统对微推进系统提出了越来越迫切的需求。由于微纳卫星具有体积小、质量轻、转动惯量小等特点，为精确实现轨道调整、引力补偿、位置保持、轨道机动和姿态控制等操作，必须开发出微型推进器，满足高集成度、低功耗、小推力和微冲量等特点和需求。以微机电系统技术为基础，新型微推进器既可满足要求，又可显著降低量产成本，成为各航天大国的研究热点。

从能源动力角度而言，微型推进器主要分为电推进和化学推进两大类。对于电推进式，主要分为电热式、电磁式和静电式。对于化学推进式，主要有液体化学推进器和固体化学推进器。与化学推进相比，微型电推进具有比冲高、推力精确、质量轻、结构紧凑等特点，是微纳卫星推进系统的首选技术方向[53, 54]。

高性能的微型电推进技术，一般需将工质电离成等离子体态后，基于静电力或电磁力加速等离子体（或等离子体中的离子），高速喷射产生推力。常见的工质电离方式包括气体电离、液体电喷雾以及固体烧蚀等方式。

1. 基于气体工质电离的微型电推进技术

目前，广泛应用于航天器的电推进技术主要采用气体工质，如电阻推进器、电弧推进器、离子推进器和霍尔推进器。气体工质电推进技术在中高功率领域获得了较大成功，技术相对成熟。对于微纳卫星动力系统而言，将技术成熟的气体工质电推进器微型化，是微型电推进技术的重要发展方向。由于电阻推进器和电弧推进器的比冲性能相对较低，微型化的主要方向是离子推进器和霍尔型推进器。

1）微型离子推进器

微型离子推进器是将常规离子推进器微型化后的产品，由于电子轰击式离子推进器微型化难度较大，目前，微型离子推进器主要包括微波电子回旋共振离子推进器和微型射频离子推进器两种。其基本工作原理与常规离子推进器的工作原理相同，均是将气体工质放在电腔内，使之被电离成等离子体。而等离子体中的离子被栅极系统引出，并加速喷射形成推力，即可形成微纳卫星的轨道机动、位置保持、姿态控制及自主离轨等能力，主要特点如下所述。

（1）由于离子推进器技术成熟，已在多个卫星平台和空间任务中成功应用，微型离子推进器继承了离子推进器的大量研究和应用经验，研制难度较低。

（2）微型离子推进器可以在瓦级功率下工作，并获得千秒级的比冲性能。

（3）微型离子推进器的总效率会随着微型化过程而降低，为 20%～30%，低于常规离子推进器（为 50%～60%）。

（4）电源系统、高压储箱、阀门和工质供给管路等部件的微型化难度较大，推进系统的总质量相对较大，一般为数千克量级。

国外典型产品为美国宾夕法尼亚大学研制的微型射频离子推进器（miniature radio frequency ion thruster，MRIT），直径为 1cm。MRIT 采用氙气作为工质，在总功耗 16W 条件下，实现了 64.8μN 的推力和 2462s 的比冲性能，总效率达 20%[53, 54]，如图 4.16 所示。

图 4.16　美国宾夕法尼亚大学的 MRIT

国内，开展微型离子推进器研究机构主要有中国科学院力学研究所、兰州空间技术物理研究所、中国科学院微电子研究所、西安推进技术研究所等。其中，中国科学院力学研究所研制的 μRIT-1 推进器，最先在"太极一号"卫星（于 2019 年发射）上验证空间飞行，"太极一号"卫星及 μRIT-1 离子推进器如图 4.17 所示。μRIT-1 的主要性能指标：推力范围 5～100μN，推力分辨率优于 0.1μN，比冲 60～1200s[53]。

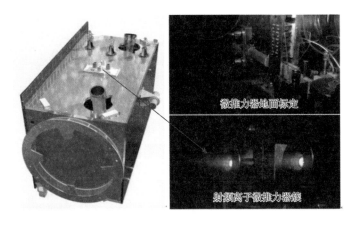

图 4.17　"太极一号"卫星及 μRIT-1 离子推进器

2）霍尔型推进器

霍尔型推进器被认为是微纳卫星推进系统最有前途的发展方向之一，具有高推力密度和大比冲等特点。其主要结构包括放电通道、外磁线圈、内磁线圈、外磁极、内磁极、阳极和阴极等，基本工作原理是气体工质在放电通道内被电离成等离子体，而在阳极和阴极形成的加速电场中，等离子体中的离子被加速喷射形成推力，主要特点如下所述。

（1）霍尔型推进器可以在百瓦级功率下工作，但最低工作功率远高于微型离子推进器和其他微型电推进器，适用于百千克左右的微卫星动力需求。

（2）霍尔型推进器的总效率会随着微型化而降低，为 20%～40%。

（3）和微型离子推进器一样，电源系统、高压储箱、阀门和工质供给管路等部件的微型化难度较大，推进系统的总质量相对较大，一般为数千克量级。

国外，开展霍尔型推进器的研究单位较多，典型产品包括俄罗斯的 SPT-50、美国的 BHT-200、以色列的 CAM-200 推进器以及日本的 CHT 型低功率霍尔推进器 TCHT-4。国内，从事霍尔型推进器研究的单位主要有哈尔滨工业大学、上海空间推进研究所、兰州空间技术物理研究所、北京控制工程研究所等。其中，上海空间推进研究所研制了 30～100W 功率量级的霍尔推进器原理样机，兰州空间技术物理研究所研制了 200～300W 功率量级霍尔推进器，北京控制工程研究所研制了百瓦功率量级永磁式推进器，哈尔滨工业大学研制了 200W 永磁式霍尔推进器[53]。

2. 基于液体电喷雾的微型电推进技术

采用气体工质的微型电推进器，需要高压气瓶和管路、阀门等部件进行工质的存储和输运，所需结构较为复杂。此外，在功率较低的情况下，微型离子推进器和霍尔型推进器效率下降明显。相比之下，作为主流的液体工质微型电推进器，场致发射电推进器（field emission electric propulsion，FEEP）和离子液体电喷雾推进器具备结构简单、效率较高等特点。

1）场致发射电推进器

场致发射电推进器是以液态金属为工质的电推进技术，常见工质包括铯（Cs）、铟

（In）、镓（Ga）等。FEEP 可提供微牛至毫牛级推力和数千秒比冲，工作时，羽流主要成分是金属离子，形貌在泰勒锥作用下呈喷雾状。

FEEP 主要由发射器、引出极、中和器等组成。金属推进剂储存在发射器储腔中，工作时加热储腔使推进剂液化，由于毛细作用，推进剂流向发射器出口。在发射器出口和引出极间施加高压电场，在高压电场作用下，离子克服表面张力脱离液体金属表面，由电场加速从引出极高速喷出，产生推力。主要特点如下所述。

（1）相比于气体工质的微型电推进器，FEEP 推进器没有气瓶等高压容器，也没有阀门等活动部件。另外，FEEP 推进器利用毛细作用补给推进剂，无须气路系统，使得结构非常简单，保证了系统的轻质量特性。

（2）由于金属具有较高的电导率，FEEP 的发射物都是以阳离子的形式存在，故其比冲可达 6000～12000s，远高于其他静电式电推进器。

（3）FEEP 推进器的推力可达 0.001～1 mN，非常适用于高精度小推力的场合，能够胜任微牛级扰动补偿系统。

（4）FEEP 推进剂的离子化和离子加速是在同一个电场中完成的，显著提高了电能的利用率。

（5）FEEP 的加速电压相对较高，高电压会给微纳卫星的供电和绝缘防护带来较大的压力；此外，为保证 FEEP 推进器的推力精度和推进器性能的一致性，对于推进器结构件的加工和装配也有较高的要求。

目前，FEEP 的研究工作主要在欧洲进行，影响力较大的有意大利 Alta 公司发展的 FT-150 推进器和奥地利 ARC 公司的 LMIS 推进器。FT-150 以铯为工质，采用狭缝式发射结构，推力在 1～150μN 可调，比冲为 4000s 左右，设计总冲为 3000N·s，额定功率为 6W，推力噪声 $< 0.1\mu N / \sqrt{Hz}$。LMIS 推进器以铟为工质，推力为 0.1～15μN，比冲为 4000～8000s，电效率为 95%，已累计进行了 12000h 的飞行验证实验。国内，代表的研究机构为中国科学院力学研究所和上海交通大学，他们分别研制了狭缝式和针尖式镓工质的 FEEP 原理样机，但在可靠性和寿命等性能方面，与国外研究仍存在一定的差距[53]。

2）离子液体电喷雾推进器

电喷雾推进器是以离子液体为工质的电推进技术。离子液体是一种新型绿色材料，具备零饱和蒸汽压、无毒无污染等特性。常用于电喷雾推进器的离子液体工质包括 EMI-BF4、EMI-IM 等。和 FEEP 类似，电喷雾推进器可提供微牛至毫牛级推力和千秒级比冲。

电喷雾推进器也是一种静电式推进器，结构与 FEEP 相近，一般主要由发射极、引出极、电源等组成。发射极和引出极间施加高压电场，离子液体在外部压力或毛细作用下输运到发射极尖端，在强电场的作用下，尖端的离子液体中带电粒子（纯离子、带电液滴）可发射并加速喷出，产生推力。由于单个发射点产生的推力较小，实践中，往往将发射极设计为阵列状，让多个发射点并行工作，从而获得较大的推力调节范围。主要特点如下所述。

（1）和 FEEP 类似，电喷雾推进器没有气瓶、阀门、气路系统等，结构简单，质量较轻。

（2）电喷雾推进器羽流成分复杂，包含纯离子和带电液滴等组分，导致其比冲低于 FEEP，但不低于气体工质的微型电推进器。

（3）现有电喷雾推进器的推力多为微牛量级，通过将多个推力模块并联工作，可实现毫牛级推力。

（4）电喷雾推进器采用多锥或多棱发射体结构，而锥和棱的加工精度对推进器的可靠工作影响明显。

（5）电喷雾推进器的主流发展方向是被动式供液，工质流量供给受加速电压、工质内压以及多孔材料流阻等多重因素影响。为保障电喷雾推进器推力精度和推进器性能一致性，可靠的流量控制是关键。

根据离子液体供给方式的不同，可将电喷雾推进器分为 3 类：表面润湿型、内部供给型和多孔材料型。其中，多孔材料型电喷雾推进器是目前的主流研究方向，对它的研究起始于美国麻省理工学院。经过多孔钨、多孔镍的前期探索，MIT 最终采用多孔硼硅酸盐，将其作为目前推进器 iEPS 的供给与发射针加工材料。iEPS 采用 EMI-BF4 为工质时，发射电流可达 $320\mu A$，推进器可达 $22\mu N$，比冲为 1000s 左右。美国 Accion 公司将 MIT 的多孔材料型离子液体电喷推进器工程化，形成 TILE 50、TILE 500、TILE 5000 和 TILE 200K 等系列化产品。单模块产品体积小于 0.1U，质量仅 50g，功耗为 1.5W，能够输出最大 $50\mu N$ 的推力和 $60\,N\cdot s$ 的总冲，比冲约为 1250s。iEPS 和 TILE 推进器如图 4.18（a）和（b）所示。

(a) iEPS推进器　　　　　　　　(b) TILE推进器

图 4.18　国外典型电喷雾推进器

国内开展电喷雾推进技术研究的单位较多，主要包括西北工业大学、北京理工大学、上海交通大学、北京机械装备研究所、北京控制工程研究所、兰州空间技术物理研究所等高校及科研院所。其中，西北工业大学采用多孔陶瓷作为发射极，研制了电喷雾推进器样机，尺寸为 3cm×3cm×2.7cm，在 2.3～3.0kV 引出电压下，实现 3000～4000s 比冲和 1～$10\mu N$ 的推力性能，如图 4.19（a）所示。上海交通大学采用多孔不锈钢作为发射极，研制了电喷雾推进器样机，尺寸为 3cm×3cm×1.75cm，在 1.2～3.0kV 引出电压工况下，实现 1780s 的比冲和 $77\mu N$ 的最大推力，如图 4.19（b）所示。北京机械装备研究所使用 MEMS 技术，将多孔金属作为发射极及其他单元的加工，研制的推进器样机如图 4.19（c）所示，尺寸为 2cm×2cm×1.5cm，比冲为 1450～1800s，推力为 10～$100\mu N$[53]。

(a) 西北工业大学样机　　　　(b) 上海交通大学样机　　　　(c) 北京机械装备研究所样机

图 4.19　国内典型电喷雾推进器

3. 基于固体烧蚀的微型电推进技术

为解决气体工质高压气瓶和管路、阀门等储供系统带来的结构复杂性和系统可靠性问题，采用固体作为电推进器的工质是另一种技术途径。近年来，研究较多方向为固体工质微型电推进装置，包括脉冲等离子体推进器（pulsed plasma thruster，PPT）和真空电弧推进器（vacuum arc thruster，VAT）。

1）脉冲等离子体推进器

脉冲等离子体推进器是一种脉冲式工作的电推进器，主要以特氟龙等固体材料作为推进工质。除固体工质外，也有部分 PPT 采用液体或气体作为推进工质，以期提高 PPT 的效率。

早期的 PPT 应用目标主要是完成常规卫星的姿态控制等任务。随着微纳卫星的兴起，PPT 的研究与应用目标逐渐转向微纳卫星的精确定位、轨道机动和姿态控制等。国外，PPT 的主要研究国家有美国、俄罗斯、英国和日本等。近年来，我国许多机构开展了较多的 PPT 样机研制和应用研究[53]，以满足微小卫星动力需求为目标，逐步开展空间在轨飞行试验等工作，代表机构包括上海交通大学、国防科技大学、北京航空航天大学、北京理工大学、中国科学院空间科学与应用研究中心、兰州空间技术物理研究所、北京精密机电控制设备研究所、上海航天控制技术研究所等高校及科研院所。

PPT 在结构上，主要由一对与电容器相连接的极板、火花塞、工质和外部电源等组成，其基本工作过程为火花塞点火使暴露在两电极之间的推进剂表面，诱导出高温放电电弧，使推进剂蒸发和电离，形成等离子体。然后，等离子体在洛伦兹力和气动力的共同作用下加速喷出，从而产生推力。主要特点如下所述。

（1）采用无毒的固体工质，相比于气体工质和液体工质的微型电推进器，结构更简单、可靠性更高。

（2）脉冲式工作模式，平均功耗较小，且可产生亚微牛秒级元冲量，有利于微纳卫星的高精度姿轨控。

（3）PPT 加工、制造、装配精度等要求低于静电式电推进器。

2）真空电弧推进器

真空电弧推进器是一种以固态金属为工质的电推进技术，常见工质包括钛（Ti）、铬（Cr）、钨（W）等，可提供微牛级推力和千秒级比冲性能。其中，微阴极电弧推进器（micro-cathode arc thruster，μCAT）被认为是真空电弧推进器的一种，由于外加磁场的存在，往往能够获得较优的性能参数。

　　国外微牛级 VAT 的主要研究国家有美国、德国、日本等，目前仍以基础理论及相关验证试验为主。国内 VAT 主要研究单位有上海交通大学、北京航空航天大学、北京理工大学、大连理工大学、北京控制工程研究所、上海空间推进研究所、兰州空间技术物理研究所、西安推进技术研究所等[53]。

　　VAT 是一种电磁式推进装置，主要包括阳极、阴极、电极间的陶瓷绝缘层等。其工作原理为电源电感储能触发放电后，在阴阳极之间产生微小尺寸电弧，该电弧烧蚀阴极材料，产生等离子体，在电场力及洛伦兹力的作用下，等离子体从放电通道加速喷出产生推力。主要特点如下所述。

　　（1）和 PPT 类似，VAT 采用固体工质，相比于气体工质和液体工质的微型电推进器，结构更简单、可靠性更高。

　　（2）脉冲式工作模式，平均功耗较小，且可产生亚微牛秒级元冲量，有利于微纳卫星的高精度姿轨控。

　　（3）VAT 加工、制造、装配精度等要求低于静电式电推进器。

　　（4）理论寿命较长，但需要阴极均匀烧蚀等技术的支撑。

4.4　其他典型微器件技术

4.4.1　芯片级原子钟

　　原子钟是目前国际上高精度的时间频率标准之一，已被广泛应用于定位、导航、通信、雷达等尖端技术领域。一般来讲，原子钟包括微波原子钟（微波钟）和光学原子钟（光钟）。

　　（1）微波钟。基于微波与原子相互作用原理，获得原子钟特定能级辐射跃迁的稳定微波频率，并将其作为谱线信号，通过电子器件，将微波频率转化成标准的输出频率。

　　（2）光钟。采用窄线宽激光信号，并与原子相互作用获得高分辨率鉴频信号，进而锁定激光频率，得到准确稳定的标准频率信号。

　　芯片级原子钟（chip scale atomic clock，CSAC）具有体积小、功耗低、精度高等特点，适合卫星导航拒止环境下的自主导航、Micro-PNT、守时授时需求和无人机群、单兵等协同作战需求，已成为原子钟技术的重要发展趋势[55]。

1. 基本原理

　　芯片级原子钟利用原子能级跃迁，产生光信号，通过光电转化、信号处理，可获得负反馈纠偏信号，用来修正晶振或激光器频率，从而输出稳恒振荡频率信号。目前，芯片级微波钟技术发展相对成熟，一般基于相干布居囚禁（coherent population trapping，CPT）原理[56]。CPT 现象是光与原子作用产生的一种量子干涉效应，通常用两束相干的激光激励碱金属蒸汽腔中的原子。当两束激光的频率差值等于碱金属基态的超精细能级差、并满足共振条件时，激光与碱金属超精细能级共振，呈现电磁诱导透明现象。利用电磁诱导透明信号，并经过电路信号处理后，就可用来锁定本机振荡器，从而实现原子钟系统[57, 58]。

2. 主要性能指标

芯片级原子钟主要性能指标可以用输出频率信号的准确性、稳定性和复现性等来衡量。具体的指标介绍如下所述。

（1）频率准确性。频率信号的准确度（频率准确性度量指标）指与公认的标准信号的频率差异相比，某一台实际的原子钟输出信号的不确定程度。得到这一参数有两种方法，一种是从实验中获得，制作两台以上采用相同原理和结构的原子钟，通过比较它们的输出频率间的差别，采用不确定度表征。另一种是考察制作原子钟的每一个环节，根据原理和技术误差，从理论上计算得到这一参数。把这两种方法结合起来，用实验结果修正理论计算，可以获得更准确的结果。

（2）频率稳定性。频率信号的稳定度（频率稳定性度量指标）指输出频率随时间的变化程度。长时间的缓慢变化称为频率的长期频率稳定度，短时间内的变化称为短期频率稳定度。短期的频率变化主要是由原子钟内部的多种噪声引起的。需要指出，长期与短期频率稳定度并没有严格的界限，通常把长时间连续工作时输出频率的缓慢漂移称为长期稳定度，而在一个小时内取样频率的变化称为短期稳定度。工作频率的高低对短期稳定性具有较大的影响，工作频率越高，获得的电磁信号线宽越窄，相应的信噪比越高，短期稳定度越好。典型案例是，原子光钟的短期稳定度要明显优于微波原子钟。

（3）频率复现性。频率复现性反映同类原子钟或同一台原子钟多次开机或者多次独立调节时输出频率的一致性。它的数值主要是根据多次开机或者调节得到的相对频率差值的标准方差或者最大相对差值来计算的。

3. 关键技术

芯片级原子钟与传统的小型原子钟相比，将铷（或铯）光源换成了微小的垂直腔面发射激光器（vertical cavity surface-emitting lasers，VCSEL），将体积较大的微波谐振腔换成了通过稳定的微波信号源来调制的 VCSEL 激光器，将铷（或铯）的玻璃泡换成了便于集成的 MEMS（或铯）原子气室。芯片级原子钟在保证频率精度和稳定度的情况下，功耗由小型原子钟的 10W 量级减小到 100mW 量级，体积也由 200cm^3 量级缩减到 10cm^3 以下，应用领域更加广泛，但也面临着较多技术难题[56]。

1）微型原子气室制备技术

芯片级原子钟的核心物理部件是原子气室，它的性能和物理尺寸直接影响原子物理系统的微型化、低功耗和系统集成化。利用 MEMS 超精细加工技术来制备原子气室，使原子气室的物理尺寸越来越小，更便于微型化和集成化。目前，芯片级原子气室的制备技术还存在诸多问题，主要包括定量填充高纯度碱金属、精确控制气体组分、多层结构的键合技术等。

此外，研制微型原子气室的另一个难点是在实施碱金属和缓冲气体的充制过程中，保证原子气室的气密性。为解决此问题，需结合碱金属填充技术，优化原子气室的结构和工艺，提高原子气室的气密性。

2）密封、隔热和减振设计技术

CSAC 高精度获得与对激光、原子的高精度控制密不可分。温度波动会导致一系列漂移问题，如激光频率漂移、电路器件工作状态漂移、原子体系共振频率漂移等，这些漂移将共同作用，引起最终输出频标频率的漂移。机械振动将以噪声的形式传导到激光器和原子体系内，降低频率锁定谱线的信噪比，从而降低输出频率的稳定度指标。因此，高精度 CSAC 需要进行专门的密封、隔热和减振设计，通过真空密封的方式，降低热传导系数，通过增加减振垫、设计抗振结构等方式，来降低振动影响，最终提高系统的稳定性和可靠性。

3）MEMS 集成技术

芯片级原子钟主要由物理系统和电路系统两大部分组成。物理系统是芯片级原子钟的核心，主要包括 VCSEL 激光器、光学元件、碱金属原子气室、磁场和磁屏蔽系统、温控系统以及光电检测器等。传统工艺难以将物理系统的各个元件依次叠放成堆叠式结构，因此很难实现微型的物理系统。在集成封装过程中，物理系统的难点是既要实现芯片级原子钟的微型化，又要保证芯片级原子钟的频率稳定度和功耗。因此，在封装过程中，要充分考虑系统的体积、功耗以及频率稳定度。

芯片级原子钟的电路系统集成需要保证对 VCSEL 激光器输出激光频率实施稳频。一方面，对物理系统，实施稳定的温度控制。另一方面，对微波链前端的晶振输出频率，使用微波和 CPT 信号进行反馈。因此，电路系统对芯片级原子钟的稳定工作非常重要。电路系统集成存在的一个难点是，微型原子气室和激光器及其各自的温度传感器之间存在温度梯度，进而形成二者之间的有限热阻，影响芯片级原子钟输出频率的长期稳定性。

整体而言，在硬件层面，原子钟芯片化需要对激光器、微型原子气室、光学元件、探测器等进行高密度集成，涉及光机电热磁等多个方面。在充分考虑体积功耗的同时，还需保证系统的稳定度和可靠性。在软件层面，CSAC 芯片控制系统通过合理的时序分配，进行有效的激光器频率调节、激光器温度控制、物理温度控制、信号检测与处理、数模转换/模数转换、信号调制与解调等操作。

4. 国内外发展现状

1）国外发展现状

20 世纪 50 年代起，美国国家标准与技术研究院（National Institute of Standards and Technology，NIST）先后研制出铯原子钟和铷原子钟，从磁选态铯束原子钟和光抽运铯束原子钟，经过多次迭代，于 2014 年成功搭建了铯原子喷泉钟。同年，美国科罗拉多大学天体物理学研究所联合实验室成功研制出锶晶格原子钟。在原子钟的研制领域，美国一直处于领先地位。

传统原子钟体积较大、功耗较高、价格昂贵，应用范围受到诸多限制。为了克服该缺点，2010 年，美国 DARPA 开展微型导航定位授时系统的研制，目标是设计出便携式导航定位授时器，使之在 GPS 拒止环境下，仍可提供精确导航。在 CSAC 项目的基础上，美国 DARPA 同时开展了集成化微型原子钟（integrated miniature primary atomic clock，IMPACT）项目，目标是开发出一种体积功耗与 CSAC 相当，但性能更好、能达到每月守时误差小于 32ns 的效果，相当于传统铯原子钟精度的微型原子钟。IMPACT 项目主要的研究方向为微型冷原子光钟、离子囚禁原子钟和微型光钟等，主要参与研究机构和公司有 Microsemi 公司、Sandia 国家实验室、Honeywell 公司、JPL 等。

近年，美国 NIST 研制的芯片级光钟，其核心元器件已实现芯片化，利用三个微型芯片光钟样机，秒稳能够达到 $4.4\times10^{-12}\tau^{-1/2}$，比传统 CPT 钟性能提升了近 100 倍，接近铯钟指标，而功耗仅为 275mW，展现了芯片级光钟的重要潜力[58]。NIST 团队提出的紧凑型光钟基本结构如图 4.20 所示。

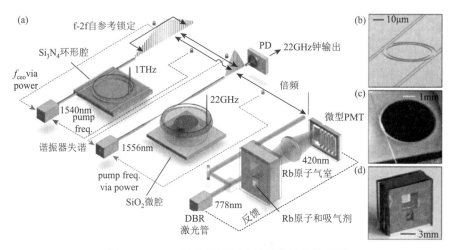

图 4.20　NIST 团队紧凑型光钟基本结构示意图

（a）光钟示意图：由本振光、微型 Rb 原子气室和微腔光频梳组成；（b）SiN 微腔扫描电镜图像；（c）SiO2 微腔照片；（d）微型 Rb 原子气室照片

依据芯片级原子钟的研制工作，对激光系统和加热系统的需求，使得原子钟的功耗居高不下。在其系统总功耗中，绝大部分都用于加热激光器和蒸汽泡。同时，受电磁环境以及温度等因素影响较大，不利于进一步提高芯片级原子钟稳定性。面对这些问题，2018 年美国 MIT 利用气体分子在亚太赫兹（200～300GHz）范围的吸收特性，研发出了与原子钟性能几乎无异的芯片级分子钟，如图 4.21 所示，1000s 不稳定度为 3.8×10^{-10}，并大幅简化了系统，将功耗降到 66mW。与此前的氨分子钟（23.8701GHz）相比，该芯片级分子钟以更高频率实现了波长更短的小型化。

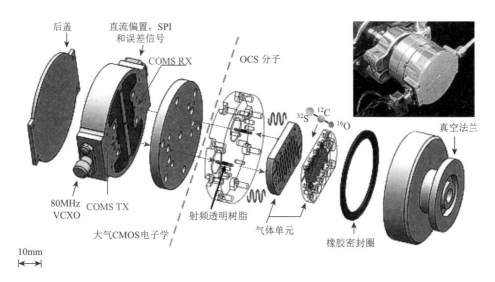

图 4.21　美国 MIT 研制的芯片级分子钟

　　紧跟美国步伐，欧洲和亚洲有关国家也在开展 CSAC 研究，并取得一系列重要研究成果。2008 年，欧洲启动用于时频控制和通信的微型原子钟项目（MEMS atomic clocks for timing frequency control &. communications，MAC-TFC），其目标是研制体积小于 10mL、功耗低于 150mW、时间精度优于每天 1μs 的 CSAC，主要参与单位有法国巴黎天文台、瑞士洛桑联邦理工学院、德国乌尔姆大学、芬兰国家技术研究中心、波兰弗罗茨瓦夫大学等。2019 年，日本先进工业科学与技术研究所、日本理光公司、东京工业大学和日本东北大学共同开发了一款用于卫星通信的超低功率原子钟（ultra-low-power atomic clock，ULPAC），该原子钟体积为 15.4mL、功耗为 59.9mW、秒稳为 $8.4 \times 10^{-11} \tau^{-1/2}$，万秒稳为 $2.2 \times 10^{-12} \tau^{-1/2}$。2020 年，韩国科学研究所时间与频率研究中心研制了物理系统体积小于 9mL，秒稳为 $6.4 \times 10^{-11} \tau^{-1/2}$，千秒稳 $4.8 \times 10^{-12} \tau^{-1/2}$ 的原子钟样机[59, 60]。

　　2）国内发展现状

　　国内开展 CSAC 的研究起步较晚，主要研究机构集中在高校和科研院所，包括北京大学、中国科学技术大学、中国科学院国家授时中心、中国科学院上海光学精密机械研究所、中国科学院武汉物理与数学研究所、中国计量科学研究院、北京无线电计量测试研究所、成都天奥电子股份有限公司等，且都研发出了各自优势的 CSAC 样机。其中，成都天奥电子股份有限公司已初步形成了批产能力。然而，国内 CSAC 产品的核心激光器目前仍依赖进口，成本较高且质量不可控，这也是制约国内 CSAC 产能的重要因素[58]。

　　总之，我国目前在原子钟领域具有一定的技术与人才储备，相关优势单位已经开始布局，或初步研制了芯片级原子钟的原型机，在芯片级授时器的物理系统以及电路研制方面，已经具备一定经验。但相比于国外优势单位，仍然存在一些差距，为打破 CSAC 的国外垄断、发展自主可控的 CSAC 产业，我国目前已在拓扑光子晶体激光技术、芯片级原子气室技术、SiP 芯片封装技术、芯片级光钟等方面进行了超前部署，将有利于形成具有国际先进性的技术储备。

4.4.2　微型数据链芯片

作为 GNC 微系统通信组网、集群协同的重要信息传输组件，微型数据链芯片涉及架构设计、射频收发器微型化设计、网络体系设计以及强干扰环境下的传输体制设计等内容，亟须突破分布式多信道接入、基于认知的自适应抗干扰抗截获传输等关键技术，实现微型化、芯片化的抗干扰数据传输功能，达到 GNC 微系统集成数据链组网功能的目标，为微系统提供稳定可靠的通信能力。

1. 基本介绍

微型数据链芯片主要由天线、射频前端、射频收发芯片和基带芯片等 4 部分组成，其中，射频前端是微型数据链芯片的核心组件，主要功能是进行数字信号与无线射频信号的互相转化，主要包括射频开关、低噪声放大器、射频滤波器及射频功率放大器等，其功用如下。

（1）射频开关：主要用于控制信号的流向，使得系统可以在发射和接收模式之间自由切换。

（2）低噪声放大器：主要用于在接收过程中放大弱信号，同时尽量减小噪声，并提高系统的灵敏度和接收距离。

（3）射频滤波器：主要通过特定频率范围的信号滤除其他频率干扰和杂散信号。

（4）射频功率放大器：主要用于在发射过程中，将信号放大到适宜的功率，以便将信号顺利传输至目标接收器。

以无人机微型数据链为例，它通常包括无人机与地面站、其他无人机、卫星之间进行数据交换和通信的网络。实际应用中，无人机通信链路通常包含卫星数据链路、地面站数据链路、总线数据链路、控制数据上行链路、遥测数据下行链路以及载荷数据下行链路等部分。

2. 典型产品

与微型数据链芯片相关的典型厂商包括日本村田制作所（Murata Institute）的声表面波滤波器、美国高通公司（Qualcomm）的集成数据链芯片、台积电的 CMOS、江苏卓胜微电子股份有限公司的射频开关、上海韦尔半导体股份有限公司的低噪声放大器和唯捷创芯（天津）电子技术股份有限公司的功率放大器等。在"5G + AI"领域，典型产品为翱捷科技股份有限公司的 ASR595X 微型数据链芯片[61]，它是一款低功耗、高性能、高度集成的 Wi-Fi 6 + Bluetooth LE 5.1 combo SoC 芯片。其支持目前最新的 Wi-Fi 6 协议，也支持正交频分多址（orthogonal frequency division multiple access，OFDMA）、低密度奇偶校验（low-density parity-check，LDPC）等关键功能，既可作为主控芯片使用，也可作为无线局域网连接的功能芯片，同时支持华为鸿蒙系统（HUAWEI Harmony OS）、阿里 OS、FreeRTOS 等多种操作系统，具体如图 4.22 所示。

图 4.22　翱捷科技股份有限公司的 ASR595X 微型数据链芯片

3. 关键技术

1）微型数据链架构设计

根据 GNC 微系统构建适用于微型平台的传输网络需求，采用自顶向下的总体设计方法，以网络体系设计为牵引，确定网络架构与分层协议栈，如图 4.23 所示。根据协议栈层次，开展协议体制研究，包括无中心网络动态组网与强干扰环境下的传输体制等，着力解决数据链的空空、空地一体化动态组网、随遇接入、中继路由、抗干扰传输等问题。根据 GNC 微型化、网络架构和传输组网等要求，开展射频收发器微型化的研究，解决数据链端机的小型化、低功耗、集成应用等问题[62-64]。

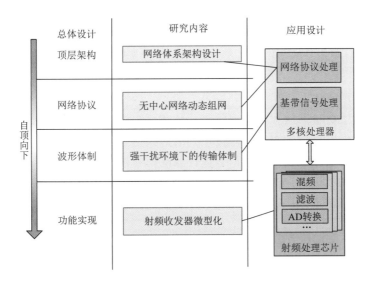

图 4.23　微型数据链技术研究内容

2）射频收发器微型化技术

结合 GNC 微系统典型应用需求，射频收发器采用零中频架构，将整个射频及基带处理电路集成在一个芯片中，频率范围覆盖 30MHz～3GHz，完成 2 路接收（射频输入到数字基带转换）和 1 路发射（数字基带输入到射频输出变换）功能，具体包括接收通道设计、发射通道设计和频率合成器设计，其基本原理框图如图 4.24 所示。

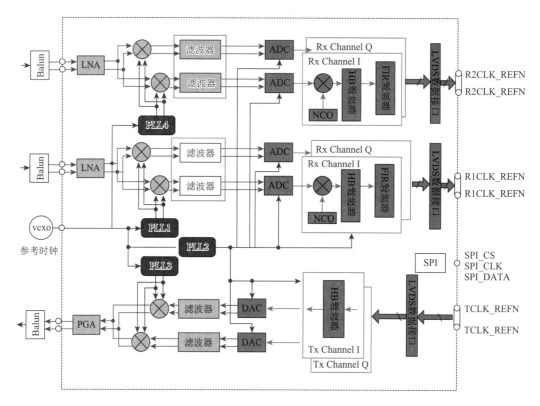

图 4.24　射频收发芯片基本原理框图

（1）接收通道设计。

接收通道集成低噪声放大器、混频器、基带可编程滤波器、模数转换器、数字下变频等单元电路。低噪声放大器首先对接收到的射频信号进行调理，再经过混频器下变频至基带。基带可编程滤波器对带外信号进行滤除，并根据信号强度自动调节增益，模数转换器则将输入的模拟基带信号进行数字化变换输出，再通过一系列抽取滤波和有限长单位冲激响应（finite impulse response，FIR）滤波，进行进一步解调，最终输出数字信号。

（2）发射通道设计。

发射通道集成数字上变频、数模转换器（digital to analog converter，DAC）、可编程滤波器、上变频器、射频驱动放大器等单元电路。从基带收到的数字数据经过滤波和数据速率插值处理后，进行数字上变频，然后进入 DAC。DAC 产生的基带模拟信号经可编程滤波器后，进入上变频模块，再将信号传输至输出放大器。每个发射通道均提供了增益调整范围，以优化信号电平及信号质量。

（3）频率合成器设计。

频率合成器包含两个接收通道本振源、一个发射通道本振源和一个基带时钟源，用于射频信号路径生成所需的本振信号和时钟信号。在不同的运行模式下，频率合成器会根据接收和发送的实际需要，进行独立的开启和关闭。

3）微型数据链网络体系设计

针对 GNC 微系统集群组网、多机协同等应用需求，从网络架构和协议体系两个方面对网络体系进行链路设计。在网络架构方面，GNC 微系统包括逻辑网络和物理网络两个层次，如图 4.25 所示。逻辑网络由若干任务子网组成，一个节点可以参与多个任务子网。物理网络采用资源虚拟化方式，可根据速率等级，将一条实际物理链路划分为多条虚拟链路。逻辑网络到物理网络的映射即为节点，根据任务子网分配虚拟链路。首先，利用 GNC 微系统工作场景、任务类型（组网通信、协同侦察等）、电磁环境等参数，确定每个任务子网的拓扑架构、参与节点、子网所需链路资源数目、传输时延等需求。其次，结合物理网络的速率、丢包率等实时状况，分配虚拟链路。最后，实现逻辑网络任务子网到物理网络的映射。

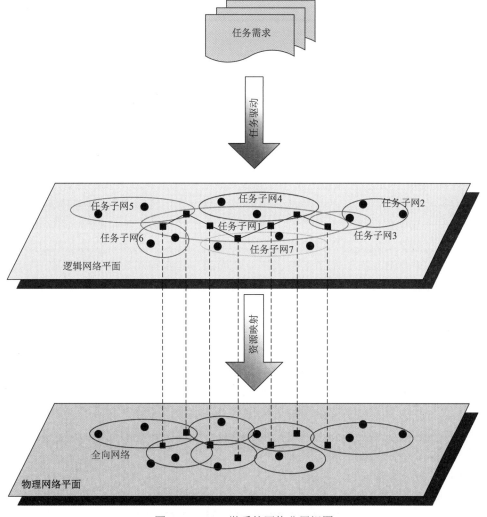

图 4.25　GNC 微系统网络分层视图

在协议体系方面，为避免类似于七层开放式系统互联（OSI）模型的庞大与复杂，微型数据链系统协议栈采用五层模型，如图 4.26 所示，由低到高依次为物理层、链路层、网络层、信息处理层和应用层。为降低处理时延，微型数据链网络参照 OSI 标准，对消息进行格式化处理，因而相比 TCP/IP 等传统网络模型，增加了信息处理层。将传输层和网络层功能进行合并，为上层统一提供多跳的端到端传输服务，减少层间交互，便于网络路由对传输控制进行优化。微型数据链协议栈采用跨层控制方案，即通过不同层之间的协同工作，实现网络性能优化设计，包括任务子网拓扑控制、流量控制、频谱管理、链路控制和通道控制等。

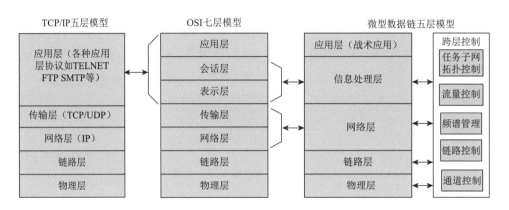

图 4.26　微型数据链组网协议栈设计

4）强干扰环境下的传输体制

为实现 GNC 微系统突发、可变时隙长度通信，以及在复杂电磁环境下进行高可靠、低截获数据传输的需求，对基于频谱认知的自适应技术、传输波形、跳时跳频技术开展研究。通过监测电磁环境中多种干扰，设计综合抗干扰抗截获通信策略，结合时域、频域多抗干扰抗截获手段，建立自适应抗干扰架构，如图 4.27 所示。在协议栈方面，该架构涵盖链路层和物理层，功能方面分为干扰认知面、控制面和数据传输层面。干扰检测可完成实时捕获和快速识别通信信道干扰。实时智能决策模块根据本地干扰检测的结果、来自其他节点的认知信令（包括干扰检测结果、链路性能等），可对当前的信号参数配置做出决策，如频率、功率、速率等，并把这些参数通过认知信令经数据传输面，发送给相应的接收节点。接入协议控制辅助跳时调频模块，对数据链信号的发送时间和发送频点进行控制。自适应功率/速率控制模块根据干扰认知面的决策，调整发送端的功率和波形速率。

上述方案中，数据链信号传输波形应满足以下功能：适应突发通信方式；便于自适应识别用户速率；便于完成信号同步；能够满足不同时隙长度的传输需求。依据上述准则，设计的波形帧结构如图 4.28 所示。

图中具体如下。

信道建立段：用于发射端功率上升与接收端 AGC 稳定。

同步段：用于接收端信号到达检测、载波同步、位同步等。

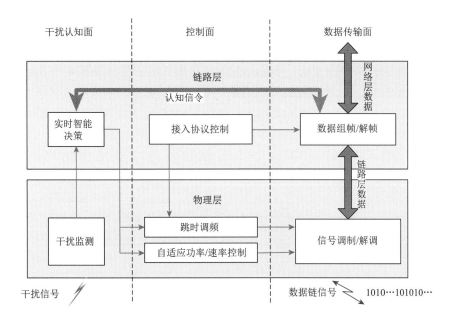

图 4.27　传输体制方案

图 4.28　波形帧结构

标题段：用于传输帧类型、编码块数量等帧标志信息。

数据段：采用可变长设计，由多个编码块组成，用于传输业务数据。

利用通信节点间的通信距离、接收信噪比、当前功率与速率、不同功率/速率的 SNR 门限值等多维信息，自适应功率/速率控制可进行链路余量加权计算，如图 4.29 所示。在链路余量计算中，将功率与速率作为两个可以联合调整的参数，有机地将功率控制与速率控制结合起来，具有响应速度较快、控制精度较高、通信稳定性好等优点。

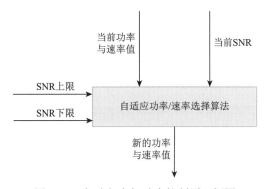

图 4.29　自适应功率/速率控制原理框图

　　跳时跳频信号比常规跳频系统有更好的抗干扰、抗截获能力，在固定跳频速率的通信中，由于跳沿有周期规律，干扰侦收技术很容易以跳沿为主要依据，分辨出预干扰链路。针对本方案的时频资源架构，所采用的跳时跳频方案示意图如图 4.30 所示。节点将跳沿的规律隐藏起来，在时隙内对发送时机进行伪随机处理，从而使干扰侦收设备扫描到无时间规律的跳频信号，使得对方较难锁定我方的信号，难以有效地判断出干扰目标。同时，资源分配采用随机化手段，为节点在不同时隙分配不同的传输频点，实现跳频功能，使得对方更难从接收信号中得到用户的信息规律，难以进行有效的窃听。

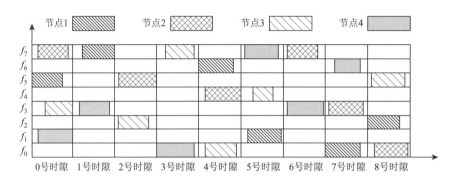

图 4.30　跳时跳频信号示意图

　　总体而言，微型数据链面临着频谱资源短缺、频谱环境复杂、受环境干扰和人为干扰严重等诸多技术挑战，传统的数据链通信难以满足 GNC 微系统低功耗、小体积、高可靠的链路传输需求，因此，需更灵活、适应能力更强的微型数据链芯片来保证通信链路质量。未来，在物理层和链路层提高系统容量和鲁棒性的多种抗干扰技术、协作通信技术以及认知无线电技术，将逐步应用于微系统数据链传输方面，并通过感知频谱环境进行系统的自主重构，成为微型数据链的重要技术发展方向。

参 考 文 献

[1]　王巍，孟凡琛，阚宝玺. 国家综合 PNT 体系下的多源自主导航系统技术. 导航与控制，2022，21（3/4）：1-10.

[2]　Chen S，Xu Q，Yu B. Adaptive 3D-IC TSV fault tolerance structure generation. IEEE Transactions on Computer-Aided Design of Integrated Circuits and Systems，2019，38（5）：949-960.

[3]　Kaibartta T，Biswas G P，Das D K. Co-Optimization of test wrapper length and TSV for TSV Based 3D SOCs. Journal of Electron Test 36，2020：239-253.

[4]　Vavilova N B，Golovan A A，Kozlov A V et al. INS/GNSS integration with compensated data synchronization errors and sisplacement of GNSS antenna. Experience of Practical Realization. Gyroscopy Navig，2021，12：236-246.

[5]　Rafatnia S，Nourmohammadi H，Keighobadi J. Fuzzy-adaptive constrained data fusion algorithm for indirect centralized integrated SINS/GNSS navigation system. GPS Solut，2019，23（62）：1-14.

[6]　刘晓玲，王文豪，刘玲，等. 一种用于北斗卫星导航的射频接收前端芯片. 半导体技术，2022，47（5）：397-402.

[7]　Raj N，SenGupta I. Balanced wrapper design to test the embedded core partitioned into multiple layer for 3d SOC targeting power and number of TSVs. Proceedings of the International Conference on Microelectronics，Computing & Communication Systems，2018：117-125.

[8]　Lyu X，Hu B，Wang Z，et al. A SINS/GNSS/VDM integrated navigation fault-tolerant mechanism based on adaptive

information sharing factor. IEEE Transactions on Instrumentation and Measurement，2022，71：1-13.

[9] Meng F C，Wang S，Zhu B C. GNSS reliability and positioning accuracy enhancement based on fast satellite selection algorithm and RAIM in multi-constellation. IEEE Aerospace and Electronics System Magazine，2015，30（10），14-27.

[10] Jiang Y，Wang J. A new approach to calculate the vertical protection level in A-RAIM. The Journal of Navigation，2014，67（4）：711-725.

[11] 陈武祥，王劲东，吕尚，等. 基于 Sigma-Delta 调制技术的高精度数字磁通门磁强计仿真. 空间科学学报，2022，42（2）：284-293.

[12] Russell C T，Anderson B J，Baumjohann W，et al. The magnetospheric multiscale magnetometers. Space Science Reviews，2016，199：189-256.

[13] 周斌，程炳钧. 电磁监测试验卫星（张衡一号）高精度磁强计研制与标定. 遥感学报，2018，22（S1）：64-73.

[14] 张建奇，方小平. 红外物理. 西安：西安电子科技大学出版社，2004.

[15] 陈军，习中立，秦强，等. 碲镉汞高温红外探测器组件进展. 红外与激光工程，2023，52（1）：24-30.

[16] 游聪娅，刘铭，任秀娟，等. Ⅱ类超晶格红外探测器多层膜背增透研究. 激光与红外，2023，53（3）：408-412.

[17] Manurkar P，Ramezani-Darvish S，Nguyen B M，et al. High performance long wavelength infrared mega-pixel focal plane array based on type-Ⅱ superlattices. Applied Physics Letters，2010，97（19）：193505-193505-3.

[18] Klipstein P C，Avnon E，Benny Y，et al. Type-Ⅱ superlattice detector for long-wave infrared imaging. Infrared Technology and Applications XLI. SPIE，Baltimore，2015：128-135.

[19] Grollius S，Ligges M，Ruskowski J，et al. Concept of an automotive LiDAR target simulator for direct time-of-flight LiDAR. IEEE Transactions on Intelligent Vehicles，2023，8（1）：825-835.

[20] Yang W，Gong Z，Huang B，et al. Lidar with velocity：Correcting moving objects point cloud distortion from oscillating scanning lidars by fusion with camera. IEEE Robotics and Automation Letters，2022，7（3）：8241-8248.

[21] 葛鹏，储政勇，瞿启云，等. MEMS 激光雷达的光学扩角系统设计. 中国测试，2022，48（12）：60-66.

[22] 张亦然，钱银森，宋春林. 一种激光雷达与视觉融合的同步定位及建图算法. 信息技术与信息化，2022，（12）：5-8.

[23] 李小路，周依尔，毕腾飞，等. 轻量型感知激光雷达关键技术发展综述. 中国激光，2022，49（19）：263-277.

[24] 乔大勇，苑伟政，任勇. MEMS 激光雷达综述. 微电子学与计算机，2023，（1）：41-49.

[25] Hsu C P，Li B D，Solano-Rivas B，et al. A review and perspective on optical phased array for automotive LiDAR. IEEE Journal of Selected Topics in Quantum Electronics，2021，27（1）：8300416.

[26] 潘时龙，张亚梅. 微波光子雷达及关键技术. 科技导报，2017，35（20）：36-52.

[27] 孙磊，高晖，于大群，等. 微波光子技术在雷达相控阵中的应用分析与展望. 微波学报，2022，38（5）：65-72.

[28] 钱广，钱坤，顾晓文，等. 微波光子集成芯片技术. 雷达学报，2019，8（2）：262-280.

[29] NASA. Deep space network（DSN）. https://www.nasa.gov/directorates/heo/scan/services/networks/txt dsn.html[2017-06-30].

[30] Goutzoulis A，Davies K，Zomp J，et al. Development and field demon-stration of a hardware-compressive fiber-optic true-time-delay steering system for phased-array antennas. Applied Optics，1994，33（35）：8173-8185.

[31] Ghelfi P，Laghezza F，Scotti F，et al. A fully photonics-based coherent radar system. Nature，2014，507（7492）：341-345.

[32] Li R，Li W，Ding M，et al. Demonstration of a microwave photonic synthetic aperture radar based on photonic-assisted signal generation and stretch processing. Optics Express，2017，25（13）：14334-14340.

[33] Kang B，Li X，Fan Y，et al. All-optical and broadband microwave image-reject receiver based on phase modulation and I/Q balanced detection. Journal of Lightwave Technology，2020，38（21）：5962-5972.

[34] Zhang F，Guo Q，Wang Z，et al. Photonics-based broadband radar for high-resolution and real-time inverse synthetic aperture imaging. Optics Express，2017，25（14）：16274-16281.

[35] 段辉，周召发，张志利，等. 星敏感器姿态测量算法研究. 系统工程与电子技术，2023，45（3）：822-830.

[36] 桑文华，王刚毅，赵启坤，等. 一种高精度小型化星敏感器设计. 导航与控制，2017，16（6）：51-56.

[37] 陈纾，张广军，郑循江，等. 小型化星敏感器技术. 上海航天，2013，30（4）：69-78.

[38] Lee H，Bang H. Star pattern identification technique bymodified grid algorithm. IEEE Transactions on Aero-space and

Electronic Systems，2007，43（3）：1112-1116.

[39] 梁斌，朱海龙，张涛，等. 星敏感器技术研究现状及发展趋势. 中国光学，2016，9（1）：16-29.

[40] 赫志达，秦石乔，王省书，等. 星敏感器在无人作战领域的应用及发展趋势. 兵器装备工程学报，2016，37（11）：137-141.

[41] Lockheed Martin. Autonomous star trackers. http://www.lockheedmartin. com/data/assets/ssc/atc/atc Home/ATC_Brochure.pdf [2019-2-1].

[42] Sodern. SED36 star tracker. http：//www.sodern.fr/site/docs_wsw/fichiers_sodern/SPACE% 20 EQUIPMENT/FICHES% 20DOCUMENTS/SED36.pdf[2019-2-1].

[43] 天银星际. NST 超小型高精度星敏感器. https://mp.weixin.qq.com/s/QpdX2b6T-7gNNP8yhZ244A[2019-2-1].

[44] 珠海欧比特宇航科技股份有限公司. 宇航电子. https://www.myorbita.net/index.aspx[2024-11-28].

[45] 刘健飞，高智刚，李朋，等. 一种微型多路电动舵机控制驱动器设计. 微特电机，2013，41（12）：53-56.

[46] 郭明军，李伟光，赵学智，等. 基于多域特征的 BA-KELM 微型电机故障检测. 振动与冲击，2023，42（2）：251-257.

[47] 戴福彦，张卫平，陈文元，等. MEMS 微电机综述. 微电机，2009，42（8）：61-64，68.

[48] Ding X，Liu G，Zuo Z，et al. Improved differential evolution based optimization design of an axial flux MEMS micromotor. International Journal of Applied Electromagnetics and Mechanics，2017，53（4）：645-661.

[49] Lu Z，Poletkin K，Wallrabe U，et al. Performance characterization of micromachined inductive suspensions based on 3D wire-bonded microcoils. Micromachines，2014，5（4）：1469-1484.

[50] Moazenzadeh A，Suarez Sandoval F，Spengler N，et al. 3D Microtransformers for DCDC on-chip power conversion. IEEE Transactions on Power Electronics，2015，30（9）：5088-5102.

[51] 黄志平，吴玉莹，王文斌，等. 螺线管线圈式 MEMS 永磁电机的热分析. 航空动力学报，2023：1-12.

[52] Xu T，Sun J，Wu H，et al. 3D MEMS in-chip solenoid inductor with high inductance density for power MEMS device. IEEE Electron Device Letters，2019，40（11）：1816-1819.

[53] 陈茂林，刘旭辉，周浩浩，等. 适用于微纳卫星的微型电推进技术研究进展. 固体火箭技术，2021，44（2）：188-206.

[54] 姚保寅，李辉，许红英，等. 基于微机电系统技术的微推进器发展简析. 国际太空，2016，447（3）：23-26.

[55] 郭平，赵建业. 芯片级原子钟在 Micro-PNT 中的应用. 数字通信世界，2018，（12）：13-14，2.

[56] 刘雅丽，李维，武腾飞，等. 芯片级原子钟的研究进展. 计测技术，2021，41（4）：7-12.

[57] 顾得友，陈帅，温哲君，等. 芯片原子钟对 SoC 北斗导航接收机定位精度影响. 导航与控制，2021，20（1）：44-50.

[58] 杨巧会，潘多，陈景标. 芯片级原子钟研究进展. 真空电子技术，2023，（1）：1-11.

[59] Hong H G，Park J，Kim T H，et al. Magnetic shield integration for a chip-scale ttomic clock. AppliedPhysics Express，2020，13（10）：106504.

[60] Newman Z L，Maurice V，Drake T，et al. Architecture for the photonic integration of an optical atomic clock. Optica，2019，6（5）：680-685.

[61] 翱捷科技股份有限公司. ASR595X 微型数据链芯片. https://www.asrmicro.com/[2024-11-28].

[62] 兰洪光，马芳，韦笑. 基于 5G 的数据链关键技术研究. 战术导弹技术，2022，（2）：59-66.

[63] Kaibartta T，Giri C，Rahaman H，et al. Apprach of genetic algorithm for power-aware testing of 3D IC. IET Computers & Digital Techniques，2019，13：383-396.

[64] 蒋开创，夏高峰，王恋恋，等. 外军导弹数据链现状与发展启示. 制导与引信，2022，43（4）：45-50，56.

第 5 章

MEMS 惯性器件技术

5.1 概述

MEMS 惯性器件通常以硅材料构成敏感结构，且制造工艺与集成电路工艺基本兼容，易于实现敏感结构及接口控制电路在 GNC 微系统中的集成，因而成为 GNC 微系统中惯性仪表发展的必然选择。MEMS 惯性器件具有体积小、功耗低、成本低、动态范围较大等优点，是目前发展成熟且适合批量制造的惯性传感器，广泛应用于多种战术导弹、智能弹药、微小型飞行器的制导与控制，成为 GNC 微系统的核心传感器之一。

MEMS 惯性器件本身既含有硅微敏感结构，又包含接口及控制电路，其设计、制造涉及力学、半导体、微电子以及控制等多门学科，复杂程度较高，一个 MEMS 惯性器件本身就可认为是一个典型的微系统。MEMS 惯性器件的功能具有独立性，但在 GNC 微系统中又要在功能上和封装上服务于整个大系统功能的实现，需要与整个大系统进行协同设计，这一点也适用于 GNC 微系统中的其他传感器。

本章以 MEMS 惯性器件这一类典型的微系统为例，深入分析其工作原理、结构设计和控制电路设计，使读者更好地理解 GNC 微系统设计和研制的系统性和全面性，从中可以看出 GNC 微系统设计、研制的基本规律。

5.1.1 MEMS 陀螺仪的基本原理及分类

MEMS 陀螺仪基于科氏效应原理实现对载体角速度的测量。科氏效应原理由法国科学家科里奥利（Coriolis）于 1835 年提出，用于描述旋转坐标系中质点的运动规律，以使牛顿运动定律仍然能够适用于旋转坐标系中质点的运动。在一个相对于惯性坐标系以角速度 Ω 旋转的旋转坐标系中，质量为 m 的质点相对旋转坐标系以速度 v 运动时，则在旋转坐标系中会观测到质点受到一个垂直于 v 方向的虚拟力的作用，这就是科氏效应，这一虚拟作用力被定义为科氏力。科氏力 F_c 可以定量描述为

$$F_c = -2m\Omega \times v \tag{5.1}$$

式中，F_c、m、v 分别为科氏力、质点质量和质点在旋转坐标系中的运动速度。相应地，科氏力所产生的科氏加速度 a_c 为

$$a_c = -2\Omega \times v \tag{5.2}$$

科氏加速度的大小正比于坐标系的旋转角速度与质点在旋转坐标系中的运动速度的矢量积。因此，如果使质点在旋转坐标系中维持一个恒定的运动速度，通过检测出质点运动时所受的科氏加速度，就可以通过式（5.2）求得旋转坐标系的转动角速度。

MEMS 陀螺仪通过测量其检测质量所受的科氏加速度进而实现转动角速度的测量。根据科氏效应原理，检测质量需要相对于基座运动才能产生科氏加速度，因此按照不同的检测质量运动形式，MEMS 陀螺仪可以分为振动式、转子式和流体式。振动式 MEMS 陀螺仪通常以硅为敏感结构材料，工作时使检测质量产生相对于基座的往复振动，进而实现科氏加速度的检测；转子式 MEMS 陀螺仪是传统的转子式陀螺仪与 MEMS 技术相结合的产物，MEMS 技术与磁悬浮技术结合产生了磁悬浮微陀螺仪，与动力调谐陀螺仪

技术相结合则产生了调谐式微陀螺仪，转子的加工既可以是硅也可以是铝等金属材料；流体式 MEMS 陀螺仪是利用气体自然对流或强迫对流（射流）运动代替其他 MEMS 陀螺仪中的刚体运动来感应科氏力。在这 3 种类型 MEMS 陀螺仪中，振动式 MEMS 陀螺仪在结构加工、信号检测等方面发展相对成熟，是当前主流的 MEMS 陀螺仪类型。从系统集成的角度上看，振动式 MEMS 陀螺仪也易于利用成熟的半导体微纳加工工艺实现敏感结构的加工与集成，因而振动式 MEMS 陀螺仪也较适宜在 GNC 微系统进行集成应用。

在振动式 MEMS 陀螺仪中，按照检测质量的振动方式又可以细分为线振动式、角振动式以及振动环式（或称为固体波动式）等；按照振动驱动方式可以分为电容驱动式、电磁驱动式、压电驱动式等形式；按照检测方式又可以分为电容检测、电流检测、频率检测、压阻检测等形式。目前成熟的 MEMS 陀螺仪产品中，采用电容驱动、电容检测的双质量块或四质量块的振动陀螺仪以及振环式陀螺仪占据了主导地位。

5.1.2　MEMS 陀螺仪国内外发展现状

最早的 MEMS 陀螺仪由美国 Draper 实验室于 1991 年基于体硅工艺研制[1]，在制导武器、消费电子等应用需求牵引下，随着 MEMS 技术的日趋成熟，MEMS 陀螺仪的性能取得了长足的进步，MEMS 陀螺仪精度水平大致每 10 年提升一个数量级，其零偏稳定性由最初的 500°/h 发展到 2023 年的 0.04°/h 左右，并广泛应用于汽车、消费电子以及单兵导航、制导弹药、便携防空武器系统等军用领域。

美国 Draper 实验室是 MEMS 陀螺仪研究领域的领先者之一，先后研制了双框架结构、调频音叉结构和振动轮结构 MEMS 陀螺仪。在 Draper 实验室之后，美国密歇根大学研制了一种振动环式 MEMS 陀螺仪[2]，该陀螺仪的主体结构是一个由 8 个半圆形弹性梁支撑的圆环，圆环四周分布有驱动、检测和力平衡（force to rebalence，FTR）电极，圆环在静电力驱动下产生椭圆形振动，在输入角速率作用下会产生与驱动模态呈 45°角的检测模态振动，并由检测电极所检测。美国加利福尼亚大学伯克利分校于 1996 年研制成功第一个基于面硅工艺的 z 轴敏感振动陀螺仪，其敏感结构为单质量块结构，在静电力激励下质量块往复振动，在检测方向上质量块的两侧设计了用于差分检测的电容结构。德国 Robert Bosch 公司研制出一种双质量块音叉结构的 MEMS 陀螺仪[3]，驱动模式下双质量块音叉结构工作于反相振动模态，当有输入角速度时，两侧质量块受到相反方向的科氏力作用，实现对科氏振动的差分检测。

在 MEMS 陀螺仪产品方面，2002 年美国 ADI 公司研制出第一个 MEMS 结构与检测电路单片集成的商用 MEMS 陀螺仪产品，陀螺仪采用音叉式敏感结构，在集成电路芯片基础上通过面硅工艺加工出 MEMS 敏感结构，工作方式为电容驱动和电容检测。ADI 公司在该产品基础上，陆续推出了单轴、双轴以及多轴惯性测量单元产品，并应用于车辆稳定控制、机器人、导航系统等诸多领域。除 ADI 公司外，国外其他惯性技术企业如美国 Honeywell、大西洋惯性系统公司、英国 BAE 公司和日本 Silicon Sensing 公司等也推出了 MEMS 陀螺仪产品并开展了广泛的应用。Honeywell 与 Draper 实验室共同开展高性能硅 MEMS 陀螺仪研究。大西洋惯性系统公司研制振动环结构 MEMS 陀螺仪，其产品广泛应用在 NLAW 反坦克武器、A-Darter 空空导弹、MBDA 海狼舰船防御导弹等武器装备中。英国 BAE 公司 MEMS 谐振环陀螺仪零偏稳定性优于 0.1°/h，由其组成的 IMU 可植入士兵战靴，实现单兵全时导航。BAE 谐振环陀螺仪有角速率和速率积分两种模式，用于高速旋转弹、中程导弹和美国 155mm 制导神箭炮弹等武器系统。Silicon Sensing 公司 MEMS 惯性仪表产能逼近 10 万轴/年，推动了英、美等西方国家智能装备的推广和列装。

目前 MEMS 陀螺仪产品主要瞄准两个发展方向：其一是充分利用半导体工艺批量制造、低成本的优势，发展速率级的 MEMS 产品，满足汽车、消费电子的应用，这一类产品的代表制造商有 ADI、Robert Bosch，意法半导体 ST Microelectronics 等；另一个发展方向是追求更高的性能指标，实现战术级甚至是导航级的产品。这类 MEMS 陀螺仪才能够满足 GNC 微系统的要求。目前国外高精度的工程化 MEMS 陀螺仪以振动式为主，其在结构加工、信号检测等方面发展得相对成熟，是当前主流的 MEMS 陀螺仪形式。美国 Honeywell 公司在 2015 年报道的用于寻北系统的 MEMS 陀螺仪[4]，采用音叉结构设计，其补偿后的全温零偏稳定性为 0.76°/h；角度随机游走系数（angle random walk，ARW）为 $0.003°/\sqrt{h}$。在其后续发布的用于 HG6900 IMU 中的 MEMS 陀螺仪[5]，其全温零偏稳定性达到 0.2°/h。2021 年，意大利米兰理工大学和法国原子能委员会电子与信息技术实验室（Laboratory of Electronics Technology and Instrumentation，LETI）合作研发了一款导航级精度的 MEMS 陀螺仪，该陀螺仪结构为双质量块音叉结构，采用绝缘体上硅（silicon on insulator，SOI）工艺加工，并通过 Al-Ge 键合技术实现了晶圆级真空封装（wafer-level vacuum packaging，WLVP）；为减小 MEMS 陀螺仪的噪声，该团队采用压阻检测，用板级电路实现了 0.02°/h 的零偏稳定性（1000s），陀螺仪的角度随机游走系数达到 $0.004°/\sqrt{h}$。2023 年，该团队又研制了基于 ASIC 的集成封装 MEMS 陀螺仪，在实现相同的精度指标的前提下，陀螺仪的功耗由原来的 1.5W 降至 22.7mW[6]。表 5.1 给出了国外研究机构研制的接近导航级精度 MEMS 陀螺仪的主要性能指标情况，除文献报道外，目前国外推出的典型商品化高性能 MEMS 陀螺仪的性能指标如表 5.2 所示。

表 5.1　文献报道的接近导航级精度 MEMS 陀螺仪的主要性能指标

研发机构	结构形式	零偏不稳定性/(°/h)	角度随机游走系数/(° /$\sqrt{h}$)
波音公司[7]	谐振圆盘式，电容检测，模式匹配	0.012	0.0035
国防科技大学[8]	多环式，电容检测，模式匹配	0.015	0.0048
Honeywell 公司[5]	音叉式，电容检测，有频差	0.01	0.003
Northrop-Grumman 公司[9]	音叉式，电容检测，模式匹配	0.021	0.016
米兰理工大学、LETI[10]	音叉式，压阻检测，有频差	0.02	0.004

表 5.2　国际商品化高性能 MEMS 陀螺仪

生产厂商	型号	产品类型	零偏稳定性/(°/h)	角度随机游走系数/(° /$\sqrt{h}$)
Honeywell	HG7930	IMU	0.21	0.0035
ADI	ADIS16137	双质量块线振动	2.8	0.15
Tronics	DSG2300	双质量块线振动	0.8	0.14

续表

生产厂商	型号	产品类型	零偏稳定性/(°/h)	角度随机游走系数/(°/$\sqrt{h}$)
Sensonor	STIM202	双质量块扭摆	0.4	0.17
Sensonor	STIM300	IMU	0.3	0.15
Silicon Sensing	CRS09	圆环（电磁驱动）	3	0.1
Silicon Sensing	CRG20	圆环（静电驱动）	4.7	0.3

目前，国内开展 MEMS 陀螺仪研制的单位主要包括清华大学、南京理工大学、东南大学、国防科技大学等高等院校和中国电科 13 所、北京航天控制仪器研究所、西安飞行自动控制研究所、北京自动化控制设备研究所、华东光电集成器件研究所等科研院所。国内研究的 MEMS 陀螺仪在芯片加工方式上，以体硅工艺为主；在结构材料选择上，既有基于阳极键合的硅-玻璃结构，也有基于直接键合的 SOI 结构；在器件封装上，既有器件级真空封装（device-level vacuum packaging，DLVP），也有晶圆级真空封装。在"十三五"期间，国内工程化的 MEMS 陀螺仪主要基于全硅晶圆级真空封装技术制造，并且大都采用了专用集成电路实现陀螺仪的信号处理。国内工程化 MEMS 陀螺仪的全温零偏稳定性达到了 0.5°/h～5°/h 的水平，角度随机游走系数达到 0.01°/$\sqrt{h}$。图 5.1 为北京航天控制仪器研究所研制的 MEMS 陀螺仪和晶圆级真空封装芯片。除上述科研单位外，国内很多的高科技企业已经开始涉足 MEMS 陀螺仪的研制，并且取得了长足的进步，其中具有较大影响力的是安徽芯动联科微系统股份有限公司，该公司掌握有 MEMS 惯性器件芯片设计技术、ASIC 设计技术，生产出了世界一流的 MEMS 陀螺仪，其全温零偏稳定性可以达到 0.5°/h 以内。该公司的 MEMS 陀螺仪已在多个型号任务中得到批量应用。

图 5.1　北京航天控制仪器研究所 MEMS 陀螺仪及晶圆级真空封装芯片

5.1.3　MEMS 加速度计的基本原理及分类

MEMS 加速度计是利用微电子工艺制造、能够测量载体加速度的传感器。MEMS 加速度计通过惯性力原理来实现载体运动加速度测量，这与传统的加速度计是一致的。一个加速度计的主体结构是一个弹性梁支承的检测质量 m，当载体受到一静态加速度 a 时，可等效为一反方向的惯性力 $F(F = -ma)$ 作用于该质量上，由于惯性力 F 使质量块相对载

体产生运动位移 x，通过检测运动位移的大小即可测出载体的运动加速度。MEMS 加速度计一般由检测质量块及其支撑结构和检测电路组成，检测电路通过检测质量块的位移获得加速度信息。

MEMS 加速度计有很多种类，按照敏感结构所采用的材料来分类，可以分为硅 MEMS 加速度计和石英 MEMS 加速度计；按照质量块的结构形式不同，可以分为"三明治"式、扭摆式或跷跷板式、梳齿式等，其中"三明治"式和扭摆式加速度计用于测量垂直于芯片平面的加速度，梳齿式加速度计用于测量平行于芯片平面的加速度；按照检测质量块位移的原理不同，可分为电容式、压电式、压阻式、热对流式、谐振式以及隧道电流式等；按照 MEMS 加速度计的工作模式来分，可以分为开环检测 MEMS 加速度计和闭环检测 MEMS 加速度计；按照 MEMS 加速度计的信号输出方式又可以分为模拟 MEMS 加速度计和数字 MEMS 加速度计。其中，电容式加速度计由于重复性好、灵敏度高、温度系数小，并可实现高精度闭环伺服控制，已成为国内外研制较为成熟的一类 MEMS 加速度计。此外谐振式加速度计通过谐振梁的谐振频率变化来敏感质量块位移，具有准数字化输出、精度高的特点，也是一种有潜力的方案。

表 5.3 是几类典型的加速度计的性能比较，可以看出，MEMS 电容式加速度计综合性能较优，已成为当前 MEMS 加速度计研究的热点与主流。同时随着技术的发展，对加速度计提出了越来越高的要求：测量系统应具有较宽的频率响应，较大的动态范围，较高的灵敏度，较大的量程等，采用开环测量系统很难同时满足上述诸多方面的要求，因此，利用反馈控制技术与传感器技术相结合而形成的闭环力平衡式 MEMS 加速度计系统，已成为近年来的研究热点和难点。

表 5.3　几种典型 MEMS 加速度计性能比较

指标	压阻式	压电式	隧道电流式	电容式
灵敏度	低	高	高	高
分辨率	较低	较低	高	高
量程	大	较小	小	大
温漂	较大	较大	小	较小
线性度	较好	好	好	较好
频率响应	窄	窄	较小	较宽
稳定性	较差	较差	好	好
电路复杂程度	简单	简单	简单	较复杂
工艺复杂程度	简单	简单	复杂	简单

5.1.4　MEMS 加速度计国内外发展现状

MEMS 加速度计的研究最早可以追溯到 20 世纪 70 年代，美国 Kulite 公司利用 MEMS 工艺制造了第一个硅加速度计，且 MEMS 加速度计成为 MEMS 领域最早研究的器件之一。此后，国内外各研究机构在 MEMS 加速度计的结构设计、加工与封装工艺、处理电路等方面竞相开展研究，促进了 MEMS 加速度计的发展，形成了包含多种检测模式，性能涵盖高、中、低端的 MEMS 加速度计系列产品。在众多从事研制和生产 MEMS 加速度计的机构当中，美国 BEI、Crossbow、Silicon design、Honeywell、Draper，欧洲公司 Xsens、Sensonor、Colibrys、BAE，日本 SSS 公司等研究水平处于领先地位。

单轴集成式 MEMS 加速度传感器经过多年的发展，技术方案产品已经十分成熟。目前国外主流战术级高性能 MEMS 加速度计以法国赛峰旗下萨基姆公司的 Colibrys 为代表，其产品采用了“三明治”结构的 MEMS 敏感结构，采用陶瓷基板对敏感结构与专用集成电路进行了气密封装，具有优良的长期稳定性，产品量程覆盖±2～±200g。Colibrys 的 RS9000 系列加速度计的一次通电稳定性在 100μg 左右；其闭环加速度计 SF1500 系列产品的一次通电稳定性在 10μg；其抗高冲击加速度计 MS9000、MS8000 和 HS8000 系列产品的零偏稳定性为 0.5mg，能抗冲击 20000g，应用于 AIS 研制的 SiIMU02 惯性测量组合中，在英国“海狼”舰载防空导弹和瑞典萨博 NLAW 反坦克导弹等武器装备上得到应用[11]。

美国 Silicon Designs Inc.（SDI）的 MEMS 加速度计在国内外也有着广泛应用，产品量程覆盖±2～±1000g。SDI 典型产品包括 1527 系列战术级惯导加速度计与 1525 系列惯导加速度计[12]，其最大量程为±50g，采用敏感结构和 ASIC 两片式结构并进行陶瓷管壳封装，系统采用闭环反馈控制方案，并通过非易失存储实现参考电压校正。1527 系列长期稳定性可达 1.25mg（1σ），一次通电稳定性达到 12μg，整表能够承受 5000g/0.1ms 的冲击。1525 系列长期稳定性（1σ）为 1.5mg，一次通电稳定性达到 5μg。

20 世纪 90 年代，美国 ADI 公司推出了利用表面硅工艺加工的单片集成加速度传感器。其敏感结构由沉积在 IC 晶圆表面牺牲层上的多晶硅刻蚀形成，通过牺牲层腐蚀实现敏感结构释放。该产品利用成熟的 IC 工艺实现了多晶硅敏感结构与信号处理电路的单片集成，显著降低了制造成本，在汽车安全气囊及消费电子等领域得到了广泛应用。ADI 公司陆续推出了其单片集成 MEMS 加速度计的系列化产品，其中 ADXL1001/1002 是 ADI 公司 2017 年 4 月发布的一款单轴、低噪声、高频 MEMS 加速度计[13]，采用 32 管脚 LFCSP 封装，体积为 5mm×5mm×1.8mm，采用闭环电路控制模拟输出。两款产品的噪声分别可低至 30μg/$\sqrt{\text{Hz}}$ 和 25μg/$\sqrt{\text{Hz}}$，带宽为 11kHz，量程分别为 100g 和 50g，非线性为 0.1%。

除了上述商业公司外，国内外高校对电容式 MEMS 加速度计的研究致力于新检测原理或新结构的应用以提高 MEMS 加速度计的性能。2015 年，葡萄牙伊比利亚国际纳米技术实验室（Iberian Nanotechnology Laboratory，INL）提出了一种基于静电吸合时间的闭环加速度计[14]（图 5.2），该加速度计为梳齿结构，采用吸合时间测量的方式来测量惯性力，从而能够实现较高的分辨率。在闭环工作模式下，通过施加一个静电力来抵偿惯性力以使静电吸合时间保持恒定。实验测量表明，加速度计灵敏度为 61.3V²/g，非线性度优于 1%FS。加速度计机械热噪声引起的噪声水平低于 3μg/$\sqrt{\text{Hz}}$，保证其动态范围达到 110dB。在温度偏差为±1℃的温控条件下，48 小时内测得零偏漂移在−250～+250μg。该加速度计的量程较低，为±400mg，因而其应用会局限于某些要求低量程高灵敏度的领域中。

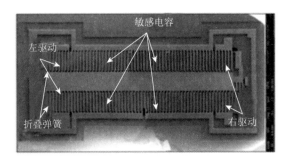

图 5.2　葡萄牙伊比利亚国际纳米技术实验室制造的加速度计 SEM 照片

2017 年，日本京都大学（Kyoto University）报道了一种 10×10 阵列电容式单轴加速度计[15]（图 5.3），每个加速度计单元检测面积为 80μm×80μm，单元尺寸是传统加速度计的 1/10。加速度计单元由检测质量块，4 条弹性折叠梁以及梳齿式电极组成，检测电容间隙为 0.5μm。测试结果表明，加速度计电容测量灵敏度为 0.99fF/g，本底噪声为 5.3μg/$\sqrt{\mathrm{Hz}}$，偏置不稳定性为 30mg。在 100Pa 的压力下进行封装，估算热机械噪声可以降低至 3μg/$\sqrt{\mathrm{Hz}}$ 以下。

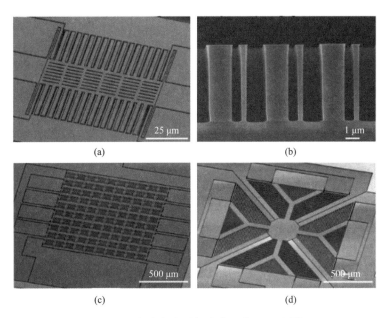

图 5.3　日本京都大学加速度计的 SEM 图像

2017 年，加拿大西蒙弗雷泽大学（Simon Fraser University）提出了一种高性能电容式加速度计[16]（图 5.4）。该加速度计使用移动框架来代替质量块，电极可以设置在质量块的内部边缘以及其外部边缘上。通过在移动框架的内部和外部增加锚点和弹性梁，可以调整模态形状，并使得其他模态频率远超工作带宽之外。通过设计低噪声电容电压转换接口电路，降低电气噪声等效加速度的影响。最终加速度计的噪声水平为 350ng/$\sqrt{\mathrm{Hz}}$，带宽为 4.5kHz。1Hz 带宽下的开环动态范围为 135dB。

(a) 封装内的最终器件　　　　　(b) 加速度计芯片中心的扫描电镜图像

图 5.4　加拿大西蒙弗雷泽大学的高性能电容式加速度计

2017 年，德国 Fraunhofer 研究所提出了一种 MEMS 电容式加速度计[17]（图 5.5），由超低噪声 CMOS 读出集成电路和高精度 MEMS 敏感结构组成。其 MEMS 敏感结构通过 SOI 体硅工艺制造，利用较大的检测质量，实现高灵敏度和低噪声特性，H 形检测质量块的各侧面都布置有梳齿式电极，质量块上下两侧的梳齿式电极构成约 10pF 的检测电容，质量块左右两侧的梳齿式电极用于闭环控制。检测电路的核心为两级全差分斩波放大器，实现 C/V 转换和增益设置。最终实现的仪表芯片体积为 7mm×9mm×0.6mm，灵敏度为 0.55pF/g，达到的加速度等效噪声为 216ng/$\sqrt{\mathrm{Hz}}$，适用于地震测量。

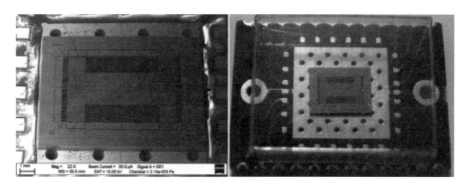

图 5.5　德国 Fraunhofer 研究所的 MEMS 加速度计传感元件的 SEM 图像和照片

2020 年，土耳其中东理工大学（Middle East Technical University）MEMS 技术中心提出了一种三轴电容式加速度计[18]。其中 Z 轴检测质量块通过蟹腿型弹性梁悬挂在硅基板上，如图 5.6 所示，质量块与顶部电极和基板形成一对差分检测电容，基电容为 12pF。水平轴加速度计与 Z 轴加速度计在同一 SOI 晶片上进行制造，能够有效地减小不同轴向间的交叉耦合误差。SOI 晶圆与衬底层进行共晶键合以实现晶圆级封装，其中，SOI 晶圆的顶层硅被当作 Z 轴加速度计的顶部电极和水平轴加速度计的盖帽层。经测试，X、Y、Z（面外检测）三个轴向加速度计的本底噪声分别为 4μg/$\sqrt{\mathrm{Hz}}$、5μg/$\sqrt{\mathrm{Hz}}$ 和 8μg/$\sqrt{\mathrm{Hz}}$，其偏值不稳定性分别为 0.5μg、0.7μg 和 4.8μg。

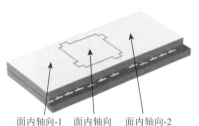
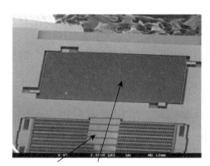

面内轴向-1　　面内轴向　　面内轴向-2

面内轴以及面外轴向加速度计

(a) 三轴加速度计的示意图　　　　　　　(b) 平面内和平面外轴加速度计的SEM图像

图 5.6　土耳其中东理工大学的三轴 MEMS 加速度计

　　国内 MEMS 加速度计的研制单位包括清华大学、北京大学、东南大学、南京理工大学等高校和中国电科 13 所、北京航天控制仪器研究所、西安飞行自动控制研究所等科研院所，主要面向提高 MEMS 加速度计的综合性能开展研究工作，"十三五"期间，MEMS 加速度计的全温零偏稳定性已经达到 mg 量级，并已经开始在战术武器、制导炮弹、无人机等场合获得应用。图 5.7 为北京航天控制仪器研究所研发的不同量程的 MEMS 加速度计，敏感结构为梳齿式结构，采用预埋腔体绝缘体上硅（Cavity-SOI，CSOI）工艺加工并实现晶圆级封装；MEMS 加速度计实现静电力平衡闭环方式工作以提高仪表的线性度，ASIC 接口电路与 MEMS 敏感结构芯片叠封于尺寸为 9mm×9mm×2.7mm 的 LCC20 陶瓷管壳中，全温零偏稳定性优于 0.2mg。除上述研究单位外，一些新兴高技术企业也开始涉足 MEMS 加速度计的研制，主要有芯动联科、敏芯股份、苏州明皜等企业，这些新兴企业在发展满足消费电子需求的低成本 MEMS 加速度计的同时，也开始研发高端工业应用及军用的高性能 MEMS 加速度计。

图 5.7　不同量程 MEMS 加速度计产品

5.1.5　MEMS 惯性器件的发展趋势

经过多年的发展，MEMS 陀螺仪、MEMS 加速度计的性能取得了长足的进步，形成了可以满足低端到中高端应用的系列化产品，使得高端的惯性技术获得更大范围的应用，为其他行业的产品创造了更高的附加价值。未来 MEMS 惯性仪表的总体发展趋势如下所述。

（1）处理电路的高度集成化。利用分立电路与 MEMS 敏感结构匹配的方式难以适应未来高精度、小体积的需求，使用专用集成电路芯片进行信号解调成为主流。

（2）敏感结构的全硅化。基于硅-玻璃阳极键合的结构方案难以适应未来仪表精度的提高，也不利于 MEMS 惯性器件的集成应用。

（3）封装的晶圆极化。采用晶圆级封装技术对 MEMS 结构进行封装在国外已经成熟，也同样是国内未来 MEMS 制造技术的主流。

（4）结构的多轴化。当前高精度的 MEMS 仪表仍以单轴为主，惯性测量单元通过单轴仪表的组装来实现，随着未来技术的进步，多轴单片集成 MEMS 惯性仪表的精度进一步提高，多轴集成也是未来的必然趋势。

（5）MEMS 敏感结构与 ASIC 电路的集成化。目前国内的 MEMS 惯性技术普遍是基于 MEMS 敏感结构（体硅工艺加工）与 ASIC 集成封装的技术，随着国内 IC 工艺的进步，通过面硅工艺实现 IC 与 MEMS 结构的进一步单片集成也是未来的发展方向之一。

（6）惯性系统的集成化。随着多轴单片集成 MEMS 惯性仪表的技术成熟，MEMS 惯性系统与其他导航传感器的集成封装制造也是未来的发展趋势，GNC 微系统的出现就是 MEMS 惯性器件集成发展的必然结果。

5.2　MEMS 陀螺仪的典型结构方案

5.2.1　线振动式 MEMS 陀螺仪

在线振动式 MEMS 陀螺仪中，驱动模态和检测模态均为相对于基座的直线运动。线振动陀螺仪的经典方案是 Drapper 实验室于 1993 年公布的音叉式 MEMS 陀螺仪[19]，其结构如图 5.8 所示。线振动式 MEMS 陀螺仪的结构形式按照检测质量块个数可以分为分布质量块、单质量块、双质量块和四质量块形式。线振动式陀螺仪的特点是结构设计灵活，

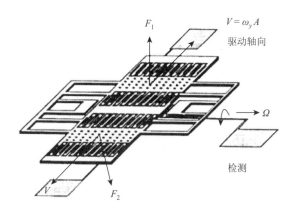

图 5.8　Drapper 实验室音叉式 MEMS 陀螺仪

设计自由度大，易于实现 3 个轴向敏感的 MEMS 陀螺仪在同一平面内的集成；通过模态解耦设计、正交耦合抑制结构设计，可以减小陀螺仪驱动检测正交耦合误差；其支撑结构设计灵活；通过结构优化设计，可以避免压膜阻尼，利于提高敏感结构的谐振 Q 值。

5.2.2　角振动式 MEMS 陀螺仪

在角振动式 MEMS 陀螺仪中，陀螺仪的驱动模态或检测模态的运动为沿某一个轴的角振动。角振动式 MEMS 陀螺仪的典型代表是德国博世公司于 2001 年推出的 DRS MM2 型 MEMS 陀螺仪[20]，该陀螺仪的敏感结构采用表面工艺加工而成，MEMS 芯片与专用集成电路实现了集成封装（图 5.9）。角振动式陀螺仪的优点是，敏感方向设计灵活，易于实现平面内的三轴集成；同时易于实现完美对称的差动运动；其缺点为平面结构的支撑结构设计灵活性较差，在设计正交误差（quadrature error，QE）消除结构方面，具有较小的自由度，并且该结构运动过程中的压膜阻尼难以避免。

图 5.9　德国博世公司的 MEMS 陀螺仪敏感结构及仪表内部照片

5.2.3　振动环式或固体波动式 MEMS 陀螺仪

振动环式 MEMS 陀螺仪的敏感结构是一个由若干径向弹性支撑梁支撑的圆环（图 5.10），其驱动模态和检测模态相同，都是平面内的椭圆形振动，两个模态的振动方向夹角为 45°。振动环式陀螺仪最早由美国密歇根大学于 1998 年研制成功[21]，敏感结构通过综合运用表面微加工技术和体硅微加工技术加工而成，圆环由一系列的半圆形梁支撑，驱动电极和检测电极分布在圆环的四周。此后不断地有对振环结构的优化改进，其中在商业上比较成功的有日本 Silicon Sensing 公司的 CRM 系列振环型陀螺仪，其中的一款 CRM200 如图 5.11 所示。振动环式陀螺仪的特点是，易于实现较高的谐振 Q 值，支撑结构方面可实现全对称，进而易于减小温度、振动等导致的误差。由于结构本身的特点，振动环式陀螺仪只能敏感垂直于基座方向的角速度，并且陀螺仪的工作模态为振环的高阶模态，设计难度较大；驱动和检测电容较小，检测和控制难度较大。

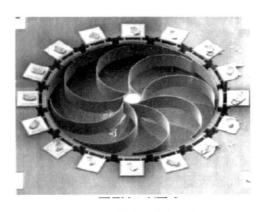

图 5.10　振动环式陀螺仪

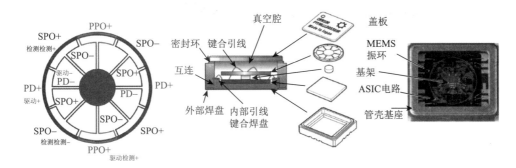

图 5.11　CRM200 振动环结构示意图及产品装配图

在振动环式陀螺仪的基础上，又发展了一种多环式（或称嵌套环式、振动盘式）的 MEMS 陀螺仪，由于可以实现更高的 Q 值，被认为是未来实现高精度 MEMS 陀螺仪的很有潜力的结构方案。最早开展多环式 MEMS 陀螺仪研究的代表是美国波音公司[7, 22]，如图 5.12 所示，国内研究多环式陀螺仪的代表性单位有国防科技大学等单位[23, 24]。

图 5.12　美国波音公司振动盘式陀螺仪

在多环式 MEMS 陀螺仪基础上，美国佐治亚理工学院又提出了一种体声波式 MEMS

陀螺仪[25, 26]，该陀螺仪的敏感结构是一个单晶硅圆盘结构，其上仅有用于结构释放的微孔，圆盘采用体硅工艺加工，圆盘结构与周围的电极结构间隙为 250nm，通过氧化层的气态氢氟酸腐蚀而成（图 5.13）。体声波频率可以工作在较高的频率，因此具有良好的抗振动和冲击性能，适于在恶劣环境条件下工作。

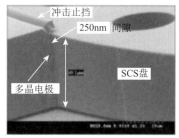

图 5.13　硅体声波圆盘陀螺仪

5.3　MEMS 陀螺仪敏感结构设计

双质量块线振动结构是工程化 MEMS 陀螺仪的常见结构选择。双质量块线振动陀螺仪具有结构简单、制造容易的特点，是目前国内外广泛采用的结构形式。和单质量块结构相比，双质量块振动陀螺仪采用音叉结构能够实现较高的谐振 Q 值，并能够实现敏感结构与基底之间的振动解耦[27]。双质量块检测方式为差动检测，能有效抑制共模干扰信号，可有效改善温度和力学环境影响。本节以双质量块线振动陀螺仪为例，阐述 MEMS 陀螺仪的敏感结构设计过程与方法，在此基础上可以进一步设计四质量块线振动陀螺仪结构。

5.3.1　MEMS 陀螺仪动力学方程

MEMS 陀螺仪工作的基本原理模型如图 5.14 所示，一个检测质量 m 通过两个正交的弹簧结构支承在框架上，检测质量在这两个方向上具有运动自由度。工作时通过在驱动方向 x 向上施加驱动力，使其产生沿 x 方向的驱动模态振动。当 MEMS 陀螺仪载体带动

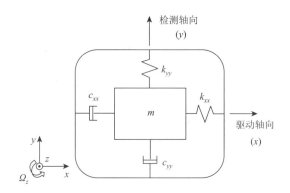

图 5.14　MEMS 陀螺仪工作的基本原理模型

框架绕 z 方向以角速度 Ω 旋转时，根据科氏加速度原理，质量块将会产生沿着 y 方向的加速度并产生沿 y 方向的检测模态振动。运动载体的旋转角速度使得陀螺仪检测质量的振动能量从驱动模态向检测模态进行了转移。

考虑到实际工作中驱动轴方向和检测轴方向运动的有效质量并不一致，因此可以将质量 m 分别描述为 m_x、m_y，MEMS 陀螺仪运动模态数学模型可表示为

$$\begin{bmatrix} m_x & 0 \\ 0 & m_y \end{bmatrix}\begin{bmatrix} \ddot{x} \\ \ddot{y} \end{bmatrix} + \begin{bmatrix} D_{xx} & D_{xy} \\ D_{yx} & D_{yy} \end{bmatrix}\begin{bmatrix} \dot{x} \\ \dot{y} \end{bmatrix} + \begin{bmatrix} k_{xx} & k_{xy} \\ k_{yx} & k_{yy} \end{bmatrix}\begin{bmatrix} x \\ y \end{bmatrix} = \begin{bmatrix} 0 & 2\Omega_z m_y \\ -2\Omega_z m_x & 0 \end{bmatrix}\begin{bmatrix} \dot{x} \\ \dot{y} \end{bmatrix} + \begin{bmatrix} F_x \\ F_y \end{bmatrix} \tag{5.3}$$

由式（5.3）得出 MEMS 陀螺仪驱动模态的运动方程为

$$m_x \cdot \ddot{x} + D_{xx} \cdot \dot{x} + k_{xx} \cdot x = F_x + (2\Omega_z m_y - D_{xy}) \cdot \dot{y} - k_{xy} \cdot y \tag{5.4}$$

MEMS 陀螺仪驱动模态工作时，驱动力为恒幅的正弦波，因此有 $F_x = F_d \sin(\omega_d t)$，$F_y = 0$，同时考虑到检测轴的运动幅值远小于驱动轴，并且忽略刚度的交叉耦合项，驱动模态的稳态运动位移可表示为

$$x(t) = \frac{F_d / m_x}{\sqrt{\left(\omega_{0x}^2 - \omega_d^2\right)^2 + \omega_{0x}^2 \omega_d^2 / Q_x^2}} \sin(\omega_d t + \varphi_x) \tag{5.5}$$

式中，$\varphi_x = -\arctan\left(\dfrac{\omega_{0x}\omega_d}{\left(\omega_{0x}^2 - \omega_d^2\right)Q_x}\right)$；$\omega_{0x}$、$\omega_d$ 和 Q_x 分别为驱动模态的本征角频率、驱动力的角频率和驱动模态的品质因数（quality factor，QF），可以看出，当 $\omega_{0x} = \omega_d$ 时，驱动轴方向的振动幅值达到最大，此时 $\varphi_x = \pi/2$，则式（5.5）可以简化为

$$x(t) = \frac{F_d Q_x}{\omega_{0x}^2 m_x} \sin(\omega_{0x} t + \varphi_x) = A_x \sin(\omega_{0x} t + \varphi_x) \tag{5.6}$$

式中，$A_x = \dfrac{F_d Q_x}{\omega_{0x}^2 m_x}$ 表示驱动幅值。对式（5.6）求导数得到检测质量的运动速度，进而可以根据式（5.2）求得科氏力。科氏力将作为检测模态的驱动力。参考式（5.5），检测模态的位移可表示为

$$y(t) = -\frac{2A_x \omega_{0x} \Omega_z}{\sqrt{\left(\omega_{0y}^2 - \omega_{0x}^2\right)^2 + \omega_{0y}^2 \omega_{0x}^2 / Q_y^2}} \cdot \sin\left(\omega_{0x} t + \varphi_x + \pi/2 + \varphi_y\right) \tag{5.7}$$

式中，$\varphi_y = -\arctan\left(\dfrac{\omega_{0y}\omega_{0x}}{\left(\omega_{0y}^2 - \omega_{0x}^2\right)Q_y}\right)$；$\omega_{0y}$ 和 Q_y 分别为检测模态的本征角频率和品质因数。

在检测轴开环检测模式下，为了确保陀螺仪的工作带宽，通常使驱动轴和检测轴之间保持一定的频差，同时真空封装后检测轴实现高的 Q 值，因此 φ_y 较小，近似为 0。

因此式（5.7）可以简化为

$$y(t) = \frac{A_x \Omega_z}{\left|\omega_{0y} - \omega_{0x}\right|} \cdot \sin(\omega_{0x} t) = A_y \sin(\omega_{0x} t) \tag{5.8}$$

式中，A_y 是检测模态的振幅。则 MEMS 陀螺仪敏感结构的机械灵敏度

$$S = \frac{A_y}{\Omega_z} = \frac{A_x}{|\omega_{0y} - \omega_{0x}|} = \frac{A_x}{|\Delta\omega|} \tag{5.9}$$

式中，$\Delta\omega$ 为驱动轴和检测轴的角频率之差。可以看出，为了提高 MEMS 陀螺仪的机械灵敏度，需要提高驱动轴的振动幅值，并减小驱动模态和检测模态频率之差。低的驱动模态频率容易实现大的驱动位移，有助于机械灵敏度的提高，但此时陀螺仪易受外界的振动干扰，所以通常需要适当牺牲一定的机械灵敏度而保证驱动轴的结构刚度，进而提高驱动轴的谐振频率，实现陀螺仪的高抗振性能。为保证力学性能，通常选择 MEMS 陀螺仪工作频率为 10kHz 以上。

5.3.2 MEMS 陀螺仪检测轴结构方案设计

典型的双质量块 MEMS 陀螺仪敏感结构[28]如图 5.15 所示。敏感结构通过位于结构四周和左右两侧的 6 个锚区固定。敏感结构四周由宽度 300μm 以上的硅结构层构成敏感结构质量块框架，由框架支撑起左右两个 MEMS 敏感质量块结构。整个敏感结构左右对称、上下对称，两个质量块形状、质量，弹性梁尺寸、刚度，电容面积、间隙等参数均相同。

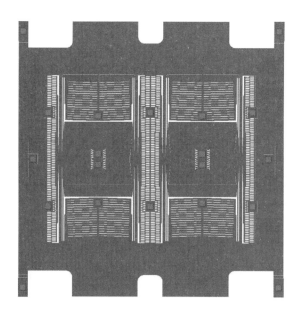

图 5.15　双质量块线振动陀螺仪结构版图

驱动模态工作过程中质量块相向运动且运动的位移和速度相同，因此质量块框架受到两个质量块的作用力，方向相反、大小相同，受力平衡。若不考虑加工工艺误差及温度应力影响，陀螺仪驱动工作过程中敏感结构锚区完全不受力，因此陀螺仪谐振过程中能量通过锚区耗散少。由于工作过程中敏感结构锚区不受力，键合锚区的蠕变、疲劳小，能够降低对于锚区键合强度的要求，提高器件的工作寿命。

5.3.3　敏感结构弹性梁及工作模态设计

典型的双质量块 MEMS 陀螺仪敏感结构中的弹性梁如图 5.16 所示，包括驱动主梁、检测主梁、连接梁、驱动检测解耦梁。驱动主梁和检测主梁提供陀螺仪驱动模态和检测模态主要振动刚度。连接梁在驱动模态运动过程中推（拉）动驱动质量块左右移动，不发生弯曲形变；在检测模态工作过程中连接梁弯曲，提供部分检测模态刚度。解耦梁用于隔离驱动模态与检测模态，减小驱动质量块运动过程中检测电容的变化。驱动模态工作过程中解耦梁提供部分运动刚度，检测模态工作过程中解耦梁推（拉）动检测梳齿运动，不提供检测运动刚度。解耦梁的横向弯曲刚度远低于检测主梁横向的拉压刚度，因此检测梳齿横向位移显著降低。解耦梁的设计显著降低了驱动模态工作时检测电容结构位移，从而能够实现更低的结构正交耦合。

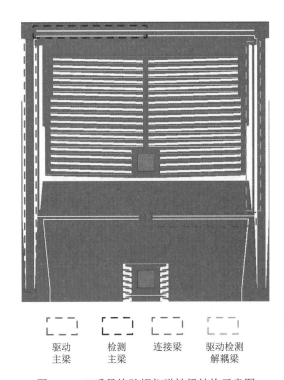

图 5.16　双质量块陀螺仪弹性梁结构示意图

对结构振动模态进行仿真，得到结构振动模态，图 5.17 给出了陀螺仪的 2 个工作模态，驱动模态是结构的第三阶模态，2 个质量块框架沿 X 轴反方向运动，在质量块左右两侧的驱动激励梳齿上施加相位相同的激励信号，可驱动 2 个质量块沿 X 轴反方向运动，当激励信号的频率等于结构谐振频率时振动幅值达到最大。陀螺仪检测模态是第五阶模态，驱动质量块与检测框架沿 Y 轴反方向振动。陀螺仪工作过程中，当有 Z 轴方向输入角速度时，左右两侧质量块受到沿 Y 轴方向相反的科氏力，左右两侧质量块分别按第五阶模态谐振，且振动方向时刻相反。

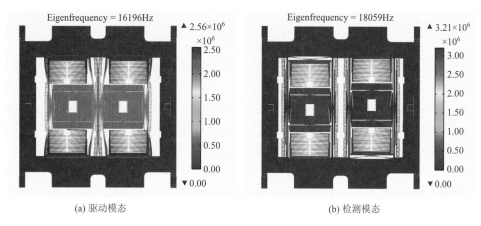

(a) 驱动模态   (b) 检测模态

图 5.17　陀螺仪驱动和检测谐振模态

通过结构仿真优化，确定的双质量块 MEMS 陀螺仪各弹性梁尺寸参数及刚度如表 5.4 和表 5.5 所示，驱动主梁和检测主梁刚度远大于连接梁和驱动检测解耦梁的刚度。双质量块 MEMS 陀螺仪的驱动模态和检测模态频率分别为 16196Hz 和 18059Hz。陀螺仪检测模态的运动通过变间隙电容检测，由于存在静电负刚度效应，改变预载电压可调节检测轴谐振频率及驱动-检测频差，以满足陀螺仪的工作带宽和精度水平的要求。

表 5.4　双质量块陀螺仪弹性梁结构设计参数

参数	驱动主梁	检测主梁	连接梁	驱动检测解耦梁
梁长/μm	944	423	380	623
梁宽/μm	30	14.6	6	6.5
刚度/(N/m)	325	416	40	11

表 5.5　双质量块陀螺仪结构设计参数

参数	设计值	参数	设计值
单边驱动梁总刚度	1274N/m	单边检测梁总刚度	1625N/m
单边驱动质量	1.29×10^{-7}kg	单边检测质量	1.34×10^{-7}kg
驱动谐振频率	15827Hz	20V 时检测负刚度	196 N/m
		20V 时检测谐振频率	16436Hz

5.3.4　敏感结构电容极板设计

陀螺仪敏感结构电容包括驱动激励电容极板、驱动拾振电容极板、检测拾振电容极板、检测反馈电容极板，如图 5.18 所示。驱动激励电容位于质量块左右两侧，通过电极引线连接后由同一电极焊盘引出。驱动拾振电容位于敏感结构竖直中轴线上，固定电极梳齿与左右两侧质量块的梳齿构成驱动拾振电容，用于检测质量块运动位移。检测拾振正电容和检测拾振负电容位于质量块上下两侧，并通过驱动检测解耦梁与质量块相连。

左右两侧质量块的驱动拾振正负电容方向相反，用于检测质量块在驱动模态的运动位移，并通过电极引线相连，引出到结构外部焊盘。根据最终设计的电极梳齿间距、梳齿数量确定的电极电容如表 5.6 所示。

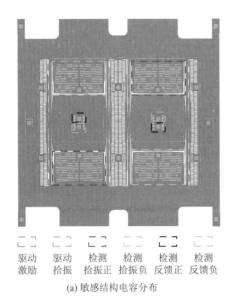

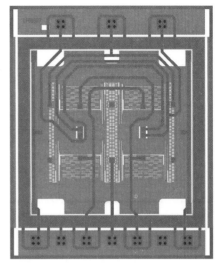

| (a) 敏感结构电容分布 | (b) 电极布局 |

图 5.18　双质量块线振动陀螺仪的敏感结构电容分布和电极布局

表 5.6　双质量块陀螺仪敏感结构电容参数设计

项目	数值	项目	数值
驱动激励总电容	0.68pF	单边检测电容	4.41pF
驱动拾振总电容	0.68pF	单边检测电容灵敏度	1.47pF/μm
驱动电容灵敏度	0.085pF/μm	检测电容角速率灵敏度	5.78×10^{-4} pF/(°·s)

5.4　MEMS 陀螺仪检测与控制系统设计

5.4.1　微小电容检测电路

在 5.3 节中的 MEMS 陀螺仪结构中，包括两个驱动激励电容、两个驱动检测电容以及两个检测模态的检测电容，各电容都设计成差分形式，在使检测电容检测信号增倍的同时保证电容线性检测。在陀螺仪工作过程中陀螺仪内部的质量块在静电力或科氏力的作用下产生位移时，相应的检测电容会发生差动变化，需将驱动检测电容以及检测模态的检测电容的变化信号转换成电压信号，以分别实现驱动模态的闭环控制和科氏信号的输出。

MEMS 陀螺仪中通过电荷放大电路实现对微小电容的检测。图 5.19 是一个典型的电荷放大电路，采用正负直流参考电压。在该电路中，反馈电容 C_f 决定了电荷放大器的交流放大倍数，电阻 R_f 提供一个大的直流增益以使系统稳定，通常情况下二者之间关系有

$$R_f \gg \frac{1}{\omega C_f} \tag{5.10}$$

电路的输入输出之间满足如下关系

$$V_{\text{out}} = \frac{2\mathrm{j}\omega\Delta C}{\dfrac{1}{R_f} + \mathrm{j}\omega C_f}V \tag{5.11}$$

考虑到式（5.10）成立，式（5.11）可以近似为

$$V_{\text{out}} \approx \frac{2\Delta C}{C_f}V \tag{5.12}$$

式（5.12）表明，输出电压与陀螺仪检测电容 C_0 无关，与 C_f 成反比，与检测电容上的直流参考电压成正比，因而减小反馈电容、提高直流参考电压有利于提高 C/V 转化效率。但实际上 C_f 不能无限减小，当其减小到一定程度时，电路的白噪声会使前置运放工作不正常而发生电路自激。

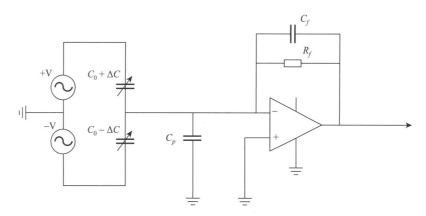

图 5.19   微小电容检测电荷放大电路

5.4.2   MEMS 陀螺仪驱动控制回路

振动式 MEMS 陀螺仪控制电路在系统中的功能是产生驱动电压信号，使陀螺仪的可动质量块沿驱动方向以一定的频率做等幅的简谐振动，驱动电路还要使谐振频率保持在驱动模态固有频率上，并为检测轴环路提供参考信号。陀螺仪的开环检测灵敏度与其驱动轴振动的幅值成正比，因而保持陀螺仪驱动轴振幅的稳定性对于提高陀螺仪性能较为重要。陀螺仪驱动系统基本架构如图 5.20 所示，其中电荷放大器为电容-电压转换电路，滤波后经过自动增益控制（automatic gain control，AGC）稳定驱动振动的幅值，采用锁相环（phase locked loop，PLL）跟踪和锁定 MEMS 陀螺仪驱动模态的谐振频率。

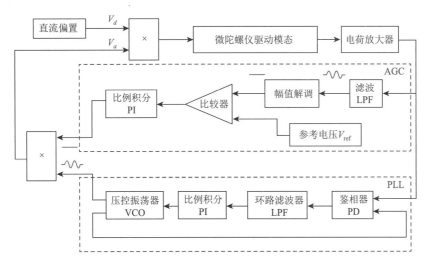

图 5.20　硅微陀螺仪驱动系统基本架构

由 5.3.1 节推导的 MEMS 陀螺仪动力学方程可知，科氏信号正比于驱动模态的运动速度，因此保持驱动速度的恒定是精确测量输入角速度的前提，因此采用基于参数设定的 AGC 方法，其控制回路如图 5.20 中 AGC 区所示。根据机械域理论，为了在尽可能小的驱动电压下获得更大的驱动速度，驱动质量块的驱动信号频率需等于驱动模态的固有频率。由于工艺误差的存在，每只陀螺仪驱动轴的固有谐振频率不相同，并且陀螺仪驱动轴固有谐振频率也会受温度变化或外界应力等因素的影响，因此要求陀螺驱动控制回路具有较宽的频率控制范围。采用锁相环控制技术，通过锁相环进行输入信号和输出信号的相位差控制，可以使陀螺仪以固有谐振频率振动。PLL 控制回路如图 5.20 中 PLL 区所示，由鉴相器（phase detector，PD）、环路低通滤波器（low pass filter，LPF）、比例积分（proportional integral，PI）和压控振荡器（voltage controlled oscillator，VCO）组成，通过相位解调和低通滤波得到相位差信号（即锁相环输出相位和陀螺仪输出相位的差），经过比例积分控制后产生频率控制信号，由压控振荡器产生与陀螺仪驱动模态频率 ω_{0x} 一致的正余弦信号，用作交流驱动和同步正交相位解调。上述介绍的双闭环环路控制陀螺仪以驱动模态固有频率做等幅振动。

5.4.3　MEMS 陀螺仪开环相敏检测回路

MEMS 陀螺仪的开环检测，即用前面介绍的微弱信号检测方法，设计实现相应的电路系统，将陀螺仪检测轴的电容变化信号转换为直流电压信号，最终将输入角速度检测出来的过程。图 5.21 为开环检测原理框图，为简化分析，图中略去了部分滤波环节和载波信号调制环节，其中 G_{F2y} 为检测轴机械传递函数，K_{y2C} 为检测轴位移到检测电容的转换系数，K_{C2V} 为电荷放大器转换系数。驱动模态的线运动通过载体角运动的耦合产生的科氏力 F_c 驱动了检测模态的运动，通过检测轴传递函数后，经电荷放大器放大后经过解调，最终经低通滤波器得到电压输出，实现陀螺仪的开环检测。开环检测的特点是系统实现相对简单，实现开环检测系统的电路规模较小，相应的 ASIC 电路会更加小型化。

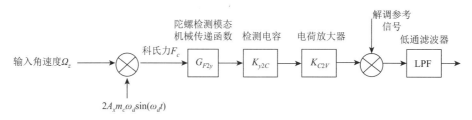

图 5.21　MEMS 陀螺开环检测原理框图

在 MEMS 陀螺仪中，正交误差信号是陀螺仪较大的误差源之一，MEMS 陀螺仪的正交误差输出信号与科氏响应信号的相位相差 90°，因此可以利用信号处理技术中的相敏解调技术，将驱动信号移相后作为参考信号实现科氏响应信号的提取。MEMS 陀螺仪信号相敏解调原理如图 5.22 所示。MEMS 陀螺仪检测模态输出的信号中，同时包含科氏响应信号和正交误差信号，驱动信号经移相使之与科氏响应信号同相，并将其作为参考信号对检测输出进行解调，然后经低通滤波，输出的信号为 $K_1\Omega_c\cos(\Delta\varphi) + A_q\sin(\Delta\varphi) \approx K_1\Omega_c$，其中 $\Delta\varphi$ 为参考信号和科氏响应信号间的解调相位误差，K_1 为陀螺仪的标度因数。当 $\Delta\varphi = 0$ 时，正交误差被完全消除。由于正交耦合信号通常较大，因此，需要严格确保参考信号与科氏响应信号同相，即 $\Delta\varphi = 0$，才能确保正交误差信号的完全消除。实际上在数字电路中，$\Delta\varphi$ 的取值是量化的，此外科氏响应信号的相位与参考信号的相位都会随着温度的变化而有所波动，因此很难绝对保证 $\Delta\varphi = 0$，因而会在陀螺仪输出中仍然含有正交误差分量，产生陀螺仪输出误差。

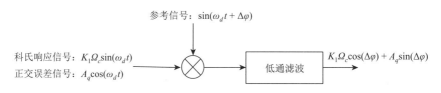

图 5.22　MEMS 陀螺仪信号相敏解调原理

从图 5.22 中可以看出，如果将 $\cos(\omega_d t + \Delta\varphi)$ 作为参考信号，输出的信号则变成 $K_1\Omega_c\sin(\Delta\varphi) + A_q\cos(\Delta\varphi) \approx A_q$，可以将正交信号解调出来。事实上，在陀螺仪电路中，经过适当设计，可以分别输出科氏响应信号和正交耦合误差信号。$\Delta\varphi \neq 0$ 时，在实验上，当陀螺仪输入角速度变化时，两个通道信号测到的标度因数 K_{1c} 和 K_{1q} 为

$$K_{1c} = K_1\cos(\Delta\varphi) \tag{5.13}$$

$$k_{1q} = K_1\sin(\Delta\varphi) \tag{5.14}$$

由此，可以得到

$$\Delta\varphi = \arctan\left(\frac{K_{1q}}{K_{1c}}\right) \tag{5.15}$$

可以利用式（5.15），通过实验的方法对陀螺仪的相敏解调的相位误差进行测试。尽管利用相敏解调的开环检测在实际应用中不能将正交误差信号完全滤除，但可以在此基

础上增加其他的闭环控制措施，因而开环相敏解调方法作为一种基础的陀螺仪信号处理方法，在 MEMS 陀螺仪中得到了广泛应用。

5.4.4　MEMS 陀螺仪闭环检测回路

在开环检测回路中，MEMS 陀螺仪难以完全消除正交误差的影响，因此，容易受振动冲击等环境噪声干扰，导致其环境适应性较差，而且动态特性与静态特性也不能兼顾。采用陀螺仪闭环检测可以有效弥补上述不足。在闭环检测回路中，闭环检测电路通过力平衡的方式使得陀螺仪结构始终稳定在平衡位置附近，这样可以避免冲击、振动过程中可能导致的微结构的损坏，还可以增加测量范围，提升标度因数线性度，有效增加陀螺仪的响应带宽。此外，检测闭环控制还可以实现对正交耦合误差的有效控制，消除其对陀螺仪输出的影响，并实现陀螺仪检测模态对环境温度变化不敏感，提高陀螺仪的环境适应性，采用闭环检测技术是提高硅 MEMS 陀螺仪性能和应用范围的必然选择。

MEMS 陀螺仪闭环检测回路包括陀螺仪输出的静电力闭环和正交误差闭环两方面。静电力闭环通过在检测轴上增加一个与科氏力同频反相的静电反馈力，使得检测模态的振动位移几乎为零，以所施加的静电力信号作为陀螺仪的最终输出；MEMS 陀螺仪静电力闭环工作原理如图 5.23 所示。检测开环回路采用的是将科氏力转换成梳齿位移再对电容进行检测的工作方式，而闭环回路直接检测的是科氏力，这样就避免了其在转换过程中梳齿检测非线性等因素的影响。

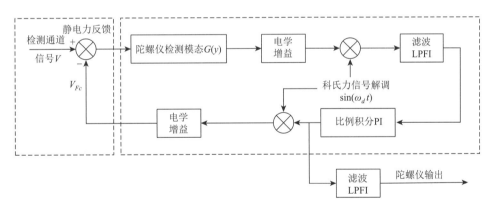

图 5.23　静电力闭环工作原理图

正交误差闭环则是将正交误差的相敏解调信号反馈到控制回路中，使解调的正交误差信号趋于 0，从而减小正交误差信号对陀螺仪信号的干扰。正交误差闭环有两种实现途径，一种是正交力闭环，另一种是正交刚度校正闭环。正交力闭环是通过在检测反馈梳齿上施加与正交力同频反向的静电力，从而抵消正交力对检测框架的影响，进而消除正交误差。该方法需要外部控制电路与结构中的检测反馈梳齿相互配合完成。正交力闭环的原理框图如图 5.24（a）所示。相敏解调得到的正交信号在经过比例积分环节和力矩传递后驱动与正交信号同频的交流信号，最终将该信号驱动到反馈电极上，使其产生的交流静电力与正交力相抵消，进而校正了正交力，实现正交力闭环检测。正交刚度校正闭环是减小正交误差较为有效的控制方法，正交耦合误差产生的根源在于工艺加工误差所导致的陀螺仪刚度矩阵中的非对角项的出现，因此必须消除结构中的耦合刚度，才能彻底消除正交耦合误差。为此，需在结构设计过程中，设计出刚度校正电极结构，利用静电负刚度效应，使产生的静电负刚度抵偿耦合刚度，使敏感结构刚度矩阵的非对角项置零，从而消除正交耦合误差。正交耦合刚度校正法的原理框图如图 5.24（b）所示。

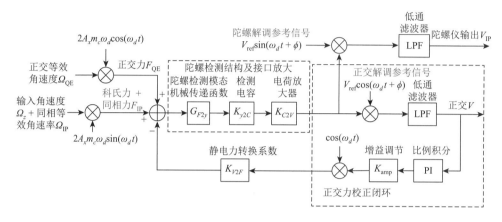

(a) 正交力闭环法

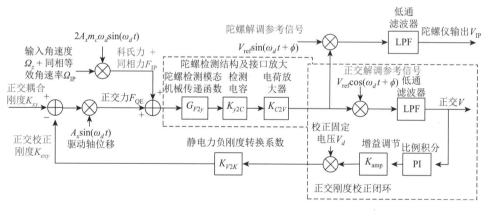

(b) 正交耦合刚度校正法

图 5.24   两种正交误差闭环系统工作原理图

5.4.5   陀螺仪控制电路的集成

在工程中，通常使用专用集成电路实现 MEMS 陀螺仪的控制和信号解调，在 GNC 微系统中更是需要小型化的 MEMS 陀螺仪专用集成电路。专用集成电路中集成 C/V 转换、驱动控制、检测等功能，此外还会集成多种误差校正补偿回路和误差补偿算法，以进一步提高 MEMS 陀螺仪的性能。

图 5.25 是中国水木智芯公司开发的 AC03 型 MEMS 陀螺仪 ASIC 的实物照片，是一款驱动轴闭环、检测轴开环检测的 MEMS 陀螺仪控制电路。它集成了电荷泵、C/V 检测

电路、自动增益控制和锁相环等驱动控制回路、24 位高精度模数转换器（analog-to-digital convertor，ADC）、电源管理、通信接口等功能。芯片上集成一次可编程非易性存储器（one time programmable，OTP），可用于系统参数的调试和配置，并可实现陀螺仪输出零位和标度因数的温度补偿。对于闭环检测 MEMS 陀螺仪专用集成电路，除上述功能外，还需要集成力平衡闭环反馈电路、正交误差刚度校正电路、频率调谐控制等功能。

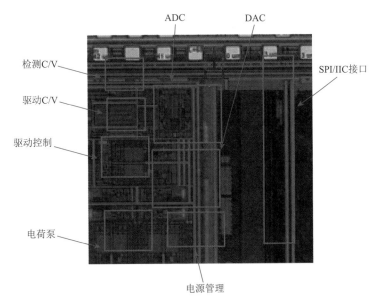

图 5.25　MEMS 陀螺仪 ASIC 实物及其主要功能布局

5.5　MEMS 加速度计的典型结构方案

MEMS 加速度计主要有 4 种典型的结构形式："三明治"式加速度计、扭摆式加速度计、梳齿式加速度计和硅谐振式加速度计。其中，"三明治"式加速度计是近 20 年来发展成熟且具有较大吸引力的 MEMS 加速度计之一，使用体硅工艺加工，工艺相对复杂但更易得到高的检测精度。扭摆式加速度计和梳齿式 MEMS 加速度计既可以通过体硅工艺加工，又可以通过面硅工艺加工，因而设计灵活度较高，前者用于检测垂直于芯片平面的加速度，后者用于检测平行于芯片平面的加速度；硅谐振式加速度计具有输出准数字化信号，潜在精度高的特点，也是一种有潜力的方案。

5.5.1　"三明治"式 MEMS 加速度计

"三明治"式 MEMS 加速度计因可动质量块被夹在固定极板中间形似三明治而得名，其结构如图 5.26 所示。这种结构是从石英挠性摆式加速度计结构借鉴延续而来的，结构相对比较简单，通过夹在中间的敏感质量摆片与上下两边的固定电极形成一对差动电容来敏感输入加速度的大小。当质量块受到加速度激励上下运动时，电容极板间距随之变化，差动电容大小发生改变，差动电容的大小和加速度在质量块位移较小的情况下呈近似线性比例关系。另外，通过在上下两边固定电极上施加静电反馈力，可以形成闭环控制系统。"三明治"结构具有检测质量大、灵敏度高的特点，但该结构的敏感质量块需要上下对称加工，工艺加工误差相对较大。如果排除加工难度的因素，这种结构是较为理想的，可研制出精度较高、封闭性较好的加速度计。由于结构形式的限制，"三明治"结构不适用于敏感结构与检测电路的单片集成。

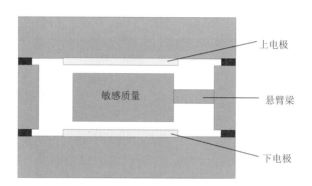

图 5.26 "三明治"式加速度计结构示意图

"三明治"式 MEMS 加速度计的成功案例是 Colibrys 开发的 RS9000 系列产品[29]，可满足飞行器航姿稳定系统及空间应用需求。该公司的代表性产品如图 5.27 所示，其敏感结构为三层全硅结构，中间层为检测质量和支撑系统，采用深反应离子刻蚀（deep reactive ion etching，DRIE）技术加工，以实现上百微米厚的检测质量块，进而降低了结构的布朗噪声，以提高检测分辨率[30]。顶层硅和底层硅为固定电极，三层结构通过硅熔融键合技术连接在一起，实现一个密封的腔体，从而能够使检测质量所处环境的气体阻尼保持稳定。

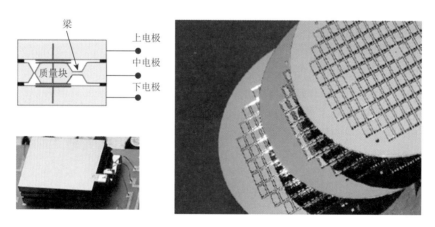

图 5.27 RS9000 系列 MEMS 加速度计及其三层硅结构

5.5.2 扭摆式 MEMS 加速度计

扭摆式 MEMS 加速度计因其工作中敏感质量可绕着弹性梁扭转运动而得名，其敏感结构如图 5.28 所示。扭摆式 MEMS 加速度计的结构由一个扭梁支承的敏感质量及敏感质量下的金属电极所构成，支承扭梁两侧的检测质量和惯性矩不相等，当存在垂直于基片的加速度输入时，质量块将绕着支承梁扭转，使扭梁两侧质量块与金属电极之间的电容差动变化，测量差动电容值即可得到沿敏感轴输入的加速度。

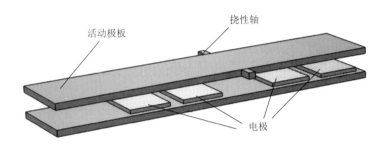

图 5.28　扭摆式 MEMS 加速度计结构示意图

扭摆式 MEMS 加速度计的典型代表是美国 Draper 实验室于 1990 年研制的 MEMS 加速度计[31]（图 5.29），其敏感结构的平面尺寸为 300μm×600μm，其敏感质量（即扭摆）与下面玻璃基片上的金属电极之间形成差动检测电容。摆片与基片之间形成的差动电容由 100kHz 载波信号激励，输出的电压经过放大和相敏解调作为反馈信号加给力矩器电容极板，产生静电力，使得极板间的转角回到零位附近，实现闭环输出。加在力矩器电容极板上的平衡电压和被测加速度成线性关系。1998 年，Draper 实验室针对炮弹应用，通过调整优化结构和工艺，实现了有 4 种不同量程（10000g、100g、10g、2g）的 MEMS 加速度计，其中 10000g 量程的 MEMS 加速度计为开环工作，其余为闭环工作。美国 Honeywell 公司采用 Draper 实验室的设计开发的扭摆式加速度计，已应用在其 HG1920 等惯组上。

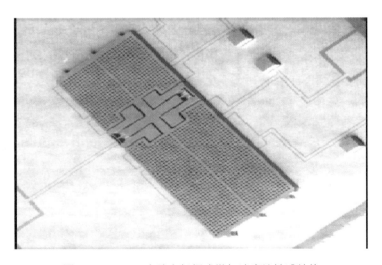

图 5.29　Draper 实验室扭摆式微加速度计敏感结构

5.5.3 梳齿式 MEMS 加速度计

梳齿式 MEMS 加速度计因活动电极形似梳齿而得名，又称叉指式 MEMS 加速度计，是微加速度计的一种典型结构。梳齿式 MEMS 加速度计具有灵敏度高、温度稳定性好、结构相对简单、功耗比较小、直流特性好等特点。该类型的加速度计通过把若干对小电容极板并联起来形成较大电容以提高分辨率，而且可以加工出反馈结构实现闭环控制，利于精度的提高。此类型 MEMS 加速度计既可以用体硅工艺加工，又可以用面硅工艺加工，其中面硅工艺与大规模集成电路的工艺技术相互兼容，并可以与检测电路实现单片集成。因此目前梳齿式 MEMS 加速度计研究较多并已得到了成功的应用。

梳齿式微加速度计的活动敏感质量元件是一个平行于基片的 H 形的双侧梳齿结构，与两端挠性梁结构相连，并通过锚区固定于基片上。活动敏感质量元件及其上的梳齿可以在惯性力作用下产生移动，因而称为动齿（动指），构成可变电容的一个活动电极。直接固定在基片上的为定齿（定指），构成可变电容的一个固定电极，定齿动齿交错配置形成差动电容。按照定齿的配置可以分为定齿均匀配置梳齿 MEMS 加速度计和定齿偏置结构的梳齿 MEMS 加速度计两种结构形式。

定齿均匀配置的电容加速度计较为典型的产品是美国 AD 公司的 ADXLXX 系列微加速度计。定齿均匀配置梳齿式 MEMS 加速度计的典型结构如图 5.30 所示，每组定齿由 Π 形齿和两个 L 形齿组合而成，每个动齿与一个 Π 形定齿和一个 L 形定齿交错等距离配置形成差动结构。该方案的主要特点是梳齿所需要的键合锚点多，更适合于表面加工；该方案的优点是可以节省器件版面尺寸，对于表面加工的 MEMS 加速度计是有利的。

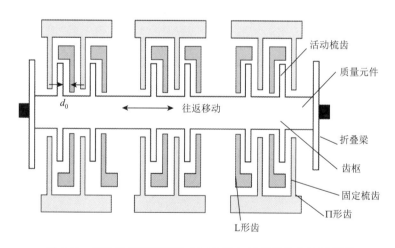

图 5.30　定齿均匀配置梳齿式 MEMS 加速度计的结构示意图

定齿偏置配置梳齿式 MEMS 加速度计的典型结构如图 5.31 所示。与定齿均置的结构有所不同，定齿为单侧梳齿式结构；敏感质量结构左右对称。上下相对的定齿是电连通的，左侧定齿的电极性与右侧定齿的电极性相反。敏感质量元件的每一个动齿与相邻的两个定齿的每个梳齿交错配置，总体形成差动电容。敏感质量元件的每个动齿和其相邻的两定齿距离不等，每一动齿与两侧相邻的定齿之间的间距分别为 d_0 和 D_0，D_0 和 d_0 比值大于 5：1 以上，主要敏感距离小的一侧形成的电容量，可忽略距离大的一侧的电容量。形成的电容共分为两组：差动检测电容和差动加力电容。定齿偏置结构在加速度计的分辨率和精度方面，明显优于定齿均置结构。由于该结构所需的键合锚区面积较大且数量较少，因而适合于体硅加工。

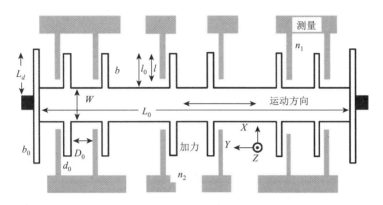

图 5.31　定齿偏置配置梳齿式 MEMS 加速度计的结构示意图

5.5.4　硅谐振式 MEMS 加速度计

硅谐振式 MEMS 加速度计敏感结构主要由质量块、谐振梁、驱动结构及杠杆放大机构组成，当外界存在输入加速度时，检测质量敏感的惯性力通过杠杆放大结构施加在谐振梁上，作为轴向载荷改变它的频率。拉力使结构刚度升高从而使其谐振频率上升，压力使结构刚度降低从而使谐振频率下降。通过频率计数装置记录两个频率的差动变化得出相应的加速度值。与其他检测原理的加速度计不同，硅 MEMS 谐振加速度计应用力敏感原理，仪表输出为谐振子的谐振频率变化。它是频率检测，因此其量程不会取决于机械振幅或电信号幅值，可以实现较大量程。此外，频率检测也意味着输出信号是一种准数字化信号，不需要复杂的 A-D 转换模块就可以实现数字输出。

硅谐振式加速度计（silicon oscillating accelerometer，SOA）最早由美国加利福尼亚大学伯克利分校于 1997 年基于硅表面工艺研制[32]，此后美国 Draper 实验室的硅谐振式加速度计的研究一度成为该领域的风向标，于 2000～2005 年先后研制出两代 SOA，并实现了高精度导航应用所需的 ppm/μg 量级的标度因数和零偏稳定性。其第一代硅谐振式加速度计样机[33]的敏感结构如图 5.32 所示，该加速度计敏感结构采用平面一体式单质量块/双音叉谐振器结构、玻璃-体上硅（silicon on glass，SOG）工艺，并实现无引线陶瓷封装载体（leadless ceramic chip carrier，LCCC）高真空封装，采用自激振荡方式驱动，谐振器 Q 值高达 1×10^5。其 20 小时标度因数和零偏稳定性分别达到 3ppm 和 5μg。经过不断改进，Draper 实验室又分别针对战术导弹和弹道导弹核潜艇应用研制出第二代硅谐振式加速度计样机[34]，两类面向不同应用背景的样机的零偏不稳定性分别达到 0.5μg 和 0.08μg。其中，面向战术导弹应用的样机在 60 小时内的标度因数和零偏稳定性分别达到 0.56ppm 和 0.92μg，而面向弹道导弹核潜艇应用的第二代硅谐振式加速度计样机的 60 小时标度因数和零偏稳定性分别达到 0.14ppm 和 0.19μg。同时 Draper 还针对核潜艇惯性导航应用的产品测试了其长期稳定性，结果显示它的标度因数漂移速率约为 0.1ppm/天，零偏漂移速率约 0.064μg/天，表现出较强的长期稳定性。

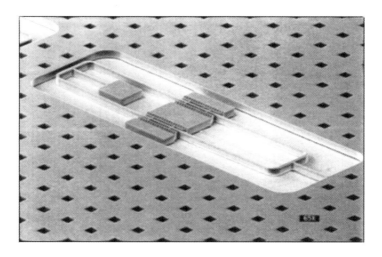

图 5.32　Draper 实验室的硅微谐振加速度计

5.6　电容式 MEMS 加速度计设计

5.6.1　电容式 MEMS 加速度计动力学方程

依据动力学原理，电容式加速度计可等效为由质量、弹簧和阻尼器构成的力学系统，如图 5.33 所示。这是一个典型的二阶连续时间系统，其中弹簧相当于加速度计中的悬臂梁，有效弹簧常数 k 即悬臂梁的刚度系数；m 为敏感质量块的质量；阻尼器代表了加速度计封装后的空气阻尼，其阻尼系数为 b。对于该力学模型，可写出下列二阶微分方程：

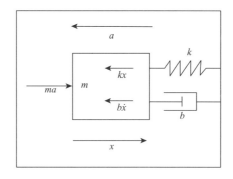

图 5.33　电容式加速度计的基本力学模型

$$m\frac{\mathrm{d}^2 x(t)}{\mathrm{d}t^2} + b\frac{\mathrm{d}x(t)}{\mathrm{d}t} + kx(t) = ma(t) \qquad (5.16)$$

式中，m、b、k 分别为质量块质量、黏性阻尼系数和弹性刚度；$x(t)$ 为质量块相对壳体的位移；$a(t)$ 为输入加速度。经拉普拉斯变换可求得以加速度 $a(t)$ 作为输入变量，$x(t)$ 作为输出变量的传递函数为

$$\frac{X(s)}{A(s)} = \frac{m}{ms^2 + bs + k} = \frac{1}{s^2 + 2\zeta\omega_n s + \omega_n^2} \tag{5.17}$$

式中，ω_n 和 ζ 定义如下：

$$\omega_n = \sqrt{\frac{k}{m}} \tag{5.18}$$

$$\zeta = \frac{b}{2\sqrt{km}} = \frac{b}{2m\omega_n} \tag{5.19}$$

分别为加速度计无阻尼自振角频率和传感器阻尼比。由式（5.17）可见，敏感质量在敏感轴方向上相对壳体的位移 x 可以作为加速度 a 的间接度量。当处于恒定加速度输入时，其敏感质量块相对壳体位移趋于稳态：

$$x = \frac{ma}{k} = \frac{a}{\omega_n^2} \tag{5.20}$$

由式（5.17）可知，MEMS 加速度计的机械灵敏度和谐振频率的平方成反比。通过减小弹性梁刚度 k 和增加质量块的质量 m，降低加速度计敏感结构的谐振频率，可提高加速度计灵敏度。然而加速度计的谐振频率太小时，容易造成系统的不稳定，因此谐振频率的设计需要在灵敏度与系统稳定性之间进行综合平衡。

5.6.2 "三明治"式 MEMS 加速度计敏感结构设计

本节以"三明治"式 MEMS 加速度计为例，介绍其敏感结构的设计方法，其他类型的电容式 MEMS 加速度计可以此类推。"三明治"式硅 MEMS 加速度计敏感结构如图 5.34 所示，核心部件是由两个挠性梁支撑的摆结构。挠性梁和摆片的几何尺寸以及电容间隙都是直接影响性能指标的关键参数，通常可以根据 MEMS 加速度计外形尺寸要求先设定一组几何尺寸，然后根据仪表量程、分辨率以及电路驱动能力等约束条件，采用优化法进行优化，并综合确定电容间隙、梁和摆的尺寸。表 5.7 给出了"三明治"式 MEMS 加速度计敏感结构的主要参数和变量名，后面内容再用到相关参数变量时将不再赘述。

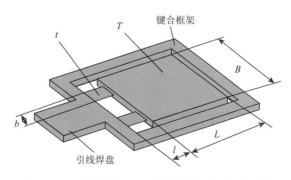

图 5.34　"三明治"式加速度计敏感结构示意图

表 5.7 "三明治"式 MEMS 加速度计主要参数名称及所用变量

参数名称	所用变量
挠性梁长度	l
单个挠性梁宽度	b
挠性梁厚度	t
摆片长度	L
摆片宽度	B
摆片厚度	T
电容间隙	d

"三明治"式加速度计是利用电容的变化来感知摆片位移的变化进而感应加速度的，并且采用了差动电容以提高加速度检测的灵敏度。在没有加速度输入时，质量块在弹性梁的支撑下，正好处于两个定电极间隙的中央位置，此时上下结构电容 C_1、C_2相等，即

$$C_1 = C_2 = C_0 = \varepsilon S / d_0 \tag{5.21}$$

式中，ε 为介电常数；S 为两极板间重合面积；d_0 为极板间初始距离；C_0 为微加速度计的静态电容。有加速度作用时，在惯性力的作用下，质量块产生位移 x，则两个电容分别变为

$$C_1 = \frac{\varepsilon S}{d_0 - x} = C_0 \frac{1}{1 - x/d_0} \tag{5.22}$$

$$C_2 = \frac{\varepsilon S}{d_0 + x} = C_0 \frac{1}{1 + x/d_0} \tag{5.23}$$

由上述两式作差，并略去 x 的高阶小量，得到总的电容变化量为

$$\Delta C = C_1 - C_2 = 2C_0 \frac{x}{d_0} \tag{5.24}$$

式（5.24）表明，敏感质量块由于加速度造成的微小位移可转化为差动电容的变化，并且两电容的差值与位移量成正比，也与加速度成正比。因此，将电容变化通过测量电路转换成电信号，就可以用这个电信号来表征被测加速度的大小。将式（5.20）代入式（5.24），可得输入加速度 a 和双边差动电容变化的关系为

$$\Delta C = \frac{2C_0 a}{d_0 \omega_n^2} \tag{5.25}$$

加速度到敏感电容变化的灵敏度为

$$S_a = \frac{\Delta C}{a} = \frac{2C_0}{d_0 \omega_n^2} \tag{5.26}$$

可见，电容式加速度传感器的灵敏度除了与摆片自然振动角频率有关外，还与静态电容大小以及电容间隙有关。静态电容越大，电极间隙越小，机械谐振频率越低（即弹性刚度越小，敏感质量越大），则机械加速度计灵敏度越高。

"三明治"式加速度计采用悬臂梁式结构。其运动方式主要是悬臂梁受其末端质量

块的惯性力作用，发生弹性变形。通过求解挠性梁和摆在受力情况下的弹性力学微分方程，可以求解挠性梁的刚度系数为

$$k = \frac{2Ebt^3}{4l^3 + 6l^2L + 3lL^2}$$ （5.27）

挠性梁的弹性刚度影响 MEMS 加速度计的分辨率，MEMS 加速度计的分辨率本质上取决于电路所能分辨的最小电容变化量，分辨率与弹性刚度 k、最小电容变化量 ΔC_m 之间的关系为

$$a_{\min} = \frac{k \cdot d \cdot \Delta C_m}{2 \cdot m \cdot C \cdot g}$$ （5.28）

式中，$C = \frac{\varepsilon LB}{d}$，为检测电容基电容；$m = \rho LBT$，为硅摆片的质量，即敏感质量；$\rho$ 为硅材料的密度。因此，为满足加速度计分辨率的设计要求，应该适当降低挠性梁的刚度，即

$$k < \frac{2 \cdot m \cdot C \cdot g \cdot a_{\min}}{d \cdot \Delta C_m} = \frac{2 \cdot \rho \cdot L^2 \cdot B^2 \cdot T \cdot \varepsilon \cdot g \cdot a_{\min}}{d^2 \cdot \Delta C_m}$$ （5.29）

对于采用静电力再平衡回路的"三明治"式加速度计，其量程 $a_{\max}$ 由电容间隙 d、控制回路所提供的最大反馈电压决定，可以表示为

$$a_{\max} = \frac{2\varepsilon S u_0 \cdot u_{\text{outmax}}}{md^2 g} = \frac{2\varepsilon LB u_0 \cdot u_{\text{outmax}}}{\rho LBTd^2 g} = \frac{2\varepsilon u_0 \cdot u_{\text{outmax}}}{\rho Td^2 g}$$ （5.30）

式中，ε 为真空介电常数；$S = LB$，为硅摆片的面积即有效电容面积；ρ 为硅材料的密度；$m = \rho LBT$，为硅摆片质量即敏感质量；g 为重力加速度；u_0、u_{outmax} 分别为预载电压和最大输出电压。

根据 MEMS 加速度计量程指标要求以及控制回路所能提供的预载电压和最大输出电压，可以根据式（5.30）计算出实现特定量程所需的电极间隙。

对于采用静电力再平衡回路的"三明治"式加速度计，其标度因数 K_1 可表示为

$$K_1 = \frac{u_{\text{outmax}}}{a}$$ （5.31）

由式（5.30）可知

$$K_1 = \frac{u_{\text{outmax}}}{a} = \frac{md^2}{2\varepsilon S u_0}$$ （5.32）

根据上述公式，综合考虑 MEMS 加速度计的指标要求以及整个表头的工艺实现流程，可以得出挠性梁和摆片的结构尺寸。相关结构最终设计值如表 5.8 所示。将相关设计值代入式（5.27）、式（5.28）、式（5.30）和式（5.32），可以得到加速度计挠性梁的刚度系数 $k = 155.068\text{N/m}$，量程 $a_{\max} = 15.107g$，加速度分辨率 $a_{\min} = 5.11 \times 10^{-5} g$，标度因数 $K_1 = 0.993\text{V/}g$。

表 5.8   "三明治"式加速度计摆组件参数设计值

参数名称	变量和设计值	参数名称	变量和设计值
挠性梁长度	$l = 1.5 \times 10^{-3}\,\mathrm{m}$	电容间隙	$d = 0.0045 \times 10^{-3}\,\mathrm{m}$
单个挠性梁宽度	$b = 1 \times 10^{-3}\,\mathrm{m}$	电容极板面积	$S = 2 \times 10^{-5}\,\mathrm{m}^2$
挠性梁厚度	$t = 0.04 \times 10^{-3}\,\mathrm{m}$	敏感质量	$m = 1.77 \times 10^{-5}\,\mathrm{kg}$
摆片长度	$L = 4 \times 10^{-3}\,\mathrm{m}$	检测基础电容	$C_0 = 3.93 \times 10^{-11}\,\mathrm{F}$
摆片宽度	$B = 5 \times 10^{-3}\,\mathrm{m}$	最小可分辨电容	$\Delta C_m = 10^{-15}\,\mathrm{F}$
摆片厚度	$T = 0.38 \times 10^{-3}\,\mathrm{m}$	预载电压	$u_0 = 10\mathrm{V}$

5.6.3   电容式 MEMS 加速度计开环检测系统

直接将敏感质量在加速度作用下产生的电容变化用检测电路测出来，就得到了较为简单的开环电容式 MEMS 加速度计。图 5.35 为开环加速度计的检测系统，它由惯性敏感结构、信号传感电路和放大输出电路三部分组成。惯性敏感部分包括敏感质量 m 与差动电容 C_1、C_2，当加速度计有输入时，敏感质量块 m 上产生方向相反的惯性力而产生相对于支架或壳体的相对位移 x，该位移直接导致差动电容 C_1、C_2 发生微弱变化。在正弦高频激励电压 u_s 的驱动下，信号传感电路则把微弱电容变化转化为同频的电压变化，再经放大解调电路变成电信号最后输出，从而测得加速度的大小。

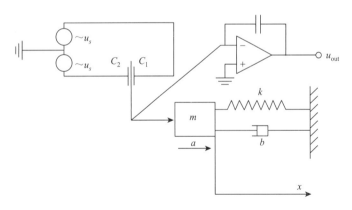

图 5.35   微电容加速度计的开环检测系统

为测量差动电容的变化，需在敏感元件的极板之间加入交流载波信号，这样就使电容之间产生静电场，因此就会有静电吸引力作用在敏感质量上。设电容极板间施加电压为 u_s，加速度计两个电容分别为 C_1、C_2，则敏感质量受到的静电力为

$$F_e = \frac{\partial W_1}{\partial d_1} - \frac{\partial W_2}{\partial d_2} = -\frac{\varepsilon S}{2}\left(\frac{u_s^2}{(d_0 + x)^2} - \frac{u_s^2}{(d_0 - x)^2}\right) \tag{5.33}$$

式中，W_1、W_2 分别为两个电容器所储存的能量；d_1、d_2 分别为电容的间隙；S 为电容的

面积；x 为质量块受到加速度 a 产生惯性力时，质量块偏离中央位置的位移。

式（5.33）表明，由于静电引力与间隙的平方成反比，所以摆片离哪个极板越近，则与该极板之间的吸引力就越大，就越使摆片向这个极板运动。定义单位位移下静电力的变化为静电刚度，用 k_e 表示。对式（5.33）求导，可得静电引力产生的静电刚度 k_e 为

$$k_e = \frac{\partial F_e}{\partial x} = \frac{\varepsilon S}{2}\left(\frac{2u_s^2}{(d_0-x)^3} + \frac{2u_s^2}{(d_0+x)^3}\right) \tag{5.34}$$

由式（5.34）可知，静电刚度 k_e 与施加在两边电极固定电极上的驱动电压 u_s 以及极板间隙 d_0 有关，u_s 越大，d_0 越小，静电刚度 k_e 也就越大。由于加速度计的极板间距为 μm 量级的小量，因此静电力对系统的影响很大。静电力的作用相当于产生一个负刚度，负刚度在此系统中产生了正反馈，是一个使系统不稳定的因素。欲使加速度计系统稳定，必须有足够的弹性刚度来抵消静电力的作用。在工作中，随着两极板间距的减小，静电力进一步增大。如果设计不当，当电容动极板的支撑不能抵抗静电力的影响时，两极板在静电力的作用下会吸附到一起，产生吸附效应，从而不能正常工作。因此要使系统稳定，施加在两边固定极板上的驱动电压 u_s 的幅值就不能过大，同时必须有足够的弹性刚度 k_m 来抵消静电力的作用。弹性刚度是由加速度计弹性梁和质量块组成的弹簧-质量结构决定的，其大小是保证系统能否正常工作的决定因素。

当 $x/d_0 \ll 1$ 时，式（5.33）中的静电引力可简化为

$$F_e = \frac{\varepsilon S}{2}\frac{4u_s^2}{\left(d_0^2 - x^2\right)^2}d_0 x \approx \frac{\varepsilon S}{2}\frac{4u_s^2}{d_0^3}x \tag{5.35}$$

由于静电力作用在极板上产生的静电负刚度 k_e 为

$$k_e \approx \frac{2\varepsilon S u_s^2}{d_0^3} \tag{5.36}$$

在实际的加速度计系统回路中，系统的总刚度等于敏感元件的弹性刚度和静电产生的刚度之差。根据劳斯判据，系统传递函数的分母二次多项式的各项系数都大于零，系统才是稳定的。即应有如下关系式：

$$k = k_m - k_e = k_m - \frac{2\varepsilon S u_s^2}{d_0^3} > 0 \tag{5.37}$$

由式（5.37）可知，为了减小静电负刚度的影响，应尽量减小极板上所施加的驱动电压。所以对于开环加速度计要想稳定工作，加在电容上的驱动电压的幅值不能过大。从这一点上而言，开环加速度计的测量范围较小。此时，敏感元件的传递函数变为

$$\frac{X(s)}{A(s)} = \frac{m}{ms^2 + bs + (k_m - k_e)} \tag{5.38}$$

相应地，引入静电负刚度后系统的谐振频率和阻尼比分别变为

$$\omega_e = \sqrt{\frac{k_m}{m} - \frac{k_e}{m}} \tag{5.39}$$

$$\zeta_e = \frac{b}{2\sqrt{k_m m - k_e m}} \tag{5.40}$$

由式（5.39）可知，静电负刚度的引入减小了系统的频率，但增大了系统的阻尼比。因此，可以通过改变加速度计敏感电极上的驱动电压来调整系统的总刚度和阻尼比。

5.6.4　电容式 MEMS 加速度计闭环静电反馈系统

采用静电力平衡反馈系统，可以提高 MEMS 加速度计的量程、线性度、动态响应特性以及减小温度系数的影响，其系统示意图如图 5.36 所示。闭环加速度计，除了包括惯性敏感部分、信号传感电路和放大输出电路外，还包括力反馈控制电路。惯性敏感部分由差动检测电容 C_{s1}、C_{s2} 和差动施力电容 C_{f1}、C_{f2} 构成。力反馈控制电路的作用是把检测的电信号形成反馈电压加至敏感质量块上，产生静电力来平衡敏感质量的惯性力。反馈电压与惯性力产生的位移成正比，其产生的静电力的方向与惯性力相反。由于闭环回路的增益大，响应时间短，所以敏感质量的实际位移趋于 0。静电反馈力的大小反映了加速度的大小，因此可以用反馈力的大小作为加速度的量度。

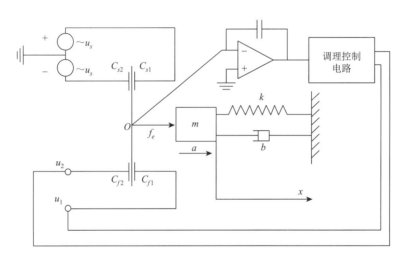

图 5.36　微加速度计的闭环静电反馈系统

理想情况下，当加速度输入为零时，活动质量摆片位于两侧固定电极板的正中间，处于零位；当加速度计输入不为零时，活动质量片将发生运动，即产生位移 x。如果是开环系统，此时静电将产生正反馈作用；而在闭环系统中，如果电路增益足够大，由于闭环系统负反馈的作用，间隙变大的一边静电力也变大，间隙变小的一边静电力也会变小，当系统参数调整适当时，使开环时的正反馈作用总体不会形成，活动极板始终在零位附近。

设加在电容上的高频激励电压为 V_{se}，检测电容面积为 A_{se}；预载电压为 V_e，负反馈形成的静电电压为 V_x，加力电容面积为 A_e。此时静电力的公式为

$$F_e = -\frac{\varepsilon A_{se}}{2}\left(\frac{V_{se}^2}{(d_0+x)^2} - \frac{V_{se}^2}{(d_0-x)^2}\right) - \frac{\varepsilon A_e}{2}\left(\frac{(V_e+V_x)^2}{(d_0+x)^2} - \frac{(V_e-V_x)^2}{(d_0-x)^2}\right) \tag{5.41}$$

闭环系统中，质量块的位移 x 趋近于 0，因此可以在式（5.41）中忽略 x 的影响，仅考虑负反馈形成的静电电压 V_x 时，其静电力表示为

$$F_{e1} = -\frac{\varepsilon A_{se}}{2}\left(\frac{V_{se}^2}{d_0^2} - \frac{V_{se}^2}{d_0^2}\right) - \frac{\varepsilon A_e}{2}\left(\frac{(V_e + V_x)^2}{d_0^2} - \frac{(V_e - V_x)^2}{d_0^2}\right) = -\frac{2\varepsilon A_e V_e V_x}{d_0^2} \tag{5.42}$$

当不考虑负反馈形成的静电电压 V_x 而仅考虑位移 x 的影响时，忽略高阶小量，其静电力为

$$F_{e2} = -\frac{\varepsilon A_{se}}{2}\left(\frac{V_{se}^2}{(d_0 + x)^2} - \frac{V_{se}^2}{(d_0 - x)^2}\right) - \frac{\varepsilon A_e}{2}\left(\frac{V_e^2}{(d_0 + x)^2} - \frac{V_e^2}{(d_0 - x)^2}\right) = \frac{\varepsilon}{2}\frac{4x}{d_0^3}\left(A_{se}V_{se}^2 + A_e V_e^2\right)$$

$$\tag{5.43}$$

式（5.42）和式（5.43）中的符号不同表明，加在电容上的高频激励和预载电压形成的静电力与负反馈静电力方向相反。综合式（5.42）和式（5.43），力反馈闭环加速度计正常工作时，有

$$F_{e1} + F_{e2} = -\frac{2\varepsilon}{d_0^2}\left(A_e V_e V_x - \frac{x}{d_0}\left(A_{se}V_{se}^2 + A_e V_e^2\right)\right) \tag{5.44}$$

可以看出，当负反馈电压 V_x 能使检测质量满足 $A_e V_e V_x - \dfrac{x}{d_0}\left(A_{se}V_{se}^2 + A_e V_e^2\right) > 0$ 时，负反馈电压 V_x 与位移 x 共同作用的结果使得活动质量片有回到平衡工作位置的趋势。事实上，在闭环控制系统中，反馈电压 V_x 与偏转位移 x 是相关的，它是由反馈系统参数决定的，其关系可从 x 到 V_x 的传递函数得到。

设 k_{se} 为检测激励电压引起的刚度，k_e 为控制预载电压引起的刚度，k_t 为反馈控制静电力系数，$k_c G_c(s)$ 为系统调理控制电路（包含校正环节）传递函数，$F_d(s)$ 为干扰力，可画出如图 5.37 所示的电容式闭环 MEMS 加速度计函数方块图。

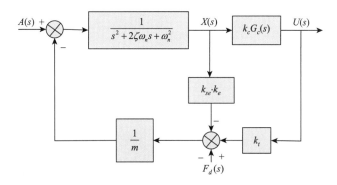

图 5.37　电容式闭环 MEMS 加速度计系统方块图

如图 5.37 所示，可得闭环 MEMS 加速度计传递函数为

$$\frac{U(s)}{A(s)} = \frac{k_c G_c(s)}{s^2 + \dfrac{b}{m}s + \dfrac{k_m + k_c k_t G_c - (k_{se} + k_e)}{m}} \tag{5.45}$$

考虑到系统的稳定，设计控制器 $k_c G_c(s)$ 时应保证

$$k_m + k_c k_t G_c\big|_{s=0} > (k_{se} + k_e) \tag{5.46}$$

即

$$k_m + k_c k_t G_c \big|_{s=0} > \frac{2\varepsilon A}{d_0^3} V_{\text{ref}}^2 \tag{5.47}$$

式（5.45）可看作广义的动力学系统，其中 $\left(k_m + k_c k_t G_c \big|_{s=0} - (k_{se} + k_e) \right)$ 可看作系统刚度，设计使 $G_c \big|_{s=0}$ 较大，保证系统为负反馈。

由式（5.45）可得，闭环 MEMS 加速度计的稳态灵敏度为

$$\frac{u}{a} = \frac{k_c G_c m}{k_m + k_c k_t G_c - (k_{se} + k_e)}\bigg|_{s=0} \tag{5.48}$$

这就是 MEMS 加速度计的标度因数。从减小系统误差的角度考虑，设计控制器 $k_c G_c(s)$ 时，应使得开环传递函数在低频工作段的增益足够大，则稳态时闭环传递函数近似为 1。从系统快速反应的角度考虑，设计控制器 $k_c G_c(s)$ 时，应使得频带尽量宽，当然频带过宽也会引入更多噪声。

对于加速度计闭环系统，只要系统的环路增益足够大，稳定后检测质量的位移就可以非常小。加速度计闭环工作时希望工作在平衡点附近，即 $x \approx 0$ 处，此时支承梁的弹簧力也近似为零，力矩器产生的静电合力与惯性力平衡，即

$$F_{e1} + F_{e2} = -F_{\text{iner}} \tag{5.49}$$

其中，等式左侧可由式（5.44）近似为

$$F_{e1} + F_{e2} \approx -\frac{2\varepsilon A_e V_e V_x}{d_0^2} \tag{5.50}$$

而式（5.49）右边的外部惯性力可以表达为

$$F_{\text{iner}} = m\ddot{x} \tag{5.51}$$

由式（5.49）、式（5.50）和式（5.51），可以得到

$$V_x = \frac{m d_0^2}{2\varepsilon A_e V_e}\ddot{x} \tag{5.52}$$

由式（5.52）可以看出，V_x 与加速度 x 呈正比关系，比例因子仅与加在电容上的预载电压以及敏感元件的几何尺寸有关。由于反馈电压 V_x 只在 $[-V_e, +V_e]$ 变化，不难得出 V_x 可以平衡的最大加速度 $a_{\max}$ 为

$$a_{\max} = \frac{2\varepsilon A_e V_e^2}{m d_0^2} \tag{5.53}$$

由式（5.53）也可以看到，在结构尺寸确定的情况下，增加施力的预载电压可以有效增加系统的量程。但是，预载电压过大也容易使系统不稳定。还可以看到，在一定的预载电压下，增大力矩器电极面积或减小电极间距也是增加系统量程的有效途径。

由以上分析可以看出，加速度计闭环检测方式有以下特点。

（1）精度高。加速度计的测量精度与增益正相关，在系统稳定的前提下，通过增加力平衡加速度计的增益，提高加速度计测量精度，同时闭环对于系统噪声有抑制作用，也利于提高加速度计的检测精度。

（2）动态性能好。闭环控制使敏感质量处于零位附近，因而力平衡式 MEMS 加速度

计具有更宽的工作量程，闭环测量比开环测量具有更好的动态性能。

（3）线性度好。由于敏感元件相对位移很小，所以力平衡式 MEMS 加速度计的线性度好。

（4）控制系统设计灵活。闭环系统的等效阻尼、刚度、固有频率可以用纯电学的方法调整，因此比开环工作时更灵活。

5.7　多轴 MEMS 惯性器件

在 GNC 微系统中，通常需要感知 3 个正交方向上的角速度和加速度，传统的多个单轴惯性传感器通过正交安装的方式难以满足 GNC 微系统进一步向小体积、集成化的需求。随着 MEMS 惯性仪表技术的发展，可以通过系统化的设计，在单一芯片上实现 3 个敏感方向的加速度和角速率敏感，形成单片多轴 MEMS 惯性器件组合，这已成为国内外重要研究方向之一。单片多轴 MEMS 惯性器件包括单片三轴 MEMS 陀螺仪、单片三轴 MEMS 加速度计以及单片六轴惯性测量单元，这些多轴 MEMS 惯性器件具有以下优势：

（1）体积小、质量轻；

（2）加速度计、陀螺仪 3 个轴向之间的正交性可以通过 MEMS 工艺精确保证；

（3）使用方便，降低惯性传感器装配难度；

（4）电路环节可以较大程度共用；

（5）敏感结构温度环境单一，易实现热平衡，同时易于实现温度补偿；

（6）振动冲击等力学环境性能更好。

随着多轴 MEMS 惯性器件精度和成熟度的提高，在微系统中直接集成多轴 MEMS 惯性传感器是未来 GNC 微系统发展的必然选择。

5.7.1　单片三轴 MEMS 陀螺仪

单片三轴 MEMS 陀螺仪按照 MEMS 芯片上相对独立的结构数量，可以有 3 种技术方案，即单结构、双结构和三结构。

单结构方案实现三轴集成是采用单一敏感结构同时敏感 3 个轴向的输入角速度，这种方案具有较高的结构集成度，利于降低芯片的面积，实现小体积的三轴 MEMS 陀螺仪，但在这种结构中，3 个轴向的角速度信号容易相互耦合，如何避免不同轴向信号的相互耦合是其需要重点解决的关键技术之一。

双结构方案实现单片三轴集成是在单片内设计两个独立的单元，其中一个敏感 Z 轴输入角速度，另一个同时敏感 X/Y 轴输入角速度。受 MEMS 工艺设计限制，通常 MEMS 陀螺仪驱动模态设计为面内运动，因此 Z 轴敏感的陀螺受到面内科氏力，X/Y 轴敏感陀螺受到面外的科氏力。通过将敏感面外运动的 X 轴、Y 轴陀螺设计在一个结构上，而仍保持 Z 轴敏感陀螺结构的独立，这样的设计一方面提高了结构的集成度，同时将面内和面外科氏力分开处理，也降低了设计的难度。Z 轴陀螺可以通过面内结构解耦设计，降低驱动模态与检测模态之间的正交耦合；X/Y 轴敏感结构可通过对称性设计，保证 X/Y 轴设计参数的一致性，降低轴向耦合。

三结构方案实现三轴集成是在单片上设计 3 个独立敏感结构单元，分别敏感 X、Y、Z 3 个轴向的输入角速度。三轴分离结构使得各个结构之间相对独立，相互之间串扰较小；通过结构模态频率设计可抑制非期望方向的运动，降低非敏感轴耦合，有利于分别提高每一个轴向的陀螺精度。其缺点是 3 个结构排布的紧凑性差、芯片面积的利用效率不足。

1. 单结构方案实现三轴单片集成

2019 年，日本东芝（Toshiba）公司提出一种单结构方案的三轴 MEMS 陀螺仪[35]，采用 InvenSense CMOS-MEMS 惯性传感器工艺制备。陀螺仪敏感结构由 4 个三角形质量块组成（图 5.38），并在结构中心和四角连接。驱动模态工作时，两个质量块左右相对运动，2 个质量块前后相对运动。当陀螺仪受到 Z 轴方向输入角速度时，前后运动的 2 个质量块内部的检测框架受左右方向的科氏力并在该方向运动；当陀螺仪受到 X 轴或 Y 轴方向的输入角速度时，质量块产生水平方向运动。陀螺仪 3 个轴的电容测量灵敏度达到 0.3～0.6aF/(°·s)，交叉轴耦合 2%。

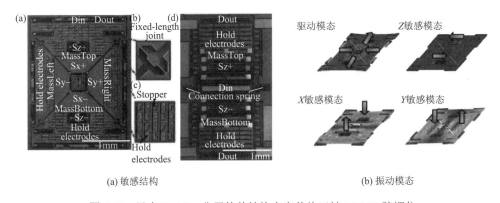

(a) 敏感结构　　　　　　　　　　　　　　(b) 振动模态

图 5.38　日本 Toshiba 公司的单结构方案单片三轴 MEMS 陀螺仪

2014 年，韩国蔚山大学（University of Ulsan）报道了包含线振动、扭转、倾斜多种运动模式的三轴 MEMS 陀螺仪[36]。陀螺仪敏感结构整体为圆形（图 5.39），包括前后左右 4 个圆饼状结构。陀螺驱动模态工作时，4 部分分别沿结构 X 轴、Y 轴轴线相对运动；当有 Z 轴输入角速率时，结构产生与驱动轴运动方向垂直的面内运动；当有 X 轴/Y 轴输入角速度时，陀螺前后/左右部分产生面外方向的扭转运动。

2. 双结构方案实现三轴单片集成

2015 年，美国飞思卡尔半导体（Freescale Semiconductor）公司报道了一种 6.8mW 的低功耗的三轴 MEMS 陀螺仪（FXAS21002C），该陀螺敏感结构包括独立的两个部分（图 5.40），用于敏感 X/Y 轴角速度的结构采用振动轮式结构，而采用线振动结构实现 Z 轴陀螺仪[37]。

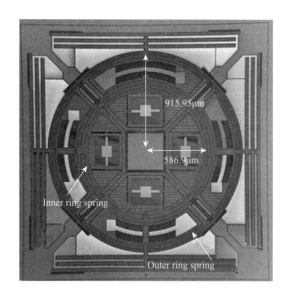
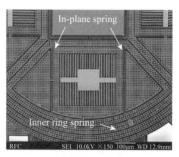
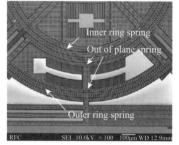

图 5.39　韩国蔚山大学三轴陀螺仪

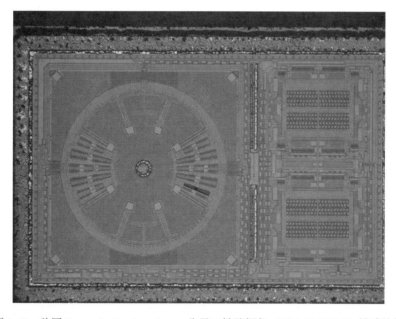

图 5.40　美国 Freescale Semiconductor 公司三轴陀螺仪（FXAS21002C）敏感结构

3. 三结构方案实现三轴单片集成

2007 年，德国 HSG-IMIT 研究所提出了一种基于 SOI 工艺的 X/Y/Z 三分离结构，实现的单片集成三轴微机电陀螺仪如图 5.41 所示。其中，Z 轴敏感陀螺采用双质量块框架解耦结构，X 轴、Y 轴采用完全相同的敏感结构垂直布置分别用来敏感 X 轴、Y 轴向的角速度[38]。

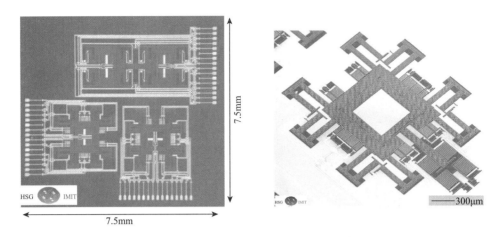

图 5.41　德国 HSG-IMIT 研究所的三轴陀螺仪

4. 双结构方案实现单片集成三轴陀螺仪设计举例

单片三轴微机电陀螺仪工作过程中需要控制敏感结构驱动模态在多个方向上运动。受驱动模态控制电极及大位移运动要求的限制，通常设计陀螺敏感结构在水平面内做稳幅振动。当敏感质量在面内沿 X 方向运动时，若受到面内 Y 方向的输入角速度会受到面外方向的科氏力作用，进而在面外方向产生检测运动；若敏感质量受到 Z 方向的输入角速度时，会受到面内 Y 方向的科氏力作用，进而在面内 Y 方向产生检测运动。设计多个质量块在面内分别沿 X 方向和 Y 方向运动，可实现对 X 轴、Y 轴及 Z 轴输入角速度的测量。

采用双敏感结构方案实现三轴 MEMS 陀螺仪，是能够兼顾性能和芯片面积比较理想的方案，其中一个结构敏感 Z 轴角速度，另一个敏感结构敏感 X 轴/Y 轴角速度。由于工艺加工误差的存在，陀螺敏感结构不可避免地产生不对称性，弹性梁的宽度、电容的间隙都会存在一定的误差，这造成陀螺驱动轴工作过程中，检测轴方向也会检测到电容的变化，引入机械耦合误差。采用驱动检测框架解耦的方式能够显著降低驱动检测正交耦合，对于 Z 轴敏感陀螺仪，目前广泛采用双质量块或四质量块加框架解耦的方式，显著降低了陀螺正交耦合误差，能够有效提升陀螺性能，因此 Z 轴采用四质量块框架解耦设计。

X 轴和 Y 轴陀螺需要采用面外检测电极，使其难以进行框架结构设计，不能有效隔离驱动和检测方向运动。因此 X 轴/Y 轴采用四质量块全对称差分结构设计，抑制共模干扰；针对 X/Y 轴陀螺的 Z 向检测电容极板间隙对称性问题，采用三明治式双面 Z 向检测电容极板，抵消由于静电力不匹配带来的电容间隙偏差。

1）Z 轴敏感陀螺结构设计

四质量块陀螺是由 4 个完全一样的单质量块组成的，可以看作 2 个双质量块音叉式陀螺通过弹性梁连接组成，四质量块结构易于实现驱动检测双解耦。北京航天控制仪器研究所设计了一种四质量块 MEMS 陀螺敏感结构。4 个质量块分别位于结构左上、右上、左下、右下 4 个区域，左右两侧的质量块通过结构竖直中心线处的菱形结构弹性梁相连，上下两侧的质量块通过结构两侧的扭转杠杆梁相连接。每个质量块的两侧通过对称设计的双侧 U 形折叠梁固定于锚区。其工作模态如图 5.42 所示。驱动模态 4 个质量块沿 X 方向相向运动，四质量块运动"左右反相，上下反相"，即位于结构上方（或下方）的 2 个质量块沿 X 方向反相运动，位于结构左侧（或右侧）的 2 个质量块沿 X 方向反相运动。检测模态 4 个质量块沿 Y 方向相向运动，四质量块运动"左右反相，上下反相"，即位于结构上方（或下方）的 2 个质量块沿 Y 方向反相运动，位于结构左侧（或右侧）的 2 个质量块沿 Y 方向反相运动。

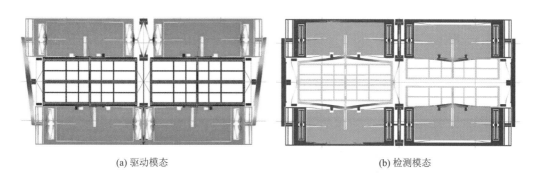

(a) 驱动模态　　　　　　　　　　　　　　(b) 检测模态

图 5.42　Z 轴敏感陀螺仪的工作模态

每个质量块包括驱动框架和检测敏感质量块，驱动框架仅可在驱动方向（X 方向）运动，而检测敏感质量块既可在驱动方向运动（X 方向）又可在检测方向（Y 方向）运动，实现从检测模态到驱动模态的解耦。陀螺仪检测模块由检测敏感质量块和检测框架组成，两者之间通过驱动检测解耦合弹性梁结构相连，当陀螺检测敏感质量块沿驱动方向运动时，驱动检测解耦合弹性梁抑制检测框架的运动，实现了驱动模态到检测模态的解耦。

2）X/Y 轴双轴敏感陀螺结构设计

采用全对称四质量块结构实现 X 轴和 Y 轴角速率测量，陀螺仪敏感结构整体为正方形（图 5.43），结构以对正方形对角线分为 4 部分区域，各区域均包含可在面内沿对称轴轴向运动的质量块及与之相连的弹性梁和梳齿电容结构。X 方向和 Y 方向的质量块、弹性梁、梳齿电容特征参数完全匹配，尽可能保证了陀螺仪在面内运动时，沿 X 方向和沿 Y 方向振动的频率幅度一致。位于结构上下左右四部分的 4 个质量块通过结构中心的十字框架连接，并通过结构中心的扭转结构实现质量块在面外方向的扭转运动。

驱动模态工作过程中，四部分结构在面内沿结构轴线相对运动（图 5.44），四部分结构同时向结构中心运动、同时远离结构中心。当有 X 轴输入角速率时，陀螺仪上下部分受到面外方向的科氏力的作用，上下两部分质量块产生面外方向的扭转运动（图 5.45（a））。当有 Y 轴输入角速率时，陀螺仪左右两部分受到面外方向的科氏力的作用，左右两部分质量块产生面外方向的扭转运动（图 5.45（b））。

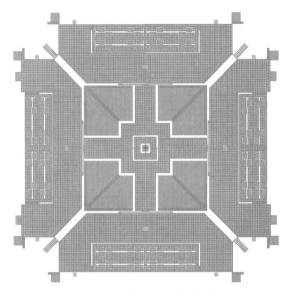

图 5.43　X/Y 双轴陀螺仪敏感结构版图

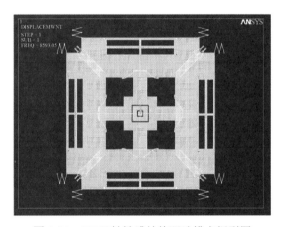

图 5.44　X/Y 双轴敏感结构驱动模态振型图

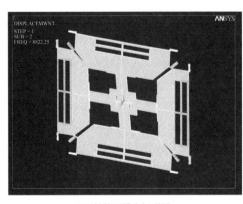

(a) X轴检测模态振型图

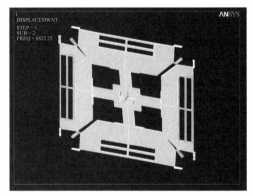

(b) Y轴检测模态振型图

图 5.45　X/Y 双轴陀螺的敏感模态

5.7.2　单片三轴 MEMS 加速度计

单片三轴 MEMS 加速度计的敏感结构大致可分为单敏感质量结构和三敏感质量结构。单敏感质量结构中只有单一敏感质量，可同时敏感 3 个方向的加速度输入；三敏感质量结构包含 3 个相互独立的敏感质量，用于敏感 3 个正交方向上的加速度输入。单敏感质量结构设计紧凑，尺寸小，但存在 3 个轴向交叉耦合的问题，精度潜力不大；三敏感质量由于 3 个敏感质量相互独立，因此既能精确保证 3 个敏感方向的正交性，又能较大程度保证各个轴向敏感加速度计的精度，当然这种设计相应地会存在体积偏大的问题。从 GNC 微系统应用的角度看，确保传感器的精度和不同轴向的正交性是第一位的，由于 MEMS 加速度计采用裸芯片进行系统集成，芯片尺寸的增大导致 GNC 微系统整体体积的增大比较有限，因此三敏感质量结构是 GNC 微系统用三轴 MEMS 加速度计较为理想的设计。

从单片三轴 MEMS 加速度计的检测方式而言，压阻式、压电式和电容式均有研究单位开展研究工作。由于单轴电容式加速度计国内外研制较多且相对成熟，因此，在 GNC 微系统应用中，电容式检测也是单片三轴 MEMS 加速度计较为有效的检测方案之一。

1. 单敏感质量结构三轴 MEMS 加速度计

美国加利福尼亚大学伯克利分校于 1997 年实现了采用单敏感质量的单片集成三轴微加速度计[39]，其敏感结构如图 5.46 所示。敏感质量在 X、Y、Z 每个方向上均有运动自由度，在质量块四周设计有用于 X、Y 方向的运动检测的电容梳齿结构，可以实现水平方向的差动电容检测，在 Z 方向上，通过质量块与衬底上的电容极板之间的电容变化实现 Z 方向的电容检测。整个三轴加速度计芯片的平面尺寸为 4mm×4mm，采用标准 CMOS 工艺加工，在处理电路芯片的基础上，通过表面加工技术实现了厚度为 2.3μm 的加速度计敏感结构。通过时分复用力平衡反馈，实现了加速度计的闭环输出。

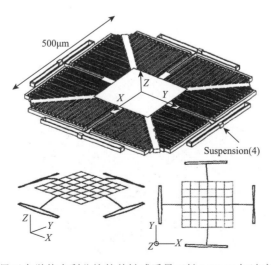

图 5.46　美国加利福尼亚大学伯克利分校的单敏感质量三轴 MEMS 加速度计结构及其运动模态

在美国加利福尼亚大学伯克利分校的方案中，Z 方向上的加速度计检测难以实现差分检测，因而会影响 Z 方向加速度计的线性度。美国佛罗里达大学基于 CMOS 工艺实现了单质量块单片三轴全差分结构的 MEMS 加速度计[40]，其敏感结构如图 5.47 所示。该加速度计的敏感结构为单质量块形式，Z 轴敏感采用扭摆式结构，整个芯片采用优化的 CMOS-MEMS 工艺加工而成，通过全差分方式检测 3 个轴向的加速度。整个芯片尺寸为 3mm×3mm，X、Y 和 Z 3 个轴向的灵敏度分别为 520mV/g，460mV/g 和 320mV/g。

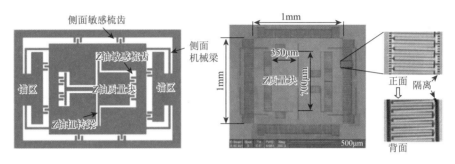

图 5.47　美国佛罗里达大学研制的单质量块三轴 MEMS 加速度计

基于 CMOS 面硅工艺加工加速度计敏感结构所形成的检测质量小，限制了三轴加速度计精度的提升。采用体硅工艺加工并通过创新敏感结构设计可以提高单质量块三轴加速度计的综合性能。2011 年，日本丰田公司设计了一种基于 SOI 体硅结构的单质量块三轴加速度计[41]，其敏感结构的电镜图片及结构示意图如图 5.48 和图 5.49 所示。在 X、Y 方向上的加速度检测为梳齿结构，在 Z 方向上为了实现加速度的差分检测，设计了一种带有锯齿形 Z 电极的全差分电极结构（图 5.49（b）），在这种设计中，用于敏感 Z 方向的 2 个差分电容的间隙均由 SOI 的埋氧层来决定，因而能够保证具有相同的电极间隙。该三轴加速度计实现了 ±1.5g 的量程，1.4% 的交叉轴耦合和 0.4% 的非线性度性能。然而在实际应用中，由于芯片存在应力而发生翘曲，一定程度上会导致 Z 方向的 2 个差分电容偏差变大的问题，该团队提出了一种在芯片背面形成一定的二氧化硅的图形进行应力补偿进而控制芯片扭曲的方法，有效防止了芯片的翘曲，使得加速度计性能得到进一步的改善[42]。

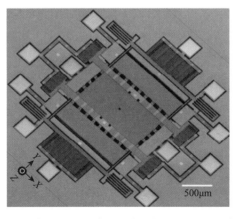

图 5.48　日本丰田公司设计的单质量块三轴 MEMS 加速度计电镜图片

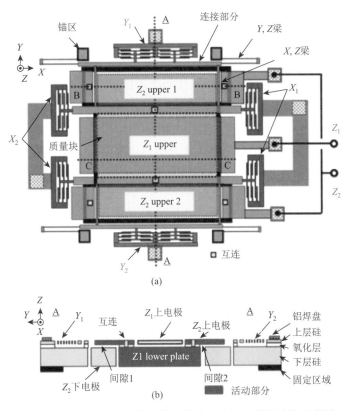

(a)

(b)

図 5.49　日本丰田公司单质量块单片三轴加速度计结构示意图

2. 三敏感质量结构三轴 MEMS 加速度计

美国加利福尼亚大学伯克利分校继研制出单质量块的三轴 MEMS 加速度计后，于 1999 年又研制出采用 3 个分离质量块的单片三轴加速度计[43]，其芯片如图 5.50 所示，采

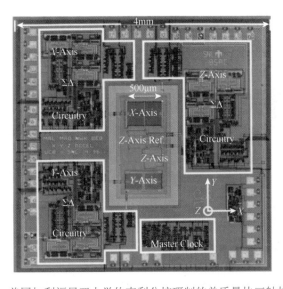

图 5.50　美国加利福尼亚大学伯克利分校研制的单质量块三轴加速度计

用标准 CMOS 工艺研制，质量块是由 3 个分离的器件组成的，其检测电路约有 1000 个晶体管，通过片上控制时钟协调各轴的接口电路。

利用 CMOS 工艺制造三轴 MEMS 加速度计受消费电子领域的需求而得到了广泛的研究。2019 年，台北科技大学的 Yeh 等提出了一种具有偏值自补偿功能的低功耗单片三轴加速度计[44]。该加速度计三轴敏感结构分立设计，并采用 0.18μm CMOS-MEMS 工艺制造。X、Y 向采用梳齿结构，Z 轴加速度计采用扭摆式结构（图 5.51），敏感电极的上下极板厚度不同，采用互补对称的方式构成差动电容。梳状敏感电极使用堆叠金属层制造，结构外围布置有卷曲匹配框架，以补偿由于堆叠 CMOS 层中应力梯度导致的结构翘曲，从而避免引起固定电极和可动电极相对位置发生变化的情况。该加速度计芯片整体尺寸为 2mm×2mm，水平轴和 Z 轴分别实现了 200mV/g 和 100mV/g 的检测灵敏度，±6g 的量程和 350μg/$\sqrt{\text{Hz}}$ 的本底噪声。X 轴、Y 轴和 Z 轴的非线性度分别约为 2.5%、3.1% 和 1.4%。

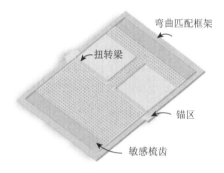

图 5.51   台北科技大学研发的 CMOS-MEMS 三轴加速度计芯片

CMOS 工艺加工的单片三轴 MEMS 加速度计即便采用 3 个相对独立的质量块结构，其敏感质量仍然偏小，导致其精度难以提高。因而采用体硅工艺加工是提高精度有效的方法。美国密歇根大学于 2005 年研制了采用体硅和面硅相结合的加工工艺制备的电容式三轴加速度计[45]。敏感结构芯片在一个衬底晶圆上用相同的工艺加工了 3 个相对独立的质量块结构，分别敏感 X、Y、Z 方向的加速度，其敏感结构如图 5.52 所示。整个 MEMS

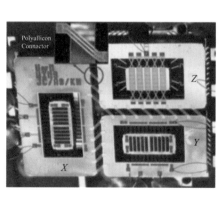
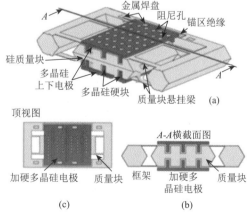

图 5.52   美国密歇根大学研制的三质量单片三轴 MEMS 加速度计敏感结构

芯片尺寸为 7mm×9mm，敏感质量块厚度为 475μm，因而具有较大的敏感质量；芯片具有大面积的多晶硅驱动/检测电极，并通过氧化牺牲层腐蚀形成了小于 1.5μm 的敏感电容间隙，该加速度计实现了 5pF/g 的灵敏度。面内敏感和面外敏感加速度计的噪声分别达到 $1.6\mu g/\sqrt{\mathrm{Hz}}$ 和 $1.08\mu g/\sqrt{\mathrm{Hz}}$。

3. 三质量结构三轴 MEMS 加速度计设计举例

三敏感质量结构单片三轴 MEMS 加速度计既可以确保各自轴向上的精度，又能确保各自之间的正交性，有利于保证 GNC 微系统的导航精度。一种三轴加速度计敏感结构图如图 5.53 所示。在单一芯片上集成 2 个正交排布的梳齿式敏感结构（分别用于敏感 X、Y 轴加速度）及一个扭摆式敏感结构（用于敏感 Z 轴加速度）。X、Y 轴敏感结构采用梳齿间电容实现各自轴向的加速度差动检测，Z 轴方向上的加速度通过敏感结构与衬底层之间的金属电极之间的电容来检测，由于检测电容分布于扭摆轴两侧，仍然可以实现差动检测。梳齿式敏感结构与扭摆式加速度计敏感结构设计为相同的厚度，可以在同一单晶硅结构层上采用干法刻蚀工艺同步加工。

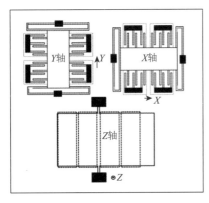

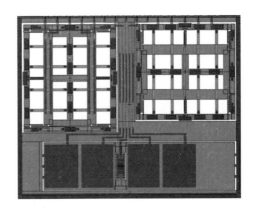

(a) 敏感结构示意图　　　　　　　　　　(b) 工艺版图

图 5.53　一种三轴 MEMS 加速度计敏感结构图

在 X、Y 方向加速度计检测采用定齿偏置式结构，在结构参数设计上，通过有限元方法与软件建立 MEMS 加速度计的物理模型，对 MEMS 器件结构进行静力、模态、瞬态、应力应变、抗冲击能力等方面的分析与计算，从而实现器件结构参数的优化设计。两种敏感结构的运动模态仿真设计，应使其第一阶固有模态均满足敏感方向的要求，同时第二阶模态的谐振频率远高于第一阶模态，以达到模态隔离的目的。

图 5.54 显示了梳齿式敏感结构检测加速度所需要的运动模态，质量块在平面内沿 X 方向的振动，是敏感结构的第一阶模态。第一阶模态以外的其他模态均为我们所不希望的干扰运动，需要尽量抑制，即拉开它们与第一阶模态频率的差距，从而降低交叉耦合。改变梁的宽度、长度、结构厚度（即梁的厚度）可以改变模态频率，直至改变模态的顺序，进而实现梳齿式加速度计高阶次模态与一阶模态的分离。

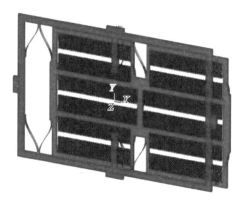

图 5.54　梳齿式结构的工作运动模态

　　图 5.55 为扭摆式 MEMS 加速度计敏感结构的工作模态，是摆片绕扭摆轴的扭转运动，扭摆轴左右两侧的质量块沿 Z 向反向运动，可实现差分电容的线性变化，是检测中需要的运动方式；该运动模态以外的其他模态均为我们所不希望的干扰运动，需要尽量抑制，即拉开它们与第一阶模态频率的差距，从而降低交叉耦合。通过优化扭转梁的结构参数，实现扭摆式加速度计各高阶次模态与一阶模态的分离。

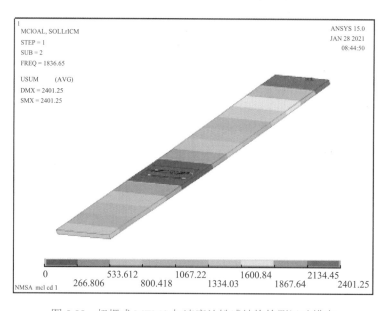

图 5.55　扭摆式 MEMS 加速度计敏感结构检测运动模态

　　根据仿真结果，结合三轴加速度计的 ASIC 电路参数和量程设计要求，可以对加速度计的一些关键指标开展理论预计。并在此基础上确定 MEMS 加速度计的主要结构参数。

　　图 5.56 给出了研制的单片三轴加速度计的电镜图片，整个芯片平面尺寸 5.6mm×5.1mm，与 ASIC 集成封装于 LCC20 陶瓷管壳中，整个器件的尺寸为 8.9mm×8.9mm×2.7mm。在 GNC 微系统集成应用中，MEMS 敏感结构与 ASIC 将直接集成在其基板上。

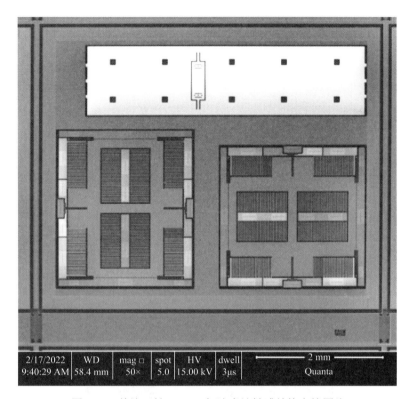

图 5.56　单片三轴 MEMS 加速度计敏感结构电镜图片

5.7.3　单片六轴惯性测量单元技术

随着单片三轴 MEMS 陀螺仪、MEMS 加速度计的出现和发展，单片六轴惯性测量单元技术也得到了迅速发展。得益于 MEMS 技术可以同时实现面内敏感和面外敏感的惯性传感器，单片六轴 IMU 根本上改变了惯性测量单元中惯性仪表需要通过垂直安装才能解决不同方向角速度、加速度测量的问题，进而其体积显著减小，实现其在消费电子产品中的应用。由于目前单轴的 MEMS 加速度计和陀螺仪已经全面由模拟输出转向数字化输出，这为单片六轴 IMU 的实现提供了便利。

在消费电子领域对惯性传感器的需求牵引以及 MEMS 工艺进步的技术驱动下，低功耗、小体积的单片六轴 IMU 产品开始出现，主要面向手机、可穿戴设备、机器人、AR/VR等应用领域。国外提供单片六轴 IMU 消费级产品的公司主要包括意法半导体、InvenSense等，他们在硅 MEMS 惯性器件和系统技术方面开展了大量研究，相应的六轴 IMU 不断推陈出新，逐渐朝着传感器系统功能化、组件化、小型集成化、专一化方向发展，积极提升性能并增添新的功能。

1. 单片六轴惯性测量单元技术方案

单片六轴惯性测量单元在实现方式上，陀螺仪和加速度计由于工作原理的不同在结构上必然是完全隔离并保持独立的，同时二者在处理电路方面也保持一定的相对独立性。在陀螺仪和加速度计具体的方案选择上又如 5.7.1 节和 5.7.2 节所述有各自不同的方案选择。同时在技术实现上，既有敏感结构与处理电路完全实现单片集成的方案，也有敏感结构与 ASIC 独立设计和加工的方案。在 GNC 微系统中，体硅工艺加工的敏感结构芯片与 ASIC 芯片在系统中进行集成，能够兼顾性能与小体积的需要，是目前技术水平下比较理想的方案。

2021 年，意法半导体公司推出的 LSM6DSO32X 传感器，采用一个三轴的 MEMS 加速度计和三轴 MEMS 陀螺仪在同一封装内组合的方式实现六轴敏感。其加速度量程覆盖为 $\pm4\sim\pm32g$，角速率范围为 $\pm125°/s\sim\pm2000°/s$，零偏稳定性满足 $\pm20mg$ 以及 $\pm0.5°/s$，零偏随温度的变化满足 $\pm0.1mg/℃$ 及 $\pm0.01°/s/℃$。后期 ST 则在一颗 MEMS 芯片上实现了六轴 IMU 的敏感结构，包含三轴陀螺仪和三轴加速度计，使得此六轴功能的尺寸比先前采用两颗裸芯片的方案缩小了 30%以上。其中陀螺仪采用了单质量块设计，加速度计则采用了三质量块设计。其敏感结构如图 5.57 所示。

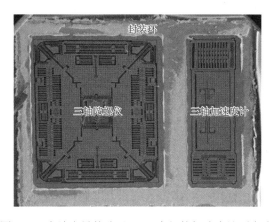

图 5.57　意法半导体公司 IMU 内部的加速度计/陀螺仪

美国 InvenSense 公司早期的单片六轴 MPU-6050 IMU（图 5.58）采用了每个敏感轴独立质量块的设计，整体体积较大。而其 MPU-6500 六轴 IMU 整合了新款三轴陀螺仪、Z 轴加速度计及双轴加速度计，使芯片尺寸得到大幅缩减。其中陀螺仪采用了单体结构设计，三轴加速度计则采用了双轴水平轴加速度计和 Z 轴加速度计组合的方式。

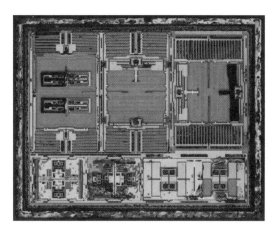

图 5.58　美国 InvenSense 公司的 MPU-6050 IMU 敏感结构照片

2016 年，美国仙童半导体公司（Fairchild Semiconductor）报道了其第一款六轴惯性测量单元：FIS1100 IMU。该测量单元在单个芯片上集成了一个三轴陀螺仪和一个三轴加速度计（图 5.59），采用体硅工艺加工并通过 TSV 技术实现电信号的引出。传感器芯片和 ASIC 芯片采用堆叠形式并采用 LGA 封装（图 5.60），封装尺寸为 3.3mm×3.3mm×1mm。其陀螺仪在 3 个轴向的零偏不稳定性均优于 8°/h。

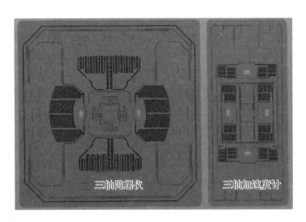

图 5.59　美国仙童公司 FIS1100 IMU 中的 MEMS 芯片

图 5.60　美国仙童公司 FIS1100 IMU 封装形式

随着技术和工艺的进步，单片六轴惯性测量单元逐步朝着功能多样化、MEMS 结构模块化、小型集成化方向发展。在结构方面，MEMS 陀螺仪和 MEMS 加速度计如采用单质量块设计，交叉耦合可能变大，这都需要在后端算法电路加以克服。在控制电路方面，由于现阶段集成化的 IMU 出于功耗和成本等方面的考虑，二者采用了开环检测的方案，使得整体精度水平普遍不高。为实现更高性能的产品，闭环控制方案应当是更合适的选择。

2. 单片六轴微机电惯性测量单元设计举例

1）敏感结构设计

在单片六轴微机电惯性测量单元敏感结构的设计中，三轴加速度计和三轴陀螺仪采用相对独立的设计。出于不同的真空度要求，二者将分别独立封装于不同的腔体内。三轴陀螺仪预计采用单结构敏感结构设计，三轴加速度计敏感结构预计采用用于敏感水平方向加速度的 2 个梳齿结构和用于敏感面外方向加速度的扭摆式结构。上述结构具有工艺上的兼容性，便于后续芯片工艺加工。

芯片中的三轴陀螺仪结构采用单驱三检方式工作，如图 5.61 所示。该三轴陀螺仪由 4 个平面测量质量块和 8 个 Z 轴测量质量块组成。4 个平面测量质量块由 4 根梁连接在一起，并通过 H 形梁与 8 个 Z 轴质量块相连，同侧的 2 个 Z 轴质量块通过横梁连接起来。整个结构由支撑梁固定在基座上。

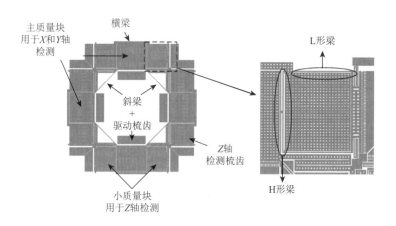

图 5.61　单片三轴陀螺仪结构图

三轴加速度计的结构采用与 5.7.2 节类似的结构，并对整体尺寸有所缩小。最终设计的单片六轴惯性测量单元的结构版图如图 5.62 所示。

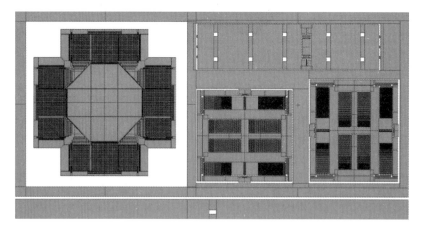

图 5.62　单片六轴 MEMS IMU 敏感结构版图

2）芯片晶圆级封装体硅加工工艺设计

在上述结构设计中，Z 向陀螺仪和 X/Y 方向加速度计通过面内的梳齿间电容实现运动检测，而 X/Y 向陀螺仪和 Z 向加速度计则需要在结构上设计能够检测面外运动的电容结构，因此在结构的工艺实现上兼顾这两种电容结构的实现需求。此外，MEMS 陀螺仪需要高真空封装减小气体阻尼，而 MEMS 加速度计则需要一定空气阻尼以实现控制系统的稳定，工艺实现上也需要兼顾两者各自不同的需求。

北京航天控制仪器研究所研制的单片六轴微机电惯性测量单元剖面结构示意图如图 5.63 所示，芯片由衬底层、器件层、封帽层所组成。器件层是 MEMS 敏感结构的核心单元；衬底层上布有与结构层相连接的电极结构，并提供可动器件层敏感结构自由活动的腔体；封帽层通过一层二氧化硅与器件层键合在一起，为器件层上的敏感结构提供支撑，并提供可动器件层敏感结构自由活动的腔体。

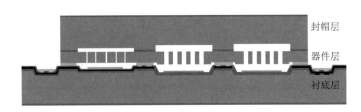

图 5.63　单片六轴微机电惯性测量单元剖面结构示意图

芯片的加工采用了基于 Cavity-SOI 和金硅共晶键合的晶圆级真空封装技术[46]，这种技术的特点是可以灵活定义器件层与 handle 层（封帽层）之间的距离以减小寄生电容的影响。在 Z 轴检测陀螺仪、X/Y 检测加速度计中，需要器件层与 SOI 的 handle 层（封帽层）、衬底层之间较大的间隙以避免减小寄生电容，但在 X、Y 轴敏感的陀螺结构和 Z 向加速度计中，需要减小器件层与衬底层上的电极之间的间隙，以提高检测灵敏度，同时为了避免敏感结构与衬底层之间的静电力对陀螺的不利影响，也需要减小 handle 层（封帽层）与器件层之间的距离以平衡静电力的影响。总之，需要在工艺流程设计上兼顾到陀螺仪、加速度计不同轴向敏感各自的需求，这一定程度上为工艺流程设计和工艺加工增加了难度。

北京航天控制仪器研究所设计的单片三轴微机电陀螺芯片加工工艺流程中，衬底层的加工流程如图 5.64 所示，封帽层及器件层的加工如图 5.65 所示，金-硅键合后的流程如图 5.66 所示。其中，在封帽层的加工上，通过锚区结构的两步刻蚀，实现器件层与 handle 层（封帽层）不同的间隙；同时在衬底上通过两步腐蚀，腐蚀出两个台阶结构。则在 X/Y 轴敏感陀螺和 Z 轴敏感加速度计结构上，形成一种"三明治"结构，同时保持了不同轴向敏感的陀螺或加速度计结构能够同步实现晶圆级封装工艺加工。

为实现 MEMS 陀螺仪和 MEMS 加速度计不同的封装压力控制，在衬底层陀螺仪区域内，制备了图形化的吸气剂薄膜。在进行金硅共晶实现晶圆级封装过程中，有吸气剂的陀螺微腔内将形成高真空，而无吸气剂的加速度计微腔内实现了具有一定压力的气密封装，能够满足 MEMS 陀螺仪和 MEMS 加速度计不同的压力需求。

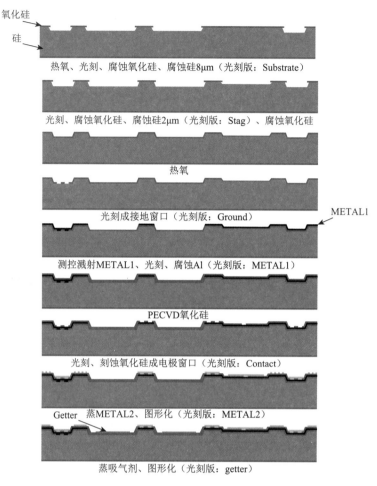

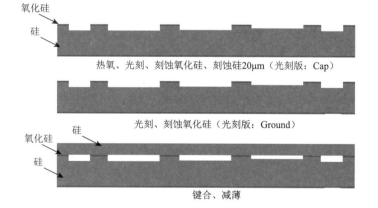

图 5.64　衬底结构加工工艺流程

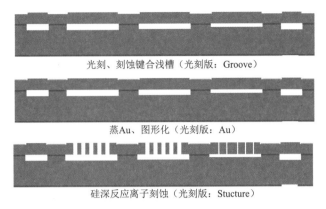

光刻、刻蚀键合浅槽（光刻版：Groove）

蒸Au、图形化（光刻版：Au）

硅深反应离子刻蚀（光刻版：Stucture）

图 5.65　封帽层和器件层结构制备工艺流程

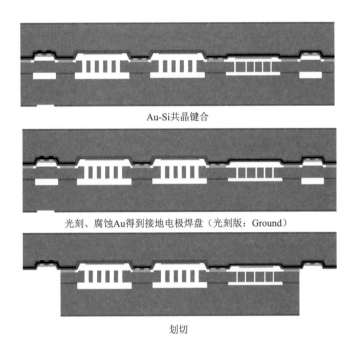

Au-Si共晶键合

光刻、腐蚀Au得到接地电极焊盘（光刻版：Ground）

划切

图 5.66　晶圆级真空封装工艺流程

3）单片六轴微机电惯性测量单元检测电路方案设计

单片六轴 IMU 的调理电路芯片可以看作三轴加速度计电路和三轴陀螺电路的组合，辅以共用电路构成。加速度计和陀螺仪检测电路分别与对应的敏感结构直接相连，并在各自的模块中实现闭环控制，零偏、标度因数、线性度校正以及温度补偿运算。电源管理、基准源、温度传感器等作为主要的共用模拟电路，正交等补偿算法电路最终处理两组信号输出。数字接口电路在 OTP 和配置寄存器的辅助下，存储外部补偿数据，并对各个模块进行校正，最后采用串行外设接口（serial peripheral interface，SPI）等标准通信协议将 IMU 信号输出。整个调理电路的系统框图如图 5.67 所示。

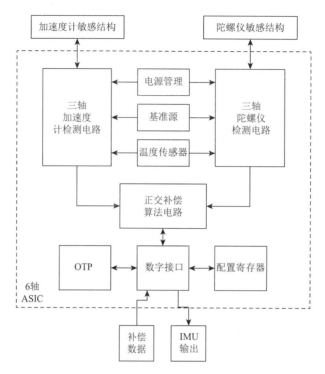

图 5.67　单片六轴 IMU 控制 ASIC 系统框图

参 考 文 献

[1]　Greiff P，Boxenhorn B，King T，et al. Silicon monolithic micromechanical gyroscope. TRANSDUCERS'91：1991 International Conference on Solid-State Sensors and Actuators，Digest of Technical Papers，IEEE，1991：966-968.

[2]　Putty M W，Najafi K. A micromachined vibrating ring gyroscope. Solid-State Sensor and Actuator Work-shop SC，1994：213-220.

[3]　Lutz M，Golderer W，Gerstenmeier J，et al. A precision yaw rate sensor in silicon micromachining. Proceedings of International Solid State Sensors and Actuators Conference（Transducers'97），IEEE，1997：847-850.

[4]　Johnson B，Christ K，Endean D，et al. Tuning fork MEMS gyroscope for precision northfinding. DGON Inertial Sensors and Systems Symposium（ISS），IEEE，2015：1-10.

[5]　Endean D，Christ K，Duffy P，et al. Near-navigation grade tuning fork MEMS gyroscope. IEEE International Symposium on Inertial Sensors and Systems（INERTIAL），IEEE，2019：1-4.

[6]　Buffoli A，Gadola M，Sansa M，et al. 0.02°/h，0.004°/√ h，6.3-mA NEMS gyroscope with integrated circuit. IEEE Transactions on Instrumentation and Measurement，2023，72：1-8.

[7]　Challoner A D，Howard H G，Liu J Y. Boeing disc resonator gyroscope. IEEE/ION Position，Location and Navigation Symposium-PLANS 2014，IEEE，2014：504-514.

[8]　Xu Y，Li Q，Wang P，et al. 0.015 degree-per-hour honeycomb disk resonator gyroscope. IEEE Sensors Journal，2021，21（6）：7326-7338.

[9]　Koenig S，Rombach S，Gutmann W，et al. Towards a navigation grade Si-MEMS gyroscope. DGON Inertial Sensors and Systems（ISS），IEEE，2019：1-18.

[10]　Gadola M，Buffoli A，Sansa M，et al. 1.3 mm² nav-grade NEMS-based gyroscope. Journal of Microelectromechanical Systems，2021，30（4）：513-520.

[11]　Colibrys. MEMS 加速度计. https://www.colibrys.com/product/ms9000-mems-accelerometer[2021-9-18].

[12]　Silicon Designs Inc. MEMS 加速度计. https://www.silicondesigns.com/1527[2021-9-18].

[13]　ADI. MEMS 加速度计. https://www.analog.com/en/products/adxl1001.html[2020-8-21].

[14]　Dias R A，Alves F S，Costa M，et al. Real-time operation and characterization of a high performance time-based accelerometer. Journal of Microelectromechanical Systems，2015，24：1703-1711.

[15]　Tsuchiya T，Matsui Y，Hirai Y，et al. Thermomechanical noise of arrayed capacitive accelerometers with 300-nm-gap sensing electrodes. 19th International Conference on Solid-state Sensors，Actuators and Microsystems（Transducers），IEEE，2017：1002-1005.

[16]　Edalatfar F，Azimi S，Qureshi A Q A，et al. Wideband，low-noise ccelerometer with open loop dynamic range of better than 135dB. 19th International Conference on Solid-state Sensors，Actuators and Microsystems（Transducers），IEEE，2017：1187-1190.

[17]　Utz A，Walk C，Stanitzki A，et al. A high precision MEMS based capacitive accelerometer for seismic measurements. IEEE Sensors，2017：343-345.

[18]　Aydemir A，Akin T. Self-packaged three axis capacitive mems accelerometer. IEEE 33rd International Conference on Micro Electro Mechanical Systems（MEMS），IEEE，2020：777-780.

[19]　Bernstein J，Cho S，King A T，et al. A micromachined comb-drive tuning fork rate gyroscope. Proceedings IEEE Micro Electro Mechanical Systems，1993：143-148.

[20]　Neul R，Gómez U M，Kehr K，et al. Micromachined angular rate sensors for automotive applications. IEEE Sensors Journal，2007，7（2）：302-309.

[21]　Chang S，Chia M，Castilo-Borelley P，et al. An electroformed CMOS integrated angular rate sensors. Sensors and Actuators A：Physical，1998，66（1/2/3）：138-143.

[22]　Challoner A D. Isolated resonator gyroscope. U.S：6，629，460. 2003-10-7.

[23]　于得川，何汉辉，周鑫，等. 嵌套环式 MEMS 振动陀螺的静电修调算法. 传感器与微系统，2017，36（7）：134-137.

[24]　李青松，李微，张勇猛，等. 嵌套环 MEMS 陀螺研究综述. 导航与控制，2019，18（4）：11-18.

[25]　Johari H，Ayazi F. Capacitive bulk acoustic wave silicon disk gyroscopes. IEEE International Electron Devices Meeting，2006：1-4.

[26]　Serrano D E，Zaman M F，Rahafrooz A，et al. Substrate-decoupled，bulk-acoustic wave gyroscopes：Design and evaluation of next-generation environmentally robust devices. Microsystems & Nanoengineering，2016，2（1）：1-10.

[27]　Acar C，Shkel A. MEMS Vibratory Gyroscopes：Structural Approaches to Improve Robustness. Berlin：Springer Science & Business Media，2008.

[28]　邢朝洋. 高性能 MEMS 惯性器件工程化关键技术研究. 北京：中国航天科技集团公司第一研究院，2017.

[29]　Stauffer J M，Dietrich O，Dutoit B. RS9000，a novel MEMS accelerometer family for Mil/Aerospace and safety critical applications. IEEE/ION Position，Location and Navigation Symposium，2010：1-5.

[30]　Dong Y，Zwahlen P，Nguyen A M，et al. High performance inertial navigation grade sigma-delta MEMS accelerometer. IEEE/ION Position，Location and Navigation Symposium，2010：32-36.

[31]　Greiff P，Hopkins R，Lawson R. Silicon accelerometers. Proceedings of the 52nd Annual Meeting of The Institute of Navigation，Cambridge，1996：713-718.

[32]　Roessig T A，Howe R T，Pisano A P，et al. Surface-micromachined resonant accelerometer. Proceedings of International Solid State Sensors and Actuators Conference（Transducers'97），Chicago，1997：859-862.

[33]　Hopkins R E，Borenstein J T，Antkowiak B M，et al. The silicon oscillating accelerometer. AIAA Missile Sciences Conference，2000：44-51.

[34]　Hopkins R，Miola J，Sawyer W，et al. The silicon oscillating accelerometer：A high-performance MEMS accelerometer for precision navigation and strategic guidance applications. Proceedings of the National Technical Meeting of the Institute of Navigation，2005：970-979.

[35] Yuzawa A，GandoR，Masunishi K，et al. A 3-axis catch-and-release gyroscope with pantograph vibration for low-power and fast start-up applications. Transducers，2019：430-433.

[36] Jeon Y，Kwon H，Kim H C，et al. Design and development of a 3-axis micro gyroscope with vibratory ring springs. Procedia Engineering，2014，87：975-978.

[37] Oliver A D，Teo Y L，Geisberger A，et al. A new three axis low power MEMS gyroscope for consumer and industrial applications. 2015 Transducers-2015 18th International Conference on Solid-State Sensors，Actuators and Microsystems （TRANSDUCERS），IEEE，2015：31-34.

[38] Traechtler M，Link T，Dehnert J，et al. Novel 3-axis gyroscope on a single chip using SOI-technology. IEEE Sensors Conference，2007：127.

[39] Lemkin M A，Boser B E，Auslander D，et al. A 3-axis force balanced accelerometer using a single proof-mass. 1997 International Conference on Solid State Sensors and Actuators，Chicago，1997：1185-1188.

[40] Qu H W，Fang D Y，Xie H K. A monolithic CMOS-MEMS 3-axis accelerometer with a low-noise low-power dual-chopper amplifier. IEEE Sensors Journal，2008，8（9）：1511-1518.

[41] Fujiyoshi M，Nonomura Y，Funabashi H，et al. An SOI 3-axis accelerometer with a zigzag-shaped Z-electrode for differential detection. 2011 16th International Solid-State Sensors，Actuators and Microsystems Conference，Beijing，2011：1010-1013.

[42] Nonomura Y，Omura Y，Funabashi H，et al. Chip-level warp control of SOI 3-axis accelerometer with the zigzag-shaped Z-electrode. Procedia Engineering，2012，47：546-549.

[43] Lemkin M，Boser B E. A three axis micromcahined accelerometerwith a CMOS position-sense interface and digital offset-trim electronics. IEEE Journal of Solid-State Circuits，1999，34（4）：456-468.

[44] Yeh C Y，Huang J T，Tseng S H，et al. A low-power monolthic three-axis accelerometer with automaatically sensor offset compensated and interface circuit. Microelectronics Journal，2019，86：150-160.

[45] Junseok C，Haluk K，Khalil N. A monolithic three-axis micro-g micromachined silicon capacitive acceleromete. Journal of MEMS，2005，14（2）：235-242.

[46] 刘福民，张乐民，张树伟，等. MEMS 陀螺芯片的晶圆级真空封装. 传感器与微系统，2022，41（1）：15-18.

第 6 章
GNC 微系统信息融合与控制技术

6.1　概述

GNC 微系统集成多种微感知、微处理、微执行等器件，在进行信息融合与控制设计时，其重量、体积、功耗严格受限，应着重从"可检测性"与"可重构性"[1, 2]两大特性入手，优化多源传感器内部功能模块划分、处理器时序及中断优先级排序等，提高 GNC 微系统整体工作效能。

结合运载体任务场景、工作环境及动力学模型，GNC 微系统通过算法与软件形成即插即用的多回路导航、制导与控制系统，可以充分发挥软硬件协同优势。在导航方面，惯导模块涉及 IMU 陀螺仪和加速度计测量值预处理，测量误差标定，欧拉法、四元数法、方向余弦法捷联矩阵更新，姿态、速度和位置更新等；卫导模块涉及 BDS/GPS/Galileo/GLONASS 等多模卫星导航系统的电文提取，跟踪卫星导航坐标系下空间位置速度估计，伪距和伪距率测量值计算等；其他导航传感器模块涉及磁强计三轴磁感应强度估计，气压计高程信息处理，在线标定以及误差补偿等。在制导方面，包括组合导航卡尔曼主滤波器设计，量测方程设计，误差协方差矩阵、过程噪声和量测噪声矩阵估计，稳定控制回路及制导回路设计等技术。在控制方面，涉及舵回路、稳定回路、制导回路和控制回路设计等内容[3, 4]。总体上，GNC 微系统的信息流、物质流和能量流构成了大闭环回路，而 GNC 微系统中导航、制导与控制模块又形成各自的小闭环回路，各种大小闭环回路通过串并联等方式交叉耦合，最终形成具有弹性和健壮性的系统。

本章首先阐述 GNC 微系统多传感器时空对准技术，并结合松组合、紧组合和深组合等信息融合模式，提出基于载噪比噪声矩阵的信息融合优化方法。其次，围绕核心回路、环境干扰力矩、微执行机构等设计要点，重点分析机载、星载和弹载等典型场景下的 GNC 微系统控制方法。最后，介绍 GNC 微系统信息融合仿真分析和实测验证方法，为其典型器件、工艺和环境误差分析及测试打下基础。

6.2　GNC 微系统多传感器时空对准技术

GNC 微系统常用的空间坐标系包括惯性坐标系、地球坐标系、导航坐标系、机体坐标系、轨迹坐标系、直角坐标系、站心坐标系等；时间系统包括世界时、原子时、GNSS 时、本地晶体振荡器等[5-7]。在实际应用中，GNC 微系统通常涉及惯性、卫导、磁强计、气压计、微执行机构等自身传感器，以及视觉、雷达、红外等外源传感器的多源感知、信息融合和执行校正环节。显然，独立传感器或者不同传感器之间高度统一的时空基准是进行 GNC 微系统信息融合与控制的基础保障。

GNC 微系统多源信息融合旨在将多个信息源获取的信息合成一个标准化的描述。信息融合是一种多维度、跨领域的综合处理过程，涉及多源数据检测、组合和估计等诸多环节。由于多个传感器的数据更新周期不同，数据传输存在延迟、丢失以及不同坐标系下的量测标准不一等问题，因此各传感器测量结果间可能存在时间差，所以融合前需要将不同步的信息配准到相同的融合时间基准坐标系中。

本节从空间对准和时间对准等角度出发，以惯导和卫导中的空间杆臂误差（空间对准）和时间不同步误差（时间对准）为例，重点阐述多传感器时空对准误差分析方法及设计要点。

6.2.1　空间对准技术与杆臂误差

在空间对准方面，GNC 微系统常选择一个基准坐标系，将惯性坐标系和地理坐标系结合，并将来自不同平台的多传感器数据统一到该坐标系下，利用空间坐标变换实现数据的空间对准。目前，无论车载导航、微小型无人机、制导导弹等具体应用，还是 MEMS 雷达和红外传感器分孔径设计安装，都存在不同的量测坐标系。因此，传感器空间配准除考虑利用坐标变换外，还需考虑系统本身的固有偏差校正，典型方法如下所述。

1. 系统固有偏差校正

量测系统本身具有一定的误差，可以通过对位置已知的目标进行量测，来完成不同传感器的误差校正工作，具体为

$$\begin{cases} \delta_r = r_m - r = \Delta r + \varepsilon_r \\ \delta_\theta = \theta_m - \theta = \Delta\theta + \varepsilon_\theta \\ \delta_\varphi = \varphi_m - \varphi = \Delta\varphi + \varepsilon_\varphi \end{cases} \tag{6.1}$$

式中，r_m、θ_m、φ_m 为传感器量测到的目标距离、方位角和俯仰角；r、θ、φ 分别为真实目标的距离、方位角和俯仰角；Δr、$\Delta\theta$、$\Delta\varphi$ 为系统的固有偏差；ε_r、ε_θ、ε_φ 为高斯随机测量误差；δ_r、δ_θ、δ_φ 为传感器量测值与真实值的误差。常用的偏差校正方法是通过多次测量求平均值，来达到减小误差的目的。由式（6.1）得到系统固有误差并经过多次测量，利用式（6.2）求平均，可以实现对系统固有偏差的基本校正，具体为

$$\begin{cases} \Delta r = \dfrac{1}{n} \sum_{i=1}^{n} \delta_r(i) \\ \Delta\theta = \dfrac{1}{n} \sum_{i=1}^{n} \delta_\theta(i) \\ \Delta\varphi = \dfrac{1}{n} \sum_{i=1}^{n} \delta_\varphi(i) \end{cases} \tag{6.2}$$

2. 空间坐标变换

坐标变换主要包括空间坐标系的旋转和平移两种。空间坐标系旋转通常不改变坐标轴的原点，而是通过改变坐标轴的指向来实现其目标。空间坐标平移变换恰好与前者相反，不改变坐标轴的方向而只改变原点的位置。具体而言，空间坐标系的旋转是将某一坐标系 A 中的矢量 Q 转换到另一坐标系 B 中，只需将矢量 Q 乘以坐标系之间的变换矩阵即可得到，即

$$\begin{bmatrix} X_B \\ Y_B \\ Z_B \end{bmatrix} = R_{A \to B} \begin{bmatrix} X_A \\ Y_A \\ Z_A \end{bmatrix} \tag{6.3}$$

式中，$[X_A, Y_A, Z_A]^{\mathrm{T}}$ 和 $[X_B, Y_B, Z_B]^{\mathrm{T}}$ 分别为矢量 Q 在坐标系 A 和 B 中的坐标；$R_{A \to B}$ 为从坐标系 A 到坐标系 B 的转换矩阵。以坐标系转动 α 角为例，将坐标系 A 绕 OX 轴转动 α 角，得到坐标系 B，具体为

$$R_{X(A \to B)}[\alpha] = \begin{bmatrix} 1 & 0 & 0 \\ 0 & \cos\alpha & \sin\alpha \\ 0 & -\sin\alpha & \cos\alpha \end{bmatrix} \tag{6.4}$$

式中，$R_{X(A \to B)}[\alpha]$ 为转换矩阵。

同理，可绕 OY、OZ 轴旋转 β、γ 角的转换矩阵 $R_{Y(A \to B)}[\beta]$ 和 $R_{Z(A \to B)}[\gamma]$，得到矩阵 A 到 B 的转换矩阵 $R_{A \to B} = R_{X(A \to B)}[\alpha] \cdot R_{Y(A \to B)}[\beta] \cdot R_{Z(A \to B)}[\gamma]$。

坐标变换矩阵 $R_{A \to B}$ 满足如下的可逆和正交条件，即

$$R_{A \to B} = R_{A \to B}^{-1} = R'_{A \to B} \tag{6.5}$$

特别指出，当 GNC 微系统多传感器时空对准时，一般的空间坐标变换不仅需要考虑坐标系的旋转，还需结合任务场景或工作环境考虑坐标系间的平移。

3. 空间杆臂误差

作为核心导航单元，GNC 微系统的惯导和卫导模块一般采用高密度集成方式耦合在一起，但卫导的天线通常固定在微系统终端载体的外部，因此，存在时空不对准情况下的空间杆臂误差，具体如图 6.1 所示。惯导模块一般以 IMU 的几何中心（或某一固定参考点）作为导航定位或测速的参考基准，而卫导模块则以接收机天线的相位中心作为参考基准。

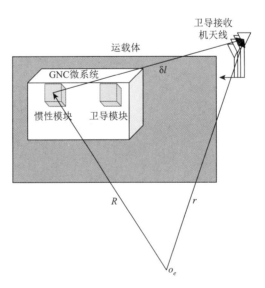

图 6.1　惯导与卫导天线之间的杆臂示意图

　　GNC 微系统实际工作中，若同时使用上述两种甚至多种导航模块，它们在安装位置上往往会存在一定的偏差。为了对多种导航模块进行多源融合和信息解算，需要将导航信息转换至统一的参考基准[8]。假设惯导模块相对于地心 o_e 的矢量为 R，卫导接收机天线相位中心相对于地心的矢量为 r，天线相位中心相对于惯组的矢量为 δl，三者之间的矢量关系满足

$$r = R + \delta l \tag{6.6}$$

　　考虑天线和惯导之间的安装位置相对固定不动，即杆臂 δl 在惯性坐标系（b 系）下为常矢量，将式（6.6）两边相对地球坐标系（e 系）求导，可得

$$\left.\frac{\mathrm{d}r}{\mathrm{d}t}\right|_e = \left.\frac{\mathrm{d}R}{\mathrm{d}t}\right|_e + \left.\frac{\mathrm{d}(\delta l)}{\mathrm{d}t}\right|_e = \left.\frac{\mathrm{d}R}{\mathrm{d}t}\right|_e + \left.\frac{\mathrm{d}(\delta l)}{\mathrm{d}t}\right|_b + \omega_{eb} \times \delta l = \left.\frac{\mathrm{d}R}{\mathrm{d}t}\right|_e + \omega_{eb} \times \delta l \tag{6.7}$$

即

$$v_{en(\mathrm{GNSS})} = v_{en(\mathrm{INS})} + \omega_{eb} \times \delta l \tag{6.8}$$

式中，记 $v_{en(\mathrm{GNSS})} = \left.\dfrac{\mathrm{d}r}{\mathrm{d}t}\right|_e$ 为卫导天线的地速；$v_{en(\mathrm{INS})} = \left.\dfrac{\mathrm{d}R}{\mathrm{d}t}\right|_e$ 为惯导的地速；ω_{eb} 为陀螺仪测得的角速率。由于杆臂距离的存在，杆臂长度一般在米级（GNC 微系统应用领域一般在厘米量级，甚至更小），两种地速所定义的导航坐标系（即卫导天线导航坐标系和惯导坐标系）不同，两种导航坐标系之间的角度差别较小，可以认为二者是相互平行的。将式（6.8）投影到惯性导航坐标系，省略速度符号的右下标 "en"，可得

$$v_{\mathrm{GNSS}}^n = v_{\mathrm{INS}}^n + C_b^n(\omega_{eb}\times)\delta l^b \tag{6.9}$$

式中，C_b^n 为惯性坐标系（b 系）到地球坐标系（e 系）的旋转矩阵；$(\omega_{eb}\times)$ 为向量 ω_{eb} 的反对称矩阵形式，即 $\begin{pmatrix} \begin{bmatrix} x \\ y \\ z \end{bmatrix} \times \end{pmatrix} = \begin{bmatrix} 0 & -z & y \\ z & 0 & -x \\ -y & x & 0 \end{bmatrix}$。

　　杆臂 δl 定义为

$$\delta l^n = \begin{bmatrix} \delta l_E & \delta l_N & \delta l_U \end{bmatrix}^{\mathrm{T}} = C_b^n \delta l^b \tag{6.10}$$

式中，δl_E、δl_N 和 δl_U 分别为杆臂的东向、北向和天向投影分量，则惯导与卫导天线之间的地理位置偏差近似满足

$$\begin{cases} L_{\mathrm{INS}} - L_{\mathrm{GNSS}} = -\delta l_N / R_{Mh} \\ \lambda_{\mathrm{INS}} - \lambda_{\mathrm{GNSS}} = -\delta l_E secL_{\mathrm{INS}} / R_{Nh} \\ h_{\mathrm{INS}} - h_{\mathrm{GNSS}} = -\delta l_U \end{cases} \tag{6.11}$$

式中，R_{Mh}、R_{Nh} 分别为惯导（或卫导）位置计算的子午圈主曲率半径和卯酉圈主曲率半径。

　　由式（6.10）和式（6.11）联合计算得到惯导与卫导之间的杆臂位置误差向量，记为

$$\delta p_{GL} = p_{\mathrm{INS}} - p_{\mathrm{GNSS}} = -M_{pv}C_b^n \delta l^b \tag{6.12}$$

式中，$p_{\mathrm{INS}} = \begin{bmatrix} L_{\mathrm{INS}} & \lambda_{\mathrm{INS}} & h_{\mathrm{INS}} \end{bmatrix}^{\mathrm{T}}$；$p_{\mathrm{GNSS}} = \begin{bmatrix} L_{\mathrm{GNSS}} & \lambda_{\mathrm{GNSS}} & h_{\mathrm{GNSS}} \end{bmatrix}^{\mathrm{T}}$；矢量矩阵 $M_{pv} = \begin{bmatrix} 0 & 1/R_{Mh} & 0 \\ secL/R_{Nh} & 0 & 0 \\ 0 & 0 & 1 \end{bmatrix}$。

6.2.2　时间对准技术与不同步误差

时间对准技术通常指在某一时间片段内，利用同步源、秒脉冲（pulse per second，PPS）信号、协议解析等方式，将 GNC 微系统传感器采集的非同步数据同步到同一时刻下，并完成数据的归一化处理[9]。

1. 时间对准常用方法

GNC 微系统常用的多传感器时间对准方法包括拉格朗日插值法、牛顿插值法、三次样条插值法和最小二乘法等。

（1）拉格朗日插值法相对烦琐，当插值点发生变化时，整个计算过程需从头开始，计算量较大，且没有继承性，而且当插值点较多时，插值多项式的阶数可能会增加，数值可能会出现不稳定的情况，和真实值存在较大的偏差。

（2）牛顿插值法是对拉格朗日插值法的改进，克服了拉格朗日插值法的部分缺点，具有继承性，但是上述两种算法都只适合于对插值精度要求不高的工作环境（要求一阶光滑度）。

（3）三次样条插值计算简单、数值稳定度较高，但其只能保证在每个小段曲线连接点处的光滑，并不能保证在整条曲线的光滑。

（4）最小二乘法以误差平方和最小为原则，并不要求拟合出来的曲线经过每一个量测数值点，因此，拟合出来的曲线更接近于真实函数。

总体而言，在相同数据量的前提下，最小二乘法的整体运算时间较短，实时性较好，易于工程应用。

2. 时间对准理论设计

最小二乘法通过多个量测值进行拟合函数运算，进而获得拟合曲线。假设通过量测已经得到一组量测数据：$(t_k, X_k)(k=1,2,\cdots,n)$，则可设待拟合函数的线性表达式为

$$X(t) = a \cdot t_k + b \tag{6.13}$$

式中，a 和 b 为拟合系数，量测数据和拟合曲线的偏差为

$$X(t_k) - X_k = a \cdot t_k + b - X_k \tag{6.14}$$

偏差的平方和为

$$F(a,b) = \sum_{k-1}^{n}(a \cdot t_k + b - X_k)^2 \tag{6.15}$$

式中，$F(a,b)$ 为偏差的平方和。依据最小二乘基本原理，应取合适的 a 和 b，使得 $F(a,b)$ 达到最小，即 $F(a,b)$ 对 a 和 b 分别求偏导数，并令其为零，即

$$\begin{cases} \dfrac{\partial F(a,b)}{\partial a} = 2\sum_{k-1}^{n}(a \cdot t_k + b - X_k) \cdot t_k = 0 \\ \dfrac{\partial F(a,b)}{\partial b} = 2\sum_{k-1}^{n}(a \cdot t_k + b - X_k) = 0 \end{cases} \tag{6.16}$$

推导式（6.16）后可得

$$\begin{cases} a\sum_{k-1}^{n}t_k^2 + b\sum_{k-1}^{n}t_k = \sum_{k-1}^{n}t_k X_k \\ a\sum_{k-1}^{n}t_k + bn = \sum_{k-1}^{n}X_k \end{cases} \tag{6.17}$$

通过求解上述方程组,得出 a 和 b 的数值,进而得到拟合曲线函数。从曲线中可以读出该传感器任意时刻的数据,也可以读出其他传感器在相同时刻对应的数据,并完成 GNC 微系统多传感器数据的时间对准,下面以惯导和卫导时间不同步误差进行具体说明。

3. 时间不同步误差

在 INS/GNSS 组合导航解算中,GNC 微系统获得两类传感器导航信息的时刻(C)往往不是传感器实际信息的采集时刻(A 和 B),从传感器信息采集到组合导航计算之间存在一定的时间滞后,例如,卫导接收机采集到 GNSS 导航信号后,需要先进行捕获、跟踪、帧同步等信号处理,再经过通信模块发送给组合导航微处理器,具体如图 6.2 所示。需要强调的是,惯导和卫导两类传感器的时间滞后一般并不相同,两者之间的相对滞后记为时间不同步误差 δt。在组合导航多源融合解算时,需对时间不同步误差进行在线估计和补偿。

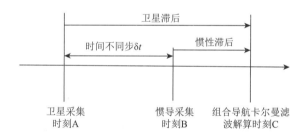

图 6.2　惯导与卫导接收机之间时间不同步示意图

在分析时间不同步误差时,假设惯导与卫导之间的杆臂误差已经得到校正。惯导速度和卫星速度之间的关系为

$$v_{\text{GNSS}}^n + a^n\delta t = v_{\text{INS}}^n \tag{6.18}$$

式中,a^n 为载体在不同步时间附近的平均线加速度,它可通过惯导在两相邻时间 $(T = t_m - t_{m-1})$ 内的速度平均变化来近似,即

$$a^n \approx \frac{v_{\text{INS}(m)}^n - v_{\text{INS}(m-1)}^n}{T} \tag{6.19}$$

一般情况下,可假设时间不同步 δt 是相对固定的,且视为常值参数。

由式(6.18)可计算得惯导和卫导之间的速度不同步误差 $\delta v_{\delta t}^n$,为

$$\delta v_{\delta t}^n = v_{\text{INS}}^n - v_{\text{GNSS}}^n = a^n\delta t \tag{6.20}$$

同理,联合式(6.12)和式(6.18),不难求得两者间的位置不同步误差 $\delta p_{\delta t}$ 为

$$\delta p_{\delta t} = p_{\text{INS}} - p_{\text{GNSS}} = M_{pv}v_{\text{INS}}^n\delta t \tag{6.21}$$

总之，通过选取合适的时间基准源（内部时间基准或外部 PPS 触发等方式），合理设置时钟、差分及复位信号，并结合短路、电压、晶振、复位及电平转换等电路测试方式，可以有效抑制多传感器时间不同步误差，提升 GNC 微系统处理效率及可靠性。

6.3　GNC 微系统信息融合设计

GNC 微系统信息融合设计时，需在多传感器时空对准及时频统一等基础上，根据系统的物理模型（由卡尔曼滤波状态方程和观测方程表述）及惯性测量单元噪声的统计假设，将观测数据映射到状态矢量空间，并依据最优控制理论以及卫导和惯导之间观测矩阵的耦合程度，最终形成适用于恶劣环境的多种组合导航模式[10-13]。

6.3.1　总体设计

为确保复杂环境下高可靠的多源信息融合解算结果，需充分发挥 GNC 微系统软硬件协同优势，实现导航、制导与控制系统整体性能的优化设计。GNC 微系统传感器种类不一，输出量覆盖了姿态、航向、速度、位置、高度和时间等多种导航状态变量。为确保载体运动状态改变时相应导航传感器的快速切换，需筛选出可用于导航的传感器与信号源，并对其工作原理和工作环境的适应性进行分析，研究其功能特征和性能指标，从而完成传感器信号特征的抽象建模，解决不同场景下传感器的自动选择、自适应失效切换等问题[14, 15]。

GNC 微系统多源信息融合总体架构主要包括底层驱动、信息处理以及智能管理等 3 部分。其中，底层驱动层主要用于接收导航传感器如 MEMS 陀螺仪、MEMS 加速度计、卫星导航、气压计、磁强计、红外传感器等信息；信息处理层主要用于对多源传感器信息进行归一化处理和信息融合解算，具体包括多源传感器特征抽象建模、多源信息融合挖掘与深度识别、多源分布式协同感知与时敏决策、多源自主导航完好性监测等；智能管理层主要结合任务场景、工作环境及载体动力学模型等，通过对环境自适应导航、信号源组合与优选、多源导航性能评估、自主在线动态重构等重点环节进行智能化管理，最终实现任务管理与监测、航迹在线规划等功能[16]。多源信息融合总体设计如图 6.3 所示。

6.3.2　信息融合核心模块设计

作为 GNC 微系统的核心器件，惯导模块不依赖外部信号源，具有抗干扰能力强、短时精度高等优势，但存在长时间误差累积等缺点；卫导模块具有实时性、多功能性和可移植性等特点，自主精度保持能力较强，但导航信号强度较弱、易受欺骗和干扰，同时难以穿透地下、水下、隧道等特殊场景。因此，以适当的方法将两者进行组合导航，实现优势互补。

本节重点阐述 GNC 微系统中惯性导航和卫星导航模块，同时深入分析多源自主导航信息融合方法，为微系统工程优化设计提供参考。

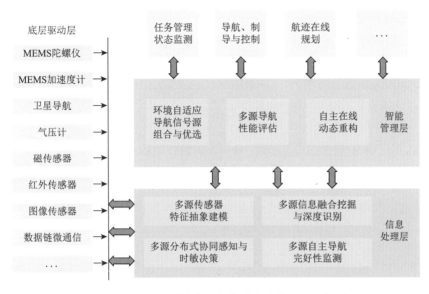

图 6.3　GNC 微系统多源信息融合总体设计示意图

1. 惯性导航

惯性导航模块通常根据捷联惯导系统 MEMS 陀螺仪和 MEMS 加速度计观测量（角速度和比力信息），选取惯导数学模型计算出载体的姿态、速度和位置等导航参数。具体可分为两步：一是利用陀螺仪测量载体相对于惯性坐标系的旋转角速度，计算得到载体坐标系至导航坐标系的姿态矩阵，并通过姿态微分方程实时更新姿态矩阵；二是将加速度计测量载体相对于惯性空间的加速度转换到导航坐标系，利用速度微分方程对有害加速度和重力加速度进行补偿，并通过积分运算得到速度分量等导航定位信息[17, 18]。惯性导航模块基本原理框图如图 6.4 所示。

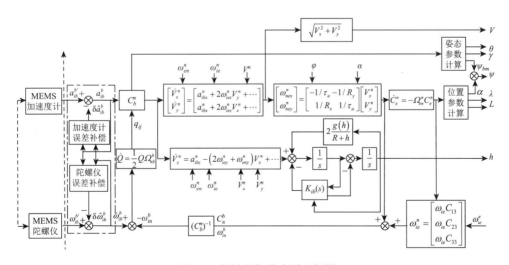

图 6.4　惯性导航基本原理框图

捷联惯导解算涉及姿态更新过程的四元数法、地球重力模型、不同坐标系转换、捷联矩阵更新、捷联惯导系统误差及量测方程迭代处理等，具体过程如下所述。

1）姿态更新

姿态更新四元数微分方程为

$$\dot{q}_b^n = \frac{1}{2}q_b^n\omega_{ib_q}^b - \frac{1}{2}\omega_{in_q}^n q_b^n \tag{6.22}$$

式中，q_b^n 为 GNC 微系统的姿态四元数；角标 b 为惯性坐标系；角标 n 为导航坐标系；$(V)_q$ 为向量 V 四元数表示形式，即 $\left([x \quad y \quad z]^T\right)_q = [0 \ x \ y \ z]^T$；$\omega_{ib}^b$ 为陀螺仪测得的载体坐标系相对惯性空间的角速度在载体系上的分量；ω_{in}^n 为陀螺仪测得的导航坐标系相对惯性空间的角速度在导航系上的分量，其计算方法为

$$\omega_{in}^n = \omega_{ie}^n + \omega_{en}^n \tag{6.23}$$

$$\omega_{ie}^n = [0 \quad \omega_{ie}\cos L \quad \omega_{ie}\sin L]^T \tag{6.24}$$

$$\omega_{en}^n = \left[-\frac{v_N^n}{R_M + h} \quad \frac{v_E^n}{R_N + h} \quad \frac{v_E^n}{R_N + h}\tan L\right]^T = F_C v^n \tag{6.25}$$

$$F_C = \begin{bmatrix} 0 & -\dfrac{1}{R_M + h} & 0 \\ \dfrac{1}{R_N + h} & 0 & 0 \\ \dfrac{1}{R_N + h}\tan L & 0 & 0 \end{bmatrix} \tag{6.26}$$

式中，ω_{ie} 为地球自转角速率；ω_{ie}^n 为地球自转角速率在导航系上的分量；ω_{en}^n 为陀螺仪测得的导航坐标系相对地球坐标系的角速度在导航系上的分量；L、λ 和 h 分别为纬度、经度和高度；$v^n = \left[v_E^n \ v_N^n \ v_U^n\right]^T$ 为捷联惯导在东北天（ENU）坐标系下的速度[5]；R_M 和 R_N 分别为载体所处地点的地球子午圈和卯酉圈曲率半径，其计算公式近似为

$$R_M \approx R_e(1 - 2e + 3e\sin^2 L) \tag{6.27}$$

$$R_N \approx R_e(1 + e\sin^2 L) \tag{6.28}$$

式中，R_e 为地球参考椭球的长半轴；e 为参考椭球的偏心率。

捷联惯导系统姿态更新过程中，采用四元数法只需求解 4 个微分方程即可，而若采用方向余弦矢量更新算法，则需要求解 9 个微分方程，且采用高阶积分算法才能保证精度，故本节采用四元数法进行捷联惯导系统姿态更新。

2）速度更新

速度更新微分方程为

$$\dot{v}^n = f_{sf}^n - \left(2\omega_{ie}^n + \omega_{en}^n\right) \times v^n + g^n \tag{6.29}$$

式中，$f_{sf}^n = C_b^n \cdot f_{sf}^b$；$g^n = \begin{bmatrix} 0 & 0 & -g_k \end{bmatrix}^T$；$f_{sf}^b$ 为加速度计输出的比力；C_b^n 为姿态转换矩阵（捷联矩阵）；g_k 为地球重力加速度，其表达式可近似写成

$$g_k = g_0 \left[1 + 0.00527094\sin^2 L + 0.0000232718\sin^4 L \right] - 0.000003086h \tag{6.30}$$

式中，$g_0 = 9.7803267714\text{m/s}^2$。

3）位置更新

位置更新微分方程为

$$\dot{C}_n^e = C_n^e \left(\omega_{en}^n \times \right) \tag{6.31}$$

$$\dot{h} = v_U^n \tag{6.32}$$

式中，C_n^e 为导航坐标系到地球坐标系的旋转矩阵。

2. 卫星导航

通常而言，卫星导航模块包括信号处理和信息解算两部分，不同卫星导航信号体制稍有不同，如中国 BDS、美国 GPS、欧盟 Galileo 等卫星导航系统采用码分多址的方式，而俄罗斯 GLONASS 卫星导航系统采用频分多址的方式，但其核心的信号处理过程如捕获、跟踪、比特同步、帧同步、信息解算等环节类似，宏观上可分为信号处理和信息解算两部分。

1）信号处理

GNSS 卫星导航信号处理模块主要包括天线与射频单元、基带数字信号处理单元。其中，天线与射频单元主要采用 GNSS 天线、低噪声放大器（low noise amplifier，LNA）和混频器实现射频信号到中频信号的频谱搬移和滤波采样，通过本地伪随机噪声码进行自相关运算及中频放大处理，最后将模拟信号经模拟数字转换器（analog to digital converter，ADC）转换成数字卫星导航信号。

基带信号处理单元首先采用 FPGA 对卫星导航信号进行并行捕获、跟踪、比特同步和帧同步。其次，运用数字中频中本地接收机下变频运算以及分段相关补零快速傅里叶变换（fast Fourier transform，FFT）算法捕获多模多频的 GNSS 信号，并利用载波同步实现动态信号的持续跟踪和多普勒频移测量值的精确估算，最后通过 GNSS 导航系统的空间信号接口控制文件（interface control document，ICD）完成卫星导航电文提取以及伪距、伪距率信息解算等。

作为基带数字中频信号处理的重要组成部分，信号捕获模块用于卫星扩频信号的码相位和载波多普勒频率的粗略估计，其结果将直接影响接收机的性能指标。常用的信号捕获方法包括线性滑动搜索、并行频率搜索、并行码相位搜索以及分段相关结合 FFT 捕获等。基于此，本节提出一种分段相关结合补零 FFT 快速捕获方法，可以显著提高卫星导航信号的捕获灵敏度。

（1）分段相关结合 FFT 捕获。

分段相关结合 FFT 捕获基本思路是将整个伪码划分为 R 个子段，并对每个子段进

行相干累积，再将 R 个相干累积结果补零（若 $R<S$）后进行 S 点 FFT 处理。S 点 FFT 运算的目的是对 S 路输入的相关值分别进行相位补偿以及相干累加，以全部或部分地抵消各个分段相关器之间的相位差，从而减小多普勒频移引起的信噪比损失。具体而言，当本地码与接收码相位不一致时，FFT 的 S 路输出结果均小于判决门限，需继续调整本地码相位；当本地码与接收码相位基本一致时，由于相位补偿的作用，FFT 的某一路输出结果会出现最大模值，该路对应的频率即输入信号的估计频偏，此时得到的码相位即输入信号的粗略码相位。卫星导航接收信号经过数字下变频后，得到基带信号为

$$r(k) = D(k)\text{PN}(k)e^{j(2\pi f_d kT_s - \theta)} \tag{6.33}$$

式中，$D(k)$ 为二进制调制信息（如比特信息或 Neumann-Hoffman 编码）；k 为基带信号 ADC 后量化的离散型序列；$\text{PN}(k)$ 为扩频码；f_d 为多普勒频偏；T_s 为 PN 码持续时间；θ 为信号相位。

将码片长度为 M 的基带信号平均分成 R 段，每段长度为 P，即 $P=M/R$。第 i 段 $(i=1,2,3,\cdots,R)$ 信号采样点与对应段的本地 PN 码进行相关运算，暂不考虑二进制调制信息影响的情况下，得到相关值

$$
\begin{aligned}
C(i) &= \sum_{k=(i-1)*P+1}^{i*P} \text{PN}(k)\text{PN}(k+\Delta)e^{j(2\pi f_d kT_s - \theta)} \\
&= \sum_{k=(i-1)*P+1}^{i*P} R(\Delta)e^{j(2\pi f_d kT_s - \theta)} \\
&= R(\Delta) \cdot e^{j(2\pi f_d (i-1)*P+1)T_s - \theta)} \frac{1-e^{j(2\pi f_d PT_s)}}{1-e^{j(2\pi f_d T_s)}}
\end{aligned} \tag{6.34}
$$

式中，$R(\cdot)$ 为 PN 码的自相关函数；Δ 为接收信号与本地 PN 码的码相位差。

（2）分段相关结合补零 FFT 捕获。

将 R 个相关值补 $S-R$ 个 0（若 $R<S$）后进行 S 点的 FFT 运算，得到 S 个 FFT 输出为

$$
\begin{aligned}
Z_c(m) + j*Z_s(m) &= \sum_{i=1}^{S} C(i)e^{-j\frac{2\pi}{S}im} = \sum_{i=1}^{R} C(i)e^{-j\frac{2\pi}{S}im} \\
&= \sum_{i=1}^{R} R(\Delta) \cdot \frac{1-e^{j(2\pi f_d PT_s)}}{1-e^{j(2\pi f_d T_s)}} \cdot e^{j\left(2\pi f_d((i-1)P+1)T_s - \frac{2\pi}{S}im - \theta\right)} \\
&= R(\Delta) \cdot \frac{1-e^{j(2\pi f_d PT_s)}}{1-e^{j(2\pi f_d T_s)}} \cdot e^{j(2\pi f_d(1-p)T_s - \theta)} \cdot \frac{1-e^{j2\pi R\left(f_d PT_s - \frac{m}{S}\right)}}{1-e^{j2\pi\left(f_d PT_s - \frac{m}{S}\right)}} \\
&= R(\Delta) \cdot e^{j(2\pi f_d(1-p)T_s - \theta)} \cdot \frac{1-e^{j(2\pi f_d PT_s)}}{1-e^{j(2\pi f_d T_s)}} \cdot \frac{1-e^{j2\pi R\left(f_d PT_s - \frac{m}{S}\right)}}{1-e^{j2\pi\left(f_d PT_s - \frac{m}{S}\right)}}, \quad m=1,2,\cdots,S
\end{aligned} \tag{6.35}
$$

对输出结果取模得

$$Z(m) = \left| Z_c^2(m) + Z_s^2(m) \right| = \left| R(\Delta) \cdot \mathrm{e}^{\mathrm{j}(2\pi f_d(1-p)T_s - \theta)} \cdot \frac{1 - \mathrm{e}^{\mathrm{j}(2\pi f_d P T_s)}}{1 - \mathrm{e}^{\mathrm{j}(2\pi f_d T_s)}} \cdot \frac{1 - \mathrm{e}^{\mathrm{j}2\pi R\left(f_d P T_s - \frac{m}{S}\right)}}{1 - \mathrm{e}^{\mathrm{j}2\pi\left(f_d P T_s - \frac{m}{S}\right)}} \right|^2$$

$$= \left| R(\Delta) \cdot \frac{\sin(\pi f_d P T_s)}{\sin(\pi f_d T_s)} \cdot \frac{\sin\left(\pi R\left(f_d P T_s - \frac{m}{S}\right)\right)}{\sin\left(\pi\left(f_d P T_s - \frac{m}{S}\right)\right)} \right|^2 \tag{6.36}$$

$$= R(\Delta)^2 \cdot \left| \frac{\sin\left(\frac{M}{R}\pi f_d T_s\right)}{\sin(\pi f_d T_s)} \right|^2 \cdot \left| \frac{\sin\left(\pi R\left(f_d \frac{M}{R} T_s - \frac{m}{S}\right)\right)}{\sin\left(\pi\left(f_d \frac{M}{R} T_s - \frac{m}{S}\right)\right)} \right|^2$$

当 PN 码相位未同步时，$R(\Delta) \approx 0$，FFT 输出的 S 个捕获检测量均不超过门限值，此时需调整本地码相位继续搜索；当 PN 码相位同步时，$R(\Delta) \approx 1$，相应的捕获检测量为

$$Z(m) = \left| \frac{\sin\left(\frac{M}{R}\pi f_d T_s\right)}{\sin(\pi f_d T_s)} \right|^2 \cdot \left| \frac{\sin\left(\pi R\left(f_d \frac{M}{R} T_s - \frac{m}{S}\right)\right)}{\sin\left(\pi\left(f_d \frac{M}{R} T_s - \frac{m}{S}\right)\right)} \right|^2 \tag{6.37}$$

式中，$Z(m)$ 为第 m 个 S 点的 FFT 运算序列，第一项为积分段内频偏造成的信噪比损失，与 m 值无关。第二项的大小随 m 变化，当 $\pi R\left(f_d \frac{M}{R} T_s - \frac{m}{S}\right) = 0$ 时，对应的 $m = \frac{M}{R}ST_s f_d$ 使第二项达到最大值，此时捕获判决量 $Z(m) \approx M^2$，且估计得到的多普勒频偏为 $f_d = \frac{mR}{SMT_s}$。

（3）优势对比分析。

一是相比于传统并行频率 FFT 快速捕获方法，分段相关结合补零 FFT 捕获方法由于补零的操作，降低了捕获检测量数值，增大了相邻多普勒频偏估计值。对于多普勒频率估计，分段相关补零 FFT 捕获方案相较于未补零的方案，提高了多普勒频偏的估计精度。二是并行频率 FFT 快速捕获方法直接进行 S 点 FFT 并行频率搜索，需要卫导接收机缓冲 S 个中频采样时钟数据，而采用分段相关结合补零 FFT 捕获方法时，可以将任意长度的数据（一般小于相干积分时间 T_{coh}）M 平均分成 R 段 $(R < S)$，然后再补 $S - R$ 个 0 进行 FFT 运算，能够缓冲远远大于 S 个中频采样数据，降低了接收机信号处理的计算复杂度。三是高动态环境下，接收机缓存了几毫秒数据，在 $40g$ 加速度和 $50g$ 加速度（高动态场景）情形下，多普勒频偏变化率为 2.060Hz/ms，而数据处理在毫秒级下即可完成，多普勒频偏估计误差仍处于载波环和码环的牵引范围之内，所以 GNC 微处理器的数据处理时间在高动态运行中可以忽略不计。

特别指出，对于不同的卫星导航系统，例如，BDS、GPS、Galileo 或者 GLONASS，可以通过本地伪随机码生成的伪码信息自相关运算进行 GNSS 类型识别。对于同一个卫

星导航系统，本地接收机终端可以通过多个 IF 信号 ADC 数据采样进行多通道复用控制实现并行信号的捕获及跟踪。本节以单北斗系统数字基带处理单元的 12 通道为例，卫星导航多通道基带数字信号处理原理框图如图 6.5 所示。

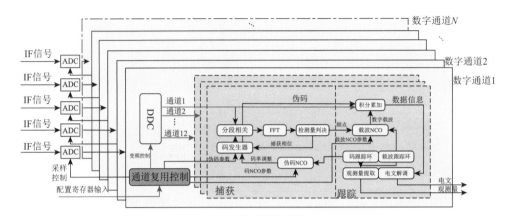

图 6.5　北斗卫星导航多通道基带数字信号处理原理框图

2）信息解算

信息解算单元首先采用双精度 DSP 进行浮点数据运算，通过复杂可编程逻辑器件（complex programmable logic device，CPLD）实现信号处理、存储单元配置等。其次，利用内部不同函数单元进行中断触发，并根据不同导航系统的 ICD 文件对卫星导航坐标系下空间位置和运行速度、多普勒频偏进行估计，最终完成信息融合解算操作。

GNSS 卫星导航信息解算基本原理框图如图 6.6 所示。

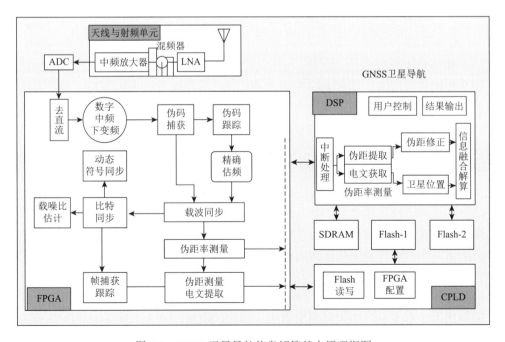

图 6.6　GNSS 卫星导航信息解算基本原理框图

为减少 GNC 微系统计算量，同时兼具几何精度因子定位性能，卫星导航信息解算采用牛顿恒等式的快速选星算法[19]，可分为导航星历提取模块、卫星信息计算模块、预测可见卫星模块、失锁重捕模块、搜星切换模块、北斗快速选星模块、卡尔曼滤波解算模块和输出显示模块。

以北斗卫星导航为例，导航星历提取模块用于接收北斗信号处理单元中导航电文提取模块的比特流导航信息，并根据北斗 ICD 文件提取接收机捕获跟踪上的北斗卫星导航星历，从而获取北斗卫星开普勒轨道参数和伪距、伪距率量测值。基本功用如下所述。

（1）卫星信息计算模块连接至预测可见卫星模块，用于计算接收机捕获跟踪上的卫星在北斗坐标系 CGCS2000 下的卫星空间位置和运行速度信息。

（2）预测可见卫星模块根据接收机预先存储的本地位置和星历信息，可进行预测目前接收机可见卫星的伪随机噪声码（pseudo random noise code，PRN）和位置，利于接收机通道直接捕获可见卫星，节省接收机冷启动时间。

（3）预测可见卫星模块连接至失锁重捕模块，其中失锁重捕模块用于在接收机遇到信号遮挡或者经过隧道等信号丢失情况下，能够直接重新捕获失锁前的卫星信号，避免循环搜索下一颗卫星，进一步节约接收机捕获跟踪可见卫星信号的时间。

（4）失锁重捕模块连接至搜星切换模块，其中搜星切换模块用于接收机捕获特定 PRN 号卫星失败时，证明此时接收机可见卫星中并没有特定 PRN 号，可通过搜星切换模块切换到下一号 PRN 卫星，进行重新捕获。

（5）搜星切换模块连接至北斗快速选星模块，其中北斗快速选星模块用于接收机从众多的北斗可见卫星中选择特定数量的可见卫星进行接收机定位解算，通过确定数量的北斗可见卫星，能够节约接收机信息解算单元的程序空间，并降低接收机信息解算单元的计算复杂度，提高接收机定位解算效率。

（6）北斗快速选星模块中确定数量的北斗可见卫星数量是 7 颗或者 8 颗或者 9 颗，根据接收机实际性能进行确定。

（7）北斗快速选星模块连接至卡尔曼滤波解算模块，其中卡尔曼滤波解算模块利用北斗快速选星模块选择的北斗可见卫星，提取出北斗卫星的空间位置和运动速度信息，同时结合相应的伪距、伪距率信息，通过卡尔曼滤波法进行接收机定位解算，从而获取接收机的本地位置、速度、接收机钟差和接收机钟漂信息。

（8）卡尔曼滤波解算模块连接至输出显示模块，其中输出显示模块可输出卡尔曼滤波解算模块计算出的接收机本地位置、速度、接收机钟差和接收机钟漂信息。卫星导航信息解算基本原理框图如图 6.7 所示。

3. 多源自主导航

GNC 微系统惯性导航、卫星导航、磁强计、气压计、图像传感器等多源自主导航时，卫导信号处理相关器输出 I、Q 信号，通过量测估计出码相位误差 $\delta\tau$、载波频率误差 f_e 和载波相位误差 Φ_e，结合惯导、磁强计、气压计及图像传感器等观测方程，实现多源自主导航滤波器的最优估计以及姿态、速度和位置等结果输出[20]。

多源自主导航信息融合基本原理框图如图 6.8 所示。

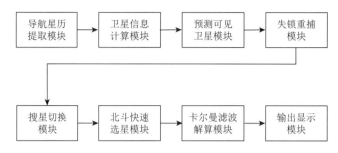

图 6.7 卫星导航信息解算基本原理框图

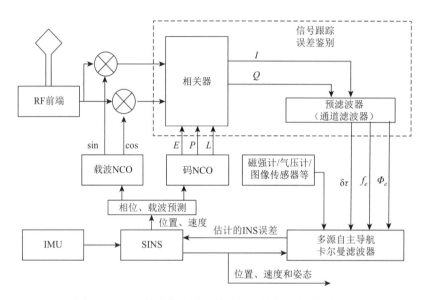

图 6.8 GNC 微系统卫导与惯导组合导航基本原理框图

1）模式分类

根据惯导和卫导之间观测矩阵（伪距和伪距率等）的耦合程度，通常可分为松组合、紧组合和深组合等 3 种模式，具体如下所述。

（1）松组合直接利用卫导模块输出的位置和速度与惯导模块进行组合，并通过组合导航解算结果对系统状态方程的长时间导航积累误差进行在线修正。

（2）紧组合从卫导模块中提取原始的伪距和伪距率信息，通过观测卫星的星历数据，将惯导的累积误差映射成用户至卫星的视距误差，并根据伪距和伪距率残差观测方程进行滤波解算，并对系统状态方程误差进行在线估计和修正。

（3）深组合是在紧组合的基础上，将惯导传感测量值反馈给卫导模块的信号跟踪环路，辅助卫导更好地跟踪卫星信号的载波相位（或频率）和码相位，从而减少卫导基带数字信号处理的环路噪声，显著提升系统的精度和抗干扰能力。

相较于松组合，紧组合在可见卫星数目较低时，其组合导航扩展卡尔曼滤波器仍可进行状态及量测更新，从而抑制卫导惯导组合导航系统误差状态的积累，因此紧组合更适合城市、峡谷等可见卫星较少的区域。而深组合是在紧组合的基础上，通过减小信号跟踪环路的滤波带宽，从而进一步提高信噪比，并在卫星信号失锁后，辅助信号处理电路更快地重锁信号。整体上，松组合和紧组合模式的共同点是均使用卫星导航辅助惯导系统，限制其误差积累，同时其微处理器计算量较小，易于工程实现。

2）松组合导航模式

松组合是一种相对简单的 SINS/GNSS/磁强计/气压计/图像传感器等多源自主导航模式。该种方式下，SINS 和 GNSS 各自独立工作，并将各自的姿态、速度或位置等信息输出至多源自主导航扩展卡尔曼滤波器中，经过误差协方差矩阵估计、卡尔曼滤波增益计算以及信息融合最优估计，最后反馈校正组合导航状态矩阵方程。该方式能够提供比单独 GNSS 或 SINS 更平滑、更高精度的导航结果。SINS/GNSS/磁强计/气压计/图像传感器等多源自主导航松组合模式基本原理框图如图 6.9 所示。

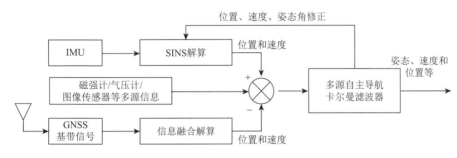

图 6.9　多源自主导航松组合模式基本原理框图

GNC 微系统多源自主导航松组合模式中，直接利用 GNSS 接收机得到的位置、速度，磁强计/气压计/图像传感器等信息，SINS 解算出的位置、速度之差作为卡尔曼滤波器的输入，卡尔曼滤波器的输出结果反馈校正系统状态方程，且陀螺仪和加速度计漂移误差的校正在 SINS 中进行，而位置和速度信息直接对 SINS 解算结果进行校正。

3）紧组合导航模式

紧组合是一种相对复杂的多源自主导航方式。该模式下，GNSS 将其原始的伪距、伪距率信息提供给多源自主导航卡尔曼滤波器，并与 SINS 惯导伪距、伪距率信息，以及磁强计/气压计/图像传感器等外源传感器信息，进行多源信息融合解算，结果将优于观测量为速度和位置等信息的松组合模式。紧组合模式基本原理框图如图 6.10 所示。

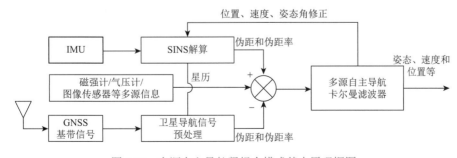

图 6.10　多源自主导航紧组合模式基本原理框图

紧组合多源自主导航系统主要由 SINS 子系统、GNSS 子系统和卡尔曼滤波器等 3 部分组成。首先，SINS 子系统中解算模块接收 IMU 输出的比力和角速率信息，产生 SINS 的导航输出信息，即位置和速度，并结合 GNSS 接收机产生的星历可以计算出 SINS 的伪距和伪距率；其次，将 SINS 的伪距和伪距率与 GNSS 接收机的伪距和伪距率之差作为卡尔曼滤波器的输入，同时结合磁强计/气压计/图像传感器等观测信息，得到 SINS 的状态误差估计最优值；最后，将状态误差估计值中的陀螺仪漂移和加速度计偏置反馈给 SINS 对其进行校正，再将状态误差估计值中的位置和速度误差对 SINS 解算后的位置和速度信息进行校正，输出即紧组合模式下的多源自主导航结果。

4）深组合导航模式

松组合和紧组合能够有效提高多源自主导航结果的精度和可靠性，并且也能通过组合导航完好性监测算法检测出传感器故障测量值，但难以提高 GNSS 接收机跟踪可见卫星信号的灵敏度和 GNSS 测量值的信号精度。深组合又称超紧组合，是将 SINS 测量值反馈给 GNSS 接收机的信号跟踪环路，从而帮助 GNSS 更好地跟踪卫星信号的载波相位（或频率）和码相位的定位方式[21, 22]。

深组合导航一般在紧组合的基础上，将 SINS 子系统的短时高精度定位、定速结果传递给 GNSS 基带信号跟踪环路，可以使接收机实时地掌握载体的最新运动状态，从而准确地预测将要接收到的卫星信号的载波相位和码相位，其基本原理框图如图 6.11 所示。

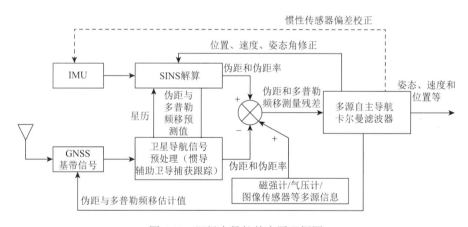

图 6.11 深组合导航基本原理框图

由于上述反馈信息准确地反映了用户当前的运动状况，所以 GNSS 基带信号处理单元可以相应地减小信号跟踪环路的滤波带宽，从而降低了环路跟踪噪声，提高信噪比。相比之下，松紧组合信号跟踪环路则需维持一个较大的滤波带宽，才能保证用户运动状态突然改变时，仍能够有效跟踪、锁定卫星信号。而深组合导航的优势在于一旦 GNSS 接收机对卫星信号失锁后，能够更准确、更快速地辅助接收机重补 GNSS 导航信号。

特别指出，深组合需要读写 GNSS 接收机内部信号跟踪环路软件的相关变量，而非接收机生产商通常难以对接收机成品中的信号跟踪环路做任何调整。因此，只有接收机生产商才有可能为了提高接收机性能，去实现 GNSS 与 SINS 的深组合导航。然而，松紧组合方式却不同。由于 GNSS 接收机的输出一般包括用户位置、速度甚至是其相应的误差均方差值，因此，只要确保接收机与 SINS 两个子系统的输出结果在时间上相同步且数值上相匹配，即向公众开放松组合导航。如果接收机还输出多种 GNSS 测量值乃其相应的误差均方差，就为实现紧组合提供了必要条件。

6.3.3　信息融合优化设计

GNC 微系统通过融合多源导航信号可以改进导航定位可靠性，但需要合理恰当地选择传感器。在应用环境变化（如开阔野外环境进入城市峡谷环境、室外到室内、地上到地下等）或载体运动状态发生变化（如匀速飞行变为降落滑行）时，系统应根据各传感器的输出特性感知到这种变化，并从滤波器中去掉已失效的导航信号源，引入新的有效导航信号源，重构导航滤波解算系统。为此，本节提出一种基于载噪比噪声矩阵的信息融合优化方法，该方法基于传统的扩展卡尔曼滤波（extended Kalman filter，EKF）。首先，通过高频率捷联惯导系统姿态速度位置更新、磁强计磁航向角和卫导系统新息量测，结合多源自主导航接收机所跟踪的各个可见卫星仰角和导航信号载噪比信息，实时自适应调整卡尔曼滤波器观测噪声矩阵。其次，通过更新捷联惯导系统和卫导系统伪距、伪距率量测值、磁强计磁航向角量测，实时处理卡尔曼滤波器状态方程和误差估计协方差矩阵。最后，通过多源信息融合反馈校正惯性器件量测误差，解决多源信息融合在多种应用场景下的自适应切换和自主重构等问题[23-27]。

1. 系统状态方程

基于载噪比信号观测矩阵的多源信息融合算法中，卫导系统状态方程采用紧组合导航系统通常选取的伪距和伪距率作为量测信息，并选取两个与时间有关的误差作为系统状态量，具体如下所述。

组合导航接收机时钟误差等效距离误差 b_{clk}，即时钟误差与光速的乘积。

组合导航接收机时钟频漂等效距离误差 f_{clk}，即时钟频率误差与光速的乘积，则卫星导航系统的误差状态方程为

$$\dot{b}_{clk} = f_{clk} + \omega_b \tag{6.38}$$

$$\dot{f}_{clk} = -\frac{1}{T_{clk}} f_{clk} + \omega_f \tag{6.39}$$

式中，ω_b 为 GNSS 接收机钟噪声；ω_f 为 GNSS 接收机频漂噪声；T_{clk} 为时间相关常数。矩阵表达式为

$$\dot{X}_G = F_G X_G + G_G W_G \tag{6.40}$$

式中，X_G 为系统状态矩阵，且 $X_G = \begin{bmatrix} b_{clk} & f_{clk} \end{bmatrix}^{\mathrm{T}}$，其他含义为

$$F_G = \begin{bmatrix} 0 & 1 \\ 0 & -\dfrac{1}{T_{clk}} \end{bmatrix} \tag{6.41}$$

$$G_G = I_2 \tag{6.42}$$

$$W_G = \begin{bmatrix} \omega_b & \omega_f \end{bmatrix}^{\mathrm{T}} \tag{6.43}$$

式中，I_2 代表 2 维单位向量。

将捷联惯导系统误差状态方程与 GNSS 误差状态方程合并，得到卫导与惯导多源自主导航融合系统状态方程为

$$\begin{bmatrix} \dot{X}_I \\ \dot{X}_G \end{bmatrix} = \begin{bmatrix} F_I & O \\ O & F_G \end{bmatrix} \begin{bmatrix} \dot{X}_I \\ \dot{X}_G \end{bmatrix} + \begin{bmatrix} G_I & O \\ O & G_G \end{bmatrix} \begin{bmatrix} W_I \\ W_G \end{bmatrix} \tag{6.44}$$

即

$$\dot{X}_t = F_t X_t + G_t W_t \tag{6.45}$$

式中，X_t 为多源自主导航系统状态矩阵，且 $X_t = \begin{bmatrix} X_I & X_G \end{bmatrix}$；$F_t$ 为状态转移矩阵；G_t 为噪声转移矩阵；W_t 为噪声矩阵。X_t 可表示为

$$X_t = [X_I \ X_G] = \begin{bmatrix} \varphi & \delta v^n & \delta p & \varepsilon^b & \nabla^b & b_{clk} & f_{clk} \end{bmatrix}^{\mathrm{T}} \tag{6.46}$$

式中，$X_I = \begin{bmatrix} \varphi & \delta v^n & \delta p & \varepsilon^b & \nabla^b \end{bmatrix}^{\mathrm{T}}$，具体见表 6.1。

表 6.1 状态误差方程含义对照表

符号	元素索引	具体含义
$\varphi = [\varphi_E \ \varphi_N \ \varphi_U]^{\mathrm{T}}$	1～3	姿态误差（导航坐标系）
$\delta v^n = \begin{bmatrix} \delta v_E^n & \delta v_N^n & \delta v_U^n \end{bmatrix}^{\mathrm{T}}$	4～6	速度误差（导航坐标系）
$\delta p = \begin{bmatrix} \delta L & \delta \lambda & \delta h \end{bmatrix}^{\mathrm{T}}$	7～9	位置误差（大地坐标系）
$\varepsilon^b = \begin{bmatrix} \varepsilon_x^b & \varepsilon_y^b & \varepsilon_z^b \end{bmatrix}^{\mathrm{T}}$	10～12	陀螺仪零偏（载体坐标系）
$\nabla^b = \begin{bmatrix} \nabla_x^b & \nabla_y^b & \nabla_z^b \end{bmatrix}^{\mathrm{T}}$	13～15	加速度计零偏（载体坐标系）

基于载噪比噪声矩阵的信息融合算法中，将惯导解算出的伪距和伪距率与卫导解算得到的伪距和伪距率之差作为量测观测矩阵，具体包括伪距量测方程以及伪距率量测方程。

2. 伪距量测方程

在卫星导航坐标系中，假设载体的真实位置为 (x,y,z)，捷联惯导通过姿态速度和位置更新后得到载体位置为 (x_I, y_I, z_I)，通过导航星历开普勒轨道参数获取的第 i 颗卫星位置为 (x_s^i, y_s^i, z_s^i)。则通过 SINS 推算得到的载体到卫星 S_i 的距离 ρ_{Ii} 计算公式为

$$\rho_{Ii} = \sqrt{\left(x_I - x_s^i\right)^2 + \left(y_I - y_s^i\right)^2 + \left(z_I - z_s^i\right)^2} \tag{6.47}$$

运动载体到卫星 S_i 的距离 r_i 为

$$r_i = \sqrt{\left(x - x_s^i\right)^2 + \left(y - y_s^i\right)^2 + \left(z - z_s^i\right)^2} \tag{6.48}$$

将式（6.47）在 (x, y, z) 处进行 Taylor 一阶展开，可得

$$\rho_{Ii} = r_i + \frac{x_I - x_s^i}{r_i}\delta x + \frac{y_I - y_s^i}{r_i}\delta y + \frac{z_I - z_s^i}{r_i}\delta z \tag{6.49}$$

令 $\dfrac{x_I - x_s^i}{r_i} = l_i, \dfrac{y_I - y_s^i}{r_i} = m_i, \dfrac{z_I - z_s^i}{r_i} = n_i$ 为运动载体到卫星 S_i 的方向余弦向量,并将其代

入式(6.49),得到

$$\rho_{Ii} = r_i + l_i\delta x + m_i\delta y + n_i\delta z \tag{6.50}$$

卫星导航接收机量测得到的伪距 ρ_{Gi} 为

$$\rho_{Gi} = r_i + b_{clk} + \vartheta_{\rho_i} \tag{6.51}$$

将式(6.50)和式(6.51)作差即可得到组合导航系统第 i 颗伪距量测方程:

$$\delta\rho_i = \rho_{Ii} - \rho_{Gi} = l_i\delta x + m_i\delta y + n_i\delta z - b_{clk} - \vartheta_{\rho_i} \tag{6.52}$$

在实际导航过程中,根据 GNSS 接收机跟踪的可见卫星数据选择用于解算的观测矩阵。假如跟踪上 N 颗可见卫星,即 $i = 1, 2, 3, \cdots, N$,则伪距量测方程为

$$\delta\rho = \begin{bmatrix} l_1 & m_1 & n_1 & -1 \\ l_2 & m_2 & n_2 & -1 \\ & & \vdots & \\ l_N & m_N & n_N & -1 \end{bmatrix} \begin{bmatrix} \delta x \\ \delta y \\ \delta z \\ b_{clk} \end{bmatrix} - \begin{bmatrix} \vartheta_{\rho_1} \\ \vartheta_{\rho_2} \\ \vdots \\ \vartheta_{\rho_N} \end{bmatrix} \tag{6.53}$$

式(6.53)中的建模采用了地心地固坐标系,而 GNC 微系统应用中常采用导航坐标系(大地坐标系 L、λ、h 分别为纬度、经度和高程),则需要将式(6.53)中的位置误差转换到大地坐标系中。两个坐标系之间的转换关系 C_e^n 为

$$C_e^n = \begin{bmatrix} -\sin\lambda & \cos\lambda & 0 \\ -\sin L\cos\lambda & -\sin L\sin\lambda & \cos L \\ \cos L\cos\lambda & \cos L\sin\lambda & \sin L \end{bmatrix} \tag{6.54}$$

式中,坐标变换矩阵是单位正交矩阵,即 $\left(C_e^n\right)^{-1} = \left(C_e^n\right)^{\mathrm{T}}$,而且无论从 ECEF 坐标系到大地坐标系,抑或反之,卫星观测矢量长度始终保持不变,即

$$x = (R + h)\cos\lambda\cos L \tag{6.55}$$

$$y = (R + h)\sin\lambda\cos L \tag{6.56}$$

$$z = \left(R(1 - e^2) + h\right)\sin L \tag{6.57}$$

对式(6.55)~式(6.57)取微分,则

$$\delta x = -(R + h)\cos\lambda\sin L\delta L - (R + h)\cos L\sin\lambda\delta\lambda + \cos L\cos\lambda\delta h \tag{6.58}$$

$$\delta y = -(R + h)\sin\lambda\sin L\delta L + (R + h)\cos L\cos\lambda\delta\lambda + \cos L\sin\lambda\delta h \tag{6.59}$$

$$\delta z = \left(R(1 - e^2) + h\right)\cos L\delta L + \sin L\delta h \tag{6.60}$$

将式(6.58)~式(6.60)代入伪距量测方程,得到

$$Z_\rho = H_\rho X_t + V_\rho \tag{6.61}$$

$$H_\rho = \begin{bmatrix} O_{N\times 6} & H_{\rho 1} & O_{N\times 6} & H_{\rho 2} \end{bmatrix} \tag{6.62}$$

式中，V_ρ 为 N 行 1 列的观测噪声矩阵；Z_ρ 为观测矩阵。式（6.62）中，$O_{N\times6}$ 代表 N 行 6 列的全 0 矩阵，并严格与系统状态方程式对应，$H_{\rho1}$、$H_{\rho2}$ 具体含义为

$$H_{\rho1} = \begin{bmatrix} l_1 & m_1 & n_1 \\ l_2 & m_2 & n_2 \\ \vdots & \vdots & \vdots \\ l_N & m_N & n_N \end{bmatrix} C_c^e \tag{6.63}$$

$$C_c^e = \begin{bmatrix} -(R+h)\cos\lambda\sin L & -(R+h)\cos L\sin\lambda & \cos L\cos\lambda \\ -(R+h)\sin\lambda\sin L & (R+h)\cos L\cos\lambda & \cos L\sin\lambda \\ \left(R(1-e^2)+h\right) & 0 & \sin L \end{bmatrix} \tag{6.64}$$

$$H_{\rho2} = \begin{bmatrix} -1 & 0 \\ \vdots & \vdots \\ -1 & 0 \end{bmatrix} \tag{6.65}$$

3. 伪距率量测方程

SINS 与卫星 S_i 之间的伪距率，在地心地固坐标系下可表示为

$$\dot{\rho}_{Ii} = l_i\left(\dot{x}_I - \dot{x}_s^i\right) + m_i\left(\dot{y}_I - \dot{y}_s^i\right) + n_i\left(\dot{z}_I - \dot{z}_s^i\right) \tag{6.66}$$

SINS 输出的速度等于真实速度值与误差之和，式（6.66）可表示为

$$\dot{\rho}_{Ii} = l_i\left(\dot{x} - \dot{x}_s^i\right) + m_i\left(\dot{y} - \dot{y}_s^i\right) + n_i\left(\dot{z} - \dot{z}_s^i\right) + l_i\delta\dot{x} + m_i\delta\dot{y} + n_i\delta\dot{z} \tag{6.67}$$

GNSS 输出的伪距率可表示为

$$\dot{\rho}_{Gi} = l_i\left(\dot{x} - \dot{x}_s^i\right) + m_i\left(\dot{y} - \dot{y}_s^i\right) + n_i\left(\dot{z} - \dot{z}_s^i\right) + f_{clk} + \vartheta_{\dot{\rho}_i} \tag{6.68}$$

将式（6.67）和式（6.68）作差，得到多源自主导航第 i 颗可见卫星的伪距率方程：

$$\delta\dot{\rho}_i = \dot{\rho}_{Ii} - \dot{\rho}_{Gi} = l_i\delta\dot{x} + m_i\delta\dot{y} + n_i\delta\dot{z} - f_{clk} - \vartheta_{\dot{\rho}_i} \tag{6.69}$$

在实际导航过程中，根据接收机跟踪上的可见卫星数据选择观测矩阵。假如 GNSS 在某一时刻同时跟踪 N 颗卫星，即 $i = 1,2,3,\cdots,N$，则伪距率量测方程为

$$\delta\dot{\rho} = \begin{bmatrix} l_1 & m_1 & n_1 & -1 \\ l_2 & m_2 & n_2 & -1 \\ & & \vdots & \\ l_N & m_N & n_N & -1 \end{bmatrix} \begin{bmatrix} \delta\dot{x} \\ \delta\dot{y} \\ \delta\dot{z} \\ f_{clk} \end{bmatrix} - \begin{bmatrix} \vartheta_{\dot{\rho}_1} \\ \vartheta_{\dot{\rho}_2} \\ \vdots \\ \vartheta_{\dot{\rho}_N} \end{bmatrix} \tag{6.70}$$

将地心地固坐标系中的速度转换到地理系中，则伪距率量测方程为

$$Z_{\dot{\rho}} = H_{\dot{\rho}} X_t + V_{\dot{\rho}} \tag{6.71}$$

$$H_{\dot{\rho}} = \begin{bmatrix} O_{N\times3} & H_{\dot{\rho}1} & O_{N\times9} & H_{\dot{\rho}2} \end{bmatrix} \tag{6.72}$$

式中，$H_{\dot{\rho}1}$、$H_{\dot{\rho}2}$ 具体含义如下：

$$H_{\dot{\rho}1} = \begin{bmatrix} l_1 & m_1 & n_1 \\ l_2 & m_2 & n_2 \\ \vdots & \vdots & \vdots \\ l_N & m_N & n_N \end{bmatrix} C_t^e \tag{6.73}$$

$$C_t^e = \begin{bmatrix} -\sin\lambda & -\sin L\cos\lambda & \cos L\cos\lambda \\ \cos\lambda & -\sin L\sin\lambda & \cos L\sin\lambda \\ 0 & \cos L & \sin L \end{bmatrix} \tag{6.74}$$

$$H_{\dot{\rho}2} = \begin{bmatrix} 0 & -1 \\ \vdots & \vdots \\ 0 & -1 \end{bmatrix} \tag{6.75}$$

4. 航向角量测方程

GNC 微系统多源自主导航过程中，不同传感器能够获得相应的观测方程信息，以磁强计为例，通过磁强计测量的磁场信息能够得到航向角 ψ，取 SINS 解算所得航向角 ψ_I 与 ψ 之差作为观测量，则有航向角观测方程：

$$\Psi_\Delta = \psi_I - \psi \tag{6.76}$$

将伪距量测方程与伪距率量测方程联立，可得到多源自主导航量测方程为

$$Z_t = \begin{bmatrix} H_\rho \\ H_{\dot{\rho}} \\ \Psi_\Delta \end{bmatrix} X_t + \begin{bmatrix} V_\rho \\ V_{\dot{\rho}} \\ V_\psi \end{bmatrix} = H_t X_t + V_t \tag{6.77}$$

GNSS 信号受到干扰时，会影响信号处理过程中的捕获和跟踪，导致获取导航信号的信噪比急剧下降，同时码跟踪过程受到影响，进而导致获取的伪距误差增大。为此，当 GNSS 导航信号受到干扰后，基于载噪比噪声矩阵的信息融合优化方法通过自适应调整测量噪声协方差矩阵，利用载噪比信号观测矩阵进行误差权重分配，能够快速识别出受干扰卫星，并降低其对整个观测矩阵量测方程的影响，能够有效减少外界干扰对 SINS/GNSS/磁强计/气压计等导航系统的影响，基于载噪比噪声矩阵的自适应信息量测权重定义为

$$R = \begin{bmatrix} \dfrac{1}{\sin\left(el_1^2\right)\cdot\sin\left(\dfrac{(C/N_0)_1}{\mathrm{Refer}CN_0}\cdot\dfrac{\pi}{2}\right)} & & \\ & \ddots & \\ & & \sin\left(el_N^2\right)\cdot\sin\dfrac{(C/N_0)_N}{\mathrm{Refer}CN_0}\cdot\dfrac{\pi}{2} \end{bmatrix} \tag{6.78}$$

式中，R 为多源自主导航系统量测噪声矩阵；$el_i^2(i=1,2,\cdots,N)$ 代表第 i 颗可见卫星仰角

的平方；$ReferCN_0$ 代表自主导航微系统参考载噪比；$(C/N_0)_i(i=1,2,\cdots,N)$ 代表第 i 颗可见卫星仰角的载噪比。

综上所述，基于载噪比噪声矩阵的信息融合优化方法主要采用 EKF 机制。由于 EKF 对非线性系统的状态转移矩阵和量测矩阵进行了一阶线性近似处理（即雅可比矩阵），并认为 $k-1$ 时刻的参考状态可取得最优估计值，所以 EKF 滤波求解是非线性估计问题的一种近似方法，或称为次优滤波方法。通常情况下，EKF 滤波对状态初值的选取敏感，特别当系统的非线性较为明显或者存在多个极值点时，如果初值选取不当可能会导致滤波收敛缓慢，甚至引起滤波发散，导致多源自主导航系统滤波器难以得到正确的状态估计值。

6.3.4　信息融合设计要点

1. GNC 微系统信号处理过程设计要点

（1）利用导航滤波器校正后的 SINS 位置、速度信息与 GNSS 导航电文解码后的卫星参数，求取本地微系统终端与跟踪导航卫星之间的径向多普勒频率，并对 GNSS 基带数字信号的码环、载波环提供辅助，以减少甚至消除载体动态变化对跟踪环路的影响，综合提高跟踪环的动态跟踪性能。当跟踪环失锁后，可利用 SINS 提供的预定位信息，提高 GNSS 信号重捕效率。

（2）微系统终端基带数字信号处理过程中，在相同的环路滤波器带宽等边界条件下，载波跟踪环的抖动噪声相比于码跟踪环的抖动噪声，相差 3 个数量级左右。因此，在较高动态或复杂场景环境下，采用载波环辅助码环的方式，并由载波跟踪环提供精确的多普勒频移，可有效滤除码跟踪环的动态。码环比载波环具有更强的抗干扰能力，且采用非相干码相位鉴别器时，可在载波相位未锁定（只需载波频率误差保持在一定范围内）的情况下继续工作，因而当锁相环锁定检测器指示载波环失锁后，直接利用 SINS 提供的多普勒估计信息对码环进行辅助，进而扩大系统的抗干扰能力。

（3）跟踪环的环路带宽是平衡微系统 GNSS 模块动态性能和抗干扰性能的主要参数。为使跟踪环在信号受干扰时仍能保持较佳的跟踪状态，应根据微系统检测到的 GNSS 信号载噪比实时自适应地调节环路带宽。

2. GNC 微系统信息融合过程设计要点

（1）GNC 微系统包括 SINS、GNSS、磁强计、气压计、图像传感器等多源传感器，信息融合过程中，惯导模块涉及陀螺仪和加速度计原始测量值处理、测量误差估计、姿态、速度和位置迭代更新等内容；GNSS 模块包括 BDS、GPS、Galileo、GLONASS 等多模卫星导航系统，其信息解算过程中涉及导航电文提取、可见卫星空间位置速度计算、伪距和伪距率提取、地球自转旋转修正等部分；磁强计模块涉及横滚俯仰角解算、误差建模以及磁航向标定等计算；气压计涉及高程气压信息拟合等方面；图像传感器涉及视觉匹配、回环检测、稠密建图等步骤。

（2）多源信息融合过程涉及状态方程设计、载噪比信息估计、扩展卡尔曼主滤波器设计、量测方程设计、过程噪声和量测噪声矩阵估计等环节。系统状态方程的初值估计是 GNC 微系统信息融合较为关键的部分，可采用传统最小二乘法进行系统初值和误差协方差矩阵初步估计，并基于载噪比噪声矩阵的信息融合优化方法，进行系统状态方程和观测方程的迭代更新，能有效提高系统的整体收敛效率。

3. GNC 微系统实际工程设计需注意的问题

（1）GNC 微系统采用 SINS 与 GNSS 之间推荐硬件 PPS 同步方式，否则采用NMEA0183 等软协议，串口传输可能存在不固定的延时，尤其在高动态或者其他复杂场景下，容易引起额外的误差，甚至导致 GNSS 信号失锁。

（2）GNC 微系统中微陀螺仪和微加速度计的原始数据采集、传输和存储通常采用 I2C协议，且要求无误码，建议依据累积增量的数据格式输出，可有效避免偶然的传输误码。目前，国产化较高精度的 MEMS 陀螺仪（零偏稳定性优于 5°/h）和 MEMS 加速度计（零偏稳定性优于 100μg）通常采用单片单轴的封装形式，因此，在导航坐标系下，航空航天和军事装备等领域常选择 3 轴惯性传感器进行信息融合解算，并考虑多轴时间同步性和正交耦合性等问题。

（3）GNC 微系统的多源自主导航性能大部分归功于较高精度的 IMU 标定，反之会引起后续动态环境下导航的诸多问题，尤其是高动态场景下，需对惯性传感器的误差标定提出更高要求，否则易发生失锁甚至发散等现象。

6.4　GNC 微系统控制设计

在控制系统设计时，GNC 微系统首先根据其应用场景、工作环境或载体动力学特征等进行总体架构、软硬件、即插即用设计，并通过惯性传感器、卫星导航模块、微处理器等核心器件对内部功能模块分配、处理器及中断时序优化等方面进行内部改良，从而提高多源信息融合解算效率，并为控制回路提供过程反馈校正的输入参数。本节从典型载体的角度出发，梳理机载/星载/弹载 GNC 微系统主要控制回路，重点阐述核心控制模块设计思路，为微系统工程设计提供参考。

6.4.1　机载 GNC 微系统控制设计

作为微小型无人机的"大脑"，GNC 微系统控制模块占有重要地位[28-30]。本节重点阐述无人机舵回路、稳定回路和控制回路以及核心控制器的设计方法及要点。

1. 核心回路设计

1）微小型无人机舵回路设计

舵回路（或称伺服系统）是无人机飞行控制系统的核心。它按照飞控指令或敏感元件输出的电信号去操纵舵面，进而实现飞行器角运动或线运动的稳定控制。舵回路一般由舵机、放大器及反馈元件等 3 部分组成，如图 6.12 所示。

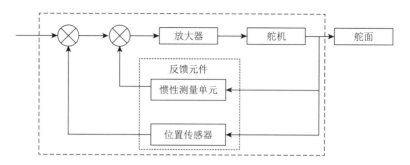

图 6.12　微小型无人机舵回路基本原理框图

舵回路为改善舵机的性能，常引入内反馈，形成随动系统。具体而言，惯性测量单元将舵面偏转的角速度反馈给放大器，以增大舵机的阻尼，改善舵回路的动态性能；位置传感器将舵面角位置信号反馈给舵回路的输入端，生成对应的控制信号，形成保持姿态稳定的舵偏角[31]。

舵面的铰链力矩对舵机性能影响较大。为削弱铰链力矩对舵机工作的影响，并满足控制规律的要求，在微小型飞行控制系统中，通常采用舵回路代替单个舵机来操纵舵面的偏转。以电动舵机为例，由于飞行中铰链力矩的存在，相当于在舵机内部引入一个反馈，因而对舵机产生较大影响，依据自动控制的原理，可以在舵机内部主动引入其他负反馈，以抵消铰链力矩的影响，如图 6.13 所示。

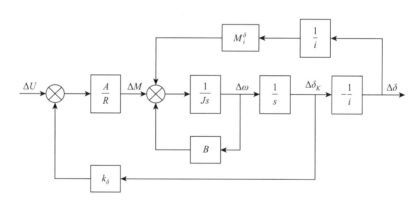

图 6.13　引入反馈因子的电动舵机基本工作原理框图

引入反馈 k_δ 后，电动舵机的传递函数为

$$W(s) = \frac{\Delta \delta_k(s)}{\Delta U(s)} = \frac{A/R}{Js^2 + B_s + (A/R)\left(k_\delta - \left(M_j^\delta R / Ai^2\right)\right)} \tag{6.79}$$

式中，$W(s)$ 为舵机传递函数；$\Delta \delta_k(s)$ 为输出轴位置角度的拉普拉斯变换；$\Delta U(s)$ 为舵机输入的拉普拉斯变换；A、R 为舵面的截面积参数；k_δ 为电动舵机输出位置量（角度或线位移）的反馈；$\Delta \delta$ 为舵面偏转角；B 为二阶振荡环路反馈系数；M_j^δ 为作用于舵面上的气动载荷折算至舵面转轴上的铰链力矩；ΔM 为力矩差；s 为拉普拉斯变换参数。对于多种飞行状态，如果取 $k_\delta > 0$，并且满足 $k_\delta \gg \left| M_j^\delta R / Ai^2 \right|$，则式（6.79）可近似写成

$$W(s) = \frac{\Delta \delta_k(s)}{\Delta U(s)} = \frac{A/R}{Js^2 + B_s + (A/R)k_\delta} \qquad (6.80)$$

综上所述，在舵机内部引入反馈后所构成的闭合回路，可以进一步削弱铰链力矩对舵机工作的影响，并能控制舵机输出轴的转角或角速度，与飞行状态基本无关。此外，电位计、同位器、线性旋转变压器或线性位移传感器用来实现位置反馈，并输出正比于位置的电压；测速发电机等速度传感器则用来实现速度反馈，输出正比于速度的电压。舵回路的输入电压与反馈电压相比较后，通过放大器实现电压（或电流）的综合比较、放大或变换，输出一定功率的信号来控制舵机。

2）微小型无人机稳定回路设计

舵回路、舵面、敏感元件和计算放大装置等 4 部分共同组成自动驾驶仪，并与机体组成新的回路，称为稳定回路，如图 6.14 所示。

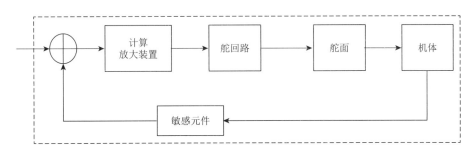

图 6.14　微小型无人机稳定回路基本原理框图

敏感元件用来测量无人机的姿态角，并进行局部"闭环"反馈参量输入。该回路的主要功能是实现微小型无人机的姿态稳定。

3）微小型无人机控制回路设计

稳定回路、无人机轨迹测量部件以及运动学环节等组成了一个更大的回路，称为控制回路（或控制与导引回路，也称为制导回路）。控制回路基本原理框图如图 6.15 所示。

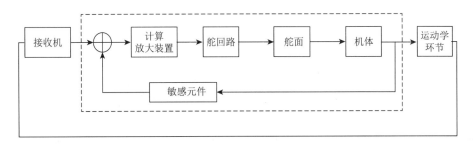

图 6.15　微小型无人机控制回路基本原理框图

上述三个回路在无人机的不同阶段作用不同。具体而言，舵回路在操纵无人机时起关键作用，稳定回路在保持和稳定无人机的姿态时发挥重要功能，而控制回路通过内回路和外回路的闭环迭代控制，能伴随无人机的整个工作过程。在内回路层面，主要包括前馈控制器和反馈测量部件，二者相互作用产生正向控制器，进而通过舵回路控制微小型无人机的姿态稳定；在外回路层面，通过载体动力学及轨迹测量和指令生成等部件形成相应的导引指令，并结合姿态测量单元，形成外回路控制。在内外回路的共同作用下，可确保无人机在起飞、空中及着陆等多种运动状态的稳定控制，其基本原理框图如图 6.16 所示。

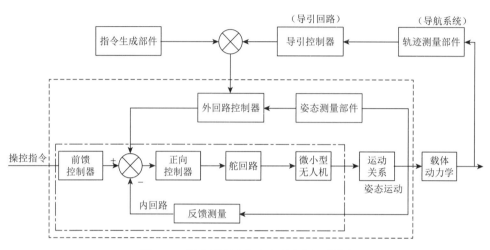

图 6.16　微小型无人机飞行控制原理框图

2. 核心控制器设计

微小型无人机在飞行过程中，需要精确地获取其当前位置、速度及姿态等信息。当无人机接收到目标位置指令后，便向目标位置运动。在此过程中，无人机不测量自身的位置，确定是否到达目标位置，如果到达，则等待下一个命令；如果未到达预定位置，则继续向目标位置运动，如此反复，直至到达目标位置。

无人机位置控制主要体现对空间坐标位置的控制，即相对于起始位置的横向、纵向和高度位置的控制。在位置控制中，高度控制又与其他两种位置控制不同。对于高度控制而言，其控制器的输出不作为姿态控制器的输入，而横轴和纵轴的控制输出则形成姿态控制器的输入，具体设计思路如下所述。

1）高度通道控制器设计

高度通道位置控制器通过外环 PID 控制器反馈的实际值与高度指令输出的期望值之间的误差，计算出高度控制量，并通过微分计算得到速度控制量和加速度控制量，然后与姿态测量模块的反馈值作差，计算出动力单元的控制量，最后通过电子调速器（electronic speed control，ESC，简称电调）控制微型电机的转速，实时确保无人机的飞行高度处于稳定范围内，其控制器基本原理框图如图 6.17 所示。

在飞行过程中，无人机自带的高度测量传感器（如气压计、超声波传感器、激光传感器和惯导模块等）会连续地测量无人机机体的高度。当测量到高度信息后，便与指令中的高度值作比较，如果与指令相比存在偏差，高度控制器便解算出当前机体距目标位

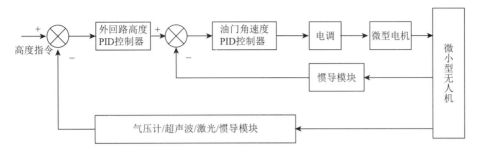

图 6.17　微小型无人机高度通道位置控制原理框图

置的距离，并获取其所需的速度或者加速度信息。在此过程中，惯导模块会计算出无人机本体实际的速度或者加速度，根据期望值不断地进行在线修正。当速度或者加速度与期望值存在偏差时，油门控制器根据牛顿运动学定律得出其升力或者力矩值，并通过电调单元控制微型电机转速，从而确保无人机高度位姿的稳定控制。

2）横向与纵向通道控制器设计

横向与纵向通道控制器根据外回路位置控制器给出的位置指令期望值，与内回路 PID 控制器输出的数值，计算出位置控制量；位置控制量通过微分计算得到速度控制量和加速度控制量，再与惯导模块或光流模块的反馈值作差，得到内环速度或加速度控制量数值，然后将该数值传送至姿态控制器，进而实现微小型无人机位置、姿态及速度的精确控制。无人机横向与纵向通道控制器基本原理框图如图 6.18 所示。

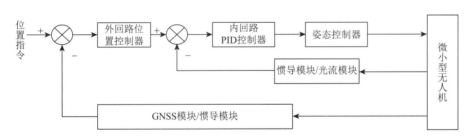

图 6.18　微小型无人机横轴和纵轴位置控制原理框图

在飞行过程中，无人机的位置测量模块（如 GNSS 模块、惯导模块等）会不断地通过多源自主导航模块测量其位置信息。该结果将与指令期望值作比较，计算出无人机本体此时距离目标位置的距离，然后由外回路位置控制器输出其所需的速度及加速度信息。同时，无人机的速度或加速度测量模块（如惯导模块、光流模块等）会计算出其本体实际的速度或加速度，并与期望值作比较。在计算出二者偏差后，内回路 PID 控制器预测出无人机下一步的工作状态，并作为无人机姿态控制器的输入和判决条件，最终使无人机到达既定目标位置。

3. 飞控导航一体化硬件设计

本节以微小型旋翼无人机为例，重点阐述机载 GNC 微系统飞控导航一体化硬件设计方法以及核心器部件主要功用等。

微小型旋翼无人机系统主要包括飞控计算机、电调控制器、卫星导航、感知避障、数据链路、光电载荷等模块。其内部连接关系及信号连接方式如图 6.19 所示。

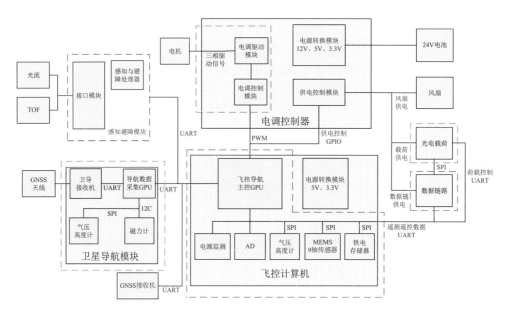

图 6.19　小型旋翼无人机系统基本原理框图

微小型旋翼无人机飞控导航模块主要功能如下所述。

（1）飞控计算机是无人机系统核心单元，内部包括电源转换及检测模块、CPU、AD 转换模块、MEMS 惯性传感器、铁电存储器等，负责姿态稳定控制、导航解算、飞行控制、遥测遥控数据收发、飞行任务规划及执行等。

（2）电调控制器包括电调驱动模块、电调控制模块、供电控制模块、电源转换模块等，主要用于多旋翼无人机的多台电机控制，为无人机提供动力支撑。

（3）卫星导航模块主要用于实现导航数据的接收，并将接收到的原始数据转发给飞控计算机。接收的数据包括 GNSS 卫星导航数据、气压高度数据和磁感应强度数据等。

（4）感知避障模块主要包括光流传感器、测距（time of flight，TOF）传感器等，用于实现无人机的感知和自主避障等功能。

（5）数据链路模块用于无人机遥控指令、遥测信息及差分信息的传输。无人机在执行任务的过程中，地面站完成无人机飞行控制指令、载荷控制指令和数据链控制指令的生成，并通过数据链发送至无人机，机载飞控计算机作为全机信息交换的中心，接收数据链发送的遥控指令，控制无人机、侦察任务设备完成程控飞行和载荷操控。

（6）光电载荷是无人机上的主要任务载荷，负责图像采集、目标识别及跟踪，由三轴电机和图像数据处理器等模块组成。

机载 GNC 微系统飞控导航通用模块三维示意图如图 6.20 所示。

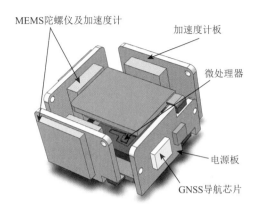

图 6.20　机载 GNC 微系统飞控导航通用模块三维示意图

机载 GNC 微系统将 MEMS 陀螺仪、MEMS 加速度计、GNSS 导航芯片、微处理器和电源管理模块等无人机通用模块进行一体化集成，形成可用于绝大多数机型的集成一体化飞控导航产品。该模块采用"三化六性"设计思路，实现不同功能模块的快速替代，满足"多机一型"的谱系化产品需求。

4. 飞控导航一体化软件设计

机载 GNC 微系统飞控导航一体化软件设计时，按照"软件定义导航"信息流转方式，可分为飞控导航物理层、飞控导航通信协议层、飞控导航系统管理层、飞控导航算法库层和飞控导航场景应用层。整个 GNC 飞控导航微系统采用分层管理的开放式架构体系，支持即插即用在线扩展，实现多源探测、时敏处理和高效执行。机载 GNC 微系统"软件定义导航"模式如图 6.21 所示。

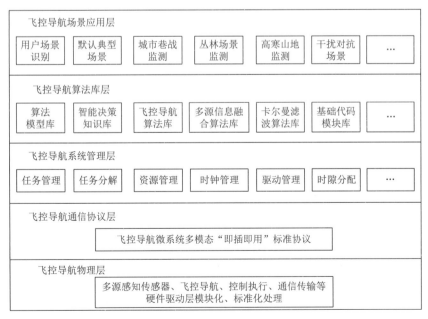

图 6.21　机载 GNC 微系统"软件定义导航"示意图

1）功能层基本介绍

（1）飞控导航物理层作为 GNC 系统的基础和关键，包括多源感知传感器、多核微处理器、舵机驱动器、数据通信等芯片级硬件。其中，硬件方面，多源感知传感器包含 MEMS 陀螺仪、MEMS 加速度计、TMR 磁强计、大气数据传感器、多模 GNSS 导航传感器等；软件方面，主要包括多源感知测量、飞控导航、控制执行、通信传输等硬件驱动层的模块化驱动处理，以及输入输出协议的标准化处理等。

（2）飞控导航通信协议层作为处理器与其他功能部组件交互的"桥梁"，通过 GNC 飞控导航微系统标准协议实现对飞控导航物理层的通信、调度与管理。根据各功能单元的接口类型、通信需求，完成数据总线及通信协议的设定，尤其统一"标准通信协议"，实现处理器与各功能部组件的通信以及可扩展的"即插即用"。

（3）飞控导航系统管理层主要用于任务管理、任务分解、资源管理、时钟管理等工作。其中，任务管理是指对并发的多种任务实施动态管理和优先级管理；任务分配是针对某一任务进行计算处理的模块分解，可实现高速并行计算；资源管理是根据任务特点对系统的存储资源、计算资源等进行动态调度；时钟管理实现对主频信号的分频、倍频等操作，并对时频基准、系统中断进行在线管理；驱动管理主要完成对不同接口的底层驱动统一管理和动态配置；时隙分配是针对不同的任务和处理周期进行嵌入式执行函数的内部时序分配。

（4）飞控导航算法库层主要完成通用型算法开发及飞控模型构建，包括算法模型库、智能决策知识库、飞控导航算法库、多源信息融合算法库、卡尔曼滤波算法库、基础代码模块库、控制算法库、图像处理算法库、基础代码模块库等。其中，模型库主要完成多种复杂环境模型、传感器误差模型的构建；智能决策知识库主要完成系统的故障诊断、动态规划和实时决策等；控制算法库主要完成航迹规划、飞行控制等模块的控制算法选择及实施；多源信息融合算法库主要完成多源信息的融合滤波解算、误差估计与在线修正、扩展卡尔曼滤波自适应导航等算法研究；图像处理算法库主要完成图像分割、智能识别、自动匹配、回环检测和图像压缩等相关算法的开发；基础代码模块库主要完成通用型的数据读取、数据解析、标准运算等基础模块开发。

（5）飞控导航场景应用层是面向微小型空天飞行器灵活配置的应用平台，包括用户自定义任务、用户扩展模型、用户数据库、用户配置、健康状态监测和任务执行评估等模块，拥有用户场景识别、典型应用、城市巷战监测、丛林场景监测、高寒山地监测、干扰对抗等多种场景。用户自定义任务模块旨在为用户提供任务描述和规划的快速开发平台；用户扩展模型为用户提供可供扩展的模型基本型和基本配置接口；用户数据库提供历史数据管理、决策知识库管理等；用户配置用于管理常规的传感器或执行机构等基本参数；健康状态监测包括针对内部传感器的完好性监测以及针对特定任务的工作状态监测等；任务执行评估主要提供多种任务评估的标准和原则，以及相关评估算法等。

2）软件工作流程

机载 GNC 微系统软件工作流程主要包括无人机飞控导航系统内部自检及初始化、无人机状态参数实时监控及本地存储、时敏导航飞控多任务内部时隙分配、多源信息采集及角速率控制任务处理、导航解算、角度控制及电机任务处理、指控中心地面站通信任务处理，具体如图 6.22 所示。

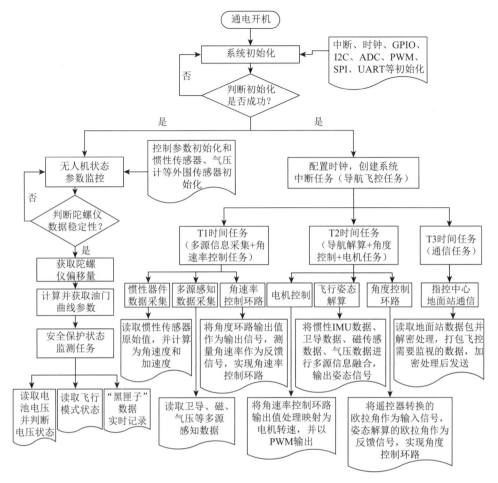

图 6.22 机载 GNC 微系统软件工作流程示意图

机载 GNC 微系统将飞控导航运算处理模块、多源感知测量模块、电调驱动模块、通信接口模块、电源管理模块封装在金属壳体中，通过开放式的系统架构实现飞控导航一体化设计；同时采用惯性测量单元的冗余设计，合理配置高精度微惯性测量单元和低精度微惯性测量单元，提升系统可靠性；获取角速率、加速度、磁感应强度、气压高度等多源感知信息，并对其进行多源信息融合处理，提升复杂环境下多源自主导航能力。

实际工程中，机载 GNC 微系统采用主处理器和辅处理器等双架构模式，主处理器主要用于低功率的多源感知信息处理、在线解算、数据存储及收发等；辅处理器主要用于高功率的电调驱动及电机控制，综合实现计算处理能力共享和资源高效利用，增强系统部组件、软件复用性的同时，又使系统易于升级和维护，降低多任务时敏飞控导航系统的成本。

6.4.2 星载 GNC 微系统控制设计

随着微电子、先进工艺等技术的快速发展，小尺寸、轻量化、低功耗成为微纳卫星主要的发展趋势。星载 GNC 微系统需要实现微纳卫星姿态测量、姿态控制、轨道测量和轨道控制等多种功能。其中，轨道测量也称自主导航，是实现其稳定控制的前提和基础[32-34]。星载 GNC 微系统控制模块主要包括姿态测量敏感器、微控制器以及微执行机构，其控制回路基本原理如图 6.23 所示。

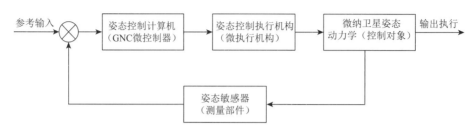

图 6.23 星载 GNC 微系统控制回路基本原理框图

1. 姿态控制设计

星载 GNC 姿态是指微纳卫星相对于空间某参考坐标系的方位或指向，一般用欧拉角、四元数或方向余弦表示。卫星在轨运行过程中，星上载荷需要执行探测、成像和通信等任务，对其指向提出了较高要求[35]。卫星指向按控制方式划分，主要包括姿态稳定、姿态机动和姿态跟踪。

1）姿态稳定

姿态稳定是指卫星克服内部干扰力矩和外部干扰力矩，使卫星姿态保持对某参考方位定向的控制任务，如对地定向、惯性定向等，此时对指向精度和指向稳定度具有较高的要求。

2）姿态机动

姿态机动是指卫星从一种姿态转变为另一种姿态。一般是指给定目标姿态，即在给定时间内从初始姿态过渡到目标姿态，对机动末期的姿态角和角速度具有较高的要求。

3）姿态跟踪

姿态跟踪是指卫星姿态按照确定的期望路径变化，即卫星的姿态是一条线性或非线性的曲线，此时对跟踪角度和跟踪角速度精度要求较高。姿态跟踪实际上是姿态机动的一种，一般每个控制周期均有变化，是按确定路径变化的姿态机动。

星载 GNC 微系统姿态控制一般包括敏感测量、信号处理和机构执行等步骤。卫星姿态控制系统主要由敏感器、控制器和微执行机构等 3 部分组成。常用的敏感器包括磁强计、太阳敏感器、红外地平仪、星敏感器和陀螺仪等。常用的微执行机构包括反作用飞轮、偏置动量轮、磁力矩器和喷气装置等。敏感器用以测量某些确定或相对的物理量，并结合期望姿态和当前姿态及导引指令，通过 GNC 微控制器形成相应的执行指令，驱动微执行机构执行相应的动作。由于载体会受到外部多种干扰，其精确的动力学模型构建难度较大，因此需通过整个"闭环"回路的动态控制，确保微纳卫星的稳定运行，如图 6.24 所示。

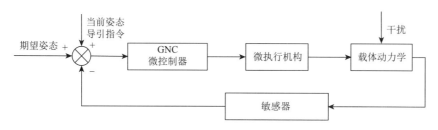

图 6.24　微纳卫星姿态控制系统示意图

为持续保障微纳卫星的姿态稳定和可靠跟踪，需实时计算卫星干扰力矩，并将其作为微执行机构的重要信息输入进行动态迭代。

2. 环境干扰力矩设计

卫星在轨运行时，会受到内外力矩的相互作用，进而引起卫星姿态的变化。对于绕地卫星，所受外力矩主要包括气动力矩、重力梯度力矩、磁力矩和太阳光压力矩等 4 种。一般而言，运行于 500 km 以下轨道高度的卫星主要外力矩为气动力矩。太阳光压力矩在较高轨道时占据优势，重力梯度力矩和磁力矩介于二者之间。目前微纳卫星所处轨道较低，且其帆板面积较小，太阳光压力矩基本为 μN·m 量级，对其干扰影响可忽略不计，其余 3 种干扰力矩的理论计算公式具体如下所述。

（1）气动力矩：

$$T = \frac{\rho V_R^2}{2} C_D A_p \cdot C_P \times n \qquad (6.81)$$

式中，$\frac{\rho V_R^2}{2}$ 为动压头；C_D 为阻力系数，通常取值范围为 2.2～2.6；A_p 为迎流面面积；C_P 为卫星质心至压心的矢径；n 为来流方向的单位矢量[34]。

（2）重力梯度力矩：

$$T = -\frac{3\mu}{r^5}(r \times Ir) \qquad (6.82)$$

式中，μ 为地球引力常数；r 为卫星质心指向地心的矢量；I 为卫星星体相对质心的惯量阵。

（3）磁力矩：

$$T = M \times B \qquad (6.83)$$

式中，M 为卫星磁矩；B 为卫星所处地磁场的磁感应强度。

磁感应强度 B 计算公式为

$$\varphi = R_e \sum_{n=1}^{\infty} \sum_{m=1}^{\infty} \left(\frac{R_e}{r}\right)^{n+1} \left(g_n^m \cos(m\lambda) + h_n^m \sin(m\lambda)\right) P_n^m(\cos\theta) \qquad (6.84)$$

$$B = \frac{\partial \varphi}{\partial x} i + \frac{\partial \varphi}{\partial y} j + \frac{\partial \varphi}{\partial z} k \qquad (6.85)$$

式中，R_e 为地球半径，6371.2km；r 为卫星的地心距；θ 为卫星的地心余纬；λ 为地球坐标系下的经度；g_n^m、h_n^m 为基本磁场的高斯系数，一般采用 9 阶或 13 阶公式计算；$P_n^m(\cos\theta)$

为 n 次 m 阶关联勒让德函数；i、j、k 为地球固连坐标系下三个坐标轴的单位矢量。

总之，微纳卫星环境干扰力矩的估算结果可为执行机构的选择提供重要参考。一般而言，微执行机构产生的输出力矩达到干扰力矩的 10 倍以上时，才能减小外界干扰，实现微纳卫星姿态的稳定和跟踪控制。

3. 微执行机构设计

微纳卫星常用的姿态控制执行机构包括飞轮以及磁力矩器。

1）飞轮技术

飞轮又称角动量轮或惯性轮，是卫星控制系统的重要执行机构。飞轮按照姿控系统指令，输出控制力矩或角动量，用于校正卫星的姿态偏差或完成姿态机动。此外，飞轮也可实现类似陀螺效应的功能，完成对卫星的被动稳定控制。

微纳卫星尺寸、质量、功耗等诸多限制，对飞轮的选择提出了较严格的要求。飞轮一般由轮体和控制线路两部分组成，一体化飞轮将二者集成到一个壳体内，整个飞轮包括电机、壳体、轮体和轴承等组件，以及换相和驱动等电路。

（1）飞轮类别。

按照功能分类，可分为偏置飞轮和反作用飞轮等；按照基本结构分类，可分为控制力矩陀螺、框架飞轮和球飞轮等。在已发射的以飞轮为执行机构的卫星中，偏置飞轮与反作用飞轮占比较大，只有近地轨道的大型航天器才使用控制力矩陀螺，而结构复杂的框架飞轮与球飞轮使用较少。

（2）微纳卫星常用飞轮。

目前大多数微纳卫星将反作用飞轮组作为主动控制执行机构，并采用磁力矩器或微型推进器给反作用飞轮进行动量卸载。同时，偏置飞轮与反作用飞轮在卫星上的使用相对灵活，主要由卫星姿态系统的控制策略决定。当卫星姿态控制采用偏置稳定模式时，偏置飞轮将作为被动稳定执行机构；如果卫星姿态控制采用零动量方式工作，则需要采用反作用飞轮组合进行工作。反作用飞轮组合使用比较灵活，可使整星工作在零动量模式或偏置模式。

2）飞轮参数设计

（1）反作用飞轮角动量设计。

反作用飞轮的标称角动量，一般取决于环境干扰力矩和动量卸载时间的选择，通常计算公式为

$$h = KT_D \frac{1}{\omega_0} \tag{6.86}$$

式中，T_D 为一个轨道周期内星体所受的最大干扰力矩；ω_0 为轨道角速度；K 为由两次动量卸载时间和常值干扰力矩与最大干扰力矩之比决定的比例系数[34]。

（2）偏置飞轮角动量设计。

偏置飞轮的角动量矢量通常沿着星体俯仰轴负方向，即轨道平面负法线。偏置飞轮通过动量轮的陀螺效应实现对卫星偏航轴的控制。若环境干扰作用与偏航方向力矩为 T_z，则偏航位置误差近似值为

$$\Delta \varphi \approx \frac{T_z}{\omega_0 h} \tag{6.87}$$

所需的角动量为

$$h \approx \frac{T_z}{\omega_0 \Delta \varphi} \tag{6.88}$$

因此，偏航精度与轮体角动量成反比。

（3）飞轮质量设计。

作为飞轮中质量占比较大的部分，轮体质量计算公式如下：

$$m_v = \frac{h}{\omega R^2} \tag{6.89}$$

式中，h 为飞轮角动量；ω 为飞轮角速度；R 为轮体等效回转半径。

（4）飞轮功耗设计。

飞轮转速维持恒定时所消耗的功耗为稳态功耗。稳态时，飞轮不产生控制力矩。稳态功耗 P_0 与飞轮的阻力矩 T_0 和转速 ω 成比例，阻力矩通常包含轴承摩擦力矩 T_f 和风阻力矩 T_ω 两部分，具体为

$$P_0 = T_0 \omega = (T_f + T_\omega)\omega \tag{6.90}$$

对应最大控制力矩 T_m 时，其输出功率为 $P = T_m \omega$。

当 $\omega = \omega_m$ 时，得到的最大功耗为

$$P_m \approx (T_0 + T_m)\omega_m \tag{6.91}$$

3）磁力矩器技术

作为微纳卫星常用的姿态控制执行机构，磁力矩器主要作用是让其自身磁矩与所处位置的地磁场相互作用，产生磁控力矩，用于卫星初始姿态捕获、速率阻尼、章动及进动控制、磁卸载等，在体积、质量、功耗、可靠性等方面具有较大的优势。

磁力矩器本质上是一个可控的电磁线圈，通常包括空心线圈和磁棒线圈。作为磁控系统中常用的装置，磁棒磁力矩器通常由一根细长圆柱磁棒和外绕的线圈组成，在工作磁矩大小、体积、质量及便捷安装等方面具有明显优势。磁力矩器基本原理框图如图 6.25 所示。

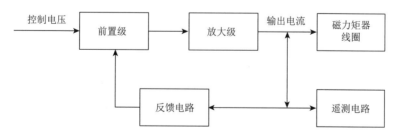

图 6.25　磁力矩器基本原理框图

4）磁力矩器参数设计

卫星磁矩 M 与地球磁场 B 相互作用产生力矩 T，磁力矩器主要参数是磁矩 M，计算公式为

$$M = \frac{T_d \times B}{|B|^2} \tag{6.92}$$

式中，T_d 取最大干扰力矩，实际工作时，根据控制效果，合理修正磁矩 M。

4. 控制律设计

微纳卫星姿态控制律的设计一般应充分考虑微执行机构的固有频率，设计过程中，要留有足够的余量避开其固有频率，并按照对控制系统的需求设计相应的姿态控制律，选择合理的控制参数。以下重点对飞轮控制系统的系统特性和磁卸载规律进行参数设计。

1）反作用飞轮控制律

目前三轴稳定控制常用飞轮+磁卸载等方式，其控制律一般采用 PD 控制，对于一个通道而言，飞轮力矩平衡拉氏变换为

$$\frac{\theta(s)}{T_d} = \frac{1}{I_s s^2 + K_d s + K_p K_i} \tag{6.93}$$

式中，I_s 为星体被控轴的惯量；T_d 为干扰力矩；K_d 为微分因子；K_p 为比例因子；K_i 为电机力矩系数；θ 为卫星某一通道的姿态角。

系统特征方程为

$$I_s s^2 + K_d s + K_p K_i = 0 \tag{6.94}$$

解得该系统的固有频率 ω_n 和阻尼比 ξ 为

$$\omega_n = \sqrt{\frac{K_p K_i}{I_s}}, \quad \xi = \frac{I_s K_d}{2\sqrt{I_s K_p K_i}} \tag{6.95}$$

其他通道的固有频率和阻尼比分析同上。

2）偏置动量轮控制律

在无阻尼条件下，系统产生不衰减的振荡频率称为章动频率。其中，偏置动量轮系统受章动影响较大，且一般安装在俯仰负方向，即轨道平面负法线。偏置动量轮系统特征方程为

$$I_x I_z s^4 + H^2 s^2 = 0 \tag{6.96}$$

式中，I_x、I_z 分别为卫星本体 x、z 方向惯量主轴；H 为偏置动量轮角动量。

由于不满足劳斯-赫尔维茨稳定性判据，该系统不稳定，章动频率为

$$\omega_n = \frac{H}{\sqrt{I_x I_z}} \tag{6.97}$$

3）飞轮磁卸载控制律

飞轮在轨吸收扰动力矩使转速饱和，利用磁力矩消除飞轮多余动量。通常采用如下规律产生磁矩：

$$M = -\frac{K}{|B|^2} B \times \Delta h \tag{6.98}$$

式中，K 为增益系数；Δh 为多余角动量。

6.4.3　弹载 GNC 微系统控制设计

弹载 GNC 微系统控制模块主要涉及制导与稳定控制单元。其中，微小型导弹制导与稳定控制单元主要是指导弹自动驾驶仪与弹体构成的闭合回路和制导回路。在稳定控制单元中，自动驾驶仪是控制器，导弹是被控对象。稳定控制系统设计本质上是自动驾驶仪的设计[36-38]。

自动驾驶仪的作用是稳定导弹质心的角运动，并根据制导指令正确而快速地操纵导弹的飞行。自动驾驶仪一般由惯性器件、控制电路和舵系统等 3 部分组成。它通常由操纵导弹的空气动力控制面来控制导弹的空间运动。自动驾驶仪与导弹构成的稳定控制系统基本原理框图如图 6.26 所示。

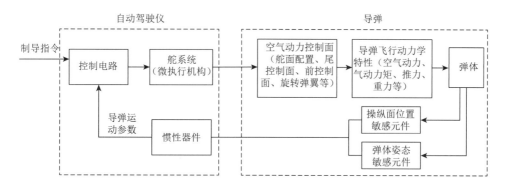

图 6.26　弹载 GNC 微系统控制模块基本原理框图

从信息处理角度而言，弹载 GNC 微系统主要对伴有噪声、自然干扰、人为干扰信息的场景进行精细识别与分析处理，并结合目标先验知识，按需求给出关于目标的不同层次的状态信息与识别结果。微小型导弹精确制导是关系导弹武器作战效能与智能化的核心。需要强调的是，在精确制导信息处理过程中主要存在两方面问题：一是GNC 微系统面临多源感知信息的高层分析、理解与归纳推理等操作，机理相对复杂；二是微小型导弹对目标识别查全率、查准率等性能具有较高的要求，整体技术实现难度较大。

1. 控制系统基本分类

弹载 GNC 微系统控制模块主要由微处理器、控制电路、舵系统、空气动力控制面、弹体、弹体姿态敏感元件及操纵面位置敏感元件等组成。

1）微小型弹体概述

弹体在制导系统中既是导引、控制的对象，也是系统回路的重要环节。首先，由于它是被控对象，要求它在整个飞行过程中，具备动态稳定性。其次，为了随目标的机动而飞行，应当具备易操纵性。最后，由于它是系统回路中的一个关键环节，需通过输入输出关系对整个回路性能产生重要影响。

2）微小型弹体基本特性

（1）运动状态的多样性。

微小型导弹是一种空间运动体，作为刚体它具有六个自由度。实际上，它是一种变质量的弹性体。因此，除了质心运动和绕质心转动六种状态外，弹体还具有弹性振动、带有液体推进剂时的液体晃动、推力矢量控制情况下的发动机喷管摆动等特性。因此，弹体最终动态性能是上述复合运动状态的集合。

（2）多种运动状态的耦合性。

弹体的运动存在多种耦合关系，主要包括以下几点。

①弹体在空间的姿态运动可分为俯仰、偏航、滚转三个通道，它们之间通过惯性、阻尼、气动力或电气环节相互耦合。严格地讲，要描述其动力学状态，需要通过三通道系统的研究。但是，在满足一定的条件下，这种耦合影响较微弱，各通道可独立进行研究，从而使问题处理得到简化。

②气动力与结构变形存在耦合。弹体变形将改变气动力的大小与分布，而气动力的变化又进一步使弹体变形，即气动弹性问题。弹体的最终弹性变形与气动力分布是上述耦合干扰的最后均衡状态结果。

③弹体结构与控制系统的耦合。弹体姿态通过敏感元件反馈至微控制器，而敏感元件安装在弹体的特定位置上。无论采用哪种状态测量敏感元件，它所输出的信息都要受安装处弹体局部变形的影响。过大的弹体变形与安装处的局部变形会使敏感元件输出较大的误差信号，此误差信号将会带来控制面的附加作用输出，进而导致更大的弹性变形。

④刚体运动与弹性体运动间的耦合。弹性变形将改变推力方向、气动力分布，从而改变力的平衡状态，使刚体运动发生变化。而刚体运动改变了弹体的姿态，又反过来影响弹性弹体所受的力，因此这两种运动也是互相耦合的。

（3）弹体结构和气动参数的时变性。

弹体质量、转动惯量、质心位置等代表了弹体结构特征的基本参数。在微小型导弹飞行过程中，随着推进剂的消耗，与飞行状态有关的空气动力系数等也随时间不断变化。它们的时变性使得导弹运动方程成为一组变系数的微分方程。

（4）非线性与多干扰性。

作为典型的非线性环节，弹体在运动有关的多种因素中，广泛存在着非定常流场引发的气动力非线性，结构变形产生的几何非线性，库仑摩擦导致的阻尼非线性，导弹接头产生局部刚度非线性等。因此，弹体运动方程的系数不仅体现了时变特征，也体现了非线性特征。

总之，弹体环节的运动微分方程一般为非线性、变系数、三维联立的微分方程组。上述特性决定了弹体运动方程的复杂性。

3）微小型导弹控制系统基本分类

可根据用途和控制系统设计的需要，按功能结构、系统组成环节特点和微小型导弹控制方式等进行分类。

按控制通道选择分类如下。

（1）单通道稳定控制系统：用于自旋导弹的稳定和控制。

（2）双通道稳定控制系统：包括俯仰、偏航两个通道，滚动通道只需进行稳定。

（3）三通道稳定控制系统：包括俯仰、偏航和滚动三个通道。

按系统组成环节特性分类如下。

（1）线性稳定控制系统：组成系统的诸环节均具有线性特性。

（2）非线性稳定控制系统：组成系统的环节中包括一个或一个以上的非线性特性。常用的有继电式系统，该系统如设计为自振方式则称为自振式稳定控制系统。

（3）数字稳定控制系统：组成系统的装置中含有数字计算机。

（4）自适应稳定控制系统：组成系统的装置中有隐含或显含辨识对象系数，并按期望性能指标要求调整参数或结构的系统。

按控制导弹转弯方式分类如下。

（1）侧滑转弯稳定控制系统：该种方式滚动角是固定且不可控的，导弹的过载靠攻角和侧滑角产生，并按上述方式进行稳定和控制。

（2）倾斜转弯稳定控制系统：该种方式控制过程无侧滑，滚动通道接收控制指令使导弹绕纵轴滚动，将导弹最大升力面的法向矢量指向导引律所要求的方向，使导弹产生较大可能的机动过载。

2. 控制系统设计要点

1）微小型导弹基本特性

微小型导弹的稳定是指其姿态在干扰条件下保持稳定状态，而控制是通过改变导弹的姿态，使导弹准确地沿着基准弹道飞行。从保持和改变导弹姿态角度而言，导弹的稳定和控制是矛盾的；而从保证导弹沿基准弹道飞行角度而言，它们又是相互一致的。总体而言，微小型导弹控制系统回路具有如下特点。

（1）导弹的静稳定性。

导弹在平衡状态下飞行时，受到外界瞬间干扰作用而偏离原来平衡状态，在外界干扰消失的瞬间，若导弹不经操纵能产生附加气动力矩，使导弹具有恢复到原来平衡状态的趋势，则称导弹是静稳定的；若产生的附加气动力矩使导弹更加偏离原平衡状态，则称导弹是静不稳定的；若附加气动力矩为零，导弹既无恢复到原平衡状态的趋势，也不再继续偏离，则称导弹是静中立稳定的。导弹的静稳定性可以用压心与重心的关系来描述：压心在重心之后的导弹为静稳定的导弹，压心在重心之前的导弹为静不稳定的导弹，压心与重心重合的导弹为静中立稳定的导弹，压心与重心之间的距离则称为静稳定度。

（2）导弹的运动稳定性。

导弹在运动时，受到外界扰动作用，使之离开原来的飞行状态，若干扰消除后，导弹能恢复到原来的状态，则称导弹的运动是稳定的。如果干扰消除后，导弹不能恢复到原来的飞行状态，甚至偏差越来越大，则称导弹的运动是不稳定的。在研究导弹运动的稳定性时，往往不是笼统的，而是针对某一类运动参数或某几个运动参数，如导弹飞行高度的稳定性，攻角、俯仰角、倾斜角的稳定性等。

（3）导弹的机动性。

导弹的机动性是指导弹改变飞行速度的大小与方向的能力。通常用法向过载的概念来评定导弹的机动性，导弹的机动性可以用法向加速度来表征。所谓过载是指作用在导弹上除重力外的所有外力的合力与导弹重力的比值。导弹的机动性与弹体结构、飞行条件和气动特性等多种因素有关。

（4）导弹的操纵性。

导弹的操纵性是指操纵机构（如舵面）偏转后，导弹改变其原来飞行状态（如攻角、侧滑角、俯仰角、偏航角、滚转角、弹道倾角等）的能力与反应快慢的程度。舵面偏转一定角度后，导弹随之改变飞行状态越快，其操纵性越好；反之，操纵性就越差。

2）微小型导弹操纵性与稳定性基本关系

稳定性与操纵性两者的关系是对立统一的。所谓对立是因为稳定性力图保持导弹的飞行姿态不变，而操纵性旨在改变导弹的姿态平衡，这意味着提高导弹的操纵性，就会削弱导弹的稳定性，提高导弹的稳定性就会削弱导弹的操纵性。所谓统一是指弹体的姿态稳定是操纵的基础和前提，而操纵又为弹体走向新的稳定状态开辟道路。当舵面偏转后，导弹由原来的飞行状态过渡到新的飞行状态，相对于新的飞行状态而言，是一个稳定过程，即操纵性中包含稳定性。这意味着，一方面，稳定性越好，其过渡过程越短，有助于提高导弹的操纵性；另一方面，在导弹受到扰动后的稳定过程中，由于自动驾驶仪的作用，导弹的微执行机构发生相应的偏转，促使导弹恢复至原来的飞行状态。因此，稳定性和操纵性是相互关联的，操纵性越好，导弹恢复到原来的飞行状态越快，有助于加速导弹的稳定。导弹正是在稳定-操纵-再稳定-再操纵的过程中，实现沿基准弹道飞向目标。

3）微小型导弹控制系统设计要点

对微小型导弹进行控制的最终目标是使导弹命中目标的质心与目标足够接近，有时还要求具有相当的弹着角。为完成这一任务，需要对导弹的质心与姿态同时进行控制，由于目前大部分导弹都是通过姿态控制来间接实现对质心的控制的，因此，姿态控制是导弹稳定控制系统的核心。下面重点阐述单通道控制、双通道控制和三通道控制的设计要点。

（1）单通道控制。

微小型导弹由于弹体直径较小，在导弹以较大的角速度绕纵轴旋转的情况下，可用一个控制通道控制导弹在空间的运动，这种控制方式称为单通道控制。采用单通道控制方式的导弹，可采用"一"字舵面和继电式舵机，一般利用尾喷管斜置和尾翼斜置产生自旋，再利用弹体自旋，使一对舵面在弹体旋转中不停地从一个极限位置向另一个极限位置交替偏转，其综合效果产生的控制力，可使导弹沿基准弹道稳定飞行。

在单通道控制方式中，弹体的自旋转是必要的，如果导弹不绕其纵轴旋转，则一个通道只能控制导弹在某一平面内的运动，而不能控制其空间运动。

单通道控制方式的优点是，由于只有一套微执行机构，弹上设备较少，结构简单、质量较小、可靠性较高。但由于仅用一对舵面控制导弹在空间运动，所以对精确制导系统而言，还需要考虑动态回路"闭环"控制等问题。

（2）双通道控制。

一般而言，微小型导弹制导系统对其实施横向机动控制，可将其分解为在互相垂直的俯仰和偏航两个通道内分别进行的控制，对于滚转通道不需要特殊考虑，仅由稳定系统对其进行稳定，此种控制方式称为双通道控制，即直角坐标控制。双通道控制方式制导系统原理框图如图 6.27 所示。

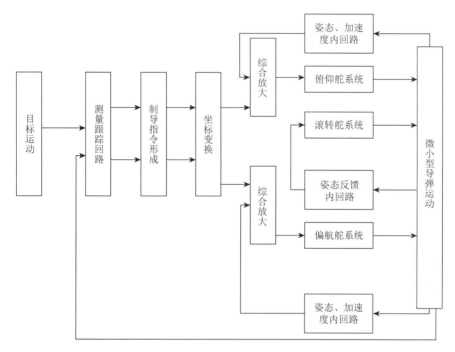

图 6.27　双通道控制方式制导系统原理图

双通道控制方式制导系统的工作原理是，观测跟踪装置测量出导弹和目标的基本运动参数，按导引规律分别形成俯仰和偏航两个通道的导引指令，一般涉及导引律计算、动态误差估计、重力误差补偿和滤波校正等。导弹控制系统再将两个通道的控制信号传送到执行坐标系的两对舵面上（"十"字形或"X"字形），进而控制导弹向减少误差信号的方向运动。

双通道控制方式中的滚转回路分为滚转角位置稳定和滚转角速度稳定两类。在遥控制导方式中，导引指令在制导站形成，为保证在测量坐标中形成的误差信号能够正确地转换到控制（执行）坐标系中，并形成对应的导引指令，一般采用滚转角位置稳定。若弹上存在姿态测量装置，且导引指令在弹上形成，可以不采用滚转角位置稳定。在主动式寻的制导方式中，测量坐标系与控制坐标系的关系是确定的，导引指令的形成对滚转角位置没有要求。

（3）三通道控制。

一般制导系统对导弹实施控制时，对俯仰、偏航和滚转三个通道都进行控制的方式称为三通道控制方式。三通道控制方式制导系统组成原理如图 6.28 所示。

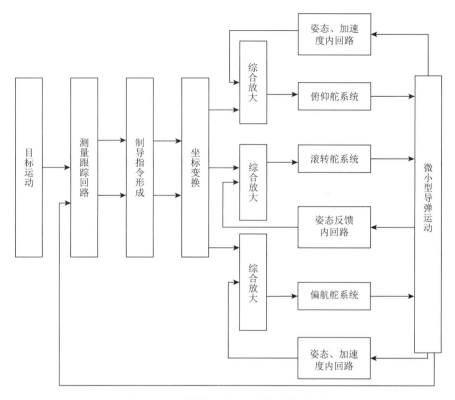

图 6.28　三通道控制方式制导系统原理图

　　三通道控制方式制导系统基本工作原理是，观测跟踪装置测量出导弹和目标的运动参数，然后形成三个控制通道的导引指令，包括姿态控制的参量计算及相应的坐标转换、导引规律计算、误差补偿计算及导引指令形成等，所形成的三个通道的导引指令与三个通道的某些状态量的反馈信号综合，传递至微执行机构，引导弹体按既定轨迹飞向目标。

　　需要特别指出，常用的微小型弹上敏感元件包括自由陀螺、角速率陀螺、线加速度计和气压计等，分别用于测量导弹的姿态角、姿态角速度、线加速度和飞行高度。在对导弹制导控制系统进行分析设计时，应根据稳定控制系统技术指标和要求，合理地选择多种敏感元件，并对其进行裕度考虑。选择时需结合其技术性能（包括陀螺仪启动时间、漂移、测量范围、灵敏度、线性度、工作环境等）、体积、质量及安装要求等，同时还需注意敏感元件的安装位置（空间杆臂误差等），例如，线加速度计不应安装在导弹主弯曲振型的波腹上，角速率陀螺不应安置在角速度最大的波节上等。

3. 传递函数设计

　　为使微小型导弹的弹体进行动态特性分析，本节以操纵机构偏转（气动舵面偏转或推力矢量方向改变）为输入，姿态运动参数为输出，进行系统的传递函数设计。假定轴对称导弹在理想滚转稳定条件下可进行通道分离，将弹体的三维运动方程分解为三个通道的运动微分方程，并分别求出三个通道的传递函数[38]。

1）弹体侧向运动传递函数

当仅考虑短周期运动时，存在 $\Delta v = 0$，得到如下纵向短周期扰动运动方程组：

$$\begin{cases} \ddot{\vartheta} + a_1 \dot{\vartheta} + a_1' \dot{\alpha} + a_2 \alpha + a_3 \delta_\vartheta = 0 \\ \dot{\theta} + a_4' \theta - a_4 \alpha - a_5 \delta_\vartheta = 0 \\ \vartheta - \theta - \alpha = 0 \end{cases} \tag{6.99}$$

式中，α 为攻角；ϑ 为俯仰角；θ 为倾角；$a_i (i=1,2,3,4,5)$ 为弹体动力系数，代表着微小型导弹弹体特性的动力学性能。a_1 为空气动力阻尼系数；a_2 为静稳定系数；a_3 为舵效率系数；a_4 为导弹在空气动力和推力法向分量作用下的转弯速率；a_5 为舵偏角引起的升力系数，具体计算公式为

$$a_1 = -\frac{M_{z_1}^{\omega_{z_1}}}{J_{z_1}}, \quad a_1' = \frac{M_{z_1}^{\dot{\alpha}}}{J_{z_1}}, \quad a_2 = -\frac{M_{z_1}^{\alpha}}{J_{z_1}}, \quad a_3 = -\frac{M_{z_1}^{\delta_\vartheta}}{J_{z_1}} \tag{6.100}$$

$$a_4 = \frac{P + Y^\alpha}{mv}, \quad a_4' = -\frac{g}{v}\sin\theta, \quad a_5 = \frac{Y^{\delta_\vartheta}}{mv} \tag{6.101}$$

式中，弹体坐标系 $O_{x_1 y_1 z_1}$ 为动坐标系；ω_{z_1} 为弹体坐标系相对于地面坐标系的转动角速度；Y 为全弹升力；M 为弹体总的气动力矩；P 为推力；J 为转动惯量；J_{z_1} 为导弹对弹体坐标系 z_1 轴的转动惯量；g 为重力加速度；m 为弹体质量。

简化后纵向短周期扰动微分方程的拉普拉斯变换函数，可求出控制系统动态特性分析函数为

$$G_{\delta_\vartheta}^\vartheta (s) = \frac{K_D \left(T_{1D} s + 1 \right)}{s \left(T_D^2 s^2 + 2\xi_D T_D s + 1 \right)} \tag{6.102}$$

$$G_{\delta_\vartheta}^\theta (s) = \frac{K_D \left(1 - T_{1D} \dfrac{a_5}{a_3} s(s + a_1) + 1 \right)}{s \left(T_D^2 s^2 + 2\xi_D T_D s + 1 \right)} \tag{6.103}$$

$$G_{\delta_\vartheta}^\alpha (s) = \frac{K_D T_{1D} \left(1 + \dfrac{a_5}{a_3}(s + a_1) \right)}{\left(T_D^2 s^2 + 2\xi_D T_D s + 1 \right)} \tag{6.104}$$

式中，$G_{\delta_\vartheta}^\vartheta$ 表示输入为舵偏角、输出为俯仰角的传递函数；$G_{\delta_\vartheta}^\theta$ 表示输入为舵偏角、输出为弹道倾角的传递函数；$G_{\delta_\vartheta}^\alpha$ 表示输入为舵偏角、输出为攻角的传递函数；K_D 为放大系数或传递系数；ξ_D 为阻尼比；T_{1D} 为时间常数，且

$$K_D = -\frac{a_3 \left(a_4 + a_4' \right) - a_2 a_5}{\omega_D^2} \tag{6.105}$$

$$T_{1D} = \frac{a_3 - a_1' a_5}{K_D \omega_D^2} \tag{6.106}$$

$$T_D = \frac{1}{\sqrt{a_2 + a_1 a_4}} \tag{6.107}$$

2）弹体滚转运动传递函数

微小型导弹滚转运动的扰动运动方程为

$$\frac{\mathrm{d}^2\gamma}{\mathrm{d}t^2} + c_1\frac{\mathrm{d}\gamma}{\mathrm{d}t} = -c_3\delta_\gamma - c_2\beta - c_4\delta_\psi \tag{6.108}$$

式中，β 为侧滑角；γ 为滚转角；c_i 为滚动通道动力系数，有

$$c_1 = -\frac{M_{x_1}^{\omega_{x1}}}{J_{x_1}}, \quad c_2 = \frac{M_{x_1}^{\beta}}{J_{x_1}}, \quad c_3 = -\frac{M_{x_1}^{\delta_\gamma}}{J_{x_1}}, \quad c_4 = -\frac{M_{x_1}^{\delta_\psi}}{J_{x_1}} \tag{6.109}$$

忽略小量 c_2 和 c_4 的条件下，滚转运动的扰动运动传递函数为

$$G_{\delta_\gamma}^\gamma(s) = \frac{\gamma(s)}{\delta_\gamma(s)} = \frac{K_{DX}}{s(T_{DX}s+1)} \tag{6.110}$$

滚动角传递函数为

$$G_{\delta_\gamma}^{\dot\gamma}(s) = \frac{\dot\gamma(s)}{\delta_\gamma(s)} = \frac{K_{DX}}{T_{DX}s+1} \tag{6.111}$$

$$K_{DX} = -\frac{c_3}{c_1} \tag{6.112}$$

$$T_{DX} = \frac{1}{c_1} \tag{6.113}$$

式中，K_{DX} 为弹体滚转运动传递系数；T_{DX} 为弹体滚转运动时间常数。

4. 核心控制模块设计

1）微小型导弹控制系统基本组成

微小型导弹控制系统一般由惯性器件、控制电路和舵系统组成，通过操纵导弹的空气动力控制面来控制导弹的空间运动。自动驾驶仪与导弹构成的稳定控制系统基本原理框图如图 6.29 所示。

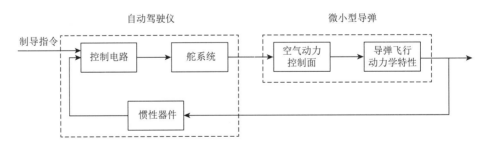

图 6.29　自动驾驶仪与导弹构成的稳定控制系统原理框图

常用的惯性器件有多种自由陀螺仪、速率陀螺仪和加速度计，分别用于测量导弹的姿态角、姿态角速度和线加速度。微小型导弹中常采用 MEMS 陀螺仪和 MEMS 加速度计。

控制电路由多种数字电路和模拟电路组成，用于实现信号的采集、传递、变换、运

算、放大、回路校正和自动驾驶仪工作状态的转换等功能。

舵系统一般由功率放大器、舵机、传动机构和适当的反馈电路构成。部分微小型导弹也采用开环舵系统，主要功能是根据舵控指令去控制相应空气动力舵面的运动。

2）微小型导弹控制系统舵回路

微小型导弹控制系统由控制器和被控对象两部分组成，但不同类型的导弹，控制系统的具体组成有所差别，形成的回路也不尽相同，本节以典型的舵回路为例，阐明其基本原理。

（1）舵回路基本组成。

微小型导弹控制系统舵回路一般由综合放大元件、舵机和反馈元件等组成一个闭合回路。导弹控制系统中，敏感元件将测量到的导弹参数变化信号与给定信号进行比较，得出偏差信号，经放大后传输至微型舵机，控制舵面偏转，从而控制导弹的姿态，实现在空中稳定飞行。速度传感器将舵机线速度信息反馈至舵回路的输入端，位置传感器将舵面位置信息反馈至舵回路的输入端，确保控制信号与舵偏角的动态闭环迭代[38]。总之，舵回路可以用伺服系统理论来分析，其负载是舵面的惯性和作用在舵面上的气动力矩（铰链力矩）。舵回路基本组成如图 6.30 所示。

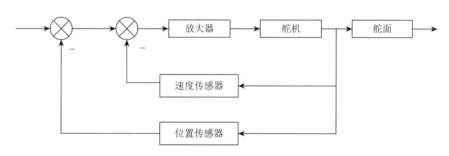

图 6.30　舵回路基本组成示意图

（2）舵回路基本原理。

微小型导弹舵系统用来操纵舵面和弹翼或改变微型发动机推力矢量来产生控制力，以确保导弹飞行的稳定。舵系统或推力矢量控制装置是控制导弹舵面、弹翼或发动机喷管偏转及射流方向的伺服系统。由于该闭合回路直接与导弹弹体相连，因此，它将对自动驾驶仪及制导系统的综合性能产生较大影响。图 6.31 给出了典型舵系统的基本原理框图。

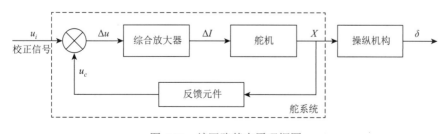

图 6.31　舵回路基本原理框图

综合放大器的作用是对输入信号 u_i 和反馈信号 u_c 相比较而产生的误差信号 Δu 进行综合、变换和功率放大，输出驱动舵机的控制信号 ΔI；舵机在 ΔI 信号驱动下产生输出位移 X，输出位移 X 通过连杆机构变成舵面的旋转运动，产生所需要的舵偏角 δ；舵机输出位移 X 由反馈元件测量得到反馈信号 u_c；u_c 与 u_i 综合后产生控制偏差信号 Δu，从而构成闭环迭代的伺服系统。

（3）舵回路传递函数。

微型舵机是舵系统前向通道中的微执行元件，在导弹飞行中处于负载状态下的工作状态。作用在舵机上的负载通常包括惯性负载、弹性负载、黏性负载及摩擦负载等[38]。舵机的传动部分包括舵机本身的传动（如活塞连杆、电机转子等）和带动舵面的减速机构以及操纵机构。建立舵机传递函数，需将舵机连同传动部分看作一个统一的整体。同时，舵机传递函数结构取决于它的形式（电动式、气压式、液压式或电磁式）、结构特点和控制方式等。此外，为了得到舵系统传递函数，还需建立反馈装置和综合放大器的传递函数。经推导简化，全负载（惯性负载、黏性负载、弹性负载、摩擦负载共同作用）状态下的舵系统传递函数 W_s 可表示为

$$W_s = \frac{K\mathrm{e}^{-\tau s}}{T^2 s^2 + 2\xi T s + 1} \tag{6.114}$$

综合而言，全负载舵系统的动态特性通常可以用比例环节、纯滞后环节和二阶振荡环节来描述。

3）微小型导弹控制系统稳定回路

（1）稳定控制回路功能分析。

微小型导弹控制系统稳定回路是由自动驾驶仪与导弹弹体构成的闭合回路，其主要作用是稳定导弹绕质心的姿态运动，并根据控制指令操纵导弹飞行，可以稳定弹体轴在空间的角位置和角速度，改善导弹的稳态和动态特性，增大弹体绕质心角运动的阻尼系数，有效控制静不稳定导弹，执行制导指令，确保操纵导弹的质心沿基准弹道飞行。

（2）稳定控制回路基本原理。

敏感元件、放大计算装置及舵回路共同组成导弹控制系统的核心——自动驾驶仪。它们与微小型导弹组成新的回路，称为稳定回路，如图 6.32 所示。

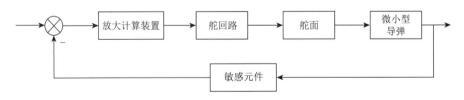

图 6.32　稳定回路基本原理框图

稳定回路通过敏感元件测量导弹的姿态角，与稳定回路指控信息综合后，经过放大计算装置及舵回路等控制舵面，能够稳定导弹在空间的姿态角运动和动态特性。稳定回路不仅比舵回路更加复杂，而且包含弹体的动态环节，其状态随飞行条件（如高度、速度、姿态等）的变化而改变。

（3）稳定控制回路优化案例。

优化 GNC 微系统稳定控制回路的方法可从自动控制原理角度出发，将输出量的速度信息反馈到系统输入端，并与误差信号进行比较，可以增大系统阻尼，使动态过程的超调量下降，调节时间缩短，同时滤除带外噪声。

为增大控制系统的阻尼，可在导弹控制系统中增加测速陀螺仪，实时测量弹体角速度，并反馈至综合放大器输入端，形成一个闭合回路。以俯仰通道稳定控制阻尼回路为例，包含测速陀螺仪的控制系统基本原理框图如图 6.33 所示。

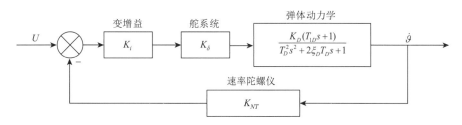

图 6.33　稳定控制回路优化原理框图

由弹体侧向传递函数可知，以舵偏角 δ_z 为输入量，俯仰角速度 $\dot{\vartheta}$ 为输出量的弹体传递函数 $G_{\delta_z}^{\dot{\vartheta}}$ 为

$$G_{\delta_z}^{\dot{\vartheta}} = \frac{K_D(T_{1D}s)+1}{T_D^2 s^2 + 2\xi_D T_D s + 1} \tag{6.115}$$

与弹体的时间常数相比，微执行装置的舵系统时间常数较小，此处不考虑微执行装置的惯性，并将它看作放大环节，且系数 K_δ、K_i 为可变传动比机构传递系数。测速陀螺仪是一个二阶系统，但一般情况下，测速陀螺仪的时间常数比弹体的时间常数小很多。为简化讨论，将测速陀螺仪看作传递系数为 K_{NT} 的无惯性放大环节[38]。因此，阻尼回路的闭环传递函数为

$$\frac{\dot{\vartheta}(s)}{U(s)} = \frac{K_D^*(T_{1D}s+1)}{T_D^{*2} s^2 + 2\xi_D^* T_D^* s + 1} \tag{6.116}$$

$$K_D^* = \frac{K_\delta K_i K_D}{1 + K_\delta K_i K_D K_{NT}} \tag{6.117}$$

$$T_D^* = \frac{T_D}{\sqrt{1 + K_D K_i K_\delta K_{NT}}} \tag{6.118}$$

$$\xi_D^* = \frac{\xi_D + \dfrac{T_{1D} K_\delta K_I K_D K_{NT}}{2T_D}}{\sqrt{1 + K_D K_i K_\delta K_{NT}}} \tag{6.119}$$

式中，K_D^* 为阻尼回路闭环传递环路；T_D^* 为阻尼回路时间常数；ξ_D^* 为阻尼回路闭环阻尼系数。

总体而言，阻尼回路可近似等效成二阶系统，测速陀螺仪反馈可以充分提供导弹飞行所需的阻尼，但阻尼系数过大，会使系统出现过阻尼特性。因此，需选择合适的反馈

通路传递系数，使系统具有合适的阻尼特性，从而达到优化稳定控制回路的目的。

4）微小型导弹控制系统制导回路

在稳定回路的基础上，结合导弹和目标运动学环节及制导装置，综合形成了制导回路，如图 6.34 所示。

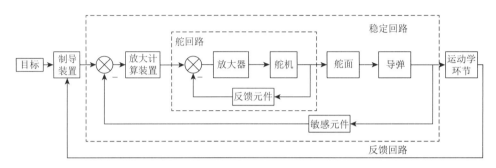

图 6.34　制导回路基本原理框图

作为导弹最重要的设备之一，制导装置主要用途是鉴别目标，将目标的位置与导弹的自身位置作比较，形成制导指令，并把指令信号送至自动驾驶仪来控制舵面的偏转，最后通过舵面的气动力操纵导弹飞向目标。

6.5　GNC 微系统信息融合分析与验证

GNC 微系统信息融合涉及的内容包括多源感知传感器位置、速度、高程、地磁等信息采集，噪声估计，惯导系统 IMU 陀螺仪和加速度计测量值预处理，测量误差估计，姿态、速度和位置更新以及卫星导航信息解算过程中导航电文提取、可见卫星空间位置速度计算、伪距伪距率提取，以及组合导航卡尔曼滤波主滤波器设计，量测方程设计，过程噪声和量测噪声矩阵估计等内容。为验证 GNC 微系统模块功能的可靠性，本节对系统导航定位解算性能进行典型场景仿真分析，并进行动态跑车试验，以测试系统硬件设计的合理性和软件功能的完备性。

6.5.1　轨迹发生器设计

微小型飞行器轨迹发生器主要包括起飞、加速、减速、爬升、转弯、平飞等 6 种飞行状态。对于确定的作业任务，可预先计算载体飞行轨迹、不同运动阶段不同时刻的比力和角速度等惯性测量单元输出信息，同时需要提供姿态、速度、位置等导航参数精确值，储存在载体轨迹发生器中。在轨迹发生器设计时，需要输出精确的姿态、速度、位置信息、噪声信息以及捷联惯导原始的比力和角速度等信息。接下来，重点介绍常用的坐标系以及相互之间的转换关系，以及导航数据误差设置方法等。

1. 常用坐标系介绍

为提高载体轨迹生成的信息可信度，需要针对多种典型的载体运动状态进行建模仿真。在仿真测试过程中，可将其中任意的几种运行状态进行合理组合，生成载体连续运行轨迹，同时输出各个时间历元下不同的载体姿态、速度、位置、比力和角速度等信息，充分反映载体在各个运行状态下的导航信息，常用坐标系如下。

（1）惯性坐标系 $(Ox_iy_iz_i)$：原点在地球中心，x 轴在地球赤道平面内指向春分点，y 轴、z 轴构成右手直角坐标系，z 轴为地球自转轴。

（2）地球坐标系 $(Ox_ey_ez_e)$：原点为地球中心，x 轴在地球赤道平面内与 y 轴垂直，并指向格林尼治子午线，z 轴为地球自转轴，相对于 i 系的转动角速率为 ω_{ie}。

（3）导航坐标系 $(Ox_ny_nz_n)$：惯导系统在求解导航参数时所采用的参考坐标系；原点为机体重心，x_n 指向东，y_n 指向北，z_n 指向天，等价于东北天（ENU）坐标系。

（4）机体坐标系 $(Ox_by_bz_b)$：x_b 沿着机体横轴指向右，y_b 沿着机体纵轴指向前，z_b 与 x_b、y_b 按照右手定则沿机体垂直向上。

（5）轨迹坐标系 $(Ox_ty_tz_t)$：x_t 保持水平向右，y_t 与轨迹相切指向轨迹前进方向，z_t 与 x_t、y_t 按照右手定则沿机体垂直向上。

（6）轨迹水平坐标系 $(Ox_hy_hz_h)$：该坐标系是 t 系在水平面内的投影，x_h 与 x_t 重合，y_h 是 y_t 在水平面内的投影，z_h 与 x_h、y_h 按照右手定则垂直向上。

2. 坐标系之间转换矩阵

设 φ、θ、γ 分别为微小型飞行器的航向角、俯仰角和横滚角，则导航坐标系（n 系）、轨迹坐标系（t 系）、轨迹水平坐标系（h 系）、机体坐标系（b 系）之间的转换关系如下。

n 系绕 z_n 轴转动 φ 角得到 h 系，h 系绕 x_h 轴转 θ 角得到 t 系，t 系绕 y_t 轴转 γ 角得到 b 系。相应的坐标转换矩阵为

$$C_n^h = R_{-Z}(\varphi) = \begin{bmatrix} \cos\varphi & -\sin\varphi & 0 \\ \sin\varphi & \cos\varphi & 0 \\ 0 & 0 & 1 \end{bmatrix} \tag{6.120}$$

$$C_h^t = R_X(\theta) = \begin{bmatrix} 1 & 0 & 0 \\ 0 & \cos\theta & \sin\theta \\ 0 & -\sin\theta & \cos\theta \end{bmatrix} \tag{6.121}$$

$$C_t^b = R_Y(\gamma) = \begin{bmatrix} \cos\varphi & 0 & -\sin\gamma \\ 0 & 1 & 0 \\ \sin\gamma & 0 & \cos\gamma \end{bmatrix} \tag{6.122}$$

$$C_n^b = C_t^b \cdot C_h^t \cdot C_n^h$$
$$= \begin{bmatrix} \cos\gamma\cos\varphi + \sin\gamma\sin\theta\sin\varphi & -\cos\gamma\sin\gamma + \sin\gamma\sin\theta\cos\varphi & -\sin\gamma\cos\theta \\ \cos\theta\sin\varphi & \cos\theta\cos\varphi & \sin\theta \\ \sin\gamma\cos\varphi - \cos\gamma\sin\theta\sin\varphi & -\sin\gamma\sin\varphi - \cos\gamma\sin\theta\cos\varphi & \cos\gamma\cos\theta \end{bmatrix} \tag{6.123}$$

$$C_t^n = C_h^n \cdot C_t^h = \left(C_n^h\right)^{\mathrm{T}} \cdot \left(C_h^t\right)^{\mathrm{T}} = \begin{bmatrix} \cos\varphi & \sin\varphi\cos\theta & -\sin\varphi\sin\theta \\ -\sin\varphi & \cos\varphi\cos\theta & -\cos\varphi\sin\theta \\ 0 & \sin\theta & \cos\theta \end{bmatrix} \tag{6.124}$$

3. 载体运动状态建模

相对于地球表面而言，一般载体运动状态的改变是由载体航向角、俯仰角和横滚角的变化（用 $\dot{\varphi}$、$\dot{\theta}$、$\dot{\gamma}$ 表示）以及载体在轨迹坐标系下的加速度（用 $a_{x/y/z}^t$ 表示）发生改变引起的。

（1）静止或匀速直线运动。

载体静止或做匀速直线运动时，航向角、俯仰角和横滚角变化率为零，轨迹坐标系上的加速度也为零，即 $\dot{\varphi}=0$，$\dot{\theta}=0$，$\dot{\gamma}=0$，$a_x^t=0$，$a_y^t=0$ 和 $a_z^t=0$。

（2）加速（或减速）运动。

加速时载体航向角、俯仰角和横滚角不变，沿轨迹坐标系前进的方向有常值加速度 a，即 $\dot{\varphi}=0$，$\dot{\theta}=0$，$\dot{\gamma}=0$，$a_x^t=0$，$a_y^t=a$ 和 $a_z^t=0$。

（3）爬升运动。

飞机的爬升可以分为 3 个阶段：改变俯仰角的拉起阶段、等角爬升阶段和结束爬升的改平阶段。

拉起阶段：在该阶段，飞机俯仰角以等角速度 $\dot{\theta}_0$ 逐渐增加到等角爬升的角度。设该阶段的初始时刻为 t_{01}，则有

$$\dot{\theta}=\dot{\theta}_0, \quad \theta=\dot{\theta}(t-t_{01}) \tag{6.125}$$

等角爬升阶段：在该阶段，飞机以恒定的俯仰角 θ_c 爬升到需要的高度，则有

$$\dot{\theta}=0, \quad \theta=\theta_c \tag{6.126}$$

改平阶段：在该阶段，飞机俯仰角以等角速度 $-\dot{\theta}_0$ 逐渐减少俯仰角。设该阶段的初始时刻为 t_{02}，则有

$$\dot{\theta}=-\dot{\theta}_0, \quad \theta=\theta_c+\dot{\theta}(t-t_{02}) \tag{6.127}$$

（4）转弯运动。

假设微小型飞行器运载体为协调转弯，转弯过程中载体无侧滑，飞行轨迹在水平面内。以右转弯为例分析协调转弯过程中的转弯半径和转弯角速度等。

设转弯过程中飞机的速度为 V_y^b，转弯半径为 R，转弯角速度为 ω_z^h，而转弯所需的向心力 A_x^h 由升力倾斜产生的水平分量来提供，则有

$$A_x^h=-R\left(\omega_z^h\right)^2=-\left(V_y^b\right)^2/R=-g\tan\gamma \tag{6.128}$$

$$R=\left(V_y^b\right)^2/\left(g\tan\gamma\right) \tag{6.129}$$

$$\omega_z^h=V_y^b/R=g\tan\gamma/V_y^b \tag{6.130}$$

载体转弯分为 3 个阶段：由平飞改变横滚角进入转弯阶段、保持横滚角以等角速度转弯阶段和转弯后的改平阶段。

进入转弯阶段：在该阶段，以等角速度 $\dot{\gamma}_0$ 调整横滚角到所需的数值，设该阶段的初始时刻为 t_{03}，则有

$$\dot{\gamma}=\dot{\gamma}_0 \tag{6.131}$$

$$\gamma = \dot{\gamma}(t - t_{03}) \tag{6.132}$$

$$\omega_z^h = g \cdot \tan\gamma / V_y^b = g \cdot \tan\left(\dot{\gamma}(t - t_{03})\right) / V_y^b \tag{6.133}$$

$$\Delta\varphi = \int_{t_{03}}^{t} \omega_z^h \mathrm{d}t \tag{6.134}$$

等角速度转弯阶段：在该阶段，微小型飞行器保持横滚角 γ_c 不变，并以等角速度 ω_0 转弯，则有

$$\gamma = \gamma_c, \quad \omega_z^h = \omega_0 \tag{6.135}$$

改平阶段：在该阶段，飞机以等角速度 $-\dot{\gamma}_0$ 调整横滚角到所需的数值，设该阶段的初始时刻为 t_{04}，则有

$$\dot{\gamma} = -\dot{\gamma}_0, \quad \gamma = \gamma_c + \dot{\gamma}(t - t_{04}) \tag{6.136}$$

（5）俯冲运动。

俯冲过程的飞行轨迹在地垂面内，俯仰角的改变方向与爬升过程相反，分为改变姿态进入俯冲、持续俯冲和俯冲后的改平 3 个阶段。

进入俯冲阶段：在该阶段，飞机俯仰角以等角速度 $\dot{\theta}_1$ 逐渐减小到所需的角度。设该阶段的初始时刻为 t_{05}，则有

$$\dot{\theta} = -\dot{\theta}_1, \quad \theta = \dot{\theta}(t - t_{05}) \tag{6.137}$$

持续俯冲阶段：在该阶段，飞机以恒定的俯仰角 θ_{c1} 俯冲到需要的高度，则有

$$\dot{\theta} = 0, \quad \theta = \theta_{c1} \tag{6.138}$$

改平阶段：在该阶段，飞机俯仰角以等角速度 $\dot{\theta}_1$ 逐渐增加俯仰角。设该阶段的初始时刻为 t_{06}，则有

$$\dot{\theta} = \dot{\theta}_1, \quad \theta = \theta_{c1} + \dot{\theta}(t - t_{06}) \tag{6.139}$$

6.5.2　导航数据生成

微小型飞行器的典型导航数据一般包含陀螺仪和加速度计数据，其中陀螺仪、加速度计模型的输入量是由载体轨迹生成，经过运算和处理后，可输出 GNC 微系统解算所对应的角速度和比力量测值。

1. 陀螺仪数据生成数学模型

理想角速度陀螺仪是机体坐标系（b）相对于惯性坐标系（i）的转动角速度在机体坐标系中的投影 ω_{ib}^b，具体计算过程涉及多个坐标系之间的转换，陀螺仪是敏感载体角运动的元件，考虑到陀螺仪本身存在误差，此时陀螺仪的输出为

$$\tilde{\omega}_{ib}^b = \omega_{ib}^b + \varepsilon^b \tag{6.140}$$

式中，$\tilde{\omega}_{ib}^b$ 为陀螺仪实际测得的角速度；ω_{ib}^b 为陀螺仪理想状态下角速度输出值；ε^b 为陀

螺仪元件误差，包括陀螺仪的常值漂移和随机误差（一阶马尔可夫过程和白噪声），ε^b 计算公式可表示为

$$\varepsilon^b = \varepsilon_b + \varepsilon_r + \omega_g \tag{6.141}$$

式中，ε_b 代表陀螺仪常值漂移；ε_r 代表一阶马尔可夫过程；ω_g 代表白噪声。ε_b 和 ε_r 的数学模型为

$$\begin{cases} \dot{\varepsilon}_b = 0 \\ \dot{\varepsilon}_r = -\dfrac{1}{T_r}\varepsilon_r + \omega_r \end{cases} \tag{6.142}$$

式中，T_r 代表相关时间；ω_r 代表驱动白噪声，其方差为 σ_r^2。陀螺仪仿真器的基本原理框图如图 6.35 所示。

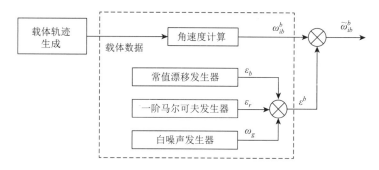

图 6.35 陀螺仪数据生成原理框图

2. 加速度计数据生成数学模型

加速度计测量的量是比力。加速度计是敏感载体线运动的元件。由于加速度计本身存在误差，因此，加速度计的输出为

$$\tilde{f}^b = f^b + \nabla_a^b \tag{6.143}$$

式中，$\tilde{f}^b$ 为加速度计实际测得的比力；f^b 为捷联惯导系统中加速度计模型的理想输出；∇_a^b 为加速度计误差，包括加速度计零偏和随机误差（一阶马尔可夫过程和白噪声），加速度计误差 ∇_a^b 计算公式为

$$\nabla_a^b = \nabla_a + \nabla_r + \omega_a \tag{6.144}$$

式中，∇_a 为加速度计零偏；∇_r 为一阶马尔可夫过程；ω_a 为白噪声。∇_a 和 ∇_r 数学模型为

$$\begin{cases} \dot{\nabla}_a = 0 \\ \dot{\nabla}_r = -\dfrac{1}{T_a}\nabla_r + \omega_a \end{cases} \tag{6.145}$$

式中，T_a 为相关时间；ω_a 为白噪声，其方差为 σ_a^2。加速度计仿真器的基本原理框图如图 6.36 所示。

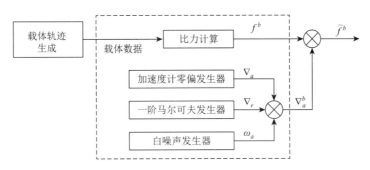

图 6.36　加速度计数据生成原理框图

3. IMU 数据生成

IMU 数据生成中的陀螺仪数据参考 ADXRS620 精度指标，加速度计数据参考 AD22293 精度指标，陀螺仪和加速度计误差统计如图 6.37 所示。

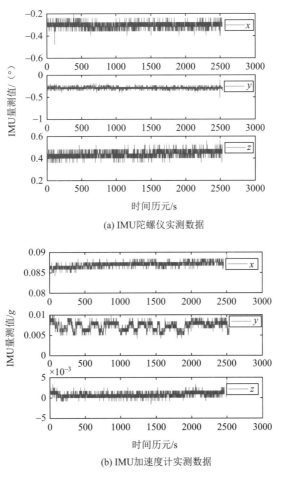

(a) IMU陀螺仪实测数据

(b) IMU加速度计实测数据

图 6.37　IMU 惯性测量单元实测结果统计图

图中 IMU 陀螺仪 x、y、z 轴的实测角度标准差分别为 0.03002°、0.03232°、0.03116°，IMU 加速度计 x、y、z 轴的实测结果标准差分别为 0.6435mg、1.08192mg、0.6548mg。接下来，采用上述 IMU 数据参数进行理论算法仿真。

6.5.3　信息融合仿真分析

微小型飞行器轨迹起点设置在北纬 39.9895°，东经 116.3084°，高程 1000m，具体运动轨迹状态为初始速度设置为 0，静态 100s 后以 2m/s^2 的加速度向前（y 方向）运动 25s，速度达到 50m/s，保持匀速状态运动 100s，然后向右转 90°，保持匀速状态运动 100s，然后向左转 90°，保持匀速状态运动 100s，然后向上倾斜 20°，以 50m/s 速度向上爬升 50s，然后保持匀速运动 100s，然后向下倾斜 20°，以 50m/s 速度向下俯仰运行 50s，回到最终的平面上，以 −2m/s^2 的加速度运动 12.5s，直到静止状态。载体在上述动态场景导航坐标系下姿态、速度和位置轨迹生成仿真图如图 6.38 所示。

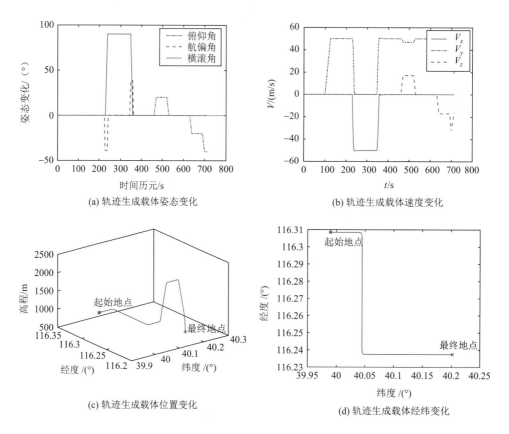

(a) 轨迹生成载体姿态变化　　　　　　　(b) 轨迹生成载体速度变化

(c) 轨迹生成载体位置变化　　　　　　　(d) 轨迹生成载体经纬变化

图 6.38　载体动态场景轨迹生成变化示意图

微小型飞行器在图 6.39 仿真场景运动轨迹下，考虑陀螺仪常值漂移、一阶马尔可夫过程以及白噪声，IMU 陀螺仪数据输出如图 6.39 所示。

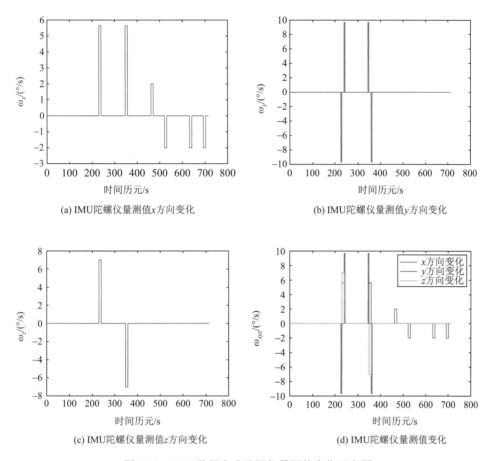

图 6.39　IMU 数据生成陀螺仪量测值变化示意图

微小型飞行器考虑加速度计常值漂移、一阶马尔可夫过程以及白噪声，IMU 加速度计数据输出如图 6.40 所示。

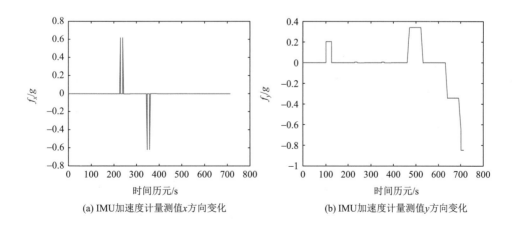

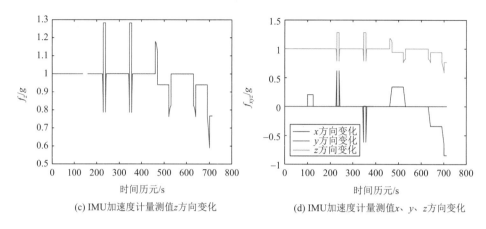

(c) IMU加速度计量测值z方向变化　　　　(d) IMU加速度计量测值x、y、z方向变化

图 6.40　IMU 数据生成加速度计量测值变化示意图

在典型动态场景轨迹变化下，微小型飞行器采用目前常用的组合导航扩展卡尔曼滤波算法，系统定位偏差统计结果如图 6.41 所示。

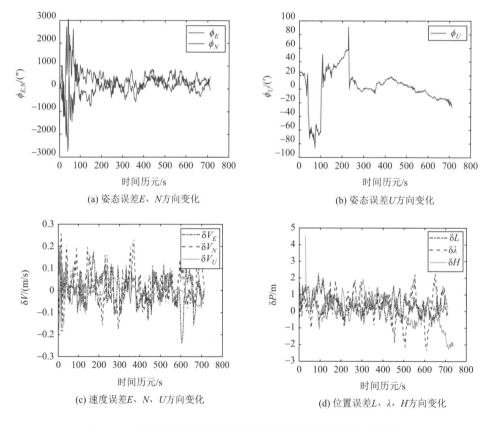

(a) 姿态误差E、N方向变化　　　　(b) 姿态误差U方向变化

(c) 速度误差E、N、U方向变化　　　　(d) 位置误差L、λ、H方向变化

图 6.41　典型动态场景下扩展卡尔曼滤波解算误差变化示意图

典型动态场景中，采用目前常用的组合导航扩展卡尔曼滤波算法，微小型飞行器

在 E、N、U 方向姿态误差开始出现振荡，后续逐渐收敛。在 E、N、U 方向的速度误差标准差分别为 0.07、0.08 和 0.04，对应的三维定速精度为 0.45m/s；位置误差标准差分别为 0.48、0.74 和 0.77，对应的三维定位精度为 4.68m。多源组合导航信息融合下，采用 6.3.3 节提出的基于载噪比噪声矩阵的卫导与惯导信息融合算法，通过高频率捷联惯导系统姿态速度位置更新和卫导系统新息量测，结合组合导航接收机所跟踪的各个可见卫星仰角和导航信号载噪比信息，实时调整组合导航卡尔曼滤波器观测噪声矩阵，通过捷联惯导系统和卫导系统伪距、伪距率量测值更新，实时处理组合导航卡尔曼滤波器状态方程和误差估计协方差矩阵，最后通过组合导航信息融合反馈校正惯性器件量测误差，微小型飞行器在动态场景轨迹变化下，系统定位偏差统计结果如图 6.42 所示。

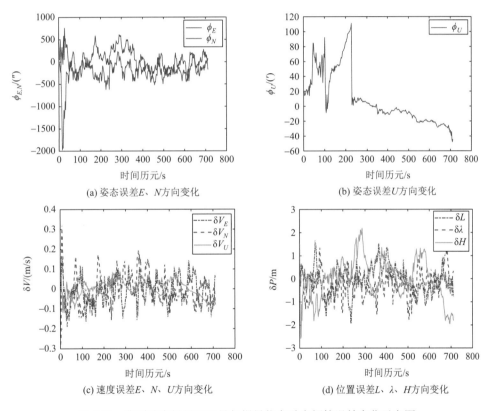

图 6.42　典型动态场景下卫导与惯导信息融合解算误差变化示意图

　　图 6.42 显示了动态场景下基于载噪比噪声矩阵的卫导与惯导信息融合解算误差变化示意图，微小型飞行器在 E、N、U 方向的速度误差标准差分别为 0.066、0.078 和 0.041，对应的三维定速精度为 0.44m/s；解算位置误差标准差分别为 0.5、0.45 和 0.77，对应的三维定位精度为 4.08m，而采用目前常用的组合导航扩展卡尔曼滤波算法，三维定速精度为 0.45m/s，三维定位精度为 4.68m，三维速度精度提升了 2.2%，三维位置精度提升了 12.82%。

6.5.4 信息融合实测验证

针对北京航天控制仪器研究所自研的 GNC-MS01 样机进行实测验证。在某北斗产业园区，采用蒙特卡罗试验分析方法，主要分为纯惯导模式、惯性/GNSS/多源组合导航模式以及 GNSS 拒止模式等 3 种典型场景进行实测验证，跑车沿着该北斗产业园环形运动，结果如下所述。

1. 纯惯导模式

GNC-MS01 样机在纯惯导模式下，陀螺仪和加速度计存在常值漂移和随机游走等，导致 GNC-MS01 样机逐步发散，同时在导航解算过程中添加了跑车运动约束，虽然不会完全发散，但是 GNC-MS01 样机的运动轨迹逐步偏离跑道，具体运动轨迹示意图如图 6.43 所示。

图 6.43～图 6.45 体现了 GNC-MS01 样机纯惯导模式下运动轨迹示意图，刚开始数据沿着预期轨迹运行，但随着时间的推移，陀螺仪和加速度计量测值逐步发散，导致样机

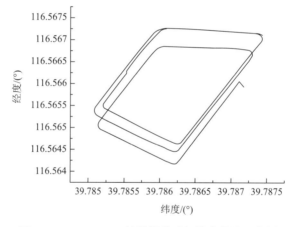

图 6.43 GNC-MS01 纯惯导模式经纬度轨迹示意图

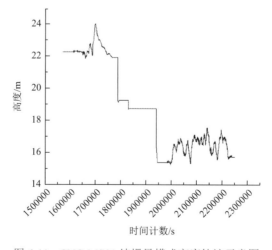

图 6.44 GNC-MS01 纯惯导模式高度轨迹示意图

图 6.45　GNC-MS01 纯惯导模式 Google Earth 轨迹示意图

解算结果逐步发散，虽然运动趋势大体相同，但是实际水平位置还存在一定的误差，其中标准差为 12.8762m，高程误差标准差为 2.7212m。

2. 惯性/GNSS/多源组合导航模式

GNC-MS01 样机在惯性/GNSS/多源组合导航模式下，由于磁强计和气压计等传感器辅助接收机进行初始航向和高程辅助，同时 GNSS 对系统状态参量进行实时的误差校正，综合提高惯性/GNSS/多源组合导航接收机初始定向精度和组合导航定位精度，使其运动时间段内一直处于收敛状态，具体运动轨迹示意图如图 6.46 所示。

图 6.46～图 6.48 体现了 GNC-MS01 样机在惯性/GNSS/多源组合导航模式下运动轨迹示意图，由于磁强计辅助接收机进行初始航向辅助，同时 GNSS 对系统状态参量进行实时的误差校正，综合提高了惯性/GNSS/多源组合导航接收机初始定向精度和组合导航定

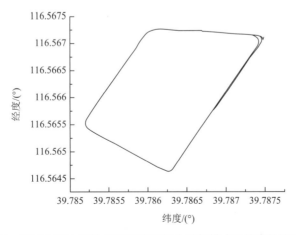

图 6.46　GNC-MS01 惯性/GNSS/多源组合导航模式经纬度轨迹示意图

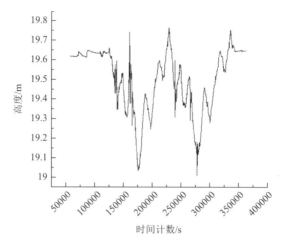

图 6.47　GNC-MS01 惯性/GNSS/多源组合导航模式高度轨迹示意图

图 6.48　GNC-MS01 惯性/GNSS/多源组合导航模式 Google Earth 轨迹示意图

位精度，惯性/GNSS/多源组合导航接收机运动时间段内一直处于收敛状态，水平位置标准差为 0.3764m，高程误差标准差为 0.1072m。

3. GNSS 拒止模式

GNC-MS01 样机在 GNSS 拒止模式下，绕该区域环形 2 周后进入地下车库，具体运动轨迹及信息融合结果如图 6.49 所示。

图 6.49～图 6.51 体现了 GNC-MS01 样机在惯性/GNSS/磁强计/高度计等多源组合导航拒止模式下运动轨迹示意图。露天环境下，由于磁强计辅助接收机进行初始航向辅助，同时 GNSS 对组合导航系统状态参量进行实时的误差校正，综合提高了多源组合导航接收机初始定向精度和组合导航定位精度。当进入地下车库后，由于钢筋水泥等对 GNSS 导航信号的遮挡，等价于在 GNSS 拒止环境下，借助于高度计进行组合导航卡尔曼滤波

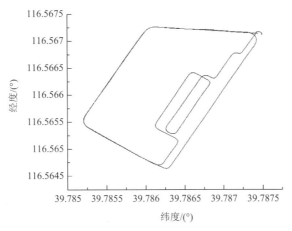

图 6.49　GNC-MS01 组合导航拒止模式经纬度轨迹示意图

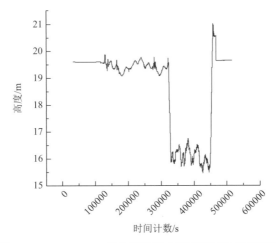

图 6.50　GNC-MS01 组合导航拒止模式高度轨迹示意图

图 6.51　GNC-MS01 组合导航拒止模式 Google Earth 轨迹示意图

高程方向的观测向量量测，通过跑车运动约束以及高程的观测向量，抑制了组合导航系统状态向量的发散，取得了较好的效果，水平位置标准差为 0.6521m，高程误差标准差为 0.6752m。在此过程中，高程方向出现较大的抖动，原因是进出车库时，减速带会引起加速度计较大变化和高程的瞬时变化，但是，通过 GNC 多源组合导航卡尔曼滤波的历史状态和预测状态进行信息融合，能够克服误差，进一步提高组合导航系统收敛性和稳定性。

惯性/GNSS/外源传感器等多源组合导航 GNC 系统样机通过跑车实测，在多种典型场景模式下进行验证，通过对通用化、模块化的"即插即用"核心 GNC 模块进行设计，并有效利用多种传感器信息源进行信息融合解算，在此基础上，结合载体动力学、工作场景等，可形成适合航空航天和武器装备等领域的谱系化产品。

参 考 文 献

[1] 王巍，姜杰，吴志刚，等. 多源自主导航系统可检测性研究. 导航与控制，2022，21（5/6）：1-10.

[2] 王巍，郭雷，吴志刚，等. 多源自主导航系统可重构性研究. 导航与控制，2022，21（5/6）：11-18，10.

[3] Tu Y，Wang D，Ding S X，et al. A reconfiguration-based fault-tolerant control method for nonlinear uncertain systems. IEEE Transactions on Automatic Control，2021，67（11）：6060-6067.

[4] Du T，Guo L，Yang J. A fast initial alignment for SINS based on disturbance observer and Kalman filter. Transactions of the Institute of Measurement and Control，2016，38（10）：1261-1269.

[5] 谢钢. GPS 原理与接收机设计. 北京：电子工业出版社，2009.

[6] Choi J，Park J，Jung J，et al. Development of an autonomous surface vehicle and performance evaluation of autonomous navigation technologies. International Journal of Control，Automation and Systems，2020，18：535-545.

[7] 杨芳，范金峰，马军，等. 导航增强伪卫星时间同步技术与精度分析. 导航定位与授时，2021，8（3）：132-136.

[8] 严龚敏. 捷联惯导算法与组合导航原理. 西安：西北工业大学出版社，2018.

[9] 贺玉玲，何克亮，王国永，等. 导航卫星时频系统发展综述. 导航定位与授时，2021，8（5）：61-70.

[10] Nourmohammadi H，Keighobadi J. Integration scheme for SINS/GPS system based on vertical channel decomposition and in-motion alignment. AUT Journal of Model Simulation，2018，50（1）：13-22.

[11] Nourmohammadi H，Keighobadi J. Design and experimental evaluation of indirect centralized and direct decentralized integration scheme for low-cost INS/GNSS system. GPS Solution，2018，22（3）：1-18.

[12] 魏艳艳. 2021 年外军定位导航与授时领域发展综述. 中国电子科学研究院学报，2022，17（4）：342-346.

[13] Vavilova N B，Golovan A A，Kozlov A V，et al. INS/GNSS integration with compensated data synchronization errors and displacement of GNSS antenna. Experience of Practical Realization，2021，12：236-246.

[14] Liu Y，Li S，Fu Q，et al. Analysis of Kalman filter innovation-based GNSS spoofing detection method for INS/GNSS integrated navigation system. IEEE Sensors Journal，2019，19（13）：5167-5178.

[15] Zorina O A，Izmailov E A，Kukhtevich S E，et al. Enhancement of INS/GNSS integration capabilities for aviation-related applications. Gyroscopy and Navigation，2018，8（4）：248-258.

[16] Xiong L，Xia X，Lu Y，et al. IMU-based automated vehicle body sideslip angle and attitude estimation aided by GNSS using parallel adaptive Kalman filters. IEEE Transactions on Vehicular Technology，2020，69（10）：10668-10680.

[17] 王巍. 惯性技术研究现状及发展趋势. 自动化学报，2013，39（6）：723-729.

[18] 马卫华. 导弹/火箭制导、导航与控制技术发展与展望. 宇航学报，2020，41（7）：860-867.

[19] 孟凡琛，朱柏承，张延东，等. 一种基于最优 GDOP 和牛顿恒等式的双星座快速选星方法. 201310479011.8，2016.

[20] Wang D，Xu X，Yao Y，et al. A novel SINS/DVL tightly integrated navigation method for complex environment. IEEE Transactions on Instrumentation and Measurement，2020，69（7）：5183-5196.

[21] 孙俊忍，孟凡琛，王德琰. SINS/GNSS 深组合导航码相位故障诊断与重构算法. 中国惯性技术学报，2023，31（6）：

563-568.

[22]　牛小骥，班亚龙，张提升，等. GNSS/INS 深组合技术研究进展与展望. 航空学报，2016，37（10）：2895-2907.

[23]　Zhang Q，Niu X，Shi C. Impact assessment of various IMU error sources on the relative accuracy of the GNSS/INS systems. IEEE Sensors Journal，2020，20（9）：5026-5038.

[24]　Du Z，Chai H，Xiao G，et al. Analyzing the contributions of multi-GNSS and INS to the PPP-AR outage re-fixing. GPS Solution，2021，25：81.

[25]　顾涛，陈帅，谭聚豪，等. 基于联邦滤波的 SINS/GNSS/OD/高度计多源组合导航算法研究. 导航定位与授时，2021，8（3）：20-26.

[26]　傅金琳，张崇猛，阎磊，等. 一种低复杂度的惯性/GNSS 矢量深组合方法. 中国惯性技术学报，2019，27（6）：753-758.

[27]　Meng F C，Wang S，Zhu B C. GNSS reliability and positioning accuracy enhancement based on fast satellite selection algorithm and RAIM in multi-constellation. IEEE Aerospace and Electronics System Magazine，2015，30（10）：14-27.

[28]　魏文龙. 无人机集群编队控制算法实现. 现代导航，2022，13（6）：453-457，460.

[29]　Shen K，Wang M，Fu M，et al. Observability analysis and adaptive information fusion for integrated navigation of unmanned ground vehicles. IEEE Transactions on Industrial Electronics，2020，67（9）：7659-7668.

[30]　陈世适，姜臻，董晓飞，等. 微小型飞行器发展现状及关键技术浅析. 无人系统技术，2018，1（1）：38-53.

[31]　Yang Y，Liu X，Zhang W，et al. A nonlinear double model for multisensor-integrated navigation using the federated EKF algorithm for small UAVs. Sensors，2020，20（10）：2974.

[32]　Dong T，Wang D，Fu F，et al. Analytical nonlinear observability analysis for spacecraft autonomous relative navigation. IEEE Transactions on Aerospace and Electronic Systems，2022，58（6）：5875-5893.

[33]　张庆学，赵国良，王艳玲，等. 基于 TSV 的星载微系统设计与可靠性实现. 遥测遥控，2022，43（3）：109-118.

[34]　朱振才，张科科，陈宏宇，等. 微小卫星总体设计与工程实践. 北京：科学出版社，2016.

[35]　曹寅，程月华，高波，等. 对地观测卫星姿态控制系统效能评估方法. 北京航空航天大学学报，2023：1-14.

[36]　马卫华. 导弹/火箭制导、导航与控制技术发展与展望. 宇航学报，2020，41（7）：860-867.

[37]　Shen K，Xia Y，Wang M，et al. Quantifying observability and analysis in integrated navigation. Navigation，2018，65（2）：169-181.

[38]　雷虎民，李炯，胡小江. 导弹制导与控制原理. 北京：国防工业出版社，2018.

第 7 章
GNC 微系统误差分析与测试技术

7.1 概述

在充分发挥"深度摩尔"和"超越摩尔"等优势的基础上，GNC 微系统的集成技术实现了快速融合发展，表现为集成度不断增加、功能不断完善、信息流不断增大、尺寸不断缩小。同时，GNC 微系统持续突破传统工艺节点、器件类型和结构体系之间的壁垒，通过交叉融合先进制造和工艺流程，跨越了不同维度及可测试性的集成架构。同时，将力、热、声、光、电、磁等多种物理量的感知、处理与执行集成为一体，结合工程实践中的总线和工装设计等，使之更易于进行专门化、批量化、自动化的测试。

微系统集成封装等工艺技术的突破，将打破器件/芯粒与系统实现工艺的分界面，但值得关注的是，它也会导致一些新的问题：一是在设计制造等环节，将出现跨层级耦合的现象；二是微纳跨尺度三维高密度集成特征，将带来一些新的难题，例如，物理节点可访问性较差，各模块间缺乏易于拆分及便于测量的端口等；三是跨尺度耦合多物理场效应，使得构造具有严格可控边界条件的测试环境变得更加困难，多物理场参数的校准和去嵌也相对复杂。此外，在 CMOS 工艺与系统级封装工艺上，还存在兼容性较差、晶格失配、集成热失配等问题。在 GNC 微系统失效机理和误差分析上，相关技术手段还欠缺，导致器件可靠性、稳定性、抗干扰和 EMC 表现不尽如人意等问题。为进一步完善该技术的应用稳定性，GNC 微系统的可测性就成为需要解决的关键技术问题之一。

GNC 微系统测试设计过程中，由于与外界环境需要进行多样化的交互，对其影响的因素较为复杂，涉及感知、探测、传感、控制、执行、能源等。基于此，需要设计更加标准化、自动化和智能化的测试系统，同时可具备自检测、自诊断和自校准等自测能力，实现全生命周期的测试管理。在一体化复杂异质集成系统中，具备"感、存、算、动、能"等较高功能密度，相应地，GNC 微系统中可能需要包含众多电子元器件与光电结构组件，如数字 IC、模拟 IC、存储 IC、现场可编程门阵列、射频 IC、MEMS 惯性器件、光电器件、连接结构、封装结构等。高密度封装集成及多功能一体化的光机电复杂微系统所涉及的关键测试技术包括核心器部件测试、导航制导与控制功能模块测试、GNC 共性技术测试、先进工艺集成后的 GNC 微系统在线测试以及低成本、大批量产品制造前的简易测试等。因此在设计阶段，需考虑其误差分析以及可测试性；在集成制造过程中，需引入多种测试方法和手段，以保证工艺质量和批量化生产质量；在测试验证过程中，需进行全面的测试，具体包括力学、热学、光学、电磁学和环境适应性等功能性能测试、可靠性和失效性测试。总之，在分析过程中，结合多种先进测试技术，旨在进一步提升 GNC 微系统测试数据的稳定性、精准度以及测试效率。尤其是对低成本、批量化的微系统而言，确保测试结果的可靠性和重复性显得更为重要。

围绕上述问题，本章首先分析影响 GNC 微系统导航、制导与控制功能的误差因素；并以微感知器件为例，深入分析其误差模型及机理等；其次，针对 TSV 和微凸点结构等，进行典型工艺的误差分析，并结合热、力、电磁等典型环境，进行误差机理分析；最后，结合典型器件、集成工艺和一体化设计等（GNSS 导航器件、MEMS 惯性器件、微型舵机、微型推进器等）进行测试分析，并结合半实物仿真、跑车试验及机载飞行试验等，进行验证分析，助力 GNC 微系统相关系列产品升级迭代，为产业升级和可持续健康发展提供参考。

7.2　GNC 微系统导航、制导与控制误差分析

从不同视角出发，对 GNC 微系统误差的理解也有所不同。依据来源不同，可分为 3 种不同的类型：一是核心器件误差，来自于内嵌的微感知、微探测、微执行等传感器；二是三维互连、多物理场耦合及环境误差；三是系统级误差。按照功能不同，可分为 4 种不同的类型，分别为导航误差、制导误差、控制误差或者上述任意功能组合后的误差。具体而言，导航误差是 GNC 微系统的主要误差来源。惯性导航系统是一种自主式导航系统，不受外界干扰，短时精度较高，但存在长时间漂移等缺点。因此，常需以卫星导航和惯性导航为主，再利用其他辅助导航系统，如气压计、磁强计等，构成多源自主导航系统，以适应长航时、高精度、强鲁棒的导航需求。制导误差是指因采用的制导方式、原理的不完善（方法误差）及测算装置的不精确（工具误差）所造成的落点偏离或入轨偏差。控制误差是指期望的稳态输出量与实际的稳态输出量之间存在的差距。控制误差越小，说明其控制精度越高。控制系统的设计主要是在兼顾其他性能指标的情况下，使控制误差小于给定的容许值。而控制误差按照产生的原因，又可细分为原理性误差和实际性误差。原理性误差主要是指为了跟踪期望的输出量，与外界扰动共同作用所形成的原理性误差。实际性误差是指由于 GNC 控制系统中所采用的微传感元件、微执行机构等在精度上的限制因素，在这种情况下，只能通过选用多源或更高精度元件，采取补偿措施，来减少误差的发生。

本节将从 GNC 微系统的导航、制导与控制等功能角度出发，重点阐述其误差机理、抑制方法等。

7.2.1　GNC 微系统导航误差

GNC 微系统导航功能的实现依托于卫星导航、惯性导航、地磁导航、景象导航等，其中，绝大多数场景依赖于卫星导航、惯性导航和地磁导航，具体概述如下所述。

1. 卫星导航系统误差

卫星导航系统主要由空间段、地面段和用户段三部分组成。以我国北斗卫星导航系统（Beidou navigation satellite system，BDS）为例，空间段由若干地球静止轨道卫星、倾斜地球同步轨道卫星和中圆地球轨道卫星等组成；地面段包括主控站、时间同步/注入站和监测站等若干地面站，以及星间链路运行管理设施；用户段包括北斗导航接收机，以及兼容其他卫星导航系统的芯片、模块、天线等基础产品、终端产品、应用系统与应用服务等。BDS 可向全球范围内的用户提供连续、精确的三维速度、位置信息以及时间信息，具有全球性、全天候等特征。BDS 误差主要包括星历误差、卫星钟差、对流层和电离层延迟、杆臂误差、多路径效应和接收机测量噪声等。

2. 惯性导航系统误差

惯性导航系统主要通过加速度计和陀螺仪测量信息，推算载体姿态、速度与位置等信息，可分为捷联式惯性导航系统（strap-down inertial navigation system，SINS）和平台式惯性导航系统（platform inertial navigation system，PINS）。SINS 是将惯性器件直接安装在载体上，通过四元数法、方向余弦法等，解算输出载体的姿态、速度和位置信息[1]。与 SINS 不同，PINS 将惯性器件安装于惯性平台上，因而 PINS 是以平台系为基准的系统。通常而言，PINS 质量较重、体积偏大、成本昂贵，且结构复杂、工作环境要求较高，同时又不利于保养维护，而 SINS 质量较轻、体积较小、结构相对简单，因此，比较而言应用更为广泛[2-4]。

SINS 不需要外界提供信息，也无须向外界环境传递任何能量，因此，它的工作不受外界环境干扰，短时精度较高，具有众多技术优势。但是，由于惯性器件存在常值误差、比例因子误差、交叉耦合误差、随机噪声等，其自身的误差会随时间增加而不断累积，难以长时间内维持导航精度要求，而为了提高惯性器件精度，所花费的成本往往又过高，因而通常将 SINS 与其他导航系统进行组合，实现多方优势互补。

3. 地磁导航系统误差

作为一种无源自主导航方法，地磁导航具有抗干扰能力强、无积累误差和精度适中等优点。以单兵导航为例，鉴于 MIMU 精度较低且难以实现自寻北，一般直接用地磁传感器完成寻北和定向，磁航向也可在导航解算中作为航向外部观测量抑制航向角漂移[5]。由于磁强计存在零偏误差、标度因数误差和非正交误差等，在使用磁强计计算地磁导航系统的磁航向角之前，需对磁强计误差进行校准。对于足部安装的单兵导航系统，动态环境下磁传感器的输出稳定性较差，一般仅在脚部的零速区间内采用磁航向角辅助，以减小动态误差的影响。

综上，通过融合 GNSS 和 SINS 等各自的优点，GNC 微系统可以适当的方式将上述导航源进行组合，从而克服各自的缺点。最终，一方面，SINS 可以利用导航信号长期稳定、精度适中的 GNSS 信息，修正其随时间累积的元件误差；另一方面，GNSS 在被遮挡或短时拒止时，利用 SINS 短期精度高的特点，可协助选星等信号处理过程，提高接收机捕获跟踪能力，提高其抗干扰性能和动态特性[6, 7]。总之，SINS/GNSS/磁强计组合导航系统具有高精度、低成本和抗干扰能力强等特点，是目前 GNC 微系统中应用较为广泛的组合导航技术。

导航系统精确度直接影响到运载体性能，而获取相关导航参数又是飞行器导航系统工作的必要前提，因此，运载体飞行性能的优劣，一定程度上取决于获取导航参数信息的量测设备。其中，MEMS 惯性器件的精度直接影响到整个惯性导航系统的精度。GNC 微系统应用在运载体中，其惯性器件质心通常与运载体质心不同，且自身（加速度计和陀螺仪）存在多种误差源的影响，使得捷联惯导系统内部和输出参数也存在一定误差。具体而言，SINS 的误差源通常包括元件自身误差（加速度计零偏以及陀螺仪漂移）、初始条件误差、惯性器件安装误差等。在惯导系统的误差模型中，通常假设安装误差以及漂移误差的确定部分已得到标定补偿，因而主要考虑加速度计零偏以及陀螺仪漂移。此外，在运载体飞行过程中，还可能由于机体振动以及机体相关部件的分离解耦等，惯性元件质心与飞行器质心产生偏差，从而引起加速度计测量偏差，也就是"杆臂效应误差"。

在工程实践中，通过 GNC 微系统的多源组合导航模块，实现惯导系统的 IMU 高精度测量，是进行精确制导和稳定控制的前提。而运载体在飞行过程中出现偏差，使飞行轨道偏离预设轨道，可能是发动机性能、结构参数、大气模型、地球模型、飞行程序等引起的。因此，引入制导系统来敏感和消除外界干扰因素的影响，同时，控制运载体按照预先设计的轨道飞行。如此，外干扰引起的误差可显著地减小，但同时，不可避免地带来新误差因素，如惯性器件精度引起的工具误差、计算装置带来的方法误差等。总之，可以预见的是，随着 GNC 导航解算微处理器的快速发展、制导方案的不断完善，方法误差在整个制导误差中出现的频次将越来越小。

7.2.2　GNC 微系统制导误差

GNC 微系统制导误差分为制导系统工具误差和制导系统方法误差，具体介绍如下所述。

1. 制导系统工具误差

它是指由制导器件测量不精确而引起的误差。对于惯性测量装置，其加速度计和陀螺仪一般存在零偏、安装误差、标度因数误差等；对于雷达导引头，一般有安装误差、测角误差、测距误差等；对于光学导引头，一般有视线角测量误差、视线角速度测量误差、安装误差等；对于卫星导航接收机，存在定位偏差、定速偏差和时间偏差等。

2. 制导系统方法误差

它是指在外干扰作用下，由制导方法的不完善而引起的误差。一般而言，常见的外干扰包括飞行器起飞质量偏差、发动机秒耗量偏差、比冲偏差、发动机推力线偏斜、交班点偏差、发动机推力线横移、质心横移、气动参数偏差等。

以微小型制导导弹为例，导弹的制导精度是描述制导控制回路制导准确度的物理量，也是衡量导弹武器作战效能的重要指标之一。导弹的命中精度取决于制导系统精度，在导弹制导技术充分发展的前提下，集中采取多种措施，包括减小脱靶量、发展中制导和末制导等技术，都可显著提高导弹命中精度。影响制导精度的因素主要包括两类：一类是导引律不同引起的；另一类是制导系统误差、制导时间常数等系统偏差，主要由噪声、天线罩瞄准误差斜率、目标机动、干扰等随机误差引起[8-11]。为缩小制导导弹的脱靶量，提升导弹的命中精度，主要方法是总体调控导弹精度链分配，研制高精度高稳态导引头，严格控制质心偏移，并选择适当的静稳定裕度等。典型制导精度计算如图 7.1 所示。

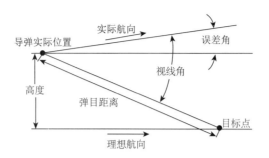

图 7.1　典型制导精度计算示意图

微小型导弹发射后，其理想弹道和实际飞行弹道是不一致的，它们之间的偏差被称为制导误差。该误差以垂直于目标视线的平面为特征平面[12]，制导误差特征平面如图 7.2 所示。

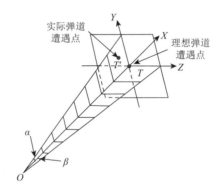

图 7.2　制导误差特征平面

图 7.2 中，OX 轴为目标视线，平面 YTZ 为特征平面，OX 轴垂直于平面 YTZ，α 为高低角，β 为方位角。实际弹道遭遇点 T' 是围绕中心点 T 散布的。相关理论和试验数据都表明，典型制导误差在特征平面内服从正态分布。此外，采用复合制导的微小型制导导弹，其制导误差与射程的关系如图 7.3 所示。

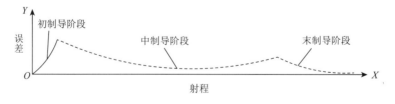

图 7.3　制导误差与射程的关系

考虑到初始阶段不能对导弹进行指令修正，且时间较短，导弹系统装订参数后，才会发射导弹并进入初制导阶段，所以，该阶段主要依靠惯性导航，此时，误差相对于中、末制导阶段较大；在中制导阶段，持续时间通常较长，采用"捷联惯导+指令修正"等方式可实现接力制导，开始时，导弹与制导站的距离较小，但到一定距离后，制导误差会随着射程的增加而增大；在末制导阶段，导弹制导方式转为自动寻的制导，地面雷达在此阶段不再提供制导指令，制导误差随着与目标距离的减小而降低，最后，与目标遭遇并完成使命任务。

7.2.3　GNC 微系统控制误差

GNC 微系统控制功能的实现，主要通过敏感器、执行机构和微处理模块，按照一定准则，对机载/星载/弹载等运载体的运动状态施加有效影响[13]。以微小型空天飞行器为例，它的运动一般分为绕其质心的角运动和线运动，需要同时满足稳定和控制两方面的要求。其中，"稳定"通常是指保持原有运动状态，"控制"通常是指改变运动状态。对于不同的对象，航天控制具有不同的含义[14]。对于微小型制导导弹而言，主要指稳定弹体并按一定规律将导弹自动导向目标；对于微纳卫星而言，主要指稳定和控制卫星的姿态和轨道。

1. 系统控制误差概述

一般而言，控制系统的要求是稳定、准确、快速。误差问题即控制系统的准确度问题[15]。过渡过程完成后的误差称为系统稳态误差，也是系统在过渡过程完成后控制准确度的一种度量。控制系统通常只有在满足精度要求的前提下，才具有实际工程意义。为减小控制系统误差，可考虑以下三种技术途径。

（1）系统的实际输出通过反馈环节与输入进行比较，因此反馈通道的精度对于减小系统误差较为重要。反馈通道元件的精度要求较高，且尽量避免在反馈通道中引入干扰。

（2）在保证系统稳定的前提下，对于输入引起的误差，可通过增大系统开环放大倍数和提高系统型次将其减小；对于干扰引起的误差，可通过在系统前向通道的干扰点前，增加积器和增大系统的放大倍数将其减小。

（3）部分系统的性能要求较高，既要求稳态误差较小，又要求具备优良的动态性能。此时，单靠加大开环放大倍数或串入积分环节，往往难以同时满足上述要求，但可采用加入复合控制的方法对误差进行补偿，且通常可采用干扰补偿和输入补偿等两种方式。

2. 典型 GNC 微系统控制误差分析

在航空航天领域，以微纳卫星的典型编队飞行过程为例，其控制精度是保障任务顺利实施的关键。GNC 微系统无论采用哪种微执行机构，都不可避免地存在输出误差，即实际输出值（真实值）与理想输出值（标称值）之间存在误差，而这种误差往往能对控制精度造成较大的影响。在微纳卫星编队的动力学方程中，会存在不确定性误差，即微纳卫星的质量、转动惯量以及执行机构安装误差等，都属于诸多尚未完全可观的参数。考虑到微纳卫星编队姿态控制系统中，存在外部干扰、执行机构常值安装误差和随机幅值误差等干扰和摄动，可通过结合滑模变结构控制和自适应控制方法，对微执行机构误差（包括安装误差和幅值误差）进行协同控制，并引入时延环节，达到简化控制器设计的目的[16-18]。此外，为减小星地延时对航天控制的影响，克服测控盲区限制，常采用自主控制技术。它要求空天飞行器不依赖于地面测控，需要仅依靠自身携带的敏感器、微处理器、微执行机构和有效载荷，从而实现感知与测量、姿态控制和轨道控制。针对空间非合作目标的在轨维护等，要求空间操作平台能够到达目标近旁的特定位置，并保持特定的姿态，或按照一定的姿轨协同规律进行运动。为此，需要控制系统具备自主测量感知、决策规划、在轨自学习等精准操控能力。此外，卫星集群控制的目标是实现自主、安全、自防护的编队飞行，在部分卫星失效时，还需具有编队自重构的控制能力。

航天控制技术是保证空天飞行器准确地按预定姿态和轨道飞行的关键，其控制水平直接制约着空天飞行器的任务能力。随着现代控制理论的发展，航天控制技术也在不断进步，这种进步反过来又促进控制理论进一步发展。与此同时，新一代人工智能技术与航空航天控制技术的融合与发展，促进了以"感知-决策-操控星上闭环"为特色的智能控制系统发展，有望提升空天飞行器自主能力和智能化水平，使其成为具备感知、学习、推理、执行、演化等能力的智能体，从而对环境和态势的变化做出适应性反应，为航空航天和军事装备等领域开拓了广阔的发展空间。

7.3 GNC 微系统典型器件误差分析

GNC 微系统包括微感知、微处理和微执行等多种传感器，本节以 GNSS 导航模块和 MEMS 惯性器件等核心传感器为例，重点阐述其误差类别和基本原理。

7.3.1 GNSS 导航模块误差

在 GNSS 导航系统提供服务的过程中，卫星空间段、用户段和控制段等都可能存在误差，因此，可能会导致定位精度发散和完好性故障[19-21]。根据误差来源，大致可分为三类：一是与卫星相关误差，如卫星轨道误差、卫星钟差和相对论效应等；二是与信号传播有关的误差，如电离层延迟、对流层延迟和多路径效应等；三是接收机本地误差，如观测噪声、接收机钟差及测量噪声等。GNSS 导航系统的基本误差来源如图 7.4 所示。

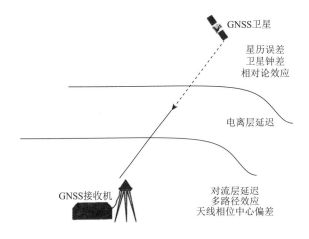

图 7.4 GNSS 导航系统误差来源示意图

1. 与卫星有关的误差

1）卫星星历误差

卫星星历误差是指由卫星星历所给出的卫星位置与卫星的实际位置之差。以北斗卫星导航系统为例，北斗系统地面监控部分采用 16 个开普勒轨道参数用来描述、预测卫星运行轨道[22]，通常每整小时更新北斗导航星历。但在实际运行过程中，北斗卫星会受到多种复杂外界摄动力影响，所以，难以保证星历数据完全可靠。总之，考虑到这种误差属于预测轨道模型与卫星真实运行轨道之间发生的差异，因此，称为星历误差。

卫星位置误差采用星历参数计算得到，在空间可分解为 3 个分量，具体包括在地心与卫星连线方向上的径向分量、在轨道平面内与径向垂直并指向卫星运动方向上的切向分量、与轨道面垂直的横向分量。其中，径向误差发生在卫星与接收机之间，伪距测量影响较大，而切向和横向误差投影到卫星，发生在接收机处的观测矢量方向后，伪距测量影响较小。此外，星历误差是预测出来的轨道误差，即由地面监测站观测计算精密轨道后，通过卫星播发给用户，导航用户获得的是在前一段时间间隔内的星历数据，因此，该播发值会与实际值产生误差。

2）卫星钟差

卫星上虽然使用了高精度的原子钟，但它们也不可避免地存在误差，这种误差既包含系统性的误差（如钟差、频漂等偏差），也包含随机误差。卫星在空间轨道上运动时，由于相对论效应的存在，卫星的标准频率 f 与卫星信号发射频率 f_s 会存在一定的偏差 Δf，具体如下：

$$\Delta f = f_s - f = \frac{1}{c^2}\left(\frac{\mu}{R} - \frac{3\mu}{2a} + \frac{v_e^2}{2}\right)\cdot f - \frac{2f\sqrt{a\mu}}{c^2}e\sin E \tag{7.1}$$

式中，$\mu = GM$，μ 为地球引力常数；c 为光速；G 为万有引力常数；M 为地球质量；R 为卫星轨道高度；a 为卫星轨道长半径；v_e 为惯性坐标系中地球的速度；e 为卫星轨道偏心率；E 为卫星的偏近点角。式中，最右边第一项产生的影响可通过适当调整卫星钟标准频率的方式进行消除，第二项可表示为

$$\Delta t_{\text{rel}} = -\frac{2\sqrt{a\mu}}{c^2}e\sin E \tag{7.2}$$

或者

$$\Delta t_{\text{rel}} = -\frac{2}{c^2}r\cdot\dot{r} \tag{7.3}$$

式中，r 和 $\dot{r}$ 分别为卫星的位置向量和速度向量；Δt_{rel} 为周期性相对论钟差。

因此，考虑到相对论效应的影响，卫星钟差改正项可表示为 $\Delta t = \Delta t' + \Delta t_{\text{rel}}$，其中，$\Delta t'$ 代表利用导航电文参数内插得到的卫星钟差。对于圆地球轨道卫星而言，轨道偏心率可能达到 0.02，Δt_{rel} 取值可达到 45.8ns，而导航电文提供的卫星钟差通常不包括周期性相对论钟差，且卫星时钟误差一般不超过 3m，均方差约为 2m。

2. 与信号传播有关的误差

1）电离层延迟

电离层位于地面上空 50～1000km，且包含大量的自由电子和正电子[22]。当空间信号穿过电离层时，传播路径和传播速度都会受此影响而改变，最终会严重影响定位精度，因此，电离层是 GNSS 接收机重要误差源之一。北斗卫星播发的 D1 导航电文子帧 1 信息里包含与电离层延迟改正相关的 8 个参数。由于研究电离层延迟改正模型中，Klobuchar 模型的应用较为广泛，因此，接收机通常采用 8 参数的 Klobuchar 模型。

电离层延迟改正预报模型包括 8 个参数，即 α_n 和 $\beta_n (n=0\sim3)$，用户可以利用 8 个参数和 Klobuchar 模型，表达式如式（7.4）式（7.5）所示，以北斗 B1 频点信号为例，计算其电离层延迟改正项，具体如下：

当 $|t-50400| < A_4/4$ 时，有

$$I_z'(t) = 5\times10^{-9} + A_2\cos\left(\frac{2\pi(t-50400)}{A_4}\right) \tag{7.4}$$

当 $|t-50400| \geqslant A_4/4$ 时，有

$$I_z'(t) = 5\times10^{-9} \tag{7.5}$$

式中，t 是接收机至卫星连线与电离层交点（穿刺点 M）处的地方时（取值范围为 0～86400），单位为 s，其计算公式为

$$t = (t_E + \lambda_M \times 43200 / \pi)(模86400) \tag{7.6}$$

t_E 是用户测量时刻的北斗时，取周内秒计数部分；λ_M 是电离层穿刺点的地理经度，单位为弧度。另外，A_2 为白天电离层延迟余弦曲线的幅度，由系数 α_n 求得：

$$A_2 = \begin{cases} \sum_{n=0}^{3}\alpha_n\left|\frac{\Phi_m}{\pi}\right|^n, & A_2 \geqslant 0 \\ 0, & A_2 < 0 \end{cases} \tag{7.7}$$

A_4 为余弦曲线的周期，单位为 s，用 β_n 系数求得：

$$A_4 = \begin{cases} 172800, & A_4 \geqslant 172800 \\ \sum_{n=0}^{3}\beta_n\left|\frac{\Phi_m}{\pi}\right|^n, & 172800 > A_4 \geqslant 72000 \\ 72000, & A_4 < 72000 \end{cases} \tag{7.8}$$

式中，Φ_m 是电离层穿刺点的地理纬度，是通过卫星方位角 A、用户和穿刺点的地心张角 ψ、用户地理纬度 Φ_u 计算得到的，具体如下：

$$\Phi_m = \arcsin(\sin\Phi_u \cdot \cos\psi + \cos\Phi_u \cdot \sin\psi \cdot \cos A) \tag{7.9}$$

$$\psi = \frac{\pi}{2} - E - \arcsin\left(\frac{R}{R+h} \cdot \cos E\right) \tag{7.10}$$

由式（7.4）～式（7.10）可得 B1 频点信号传播路径上的延迟 I_{B1I} 为

$$I_{B1I}(t) = \frac{1}{\sqrt{1 - \left(\dfrac{R}{R+h} \cdot \cos E \right)}} I_z'(t) \tag{7.11}$$

由 B1I 信号传播路径上的延迟和 B1I、B2I 信号的标称载波频率 f_1 和 f_2，可得 B2I 信号传播路径上的延迟 I_{B2I}：

$$I_{B2I}(t) = \frac{f_1^2}{f_2^2} \cdot I_{B1I}(t) \tag{7.12}$$

式中，$f_1 / f_2 = 1561.098 / 1207.140$。

2）对流层延迟

对流层位于大气层的底部，其顶部距离地面约 40km，且受当地温度、气压和相对湿度等因素影响。当卫星信号通过对流层时，折射率会发生变化，导致传播路径发生弯曲。对流层延迟通常包括干延迟和湿延迟两种，干延迟主要受大气温度和大气压力的影响，而湿延迟主要受信号传播路径上大气湿度和用户高度的影响[22]。在关于对流层的多种研究中，对流层的折射数 N 通常被划分成干分量折射数 N_d 和湿分量折射数 N_w 两部分，即

$$N = N_d + N_w \tag{7.13}$$

干分量一般指氧气与氮气等干空气，而湿分量主要指水蒸气。N_d 和 N_w 折射数经验公式如下：

$$N_d = 77.64 \frac{P}{T_k} \tag{7.14}$$

$$N_w = 3.73 \times 10^5 \frac{e_0}{T_k^2} \tag{7.15}$$

式中，P 是以 mbar 为单位的大气总压力；T_k 是以开尔文为单位的热力学温度；e_0 是以 mbar 为单位的水汽分压。而上述大气压力、温度与湿度等参数均随着离地面高度的不同而变化。

假设 H 是由地面至天顶方向上的信号传播路径，那么以距离为单位的对流层延时 T_z 等于

$$T_z = 10^{-6} \int (N_d + N_w) \mathrm{d}h = T_{zd} + T_{zw} \tag{7.16}$$

式中，T_{zd} 和 T_{zw} 分别代表在天顶方向上对流层延时中的干分量与湿分量，即

$$T_{zd} = 10^{-6} \int_0^{H_d} N_d \mathrm{d}h \tag{7.17}$$

$$T_{zw} = 10^{-6} \int_0^{H_w} N_w \mathrm{d}h \tag{7.18}$$

式（7.17）假定高度在 H_d 以上的干分量折射数 N_d 为零，式（7.18）假定高度在 H_w 以

上的湿分量折射数 N_w 为零，且 H_d 一般取值为 43km，H_w 可取值为 11km。

估算出天顶方向上的对流层延时分量 T_{zd} 和 T_{zw} 后，还需分别再乘以相应的倾斜率，以得到信号传播方向上的对流层延时 T，即

$$T = T_{zd}F_d + T_{zw}F_w \tag{7.19}$$

对于干分量倾斜率 F_d 和湿分量倾斜率 F_w 的估算存在多种模型[22]，通常可采用如下相对准确、常用的模型，即

$$F_d = \frac{1}{\sin\sqrt{\theta^2 + \left(\dfrac{2.5\pi}{180}\right)^2}} \tag{7.20}$$

$$F_w = \frac{1}{\sin\sqrt{\theta^2 + \left(\dfrac{1.5\pi}{180}\right)^2}} \tag{7.21}$$

式中，θ 为卫星在用户接收机点处的以弧度为单位的高度角。

3）多路径效应

GNSS 空间信号直接来自视线方向，空间信号经过反射面反射，两者共同到达接收机天线，叠加进入接收机，这种情况下，容易产生多路径误差。为减弱多路径效应的影响，在观测时，应尽量选择良好的观测条件，场景通常需开阔且无遮挡，避开强反射体。另外，还可使用抑制多路径效应的天线等。

多路径不仅严重影响着接收机对伪距量测值的准确度，而且它对载波相位的准确测量也受到一定程度的干扰。而反射波随着强度、延时与相位状态的不同，会引起不同程度多路径效应。一般而言，短延时多路径的效应难以被接收机直接抑制或消除，比延时长的多路径更具有危害性。对于动态接收机而言，多路径误差值的大小显得相对随机；对于静态接收机而言，多路径误差值并非呈正态分布，而是随着卫星的移动，略呈周期为几分钟的正弦波动。由多路径引起的伪距误差一般为 1～5m，载波相位误差为 1～5cm。

3. 与接收机有关的误差

实际应用中，与接收机有关的误差具有相当广泛的含义，包括天线、放大器和各部分电子器件的热噪声、信号量化误差、卫星信号间的互相关性、测定码相位与载波相位的算法误差以及接收机软件中的多种计算误差等。接收机噪声具有一定的随机性，测量结果的正负、大小通常很难被确定。一般而言，接收机噪声引起的伪距误差在 1m 左右，而载波相位误差为几毫米。

需要指出，上述各项误差对测距的影响可达数十米，有时甚至可超过百米。因此，必须设法降低量测误差，甚至加以消除，否则将会对定位精度造成较大的损害。消除或显著地削弱上述误差的方法有：一是建立误差改正模型；二是求差法，即利用误差在观测值之间的相关性，或定位结果之间的相关性，通过求差来消除或显著削弱其影响；三是选择较好的硬件平台和较好的观测条件等。

7.3.2　MEMS 惯性器件误差

惯性传感器是对运载体的物理运动进行测量的器件。它将运载体的物理运动转换成电信号，通过电子电路进行放大滤波、计算分析、误差校正等处理，测量其线性位移或角度旋转。其中，陀螺仪和加速度计是最常见的两种 MEMS 惯性器件。陀螺仪是能够敏感运载体相对于惯性空间的运动角速度的传感器；加速度计是敏感轴向加速度（比力）并转换成可用输出信号的传感器。MEMS 惯性器件是以硅材料为衬底或主要敏感结构，通过半导体微纳加工技术制造，并利用相应物理原理，实现运载体物理运动测量的惯性传感器。

通常而言，陀螺仪角速度测量方程可表示为

$$l_\omega = \omega + b_\omega + S\omega + N_\omega \omega + \varepsilon_\omega \tag{7.22}$$

式中，l_ω 为陀螺仪测量的角速度；ω 为真实的输入角速度；b_ω 为陀螺仪零偏；S 为陀螺仪标度因数误差矩阵；N_ω 为陀螺仪不正交误差矩阵；ε_ω 为陀螺仪测量随机噪声。

加速度计比力测量方程为

$$l_a = f + b_a + (S_1 + S_2 f)f + N_a f + \gamma + \delta_g + \varepsilon_a \tag{7.23}$$

式中，l_a 为加速度计比力测量值；f 为真实的比力；b_a 为加速度计零偏；S_1 为一次项比例因子误差矩阵；S_2 为二次项非线性比例因子误差矩阵；N_a 为不正交误差矩阵；γ 为重力矢量分量；δ_g 为重力反常量；ε_a 为随机噪声。

由 MEMS 惯性传感器组成的惯性测量单元误差，可分为确定性和随机性两部分。其中，确定性误差包括零偏误差、标度因数误差、轴失准角等，它们的值可通过相应的标定试验进行估算；随机误差包括零偏漂移、随机噪声等，只能通过建立随机模型，将其加入到滤波器状态矢量中，进行估计和补偿[23-25]。

在静基座条件下，GNC 微系统状态方程中包含速度分量的多项式均为零，而由误差变量构成的误差传递系统通常是线性定常系统，可通过解析系统的特征值进行误差特性分析，代表性误差项如下所述。

1. 零偏误差

零偏误差为惯性测量器件输入为零时结果的输出量。MEMS 陀螺仪的单位常表示为°/h，GNC 微系统中，三轴 MEMS 陀螺仪的零偏误差可记为

$$\varepsilon = [\varepsilon_x, \varepsilon_y, \varepsilon_z]^T \tag{7.24}$$

式中，ε_x 为 MEMS 陀螺仪 x 轴的零偏误差；ε_y 为 y 轴的零偏误差；ε_z 为 z 轴的零偏误差。

加速度计的零偏误差单位可用 g 表示，在 GNC 微系统中，三轴 MEMS 加速度计的零偏误差可记为

$$\nabla = [\nabla_x, \nabla_y, \nabla_z]^T \tag{7.25}$$

式中，∇_x 为 MEMS 加速度计 x 轴的零偏误差；∇_y 为 y 轴的零偏误差；∇_z 为 z 轴的零偏误差。

零偏误差并不是一个常值，其中既有确定性的部分，又有随机性的部分，因此，通

过标定，只能补偿其确定性的部分。零偏误差的随机性可以用零偏稳定性来表述，即零偏的标准差，表示传感器在零输入条件下，输出值随时间的漂移程度。

2. 标度因数误差

标度因数是惯性测量器件的输出与输入比。MEMS 陀螺仪和 MEMS 加速度计输出的模拟或数字信号，需使用标度因数进行转换，才能得到角速率和加速度信息。标度因数通过标定测试预存在微处理器中，角速率和加速度的真实值通过采样值除以标度因数求得，用以解算导航姿态、速度等信息。实际应用中，预先存储的标度因数可能与工作中 MEMS 惯性器件实际的标度因数不同，即标度因数误差。

若陀螺仪和加速度计实际的标度因数分别为 K_{g_real}、K_{a_real}，而预先给定的标度因数为 K_g、K_a，标度因数的真实值与给定值之间存在以下关系：

$$K_g = K_{g\_real}(I + \delta K_g) \tag{7.26}$$

$$K_a = K_{a\_real}(I + \delta K_a) \tag{7.27}$$

式中，陀螺仪与加速度计的标度因数误差系数分别为

$$\delta K_g = \begin{bmatrix} \delta K_{gx} & 0 & 0 \\ 0 & \delta K_{gy} & 0 \\ 0 & 0 & \delta K_{gz} \end{bmatrix} \tag{7.28}$$

$$\delta K_a = \begin{bmatrix} \delta K_{ax} & 0 & 0 \\ 0 & \delta K_{ay} & 0 \\ 0 & 0 & \delta K_{az} \end{bmatrix} \tag{7.29}$$

δK_{gx}、δK_{gy}、δK_{gz} 分别为 3 个轴向（x、y、z）陀螺仪的标度因数误差系数；δK_{ax}、δK_{ay}、δK_{az} 分别为 3 个轴向加速度计的标度因数误差系数。

标度因数的误差会直接引起系统测量误差。当运载体相对于地面静止时，由标度因数误差带来的角速率和比力误差为

$$\nabla \omega^b = \delta K_g K_{g\_real} \omega_{in}^b \tag{7.30}$$

$$\nabla f^b = \delta K_a K_{a\_real} f_{in}^b \tag{7.31}$$

式中，ω_{in}^b 为地球自转角速度相对于地球系的转动角速度在载体坐标系中的投影；f_{in}^b 为加速度计比力测量值在载体坐标系中的投影。

3. 不正交误差

MEMS 惯性器件的不正交误差主要由传感器本身的非正交性以及传感器的安装误差造成。前者来源于 MEMS 惯性器件敏感结构本身或者 MEMS 结构微纳加工工艺水平的限制，使得 MEMS 传感器在非期望的敏感轴上，也存在一定的响应输出；而后者则来源于 MEMS 陀螺仪、加速度计芯片贴片以及在焊接电路板时，所产生的安装误差。理论上，GNC 微系统不同轴向的惯性器件，其敏感轴线应与载体坐标系重合，然而实际应用中，MEMS 惯性器件的敏感轴与载体坐标系难以做到完全一致。此外，陀螺仪坐标系与加速度计坐标系在安装时，也难以完全重合，使得陀螺仪坐标系与加速度计坐标系非正交。

由于传感器本身的非正交性和安装误差引起的不正交误差，二者表达式基本相同，因此，将上述两种来源的误差不再做区分处理，而将诸多因素造成的不正交误差用载体坐标系与 MEMS 惯性器件敏感轴之间的安装误差角来描述，具体如图 7.5 所示。

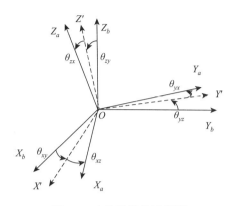

图 7.5　安装误差角示意图

图 7.5 中，$O_bX_bY_bZ_b$ 是载体坐标系，$O_aX_aY_aZ_a$ 为加速度计坐标系，实际 GNC 微系统中，其 MEMS 惯性器件的安装误差角都是较小量，用 θ_{xy}、θ_{xz}、θ_{yx}、θ_{yz}、θ_{zx}、θ_{zy} 来分别表示不同坐标轴之间的安装误差，载体坐标系与加速度计坐标系的变换矩阵记为 C_a^b，则

$$C_a^b = I + \Delta C_a^b \tag{7.32}$$

式中，ΔC_a^b 表示载体坐标系与加速度计坐标系之间的安装误差矩阵。载体坐标系与加速度计坐标系之间的变换矩阵为

$$C_a^b = C_a^b(z) \cdot C_a^b(y) \cdot C_a^b(x) \approx \begin{bmatrix} 1 & -\theta_{yz} & 0 \\ \theta_{xz} & 1 & 0 \\ 0 & 0 & 1 \end{bmatrix} \cdot \begin{bmatrix} 1 & 0 & \theta_{zy} \\ 0 & 1 & 0 \\ -\theta_{xy} & 0 & 1 \end{bmatrix} \begin{bmatrix} 1 & 0 & 0 \\ 0 & 1 & -\theta_{zx} \\ 0 & \theta_{yx} & 1 \end{bmatrix}$$
$$\approx \begin{bmatrix} 1 & -\theta_{yz} & \theta_{zy} \\ \theta_{xz} & 1 & -\theta_{zx} \\ -\theta_{xy} & \theta_{yx} & 1 \end{bmatrix} \tag{7.33}$$

由式（7.33）可得到加速度计坐标系与载体坐标系之间的安装误差矩阵：

$$\Delta C_a^b = \begin{bmatrix} 0 & -\theta_{yz} & \theta_{zy} \\ \theta_{xz} & 0 & -\theta_{zx} \\ -\theta_{xy} & \theta_{yx} & 0 \end{bmatrix} \tag{7.34}$$

同理，载体坐标系与陀螺仪坐标系的安装误差矩阵为

$$\Delta C_g^b = \begin{bmatrix} 0 & -\theta_{gyz} & \theta_{gzy} \\ \theta_{gxz} & 0 & -\theta_{gzx} \\ -\theta_{gxy} & \theta_{gyx} & 0 \end{bmatrix} \tag{7.35}$$

由式（7.34）和式（7.35）可知，当运载体相对于地面静止时，MEMS 陀螺仪和加速

度计的安装误差引起的测量误差分别为

$$\nabla \omega_{ib}^b = \left(\Delta C_g^b\right)^{\mathrm{T}} \omega_{ib}^b \qquad (7.36)$$

$$\nabla f_{ib}^b = \left(\Delta C_a^b\right)^{\mathrm{T}} f_{ib}^b \qquad (7.37)$$

一般对于陀螺仪而言，在静基座情况下，1′的安装误差将会产生 0.004°/h 的漂移。对于加速度计，若输入轴向加速度为 $1g$，安装误差为 20″时，则会引起 $10^{-4}g$ 的零偏误差。在动基座情况下，陀螺仪和加速度计因安装误差引起的输出误差将会更大。为满足工程应用要求，需对惯性测量组件进行事前标定，以降低系统测量误差、提高载体姿态精度。

4. 随机误差

在由 MEMS 惯性器件组成的 GNC 微系统中，器件精度是决定系统精度的关键因素之一。与转子式陀螺、光纤陀螺、激光陀螺和石英挠性加速度计等惯性仪表相比，目前 MEMS 惯性器件的精度较低，输出的信号中含有较大的随机噪声，对 GNC 微系统的动态性能造成较大的影响。研究随机误差的组成，有利于改进 MEMS 惯性器件的设计、制造和控制技术改进，提高器件的精度。MEMS 陀螺仪和加速度计的确定性误差，可通过测试标定的方法进行补偿；其随机误差部分相对复杂，且变化具有随机性，不能确定误差的具体表达式，只能运用数学统计的方法，获取其基本的变化规律。

对惯性器件随机误差的辨识主要包括以下 4 种方法：自回归滑动平均（auto regressive moving average，ARMA）方法、自相关函数方法、功率谱密度（power spectral density，PSD）方法和 Allan 方差法。具体而言：①ARMA 建模是根据信号的统计特点，利用自回归滑动模型对信号进行建模，模型的阶次不同，所得到的信号模型精度也不同[26]；②自相关函数方法主要是观察随机过程的分布；③PSD 方法根据随机信号的功率谱密度曲线观察误差的分布；④Allan 方差法是通过功率谱密度与 Allan 方差的联系，由 Allan 方差曲线得到各误差的分布。对比上述方法，由 ARMA 方法建立的信号模型可反映随机信号的总体特性，通常在中高精度的惯组误差辨识中使用，对于低精度的惯组，其输出信号的随机误差较大。ARMA 建模的精度会显著降低，且难以辨识出物理意义不同的所有误差。在研究误差含量较大的微系统随机误差时，常采用 Allan 方差法。

通常而言，GNC 微系统的陀螺随机误差主要包括量化噪声、角度随机游走、角速率随机游走、零偏不稳定性、（角）速率斜坡等误差。下面对典型随机误差进行论述。对于 MEMS 加速度计，进行相应的数据处理分析，也可得到 MEMS 加速度计的量化噪声、速度随机游走、加速度随机游走、零偏不稳定性、加速度斜坡等随机误差，此处不再赘述。

1）量化噪声

量化噪声是所有量化操作固有的噪声，对模拟信号采样进行数字量化编码，真实值与编码值之间会存在一定的差别。量化噪声代表了惯性器件的最低分辨率。对于采样频率为 $f = 1/\tau_0$ 的 MEMS 陀螺仪的输出，将其量化噪声看作服从均匀分布的零均值白噪声，则方差应为 $K^2/12$，K 为 MEMS 陀螺仪的标度因数，信号的频域功率谱积分与时域方差相等，角度量化噪声的功率谱密度为

$$S(f) = \tau Q^2 \left(\frac{\sin^2(\pi f \tau)}{(\pi f \tau)^2} \right) \approx \tau Q^2 \tag{7.38}$$

式中，$Q = K\sqrt{12}$ 为量化噪声系数。根据角度功率谱密度，并根据微分公式，可得到速率功率谱密度为

$$S_\omega(f) = (2\pi f)^2 \, S(f) \tag{7.39}$$

$$S_\omega(f) = \frac{4Q^2}{\tau} \sin^2(\pi f \tau) = (2\pi f)^2 \tau Q^2 \tag{7.40}$$

Allan 方差与功率谱密度之间关系如下：

$$\sigma^2(\tau) = 4 \int_0^\infty S_\omega(f) \frac{\sin^4(\pi f \tau)}{(\pi f \tau)^2} \mathrm{d}f \tag{7.41}$$

将式（7.40）代入式（7.41），得到

$$\sigma^2(\tau) = \frac{3Q^2}{\tau^2} \tag{7.42}$$

量化噪声的标准差在 $\sigma(\tau) \sim (\tau)$ 双对数图中的斜率为–1。量化噪声的带宽通常较大，在 GNC 微系统中，如载体运动的带宽较低，宽带噪声将会被滤掉。因此，量化噪声在陀螺仪中不是主要的误差源，只有当采样频率较高时，量化噪声产生的影响才不能被忽略[27]。

2）角度随机游走

角度随机游走由角速率随机噪声引起，具有随机游走的特点，即角速率白噪声在不同采样间隔内，积分互不相关。角度随机游走是对宽带噪声积分的结果，是影响姿态控制系统精度的主要误差。角度随机游走具有常值角速率功率谱，具体如下：

$$S_w(f) = N^2 \tag{7.43}$$

式中，N 为角度随机游走系数，将其代入式（7.41），可得

$$\sigma^2(\tau) = \frac{N^2}{\tau} \tag{7.44}$$

在 $\sigma(\tau) \sim (\tau)$ 双对数图中，角度随机游走 Allan 标准差的斜率为–1/2。

3）角速率随机游走

角速率随机游走是角加速度白噪声的积分，同样具有随机游走的特性。速度随机游走是对宽带（角）加速度信号的功率谱密度积分的结果。这一噪声的（角）速率功率谱密度，即角加速度的功率谱为

$$S(f) = K^2 \tag{7.45}$$

式中，K 为角速率随机游走系数，根据随机积分关系，得到角速率的功率谱：

$$S(f) = K^2 / (2\pi f)^2 \tag{7.46}$$

将式（7.46）代入 Allan 方差与原始数据的功率谱密度关系式，可得

$$\sigma^2(\tau) = \frac{K^2 \tau}{3} \tag{7.47}$$

因此，在 $\sigma(\tau) \sim (\tau)$ 双对数图中，角速率随机游走的 Allan 标准差斜率为 1/2。

4）零偏不稳定性

零偏不稳定性噪声又称 $1/f$ 噪声，主要是指低频零偏抖动，是由电子器件或其他部件

的随机波动引起的，其功率谱密度为

$$S(f) = B^2 / (2\pi f) \tag{7.48}$$

式中，B 为零偏不稳定系数，将其代入 Allan 方差与原始数据的功率谱密度关系式，得

$$\sigma^2(\tau) \approx \frac{4B^2}{9} \tag{7.49}$$

零偏不稳定性具有低频特性，在 MEMS 惯性器件中表现为零偏随时间的波动，零偏不稳定性的 Allan 标准差在 $\sigma(\tau) \sim (\tau)$ 双对数图中，是斜率为 0 的直线。

5）速率斜坡

速率斜坡源于角速率输出随时间的缓慢变化，这种变化由温度等外界环境引起。假设角速率输出随检测时间线性变化，即

$$\omega(t) = Rt + \omega(0) \tag{7.50}$$

式中，R 为速率斜坡系数，直接进行 Allan 方差分析，可得

$$\sigma^2(\tau) = \frac{R^2 \tau^2}{2} \tag{7.51}$$

从式（7.51）可以看出，速率斜坡噪声在 $\sigma(\tau) \sim (\tau)$ 双对数图中，斜率为 1。

设随机漂移的误差信号主要有以上 5 种，且各噪声之间相互独立。Allan 方差可表示为

$$\sigma^2(\tau) = \frac{3Q^2}{\tau^2} + \frac{N^2}{\tau} + \frac{K^2 \tau}{3} + \frac{4B^2}{9} + \frac{R^2 \tau^2}{2} = \sum_{k=-2}^{2} A_k \tau^k \tag{7.52}$$

根据不同采样间隔 τ 的 Allan 方差，利用最小二乘法可求出各噪声系数，如表 7.1 所示。

表 7.1　随机噪声对应的斜率

随机噪声项	Allan 标准差	转换关系	单位
量化噪声 Q	$\sqrt{3}Q/\tau$	$\sqrt{A_{-2}}/\sqrt{3}$	$(°/h)·s$
角度随机游走 N	$N/\sqrt{\tau}$	$\sqrt{A_{-1}}/60$	$°/\sqrt{h}$
零偏不稳定性 B	$2B/3$	$3\sqrt{A_0}/2$	$°/h$
角速率随机游走 K	$K\sqrt{\tau}/\sqrt{3}$	$60\sqrt{3A_1}$	$(°/h)/\sqrt{h}$
速率斜坡 R	$R\tau/\sqrt{2}$	$3600\sqrt{2A_2}$	$(°/h)/h$

7.4　GNC 微系统典型工艺误差分析

GNC 微系统内嵌的多层堆叠封装集成结构，其内部互连形成的三维结构相对复杂，制造工艺涉及晶圆与晶圆、芯片与芯片、芯片与硅基封装基板等载体的键合，典型三维互连结构包括 TSV、微凸点等，加工过程的工艺可靠性问题较为突出，并给微系统带来了多种新的误差。

7.4.1　TSV 结构

作为微系统制造业中先进制造技术之一，TSV 技术目前已应用于多种产品生产，其典型的结构填充材料包括 Cu 和 Si，不同的填充材料选择决定了工艺制程和关键设备，并在某种程度上直接决定了 TSV 的性能和可靠性。

1. Cu 填充 TSV 结构

Cu 是 TSV 技术的常见填充材料。Cu 填充 TSV 的制造涉及深反应离子刻蚀、物理气相沉积、化学气相沉积、电镀以及化学机械抛光等工艺，给 TSV 带来了特殊的高深宽比结构以及多层界面结构。问题在于，在 Cu 填充 TSV 中，各层材料之间的热膨胀系数差异，会导致受热过程中，TSV 结构内部产生热应力，进而造成 Cu 相对于基体的胀出或缩进，同时也会使得 TSV 周围结构或器件发生变形和失效。在产生 Cu 胀出或 Cu 缩进的同时，还会伴随着裂纹和空洞的产生。随着 TSV 直径的不断减小，空洞与裂纹的负面作用也越来越明显，严重影响了器件的性能，甚至导致 TSV 开路。此外，TSV 涉及的新型封装结构加之微米级的尺寸，使 Cu 填充 TSV 在电迁移过程中，其显微组织发生变化，表现为小丘及空洞的产生及扩展，共同带来了诸多不确定性。Cu 填充 TSV 的误差形式如图 7.6 所示。

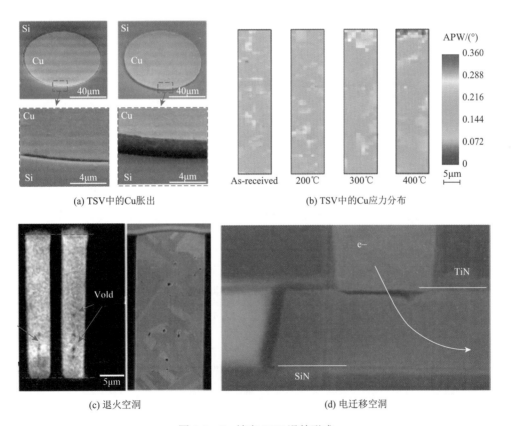

图 7.6　Cu 填充 TSV 误差形式

基于 Cu 填充 TSV 的硅转接板在 GNC 微系统中具有至关重要的作用，通过硅转接板上的 TSV，越来越多的信号被集成在有限的二维平面上，综合提升了集成密度。虽然有利于减小芯片面积，但高密度 TSV 之间的信号噪声耦合强度也随之增强。由此，TSV 中的耦合噪声可严重破坏信号完整性和系统性能，已成为 GNC 微系统亟待解决的关键难题之一。

为改善系统电磁兼容特性，可采取的有效方法为屏蔽和接地。具体而言，可在仿真软件中，建立常规屏蔽结构的 TSV 模型，分析 TSV 之间信号-地-地-信号的串扰模型，具体如图 7.7 所示。该模型包含了 TSV 和 RDL 结构，中间的 TSV 是信号 TSV，两边的两个 TSV 是地 TSV，为信号 TSV 提供电流返回路径，该模型的仿真频率为 DC～10 GHz。

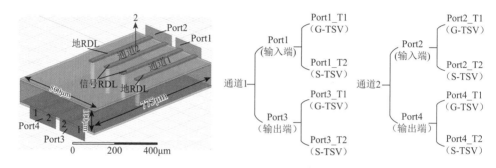

图 7.7　常规 TSV 屏蔽结构示意图

通过仿真分析，可得到通道 1 和通道 2 的传输特性、通道 1 和通道 2 之间的串扰耦合特性；其中对通道 1 的 S-TSV（Port1_T2）和通道 2 的 S-TSV（Port2_T2）施加激励，可仿真分析 TSV 转接板的电场分布特性，具体如图 7.8 所示。

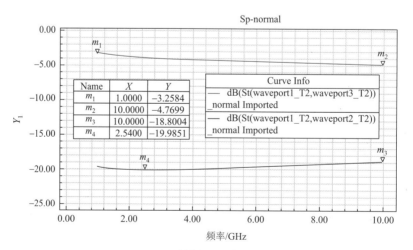

(a) TSV 转接板的传输及耦合串扰特性

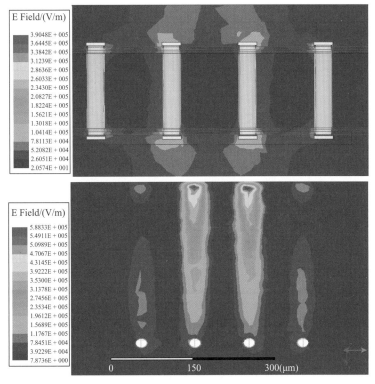

(b) 普通TSV转接板的电场分布特性

图 7.8　TSV 转接板的电学特性示意图

　　由于 TSV 转接板的硅衬底具有半导体特性，传播的电磁波会引起硅衬底中载流子运动以及浓度变化，进而对周围 TSV 通道或元器件产生电磁干扰。因此，为防止 TSV 通道的信号电磁波进入硅衬底中，在常规 TSV 转接板的上下表面，可各加入一层金属屏蔽层，形成改进的双金属屏蔽层结构 TSV 转接板，如图 7.9 所示。

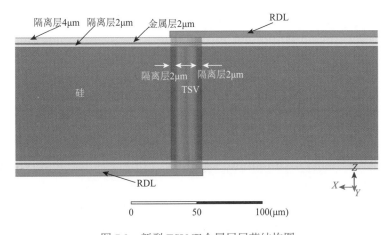

图 7.9　新型 TSV 双金属层屏蔽结构图

　　双金属屏蔽层结构 TSV 转接板中，其金属屏蔽层的材料为 Cu，厚度为 2μm，金属层两侧的隔离层 SiO$_2$ 的厚度分别为 4μm 和 2μm。通过仿真分析，可得到通道 1 的传输特性、通道 1 和通道 2 之间的串扰耦合特性，具体如图 7.10 所示。

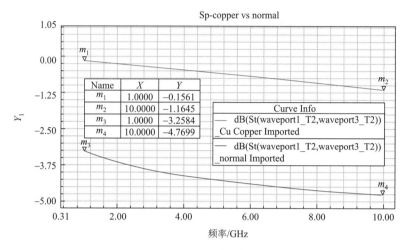

(a) 通道1传输特性对比

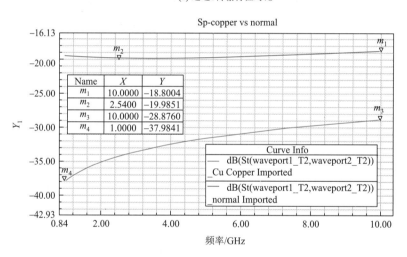

(b) 通道1与通道2之间串扰耦合特性对比

图 7.10　双金属屏蔽层结构与普通结构 TSV 转接板电学特性对比

　　由图 7.10 可知，在 TSV 通道的结构参数和材料参数保持不变的前提下，在 f=（1～10）GHz 时，通过引入 2μm 厚度的 Cu 屏蔽金属层，通道 1 的插入损耗参数可由（−4.85～−3.54）dB 改善为（−1.16～−0.16）dB；通道 1 和通道 2 之间的串扰耦合可由（−19.5～−18.5）dB 改善为（−40.0～−28.9）dB。

　　对通道 1 的 S-TSV（Port1_T2）和通道 2 的 S-TSV（Port2_T2）施加激励，通过电磁仿真可得到双金属屏蔽层结构 TSV 转接板的电场分布，如图 7.11 所示，对比普通 TSV 转接板的电场分布可知，2μm 厚度的 Cu 屏蔽金属层已显著地提升了 TSV 通道之间的串扰耦合。

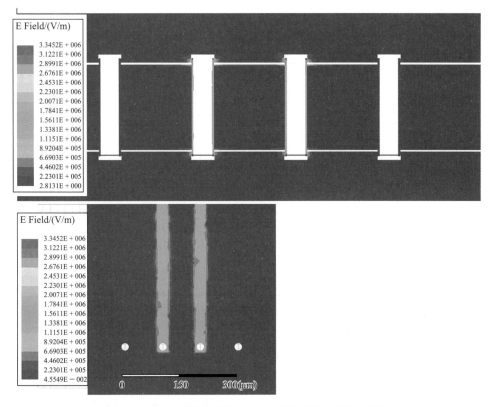

图 7.11　双金属屏蔽层结构 TSV 转接板的电场分布特性

2. Si 填充 TSV 结构

温度变化过程中，TSV 所涉及的基体、绝缘层、阻挡层和导电填充材料等会存在性能的差异，主要表现在弹性模量、热膨胀系数等参数上。该性能差异会导致 TSV 在经历高温载荷的过程中，发生不同程度变形，造成各层材料之间的热应力，进而导致 TSV 及其周围结构的变形、分层甚至失效。相比于 Cu 填充 TSV，Si 填充 TSV 能够将这种不同材料间的性能差异显著降低，相应地带来热应力的减少和可靠性的提升。

为此，在测试时，分别对不同 TSV 直径及转接板厚度的 Si-TSV，进行–55～125℃温度循环下的热结构仿真，得出不同 TSV 直径及转接板厚度的应力，进而分析确定 TSV 转接板的优选参数。采用 ANSYS Workbench 中 Static Structural 模块对结构进行应力仿真。模型包括硅基板、氧化硅绝缘层及 TSV。如图 7.12 所示，TSV 转接板长 7.4mm，宽 5.0mm，厚度可选参数为 300μm/200μm/100μm，顶部及底部均有厚度为 2μm 的 SiO_2 绝缘层，转接板两端各有 5 个 Si 填充 TSV，TSV 之间的中心距为 0.9mm，TSV 孔壁 SiO_2 绝缘层厚度为 0.1μm，TSV 孔直径可选参数为 400μm/300μm/200μm/100μm。

温度为 125℃时，Si-TSV 转接板中 TSV 的平均应力分布云图如图 7.12（a）所示，TSV 表面处 $Si/SiO_2/Si$ 界面的放大区域如图 7.12（b）所示。图 7.13 为相应的 Si-TSV 转接板中 TSV 的平均应变分布云图。由图可知，Si-TSV 结构的最大应力和最大应变出现在 TSV 表面 SiO_2 与填充 Si 材料界面处，最大应力值为 26.089 MPa，最大应变值为 434.1με。

Si 基体承受的最大应力值为 14.401MPa，TSV 中填充的 Si 材料承受的最大应力值为 16.507MPa，均小于硅材料的屈服强度 100MPa。

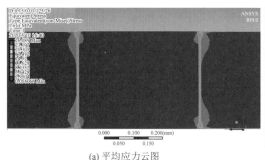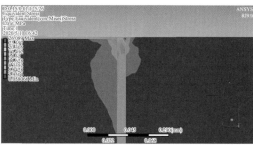

(a) 平均应力云图　　　　　　　　　　　　　(b) 平均应力云图放大图

图 7.12　125℃下 Si-TSV 转接板热-结构应力仿真结果

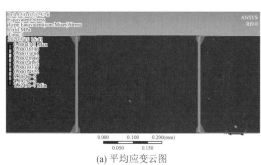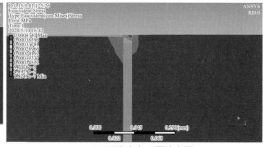

(a) 平均应变云图　　　　　　　　　　　　　(b) 平均应变云图放大图

图 7.13　125℃下 Si-TSV 转接板应变仿真结果

温度为–55℃时，Si-TSV 转接板中 TSV 的平均应力分布云图如图 7.14（a）所示，TSV 表面处 Si/SiO$_2$/Si 界面的放大图如图 7.14（b）所示。Si-TSV 转接板中 TSV 的平均应变分布云图如图 7.15（a）所示，TSV 表面处 Si/SiO$_2$/Si 界面的放大图如图 7.15（b）所示。由图可知，Si-TSV 结构的最大应力和最大应变出现在 TSV 表面 SiO$_2$ 与填充 Si 的界面处，最大应力值为 15.21MPa，最大应变值为 253.1με。Si 基体承受的最大应力值为 8.396MPa，TSV 中填充 Si 材料承受的最大应力值为 9.6238MPa，也都小于硅材料的屈服强度 100MPa。

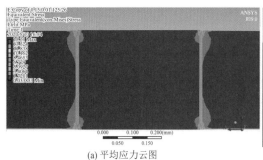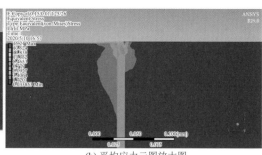

(a) 平均应力云图　　　　　　　　　　　　　(b) 平均应力云图放大图

图 7.14　–55℃下 Si-TSV 转接板热-结构应力仿真结果

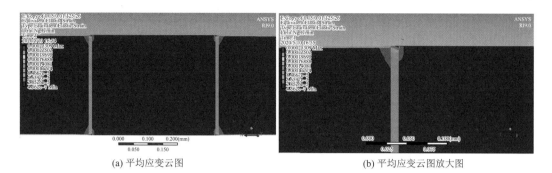

(a) 平均应变云图　　　　　　　　　　　　　　　(b) 平均应变云图放大图

图 7.15　–55℃下 Si-TSV 转接板热-结构应变仿真结果

综上所述，Si-TSV 转接板结构在–55～125℃温度循环条件下不易变形，基本不存在强度失效的风险。采用相同的分析方法对不同参数条件下的 TSV 转接板进行热-结构仿真，其平均应力和平均应变最大值仿真结果分别见表 7.2 和表 7.3。

表 7.2　转接板平均应力最大值仿真结果　　　　　　　　（单位：MPa）

结构参数 （TSV 直径/ 转接板厚度）	Si-TSV 转接板					
	125℃			–55℃		
	Si	SiO$_2$	Si	Si	SiO$_2$	Si
50μm/200μm	17.946	26.155	21.095	10.47	15.326	12.684
100μm/200μm	16.134	26.05	16.528	9.4062	15.187	9.6363
150μm/300μm	15.71	26.217	15.123	9.1589	15.285	8.8167
200μm/100μm	16,723	25.858	14.077	9.7499	15.075	8.2071
200μm/200μm	16.474	26.294	14.466	9.6046	15.33	8.4338
200μm/300μm	16.507	26.089	14.401	9.6238	15.21	8.396

表 7.3　转接板平均应变最大值仿真结果　　　　　　　　（单位：mm/mm）

结构参数 （TSV 直径/ 转接板厚度）	Si-TSV 转接板					
	125℃			–55℃		
	Si	SiO$_2$	Si	Si	SiO$_2$	Si
50μm/200μm	1.46×10^{-4}	4.35×10^{-4}	1.50×10^{-4}	8.50×10^{-5}	2.55×10^{-4}	8.63×10^{-5}
100μm/200μm	1.30×10^{-4}	4.34×10^{-4}	1.09×10^{-4}	7.61×10^{-5}	2.53×10^{-4}	6.34×10^{-5}
150μm/300μm	1.26×10^{-4}	4.36×10^{-4}	9.75×10^{-5}	7.33×10^{-5}	2.54×10^{-4}	5.69×10^{-5}
200μm/100μm	1.34×10^{-4}	4.30×10^{-4}	9.12×10^{-5}	7.82×10^{-5}	2.51×10^{-4}	5.32×10^{-5}
200μm/200μm	1.32×10^{-4}	4.38×10^{-4}	9.27×10^{-5}	7.69×10^{-5}	2.55×10^{-4}	5.41×10^{-5}
200μm/300μm	1.32×10^{-4}	4.34×10^{-4}	9.24×10^{-5}	7.69×10^{-5}	2.53×10^{-4}	5.39×10^{-5}

通过上述图表可以看出，在 Si-TSV 转接板的 TSV 表面处，Si 基体在与 SiO₂ 界面处所受平均应力值和平均应变值，受板厚变化的影响较小，但会随 TSV 直径的减少而降低。同时，SiO_2 与填充 Si 所受的平均应力和平均应变基本没有明显变化。

总体而言，Si-TSV 在–55～125℃温度循环条件下所受的应力较小，不超过结构材料的屈服极限，失效风险较小。相比 Cu-TSV，Si-TSV 存在较小程度的热膨胀系数不匹配，因此，在–55～125℃温度循环条件下，TSV 转接板结构参数的变化对转接板平均应力最大值的影响较小。上述实验表明，在选用 Si-TSV 转接板时，可根据其他设计要求或工艺难度的条件，针对性地选取 TSV 的结构参数。

7.4.2　微凸点结构

在晶圆上制作焊锡凸点时，较成熟的方法是电镀工艺，较好的参数选择可以制造出大小均匀的焊锡凸点。在微凸点组装过程中，两个微凸点之间的杂质会影响微凸点的键合可靠性，导致加速失效的现象；此外，组装过程中，如果选择错误温度压力等工艺参数，也会引发微凸点键合不良等现象。从材料本身而言，微凸点由界面金属间化合物层和钎料基体组成。其中，钎料基体以锡为主要成分，而锡晶体具有各向异性特征，且微凸点仅包含有限个晶粒，因此，锡的晶体取向可显著影响微凸点的机械可靠性和电迁移可靠性。总之，晶粒的晶体取向对微凸点可靠性的影响，已成为当前的热点问题之一。界面金属间化合物主要起连接作用，其固态反应和结构稳定性，即金属间化合物的种类以及与基体之间的界面形貌，直接关系到微凸点的连接强度和稳定性，进而影响微凸点的蠕变、疲劳等性能，因此，界面反应和界面结构也是关注的重要因素。

为此，分析器件在热循环作用下的行为，利用 COMSOL 有限元软件，分别对单个焊点和整体器件进行模拟，并分别针对单个焊点和整个器件进行热应力分析。同时，对单个焊点进行热循环应力作用下的应力、弹性形变和塑性形变模拟，分析焊点的断裂起始位置。在热循环塑性应变的模拟基础上，评估焊点热疲劳寿命；对整体器件进行热应力模拟，模拟器件整体的变形及应力分布，分析高应力焊点位置。

基于此，利用 SOLIDWORKS 建模软件构建焊点几何模型。根据器件实际排布，上方为硅片，下方为 PCB 板，同时充分考虑 Cu 焊盘以及金属间化合物层的影响。

元器件工作时的温度通常会较高，其工作温度会达到钎料熔点的一半以上，这种情况下钎料可能会表现出黏塑性，蠕变和应力松弛效应体现得较为明显。SAC305 钎料的熔点为 217℃，室温下，温度已经达到熔点的 61%（热力学温度计算），会出现明显的蠕变变形。在有限元模拟中，常使用黏塑性 Anand 本构方程来描述焊点的性能，Anand 方程统一了蠕变和塑性引起的变形，可以较为准确地分析焊点的应力应变响应。

基于 Anand 本构方程，SAC305 凸点在温度循环情况下，通过蠕变行为模拟计算塑性变形结果，分别利用基于应变寿命的 Coffin-Manson（C-M）模型和基于能量的 Morrow 模型进行寿命预测。

在软件模拟过程中，使用 COMSOL "固体力学" 节点，"线弹性材料" 子节点下添加内置多物理场 "热膨胀" 节点和 "黏塑性" 材料节点，其中，黏塑性只应用于 "Solder"

几何区域，将构造的温度循环插值函数设置为材料的温度时变，PCB 底面设置为"辊支承"约束，具体如图 7.16 所示，使用"对称节点"在切面上。针对焊点热循环模拟，选用四面体网格划分。

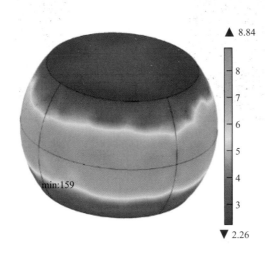

图 7.16　焊点应力分析结果

7.5　GNC 微系统的典型环境误差分析

　　GNC 微系统在服役过程中，常需要经历开关机、工作环境改变等温度变化过程，其内部电子元器件会产生随工作状态变化的热应力场[28]。同时，GNC 微系统内嵌的 MEMS 惯性器件在制造加工以及信号敏感、转换过程中，会产生多种测量及随机误差。除此之外，如温度、振动、冲击、过载等恶劣的外界环境，也会对其工作状态及误差测量产生严重的影响。

　　本节以典型的热学、力学、电磁等环境误差分析为例，阐述微系统多物理场的跨尺度耦合效应与基本的演变规律。

7.5.1　GNC 微系统热学环境误差

　　在 GNC 微系统高密度三维堆叠结构下，封装体的内部热流更集中，器件存在较为严重的失效隐患[29]。GNC 微系统高温应力下的热表征问题已成为业界的热点之一。

1. 高密度集成热学分析

　　GNC 微系统集成了较多的微凸点和 TSV 等结构，焊接后微凸点高度合金化，高温环境下易形成裂纹。采用铜柱凸点的互连结构还易产生应力集中，在芯片表面或焊点处引发开裂。而 TSV 互连结构衬底、导电体以及绝缘层结构的热膨胀系数差异较大，温度载荷下，TSV-Cu/Si 界面易发生开裂，进而引发漏电失效，最终，TSV 在热冲击载荷后，可能发生界面剥离的现象，具体如图 7.17 所示。

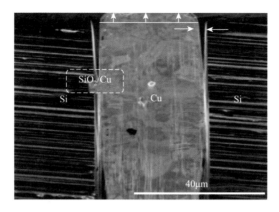

图 7.17　热冲击载荷应力后 TSV 界面变化示意图

　　基于高导热界面材料和微流道的微系统，能有效提高封装散热性能，降低结温，提高芯片的实际输出功率，但高温下界面结构并不稳定，材料的电-热性能易退化，界面层易分离，失去粘接和散热作用。目前，微流道散热技术还未完全实现工程化应用，需进一步研究在高温应力下，其键合结构的退化、流道腐蚀等可靠性问题。

　　当前，器件级主流的热表征方法主要有建模仿真、热分布成像、热阻模型以及热点失效定位等，具体如表 7.4 所示。采用热分析方法表征微系统的热学性能，可为其结构设计和优化提供有效参考，但微系统的多热源耦合和三维堆叠的特点，整体增加了热分析的难度。

表 7.4　常用热表征方法比较

表征方法	建模仿真法	锁相红外热定位	热分布成像法	热阻矩阵法
示例	（温度分布示例图 29.63℃ 28.72℃ 27.81℃ 26.96℃ 25.92℃ 25.00℃）	（锁相红外热定位示例图）	（热分布成像示例图）	$[T_J] = \begin{bmatrix} T_{J1} \\ T_{J2} \\ T_{J3} \\ T_{J4} \end{bmatrix}$ $= \begin{bmatrix} R_{11} & R_{12} & R_{13} & R_{14} \\ R_{21} & R_{22} & R_{23} & R_{24} \\ R_{31} & R_{32} & R_{33} & R_{34} \\ R_{41} & R_{42} & R_{43} & R_{44} \end{bmatrix} + T_A$
优点	时间快、无须进行试验、成本低	可定位深层次缺陷	可生成温度分布图像	可计算堆叠芯片内部温度
缺点	需解决跨尺度建模的问题	算法复杂、后数据处理时间长	仅能获取表面温度数据	需准确详细的结构、材料属性参数

　　跨尺度结构的普通建模方法，并非完全适用于 GNC 微系统的热分布模拟。GNC 微系统中的凸点、界面层、堆叠芯片等结构物理尺寸，可能相差 3 个数量级以上，因此，跨尺度结构的建模和仿真难度较大。鉴于此，等效建模是实现 GNC 微系统中跨尺度热仿真的一种有效方法，采用电学法，对三维堆叠结构的热性能进行测试表征，测试数据用于建模中封装结构（如凸点）的机理分析，以保证等效模型的准确度。

GNC 微系统的三维复杂结构，使其内部的缺陷或失效难以通过热点进行直接定位。传统的红外法热点定位仅能获取表面的温度分布，不能定位深层次的热点。锁相红外热成像是一种针对三维复杂结构热点表征的有效方法，它结合计算模拟的方式，通过表面成像定位三维堆叠结构内部的缺陷，有效解决了三维架构的失效热定位问题。

2. 典型器件热学分析

作为 GNC 微系统用于导航的核心模块，MEMS 惯性器件对温度较为敏感，当功耗及环境温度发生变化时，会改变陀螺仪、加速度计的性能，从而对精度产生较为严重的影响。

1）陀螺仪温度漂移误差机理分析

随着环境温度的改变，MEMS 陀螺仪的性能受影响较大。这种影响是一种间接的作用，温度变化导致硅材料的性能变化，进而导致机械结构变形、弹性模量和残余应力变化、电参数发生变化，此外陀螺仪 ASIC 电路中电源基准等性能，都会随温度的变化而发生改变，会引起陀螺仪的零偏和标度因数的变化，产生温度漂移误差。

通常而言，陀螺仪的系统刚度、固有频率、品质因数、阻尼系数等，都是影响其输出的关键因素，它们的变化直接关系到检测模态的振动位移，从而影响其电信号的输出值，导致测量到的角速率与实际角速率存在一定的偏差。陀螺仪工作状态主要受其谐振频率的影响，而材料的弹性模量具有一定的温度敏感性，弹性模量的改变导致系统刚度的变化，进而改变陀螺仪的谐振频率。此外，外围 ASIC 电路的电阻电容，其温度敏感性也会影响到输出信号的精度。上述因素主要影响陀螺仪的零偏和标度因数，最终反映在陀螺仪输出信号的稳定性及测量精度上。以下详细阐述温度对 MEMS 惯性器件材料特性的影响。

（1）温度对谐振频率的影响。

温度会影响硅材料的弹性模量，硅材料的弹性模量与温度的变化关系为，温度每升高 1℃，弹性模量会减小约 83.4ppm。而材料的刚度与弹性模量呈正比关系。因此，温度会直接影响微结构的刚度，而系统刚度的变化，反过来体现在陀螺仪谐振频率的变化上。

陀螺仪的谐振频率公式表示为

$$f = \frac{1}{2\pi}\sqrt{\frac{K}{m}} \tag{7.53}$$

式中，K 为系统刚度；m 为检测质量块的质量。

材料的弹性模量随温度的变化关系如下：

$$E(T) = E_0 - E_0 K_e (T - T_0) \tag{7.54}$$

$$\Delta E = -K_e E_0 \Delta T \tag{7.55}$$

式中，K_e 为硅材料弹性模量的温度变化系数；E_0 为硅材料在温度为 T_0 下的弹性模量，一般 $T_0 = 300K$。

系统刚度的计算公式为

$$K = 6E h_x \left(\frac{d_x}{L_x}\right)^3 \tag{7.56}$$

式中，h_x、d_x、L_x 分别为支撑梁的厚度、宽度、长度等机械尺寸。

综上，系统的刚度与材料的弹性模量和机械尺寸有关，由于温度引起机械尺寸的变化很小（通常为微米级），因此尺寸大小的变化所带来的影响可以忽略，并将其视为常数。系统的刚度与弹性模量呈一定的正比关系，可由以下公式表示：

$$K(T) = K_0 \left(1 - K_e(T - T_0)\right) \tag{7.57}$$

式中，$K(T)$ 和 K_0 是系统分别在 T、T_0 温度下的刚度。将其代入式（7.53）中，得到陀螺仪的谐振频率 f 与温度 T 的最终关系为

$$f = \frac{1}{2\pi} \sqrt{\frac{K_0\left(1 - K_e(T - T_0)\right)}{m}} = f_0 \sqrt{1 - K_e(T - T_0)} \tag{7.58}$$

假设某型号陀螺仪在 20℃时的谐振频率为 3000Hz，用 MATLAB 仿真谐振频率与温度的关系，曲线如图 7.18 所示。

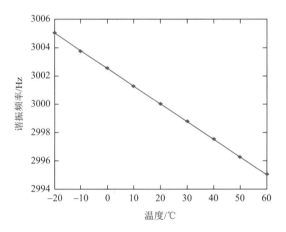

图 7.18　谐振频率与温度的仿真拟合示意图

综合式（7.58）和上述仿真结果图，谐振频率与温度近似呈负比例的线性关系。

（2）温度对品质因数的影响。

作为陀螺仪的重要性能参数之一，品质因数（Q 值）也是影响检测模态振动位移的重要因素，由于陀螺仪内部采用低真空封装而成，在低气压范围，稀薄空气阻尼构成系统阻尼的主要部分，系统谐振的品质因数可以近似表示为

$$Q = \frac{M_p \omega_0}{C_r} \tag{7.59}$$

式中，M_p 为振动极板的质量；ω_0 为系统的固有频率；C_r 为稀薄空气的阻尼力系数。

各物理量计算公式如下：

$$M_p = Ah\rho \tag{7.60}$$

$$C_r = 4\sqrt{\frac{2}{\pi}} \sqrt{\frac{M}{RT}} PA \tag{7.61}$$

式中，各物理参数的代表意义如下：A 为振动极板的面积；h 为振动极板的厚度；ρ 为振动极板的密度；M 为气体摩尔质量；R 为理想气体常数；P 为气体压强；T 为气体温度。

由于真空封装陀螺仪腔体内，气体体积不变，根据查理定律，$P/T = C$（常数），则系统的品质因数可简化为

$$Q = \frac{h\rho\omega_0}{4C}\sqrt{\frac{\pi^2}{2}}\sqrt{\frac{R}{MT}} \tag{7.62}$$

综上所述，品质因数与温度呈负相关关系。

（3）温度对陀螺仪机械灵敏度的影响。

一般而言，固有频率、品质因数等多种因素的温度变化，将会导致陀螺仪振动位移和相位的漂移，最终引发陀螺仪零位输出（零偏）的漂移，以及陀螺仪标度因数的变化。

结合陀螺仪运动学的基础理论，得出其机械灵敏度 S 为

$$
\begin{aligned}
S = \frac{A_y}{\Omega} &= \frac{2\omega_d F_d}{(m_1 + m_2)\omega_x^2\omega_y^2\sqrt{\left(1-\left(\frac{\omega_d}{\omega_x}\right)^2\right)^2 + 4\varepsilon_x^2\left(\frac{\omega_d}{\omega_x}\right)^2}\sqrt{\left(1-\left(\frac{\omega_d}{\omega_y}\right)^2\right)^2 + 4\varepsilon_y^2\left(\frac{\omega_d}{\omega_y}\right)^2}} \\[4mm]
&= \frac{2\omega_d F_d}{(m_1 + m_2)\omega_x^2\omega_y^2\sqrt{\left(1-\left(\frac{\omega_d}{\omega_x}\right)^2\right)^2 + \frac{1}{Q_x^2}\left(\frac{\omega_d}{\omega_x}\right)^2}\sqrt{\left(1-\left(\frac{\omega_d}{\omega_y}\right)^2\right)^2 + \frac{1}{Q_y^2}\left(\frac{\omega_d}{\omega_y}\right)^2}} \\[4mm]
&= \frac{2\omega_d F_d}{(m_1 + m_2)\omega_x^2\omega_y^2\sqrt{\left(1-\left(\frac{\omega_d}{\omega_x}\right)^2\right)^2 + \frac{C_x^2}{(m_1+m_2)^2}\left(\frac{\omega_d}{\omega_x}\right)^2}\sqrt{\left(1-\left(\frac{\omega_d}{\omega_y}\right)^2\right)^2 + \frac{C_y^2}{m_2^2}\left(\frac{\omega_d}{\omega_y}\right)^2}}
\end{aligned} \tag{7.63}
$$

设计陀螺仪结构时，要达到较大的机械灵敏度，要求驱动模态与检测模态均处于谐振状态，此时 $\omega_d = \omega_x = \omega_y$，则机械灵敏度最大值为

$$S_{\max} = \frac{2F_d Q_x Q_y}{(m_1 + m_2)\omega_d^2} = \frac{2F_d m_2}{c_x c_y \omega_d} \tag{7.64}$$

由式（7.64）可得，最大机械灵敏度与驱动模态和检测模态的阻尼系数呈负相关，对于更一般的情况，也可以从式（7.63）中得出相同的结论。当 MEMS 陀螺开环工作时，其标度因数正比于其机械灵敏度，机械灵敏度的温度变化将表现为陀螺仪标度因数的变化。对于闭环工作 MEMS 陀螺仪而言，标度因数与陀螺检测模态的机械灵敏度不再直接相关，标度因数随温度的变化主要受 ASIC 中电参数的影响，特别是电压基准的温度特性的影响。

（4）温度对其他材料性能的影响。

温度变化会影响微结构的尺寸，究其原因，主要是硅材料所引发的热膨胀。结构尺寸的变化将会影响检测电容面积和间距，造成检测电容的变化，从而造成检测电容差的变化。硅材料的热膨胀系数范围一般为 0.7～4ppm/℃。温度变化会影响介质的介电常数，

且介电常数主要影响检测极板之间的电容，使得电容差发生变化，从而产生输出漂移。温度还会影响驱动与检测电路的电参数。由于驱动与检测电路也是硅基芯片，同样会受到温度的影响。即便如此，温度对以上因素的影响较小，并不是产生陀螺仪温度漂移误差的主要原因。

2）加速度计温度漂移误差机理分析

与 MEMS 振动陀螺仪机理分析类似，对于梳齿状电容式加速度计而言，梳齿式敏感结构由固定梳齿和可动梳齿形成差动电容对。温度变化导致机械结构尺寸、材料弹性模量及介质介电常数的变化，从而引起敏感电容的变化，造成输出误差。

（1）加速度计零偏的温度误差机理分析。

梳齿状电容式加速度计的差分电容检测基本原理如图 7.19 所示。

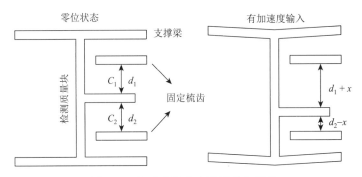

图 7.19　加速度计电容检测基本原理

当加速度计处于零位状态时，两梳齿电容相等，具体如下：

$$C_0 = C_1 = C_2 = \frac{\varepsilon A}{d_1} = \frac{\varepsilon A}{d_2} = \frac{\varepsilon A}{d_0} \tag{7.65}$$

当存在加速度输入时，梳齿电容间距发生变化，致使两梳齿电容量差值发生变化，具体如下：

$$\Delta C = C_1 - C_2 = \frac{\varepsilon A}{d_1 + x} - \frac{\varepsilon A}{d_2 - x} \tag{7.66}$$

当 $x \ll d_0$ 时，结合式（7.65）和式（7.66）的关系，式（7.66）又可写为

$$\Delta C = \frac{C_0 d_0}{d_0 + x} - \frac{C_0 d_0}{d_0 - x} = C_0 \frac{-2x}{d_0} = \frac{-2C_0}{d_0} \frac{m}{k} a \tag{7.67}$$

从式（7.67）可以看出，正常情况下电容变化量也与加速度成正比，通过检测电容量的变化就可测出载体的加速度。

温度变化会引起材料的膨胀或者收缩，全硅结构电容式加速度计尽管以硅材料为主，但其上仍然又包括二氧化硅、金属膜等不同种材料，进而会导致可动梳齿与固定梳齿的温度特性并不完全相同，同时支撑梁在温度作用下也会产生形变，这样就会导致可动梳齿与固定梳齿间距尺寸的变化。此外，温度变化也会导致芯片各个部分的热应力分布

不同，从而使得加速度计零位状态下的电信号输出发生变化，造成加速度计的零偏温度漂移。

（2）加速度计标度因数的温度误差机理分析。

电容式加速度计的电容变化灵敏度 S 为

$$S = \frac{\Delta C}{a} = \frac{-2C_0}{d_0} \frac{m}{k} \qquad (7.68)$$

由式（7.68）可以看出，灵敏度与支撑梁的刚度呈反比例关系，前面内容已分析出材料刚度与温度的关系如式（7.57）所示，则灵敏度与温度的关系如下：

$$S = \frac{\Delta C}{a} = \frac{-2C_0}{d_0} \frac{m}{k_0 \left(1 - k_e(T - T_0)\right)} \qquad (7.69)$$

由此可见，灵敏度与温度的变化呈正相关，当温度改变时，加速度计电压输出与外部加速度的比例也会发生变化，反映到加速度计的性能指标上，表现为开环标度因数的温度漂移误差。

3）GNC 系统温度误差表现形式

在实际应用中，微系统典型器件多种误差将会同时产生作用，使得 GNC 微系统导航感知传感器的输出产生漂移。对于 MEMS 敏感微结构而言，在难以直接测试温度变化时，其材料性能的变化，只能通过后续电路的输出，进而分析微系统的温度特性。根据传感器相关理论，为研究和定量分析传感器误差，定义了通常所涉及的传感器多种误差指标，如量程、零偏、零偏重复性、零偏温度系数、标度因数非线性度、标度因数重复性、标度因数温度系数等。因此，温度对 MEMS 惯性器件或 GNC 微系统的影响，最终将表现在传感器的性能指标上。其中，影响较大的当属零偏和标度因数，而 GNC 微系统是由多个分立的 MEMS 器件组合而成的，当温度环境发生改变时，由于材料热膨胀，将带来传感器敏感轴轴间的安装误差角，也会影响 GNC 微系统的测量结果，从而引起导航、制导与控制系统的性能下降。

总体而言，作为 GNC 微系统遵循的重要原则之一，"低熵设计"首先要求其热功率要尽可能低，从能量的角度出发，较大的热学环境误差反映的是一种高熵增的不稳定状态，必然会导致随机误差的产生；其次，希望系统温度梯度及变化尽可能小，包括自身各部件的温度梯度及其与外界环境的温度梯度，由此减少系统内部和外部热不平衡所导致的能量流动，理论上有利于提升微系统能量流的转化效率，进而带来低温升、低功耗、高效率和高性能等系列优势[30, 31]。

7.5.2　GNC 微系统力学环境误差

GNC 微系统制造中的微纳工艺损伤已成为影响其长期工作可靠性的主要难题之一，微纳工艺损伤的表征及其力学环境的测量一直是该问题研究的重点和难点，其中，高分辨率应力表征技术在 GNC 微系统力学可靠性分析中一直发挥着重要作用。通过高分辨率应力表征，可以分析 GNC 微系统工艺层面的力学环境误差，此外，结合器件级的仿真计算和半实物仿真，可以分析关键器件层面的力学环境误差。

1. GNC 微系统工艺层面力学环境误差

GNC 微系统三维集成过程中，所涉及的微纳工艺一般包括掩模制备、沉积、刻蚀、外延生长、电镀、氧化和掺杂等。微加工工艺将引入较多的残余应力，这种残余应力通常集中在微米/纳米尺度的 GNC 微系统关键结构中，尤其是在多层材料界面的复合结构中，工艺温度会引起较为严重的热失配，将导致界面各层材料产生较大的切应力和拉应力，易诱发界面分层或开裂，甚至失效。退火工艺残余应力导致的 TSV 界面开裂如图 7.20 所示。

图 7.20　退火工艺残余应力导致的 TSV 界面开裂示意图

测量应力的方法多种多样，按照其对被测样品的破坏程度，主要分为有损检测和无损检测两大类。其中，有损检测法主要通过去除待测区域的材料，使得该区域的残余应力得到部分或者完全的释放，进而造成待测件发生一定的变形。需通过测量相关变量，根据相应的变形理论计算原理得到其残余应力。有损检测法主要包括切片法、纳米压痕法、轮廓法、盲孔法、深孔法、切除法、分裂法、曲率法、剥层法、剪切法等。无损检测法又称物理法，主要通过测量某些物理参数，研究其与残余应力的联系，基于该物理参数计算得到相应的残余应力。无损检测法主要包括 X 射线衍射法、中子衍射法、超声波法、电子散斑干涉法、固有应变法、扫描电子显微镜法以及磁性法等。微纳尺度残余应力测量方法比较如表 7.5 所示。

表 7.5　微纳尺度残余应力测量方法比较

测量方法	X 射线衍射法	盲孔法	轮廓法	压痕法	数字图像相关法	微拉曼光谱法	基底曲率法
案例							
优点	可以测量宏观和微观的残余应力	适合于较为广泛的材料	对垂直于切断面的应力有较高的敏感度	极高的力分辨率和位移分辨率	完全的无损测试，不会对零部件造成任何损伤和破坏	测量方法简单	简单、快速、精度高
缺点	只能测量表面的应力	应变的感应和分辨率较为有限	无法获得完全靠在一起的两个断面	堆积现象或沉陷现象使得实际计算发生偏差	测量精确度不确定，高温试验测量误差大	无法测量金属中的应力	无法用于实际服役过程中残余应力演化测量

综上，X 射线衍射、曲率法、纳米压痕法等残余应力表征方法较为精确，可获得较为合理的测试数据，但存在一定的弊端。例如，X 射线的穿透深度较小，只能测量材料表面的残余应力，如果需要测量材料内部微纳尺度的残余应力，其能力略显不足。通过曲率法，可计算得出各层材料界面沿厚度方向上平均的残余应力，并且测量对象是近似于界面结构的薄膜试样。但此薄膜试样的测试结果，能否代表真实微纳工艺的残余应力，还有待商榷。纳米压痕试验能够获得在简单剪切作用下界面破坏的试验数据，但事实上，微纳工艺制备结构的失效位置与残余应力分布密切相关，压痕试验能否反映工艺和服役条件下的实际开裂行为也有待进一步验证。

2. GNC 微系统器件层面力学环境误差

以 MEMS 陀螺仪振动误差为例，GNC 微系统典型器件在生产制造过程中普遍会存在加工误差，造成几何质心和实际重心不重合，以及质量块的电容不完全对称等问题。当检测轴向耦合到驱动轴向的阻尼系数，同时，刚度、驱动轴向耦合到检测轴向的阻尼系数和刚度的值均为零时，驱动位移和检测位移互不干扰；反之，则会产生正交耦合误差。正交耦合误差的存在使 MEMS 陀螺仪在振动过程中噪声增大，引起较大的动态误差。

随机振动中 MEMS 陀螺仪在频域内的角度输出与振动输入的功率谱密度成正比。可建立如下的 MEMS 陀螺仪振动误差模型：

$$
\begin{bmatrix} W_x \\ W_y \\ W_z \end{bmatrix} = \begin{bmatrix} \omega_{x0} \\ \omega_{y0} \\ \omega_{z0} \end{bmatrix} + \begin{bmatrix} K_{xx} & K_{xy} & K_{xz} \\ K_{yx} & K_{yy} & K_{yz} \\ K_{zx} & K_{zy} & K_{zz} \end{bmatrix} \cdot \begin{bmatrix} \omega_x \\ \omega_y \\ \omega_z \end{bmatrix}
$$

$$
+ \begin{bmatrix} K_{gxx} & K_{gxy} & K_{gxz} \\ K_{gyx} & K_{gyy} & K_{gyz} \\ K_{gzx} & K_{gzy} & K_{gzz} \end{bmatrix} \cdot \begin{bmatrix} g_x \\ g_y \\ g_z \end{bmatrix}
$$

$$
+ \begin{bmatrix} S_x & 0 & 0 \\ 0 & S_y & 0 \\ 0 & 0 & S_z \end{bmatrix} \cdot \begin{bmatrix} g_x^2 \\ g_y^2 \\ g_z^2 \end{bmatrix} + \begin{bmatrix} D_x & 0 & 0 \\ 0 & D_y & 0 \\ 0 & 0 & D_z \end{bmatrix} \cdot \begin{bmatrix} g_x^3 \\ g_y^3 \\ g_z^3 \end{bmatrix} \tag{7.70}
$$

式中，W_x、W_y、W_z 为 MEMS 陀螺仪的输出值；ω_{x0}、ω_{y0}、ω_{z0} 为陀螺仪的零偏漂移；K_{xx}、K_{yy}、K_{zz} 为 MEMS 陀螺仪的标度因数；$K_{ij}(i,j=x,y,z;i \neq j)$ 为 i 轴偏向 j 轴的安装误差系数；$K_{gij}(i,j=x,y,z;i \neq j)$ 为陀螺仪 g 敏感性系数；g_x、g_y、g_z 为 MEMS 加速度计的输出值；S_x、S_y、S_z 分别为 g^2 敏感线性系数，D_x、D_y、D_z 分别为 g^3 敏感线性系数。

此外，振动对微机械陀螺可靠性的影响同样不可忽视，尤其在航空航天和军事装备等应用领域。在振动环境应力作用下，可造成 MEMS 陀螺疲劳、断裂、黏附、微粒污染、金属引线脱落等模式失效。在振动应力作用下，断裂是 MEMS 陀螺仪常见的失效模式之一。长期振动环境造成陀螺内部材料疲劳，最终导致陀螺断裂失效。该情况下，即使振动应力小于材料的断裂强度，也会造成材料断裂失效。疲劳是材料结构在应力作用下出现损伤，逐渐积累从而导致结构失效的力学行为。弯曲、压缩和拉伸等是微机械陀螺仪谐振工作中结构常见的机械运动。在交变应力的作用下，陀螺结构慢慢积聚疲劳损伤，导致陀螺的结构以及性能产生变化。

7.5.3　GNC 微系统电磁环境误差

在 GNC 微系统工程应用中，需要应对微感知和数据链微传输等高频需求场景，例如，GNSS 卫星导航射频信号、数据链微传输的载波高频信号等。随着时钟频率的上升，多层重布线、高频 TSV 阵列耦合寄生效应更趋复杂，高速微互连结构在延迟、噪声、电磁干扰等信号完整性问题上将加剧，从而影响和降低 GNC 微系统可靠性[29]。在 GNC 微系统产品研发和产业化过程中，信号完整性技术已成为其电磁环境误差及可靠性的重要方面。

微互连信号完整性的研究手段主要包括解析建模、软件协同仿真和微波测试，为建立其 S 参数、压降、辐射图谱等频域和时域表征，所采取的微互连信号完整性分析手段如表 7.6 所示。微互连等效电路建模主要基于麦克斯韦方程组等电磁理论，针对多种微互连结构，分析远点 TSV 耦合效应、双 TSV 耦合模型、TSV 与有源层电路串扰模型等，进行电磁建模和电磁特性分析；同时，考虑温度变化，解析 TSV 的物理结构参数和材料特性对高速电路性能的影响，尤其是先进材料和工艺结构的硅通孔互连，如碳纳米管 TSV 等，帮助设计者有效地避免信号不完整性问题。

表 7.6　微互连信号完整性分析常用方法

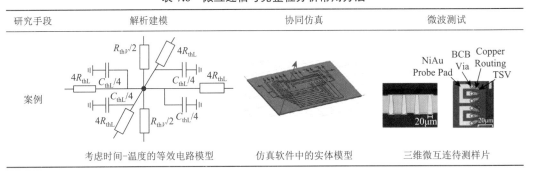

研究手段	解析建模	协同仿真	微波测试
案例	考虑时间–温度的等效电路模型	仿真软件中的实体模型	三维微互连待测样片

软件仿真主要针对内部结构复杂的三维封装芯片。由于商业电磁仿真软件存在建模困难、仿真时间较长和计算资源较大等实际难题，可通过场路协同仿真手段，开展 GNC 微系统产品的电气特性分析。常规的射频芯片测试手段包括矢量网络、近场扫描等，针对不同工艺的硅通孔互连，通过特殊设计的测试结构来获取传输损耗、电磁辐射/电磁干扰的图谱参数。

GNC 微系统具有集成度较高的优势，包含模拟、微波、数字电路等多个高速通道。若采用直接测试的方式，将对测试仪器和测试结构提出较高的要求，是当前 GNC 微系统检验检测的难点之一。结合扫描电子显微镜和 X 射线的诊断，可行的方法是建立材料、微观互连结构与 GNC 微系统产品可靠性的映射关系。此外，GNC 微系统工程实践中，磁场环境复杂，加速度计、陀螺仪的零位会随着外加磁场变化，其模型可以表示为

$$K_0 = c_0 + c_x H_x + c_y H_y + c_z H_z + \varepsilon \tag{7.71}$$

式中，c_x、c_y、c_z 分别为加速度计、陀螺仪零位随外加磁场的敏感系数。

此外，电磁干扰也会影响控制电路中加速度计、陀螺仪供电电压的输出，进而导致误差。

7.6 GNC 微系统测试技术

GNC 微系统的设计，一般会跨越材料、器件、芯粒、模块、封装、系统等多个层级。既要兼顾数字、模拟、射频、MEMS、光电子等的功能融合，又要注重元器件、芯片、天线的多功能一体化集成，还要考虑信号完整性、电源完整性、电磁兼容性、热完整性、热应力匹配特性、多物理兼容性和可靠性等，最终，才可实现整个微系统的多功能一体化协同，从而实现低成本、批量化和智能化的敏捷测试。

（1）GNC 微系统常用的测试方法。

一般而言，微系统可分为功能/性能测试和可靠性/失效性测试两大类。其中，对于功能/性能测试，主要是验证 GNC 微系统的功能，以及对多种工况条件下的技术性能指标进行测量与试验；对于可靠性/失效测试，针对的是 GNC 微系统持续运行或有效期内的性能退化与最终失效等情况。通常，两类测试之间的界限并不清晰，都可能涉及力学、电学、光学和环境适应性等测试技术。相关的测试手段一般包括用于力学可靠性方面的冲击、振动试验，用于温度可靠性的高低温、温变、瞬态高温测试技术，以及电磁兼容方面的电磁场分布测试、抗干扰测试等。此外，当前还在探索新测试方法，如磁电流测试法、时域反射测试法等。在集成制造阶段，需要通过多种测试方法和手段来保证工艺质量，在应用前，更是需要进行全面的测试。

（2）GNC 微系统的测试特点。

GNC 微系统体积较小、集成度较高，多种芯片、器件、部件集成于有限的空间内，因而可能影响系统的整体性能。同时，GNC 微系统各组成部分（如 GNSS 导航芯片、MEMS 惯性器件、光电子器件、微处理器、微互连结构等）的功能性和可靠性，一般会受到材料特性和制造工艺等因素影响。因此，需深入了解材料特性与工艺参数，通过相关失效测试，确保微系统功能性和可靠性。在此基础上，针对 GNC 微系统在系统层面的失效模式，开发新的测试技术也很有必要[30-33]。同时，需要结合多种先进测试技术，进一步提升 GNC 微系统测试数据的稳定性、精准度以及测试效率。尤其是对低成本、批量化的微系统测试而言，确保测试结果的可靠性和可重复性显得更为重要。如能确保测试的稳定运行，可进一步助力微系统相关产品升级迭代，也可让 GNC 微系统在技术创新中凸显出更高的价值。

总体而言，GNC 微系统结构复杂、器件种类多样，单一的标准化测试技术与测试流程难以满足测试需求。针对测试过程复杂、工艺节点较多、数据量较大等特点，在系统设计阶段应宏观考虑测试需求；在测试方案的制定过程中，应围绕具体的功能/性能测试目标与内容，综合考虑测试手段。以 MEMS 陀螺仪和加速度计测试为例，由于 MEMS 陀螺仪和加速度计敏感结构通常包括与电信号相关的多种机械运动，在测试中不仅要测量其电学特性，还要通过接触式或非接触式的力学检测技术，测试其可动结构的机械运动，如平移、振动、旋转或机械冲击等。另外，除了单独的力学、电学测试外，MEMS 结构/器件的功能实现还涉及力-电耦合效应，需要制定专门的测试方案，通过力-电交互的综合测试手段，甚至通过个性化的测试工装，配合实现 MEMS 相关的功能/性能测试。总之，微系统的测试研究涉及系统与敏感元件的数学模型构建、参数辨识以及数据处理等诸多内容，需要特别关注学科交叉、多种测试手段交互联动等。因此，在微系统研制和应用中，GNC 微系统测试技术是不可或缺的重要组成部分[34, 35]。

7.6.1　GNC 微系统典型器件测试技术

微系统设计初始阶段，需同时考虑其可测性设计[36, 37]。在 GNC 微系统典型器件测试中，主要涉及射频模块以及基带数字信号处理模块测试。其中，基带数字信号处理模块测试主要包括 MEMS 惯性器件测试、GNSS 导航模块测试、GNSS/INS 组合导航模块测试、微型舵机以及微型喷气推进器测试等。

1. 射频模块测试

GNC 微系统射频模块将电源、波控、射频等芯片通过高密度转接基板集成封装在一起，由于在集成度、工作频率上的要求较高，GNC 微系统在结构、工艺、电路等设计方面，存在多方面技术挑战。具体而言，首先，信号的隔离与互扰、电源及信号完整性、腔体效应等问题，对系统布局布线提出了更高的要求；其次，芯片热耗及尺寸增加、互连间距降低，使得材料热匹配所引发的热应力失效问题逐步凸显；最后，互连间距的缩小及端口数量增加、高精度三维叠层、多温度梯度焊接等，对工艺、材料提出了更为苛刻的要求。因此，在产品研制周期不断压缩的情况下，为推动 GNC 微系统射频模块的总体设计及工程化应用，需要力学、结构、电气、工艺等多专业、多领域的协同设计。

1）整体工艺质量监测

在工艺质量监测层面，微系统射频模块需要进行多个步骤的工艺质量监控、失效分析、电路无损检测及故障排查诊断等，需具备微加工工艺过程测试与验证能力。一般可分为微加工集成工艺过程测试验证和射频微系统电性能测试验证[38, 39]。具体而言，根据 GNC 微系统射频模块 TSV/TGV 基板、功能层晶圆等部件的电性能、材料应力测试需求，可进一步细分为 TSV/TGV 封装基板电性能测试技术、微加工工艺应力与热失效检测分析技术等。

2）微系统典型射频模块测试

GNC 微系统的射频模块，在研制及生产过程中，需要分层测试以及三维叠层后测试。图 7.21 为典型的具有射频微系统特征的三维 SiP 系统级封装测试示意图。

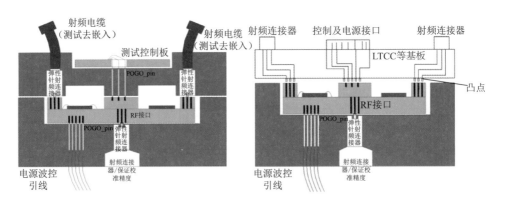

图 7.21　三维 SiP 封装射频模块测试

鉴于微系统射频模块工作频率较高、互连间距较小、输入/输出端口较多，为保证后续正常装配使用，需具备无损测试能力，克服对测试工装设计带来的严峻挑战[40]，主要体现在以下 4 个方面：

（1）工装夹具设计需保证探针阵列、连接器位置等，具备较高的控制精度；

（2）对测试过程的转接头、转接电缆要求较高，否则易引入损耗及驻波等；

（3）需要更小间距的弹性射频连接器、毛纽扣连接器等（见图 7.22）；

（4）单层基板装配后，若不具备完整的射频功能，还需额外设计功能测试电路等。

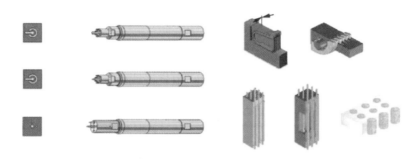

图 7.22　GNC 微系统弹性互连测试接头

针对全硅基三维异构集成微系统而言，在射频模块焊盘间距更小（数十微米级别）、集成度更高的要求下，传统测试夹具加工精度难以满足要求，需借助专业探针台晶圆测试的技术和理念。由于微系统三维异构集成产品的正反两面都存在射频输入/输出端口，现有成熟圆片测试方法难以满足要求。尤其在毫米波频段，当前国内外都尚未设计出相对成熟的解决方案。因此，晶圆单面测试筛选主要借助探针及定制探卡等方式，在探针台上进行筛选测试，具体如图 7.23 所示。对于铜柱凸块等微凸点的晶圆级筛选测试，国外 Cascade 等厂商也推出了角锥隔膜微波探卡，如图 7.24 所示[38]。

图 7.23　射频晶圆探针台测试

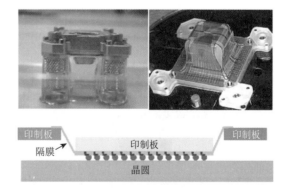

印制板　　　印制板　　　印制板

隔膜

晶圆

图 7.24　隔膜探针卡

SoC 芯片及 SiP 系统热耗的不断提升、封装尺寸的增大、不同材料间的热膨胀系数差异，都给微系统的可靠性设计带来了严峻挑战。因此，需积极融合半导体先进集成测试和标准化封装等技术，降低系统复杂度，缩短产品研制周期，提高系统可测性和维修性。

2. GNSS 导航模块测试

GNSS 导航模块测试主要涉及误码率、捕获跟踪灵敏度、定位测速精度、自主完好性、首次定位时间、通道时延一致性及失锁重捕时间等一系列参数[41, 42]。

1）误码率测试

接收误码率是指在规定的信号功率电平条件下，GNSS 卫星导航定位终端恢复卫星导航电文的错误概率。接收误码率的测试，主要分为以下 3 个步骤：

（1）卫星导航定位终端接入卫星导航信号模拟系统；

（2）卫星导航信号模拟系统播发卫星导航模拟信号，仿真场景设置为所有星可见；

（3）卫星导航信号模拟系统设置卫星导航，定位终端待测频点，接收机基带的信号处理通道捕获跟踪不同的卫星信号，并通过信息解算，以串口方式实时输出导航电文，最后进行误码率统计。

误码率测试评估要求各通道测试码元总数之和不少于 10^7。误码率按式（7.72）计算：

$$误码率 = \frac{各通道数据误码总数}{各通道数据码元总数} \tag{7.72}$$

若误码率统计结果满足指标要求，则判定卫星导航定位终端该频点接收误码率指标合格；反之，则判为不合格。

2）捕获灵敏度测试

捕获灵敏度测试是指在冷启动条件下，被测设备输出定位信息满足要求时的最低接收信号功率。捕获灵敏度的测试，主要分为以下 3 个步骤：

（1）GNSS 卫星导航定位终端接入卫星导航信号模拟系统；

（2）卫星导航信号模拟系统播发卫星导航模拟信号，仿真场景设置为所有卫星可见；

（3）卫星导航信号模拟系统逐步调高模拟器信号功率，并通过卫星导航定位终端的串口模块，实时输出定位信息，进行每个信号功率下 GNSS 卫星导航定位终端接收信号的捕获。

一般而言，灵敏度评估要求卫星导航定位终端最低接收功率值小于−138dBm。若最低接收功率值结果满足指标要求，则判定在该频点捕获灵敏度指标合格；反之，则判为不合格。

3）跟踪灵敏度测试

跟踪灵敏度是指被测设备在捕获信号后，能够保持稳定输出并符合定位精度要求的最小信号电平。跟踪灵敏度的测试，主要分为以下 3 个步骤：

（1）卫星导航定位终端接入卫星导航信号模拟系统；

（2）卫星导航信号模拟系统播发卫星导航模拟信号，仿真场景设置为所有卫星可见；

（3）卫星导航信号模拟系统在卫星导航定位终端捕获成功后，逐步调低模拟器信号功率，并通过卫星导航定位终端串口实时输出定位信息，随后在每个信号功率下，GNSS 卫星导航定位终端对接收信号进行结果统计。

一般而言，跟踪灵敏度评估要求卫星导航定位终端最低接收功率值大于–145dBm。若统计结果满足指标要求，则判定卫星导航定位终端在该频点的跟踪灵敏度指标合格；反之，则判为不合格。

4）定位测速精度测试

定位精度是指 GNSS 卫星导航定位终端接收卫星导航信号进行定位解算，得到的位置与真实位置的接近程度，一般表示为水平定位精度和高程定位精度。测速精度是指速度解算后所得到的结果，以及与真实速度的接近程度。定位更新率是指卫星导航定位终端定位结果的输出频率。定位测速精度的测试，主要分为以下 3 个步骤：

（1）卫星导航定位终端接入卫星导航信号模拟系统；

（2）卫星导航信号模拟系统播发卫星导航模拟信号，仿真场景设置为正常定位场景；

（3）卫星导航信号模拟系统设置卫星导航定位终端，按指定频率输出定位信息以及测速信息。

以定位精度测试为例，定位更新率（Ratio）的评估计算公式如下：

$$\text{Ratio} = n / t \tag{7.73}$$

式中，n 为卫星导航定位终端输出的与 GNSS 对齐的定位结果数据个数；t 为卫星导航定位终端采集 n 个测试数据所用的时间。

GNSS 定位精度测试评估系统将比较上报的定位信息与模拟器仿真的已知位置信息，计算二者的位置误差。位置误差存在 3 种表示方式：空间位置误差、水平误差和高程误差。水平误差计算方法如下：

$$\Delta_r = \sqrt{\Delta_E^2 + \Delta_N^2} \tag{7.74}$$

式中，Δ_r 为水平误差；Δ_E 为东向位置误差分量；Δ_N 为北向位置误差分量。空间位置误差计算方法如下：

$$\Delta_P = \sqrt{\Delta_r^2 + \Delta_H^2} \tag{7.75}$$

式中，Δ_H 为高程位置误差。东向位置误差分量 Δ_E、北向位置误差分量 Δ_N、高程位置误差分量 Δ_H 计算方法如下：

$$\Delta_i = \sqrt{\frac{\sum_{j=1}^{n}(x'_{i,j} - x_{i,j})^2}{n-1}} \tag{7.76}$$

式中，j 为参加统计的定位信息样本序号；n 为样本总数；$x'_{i,j}$ 为卫星导航定位终端解算出的位置分量；$x_{i,j}$ 为模拟器已知的位置分量值；i 取值 E（东向）、N（北向）或 H（高程）。

试验测试系统对 n 个测量结果按从小到大的顺序进行排序。取第 $[n \cdot 95\%]$ 个结果为本次检定的定位精度。若该值小于指标要求的规定，则判定卫星导航定位终端定位精度指标合格；反之，判为不合格。$[n \cdot 95\%]$ 表示不超过 $n \cdot 95\%$ 的最大整数。

5）自主完好性测试

该测试要求 GNSS 卫星导航定位终端在接收到故障卫星信号时，能够正确辨别故障状态，具体判别情况如下：如 5 颗可视卫星中存在 1 颗故障卫星，卫星导航定位终端能够给出告警信息；如可视卫星大于 5 颗，卫星导航定位终端能够识别出 1 颗故障卫星，并能够正确解算定位结果。开展自主完好性的测试，主要分为以下 3 个步骤：

（1）卫星导航定位终端接入卫星导航信号模拟系统；

（2）卫星导航信号模拟系统播发卫星导航模拟信号，仿真场景分别设置为 5 颗可见星中的某 1 颗偶尔存在故障的场景、6 颗可见星中的某 1 颗偶尔存在故障的场景；

（3）卫星导航信号模拟系统设置卫星导航定位终端，按指定频率输出定位信息和故障卫星检测信息。

在 5 颗可见星中某 1 颗偶尔存在故障的场景中，如卫星存在故障时，卫星导航定位终端上报星故障信息正确且卫星无故障时，定位结果要满足定位精度要求，则该场景测试成功，反之，则失败。在 6 颗可见星中某 1 颗偶尔存在故障的场景中，如卫星存在故障时，卫星导航定位终端上报故障卫星信息正确，并且该场景下定位结果要满足定位精度要求，卫星导航定位终端在该场景测试成功；反之，则失败。

以上两个场景卫星导航定位终端测试均成功，则判定卫星导航定位终端的该功能成功；否则失败。

6）首次定位时间测试

首次定位时间是指卫星导航定位终端从开机到获得满足定位精度要求所需要的时间。根据卫星导航定位终端开机前的初始化条件，可分为冷启动条件下首次定位时间、温启动条件下首次定位时间和热启动条件下首次定位时间，具体介绍如下。

冷启动是指卫星导航定位终端开机时，没有当前有效的历书、星历和本机概略位置等信息；温启动是指卫星导航定位终端开机时，没有当前有效的星历信息，但是存在有效的历书和本机概略位置信息；热启动是指卫星导航定位终端开机时，存在当前有效的历书、星历和本机概略位置等信息[22]。以冷启动为例，冷启动测试主要分为以下 5 个步骤：

（1）卫星导航定位终端接入卫星导航信号模拟系统；

（2）卫星导航信号模拟系统播发卫星导航模拟信号，仿真场景设置为正常定位场景；

（3）卫星导航信号模拟系统接收到卫星导航定位终端输出的定位结果后，复位卫星导航定位终端；

（4）卫星导航信号模拟系统更换测试场景，并按冷启动要求的时间不确定度播发 Q 支路导航信号；

（5）卫星导航信号模拟系统打开卫星导航定位终端或向卫星导航定位终端发送复位命令并开始计时，等待接收卫星导航定位终端输出的定位信息。如果在 90s 内卫星导航定位终端没有上报定位结果，终止本次测试。

具体评估方法为，在某 1 次试验卫星导航定位终端上报的定位数据中，选择查找满足以下条件的连续 20 个定位结果，使得连续 20 个结果的水平位置误差和高程位置误差均满足定位精度指标要求。最后，以第一个结果上报的时间作为 GNSS 卫星导航定位终端完成首次定位的时刻。该时刻与本次测试中系统开始播发 Q 支路导航信号的时刻之差，即本次测试的首次定位时间。

7）通道时延一致性测试

通道时延一致性是指同一频点卫星信号经过卫星导航定位终端时，各通道所需时间的差异程度。通道时延一致性的测试，主要分为以下 3 个步骤：

（1）卫星导航定位终端接入卫星导航信号模拟系统；

（2）卫星导航信号模拟系统播发卫星导航模拟信号，仿真场景设置为所有卫星可见；

（3）卫星导航信号模拟系统设置卫星导航定位终端的待测频点，各通道捕获跟踪不同卫星信号，并通过串口实时输出伪距观测值。

在评估阶段，首先统计各通道的通道时延一致性。统计方法如下。

设卫星导航定位终端输出的伪距观测值为 $x_{i,j}$，i 为通道号，j 为采样时刻。以任一通道的伪距值为基准（如以第一通道的数据为基准）。相同采样时刻，其他各通道的观测值分别与基准通道值相减，得出的结果再减去试验系统仿真的通道间伪距差值，具体为

$$\Delta_{i,j} = (x_{i,j} - x_{1,j}) - (x'_{i,j} - x'_{1,j}), \quad i \neq 1 \tag{7.77}$$

式中，$x'_{i,j}$ 为实验系统仿真的第 i 通道锁定的卫星在 j 时刻的伪距值。

当 $\Delta_{i,j}$ 通道误差小于标称阈值时，通道时延一致性测试通过；否则失败。

8）失锁重捕时间测试

失锁重捕时间是指卫星导航定位终端在正常工作状态下，出现所有信号中断播放时，从信号重新播放，至卫星导航定位终端输出锁定指示并正常定位时所需的时间。

在测试阶段，可大致分为以下 4 步：

（1）卫星导航定位终端接入卫星导航信号模拟系统；

（2）卫星导航信号模拟系统播发卫星导航模拟信号，仿真场景设置为正常定位场景；

（3）待卫星导航定位终端正常锁定出站信号后，系统中断信号播发；

（4）出站信号中断 10s 后恢复，测试系统测量从恢复出站信号开始到卫星导航定位终端正确输出锁定指示并正确定位所用的时间。

评估阶段，可以选在某 1 次试验卫星导航定位终端上报的定位数据中，查找满足以下条件的连续 20 个定位结果，如连续 20 个结果的水平位置误差和高程位置误差，均满足定位精度指标要求，则以第一个结果上报的时间作为卫星导航定位终端失锁重捕的时刻。该时刻与本次测试中恢复出站信号的时刻之差，即本次测试的失锁重捕时间。

经过多次测量，测得的 n 组结果中，按通用的统计方法，若得到的统计结果不大于指标要求，则判定卫星导航定位终端的失锁重捕时间指标合格；反之，则判为不合格。

3. MEMS 惯性器件测试

作为 GNC 微系统的核心器件，MEMS 惯性器件通常包括 MEMS 陀螺仪和 MEMS 加速度计[43, 44]，具体涉及系统的静态测试，以及振动、过载等力学环境适应性鉴定试验等。

1）MEMS 陀螺仪测试

MEMS 陀螺仪的性能指标主要有零偏、标度因数、量程、非线性度，以及在 −40～85℃ 范围内的零位、标度因数、量程、非线性度的测试标定等。随着 MEMS 陀螺仪的批量生产，亟须开展多通道自动化测试系统建设，实现 MEMS 陀螺仪的自动化测试标定、测试数据的自动化处理、测试报告的自动生成，进而提高 MEMS 惯性器件的生产效率。

MEMS 陀螺仪批量自动化测试系统一般由带温控的速率转台、多通道数据采集测试箱、自动化测试软件、被测陀螺仪等部分组成，系统基本原理框图如图 7.25 所示。

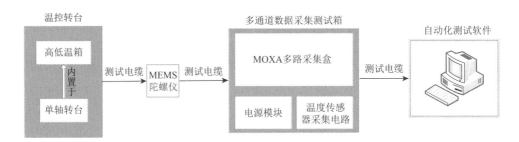

图 7.25　MEMS 陀螺仪测试系统原理框图

该 MEMS 陀螺仪自动测试系统设计要点如下：

（1）专用测试工装的设计，用以实现 MEMS 陀螺仪的性能测试、力学环境试验测试等相关试验；

（2）多通道数据采集测试箱的设计，用以实现 MEMS 陀螺仪的多通道同步测试，具有接口通用直观、连线简单、集成度较高等优点，避免了重复连线，显著降低了出错率；

（3）专用测试软件的设计，用以实现 MEMS 陀螺仪的实时采样和观测，数据的处理和性能指标的计算，以及数据报表的自动生成；

（4）速率温控转台的远程控制，用以实现转台速率点和温箱温度点的远程控制，具有操作便捷、操控精准以及节省人力资源等优势。

图 7.26 显示了某典型 MEMS 陀螺仪专用测试系统，它主要包括测试工装、多通道数据采集测试箱、自动化测试软件、温控高速转台、转台控制柜以及被测 MEMS 陀螺仪等。

图 7.26　某典型 MEMS 陀螺仪专用测试系统实物图

2）MEMS 加速度计测试

MEMS 加速度计自动化测试系统，一般由精密分度轴系、初始水平测量模块、多通道数据采集测试箱和自动化测试软件等部分组成，测试系统基本原理框图如图 7.27 所示。

作为整个测试系统的核心，工控机通过位置控制方式精确控制电机的旋转，可测量测角元件的角度。在电机控制器、电机及光栅测角元件内，通过闭环控制的方式，使得精密分度轴系快速达到所需的精确角度。当角度信号通过光栅显示器显示出来时，计算

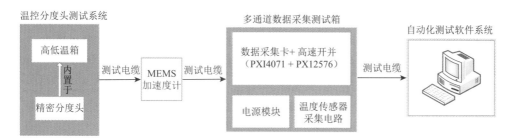

图 7.27　MEMS 加速度计一体化测试系统框图

机软件也实现了同步显示角度信号。设计批量化测试工装夹具，安装在夹具上的加速度计信号，通过采集卡的精确测量，测试信号通过串口与计算机通信，计算机中对加速度计信号进行计量，测控软件可对角度和加速度计信号，进行采样及量化处理，进而得出加速度计测量处理的结果，并通过打印机输出，最终完成了整个测试过程。某典型 MEMS 加速度计测试系统具体如图 7.28 所示。

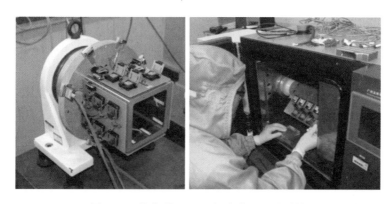

图 7.28　某典型 MEMS 加速度计测试系统

需要指出，工程实践中，采用单只 MEMS 加速度计测试，不仅耗时耗力，更难以按时完成批生产任务。因此，还需设计能同时多只并行测试的专用工装，且一般包括性能测试工装、振动工装等。某典型 MEMS 加速度计自动测试系统基于 LabVIEW 设计，能够同时实现温箱、数据采集卡、加速度计的实时检测，以及数据处理和数据报表生成等[45]。

4. 微型舵机测试

作为弹载/机载 GNC 微系统的核心部件，微型舵机是保证微小型制导导弹和无人机完成作业任务和飞行安全的重要部件之一。以微小型无人机为例，微型舵机既是控制舵面和油门的执行部件，又是无人机飞行控制回路的重要组成部分。微型舵机根据微处理器发出的飞控指令调整副翼、尾翼等舵面的偏转、油门的大小，进而控制无人机的飞行姿态，确保无人机完成既定作业任务。微型舵机的测试模块主要包括舵机供电、标定、转动测试、工作电压和电流的监测等。在微小型无人机研制生产阶段，可通过舵机测试模块调整舵机摇臂，确保舵机行程满足使用要求，避免舵机安装在机翼后出现行程不匹配的情况；在总装后的系统测试阶段，可使用舵机测试模块完成舵机的标定和转动测试，保证舵机满足控制要求；在飞行系统测试阶段，可使用舵机测试模块对舵机的设备状态进行检查，保证舵机工作状态良好，确保微小型无人机安全可靠[46]。

1）微型舵机测试模块概述

微型舵机测试模块硬件部分主要包括舵机测试设备、示波器和地面站操控设备等。仍以微小型无人机为例，其舵机的电气接口主要包括电源线和信号线。其中，电源线为舵机供电，信号线控制舵机的偏转角度，并通过脉冲宽度调制波控制信号进行舵机转速的设定。过程中，首先，舵机的摇臂通过连杆与舵面、油门等设备连接，故舵机的偏转角度与舵面、油门等设备的实际偏转角度存在偏差；其次，舵面和油门转动的角度需控制在一定范围内，以防其超出偏转角度阈值，进而引发危险。因此，需对舵机进行测试标定，使舵机的偏转角度和舵面实际的偏转角度保持一致，超出范围的偏转指令按照最大角度的偏转进行处理。此外，舵机的转动测试可以验证舵机是否能够持续接收控制信号，并在其标定的转动角度范围内进行持续的转动，进而测试舵机是否正常。整个测试过程中，需监测舵机的工作电压和电流，以检验其内部电器是否存在损伤、短路、断路等非正常工作状态。

2）微型舵机测试模块基本功能

微型舵机测试模块通常具备以下功能。

（1）供电，可为每路舵机单独供电进行测试，确保微型舵机电源稳定工作。

（2）标定，通过地面站操控设备，可对舵机进行标定，提高微型舵机的操控精度。

（3）转动，通过地面站操控设备，可使舵机进行转动测试，包括正转、反转、启停等。

（4）监测，使用示波器可监测舵机工作的实时电压和电流，确保微型舵机状态正常。

3）微型舵机测试模块基本工作流程

微型舵机测试模块主要完成舵机标定、标定参数查询、标定参数保存、舵机控制、舵机循环转动和在线测试等功能。舵机测试盒与舵机、地面操控软件通过串口/网口协议进行数据通信，可实现对微小型无人机 7 个舵机的标定和转动控制，包括左外副翼舵机、右外副翼舵机、左内副翼舵机、右内副翼舵机、左方向舵机、右方向舵机和油门舵机等。微型舵机测试模块控制软件结构框图如图 7.29 所示。舵机控制软件根据舵机测试任务需求开发，其基本工作流程如图 7.30 所示。

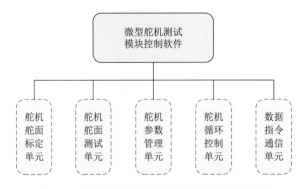

图 7.29　微型舵机测试模块控制软件结构框图

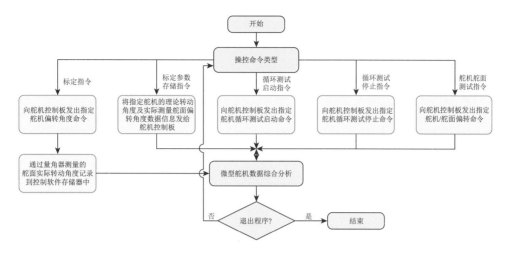

图 7.30　微型舵机测试模块基本工作流程

5. 微型推进器测试

随着微小卫星技术的快速发展，对其微推进系统提出了越来越严格的需求。由于微小卫星具有体积小、质量轻、转动惯量小等特点，为精确实现其轨道调整、引力补偿、位置保持、轨道机动和姿态控制等操作，要求开发出具有高集成度、低功耗、小推力和微冲量等特征的微型推进器或微型喷射推进器（简称微喷）。精确测量、评估微喷的性能，有助于提升微小卫星的精确姿轨控制、超精指向、位置保持和阻力补偿等，是星载 GNC 微系统推进器研制和应用的关键技术之一。

微喷主要基于 MEMS 技术，具有成本低、体积小、质量轻、集成度高、稳定性好、设计和制造周期短等优点，可有效满足微/纳/皮卫星对推进系统所提出的高精度、小体积、轻质量、微推力（$0.1\mu N \sim 100mN$）、微冲量（$0.1\mu N\cdot s \sim 100mN\cdot s$）和低电压（$3\sim 12V$）等要求。微型推进器工作时，需要推进剂供给单元提供推进剂、电源单元提供电能、遥测线路提供指令等。为此，推进器本体需连接推进剂供给管线、电源线路、遥测线路等。

在微喷的推力测量中，如果推力测量系统仅搭载微喷本体，推进剂供给单元和电源单元与之分离，通过推进剂供给管线、电源线路、遥测线路等连接，由于上述管线和线路的晃动和拖曳，将影响微喷推力测量的结果，并造成较大的推力测量误差[47]。因此，推进器本体、推进剂供给单元、电源单元都应搭载在推力测量系统上，尽力避免管线和线路的晃动和拖曳影响，进而提升微喷推力测量的精度和可靠性。

1）微喷推力测量误差分析

微喷系统参数标定过程和推力反演计算过程如图 7.31 所示。微喷采用系统参数恒力标定方法，利用位移传感器获得系统响应测量值，其中，系统参数标定误差主要包括标定系统响应误差、标定恒力误差以及标定算法误差，通过振动微分方程法，对上述误差进行综合分析。误差分析过程中，还需考虑微喷推力测量的环境噪声干扰，例如，位移激励干扰、外力激励干扰、推力或冲量加载干扰、管线和线路的晃动和拖曳干扰、传感器测量误差影响等。微喷系统推力反演过程中，通过施加待测推力来产生系统响应，利用位移传感器获得系统响应测量值以及响应测量误差，最后，通过系统响应测量值与系统参数标定值进行推力反演，推算出推力系统响应误差、推力标定误差和推力算法误差。

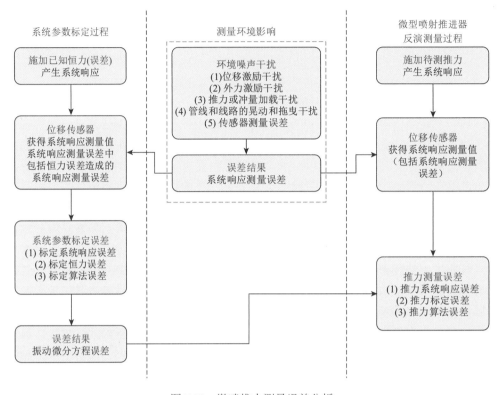

图 7.31   微喷推力测量误差分析

2）系统响应测量误差分析

系统响应测量误差包括系统响应噪声误差和传感器误差。其中，系统响应噪声误差包括环境位移激励噪声误差、环境外力激励噪声误差、推力和冲量加载噪声误差。传感器系统误差是指传感器的系统性误差，传感器使用前修正系统误差后，其影响可忽略不计；传感器随机误差是指传感器的随机性误差，属于难以完全修正的误差；传感器使用误差是指传感器使用不当引起的误差，包括传感器方向误差、传感器位置误差、传感器极板运动误差等。系统响应测量误差分析如图 7.32 所示。

7.6.2   GNC 微系统三维集成测试技术

GNC 微系统三维集成电路由多层晶片堆叠而成，其集成过程的各个阶段均需进行测试，以确保微系统批量化集成制造后，能够稳定输出导航、制导与控制结果。对于一个 N 层堆叠的单塔 IC（即仅有一个晶片塔）而言，首先需完成 N 个晶片的单独测试，通常称为 Pre-bond 测试。然后，以增量的方式进行集成测试，即第 1 层与第 2 层晶片堆叠后的测试，第 1 层至第 3 层晶片堆叠后的测试，…，第 1 层至第 N 层堆叠后的测试等，共 $N-1$ 次，通常称为 Mid-bond 测试，具体包括 $N-2$ 次"部分堆"测试和 1 次"终堆/完整堆"

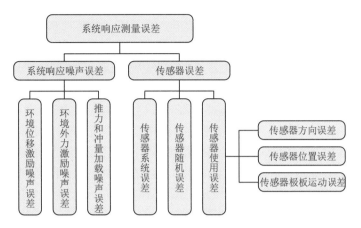

图 7.32　系统响应测量误差分析

测试。完成 GNC 微系统封装后，还需对三维 IC 成品进行整体测试，可称为 Post-bond 测试或 Final 测试。而某些文献中，不采用 Mid-bond 测试的说法，而将堆叠集成过程中的"部分堆"测试、"终堆"测试及封装后的 IC 整体测试，统称为 Post-bond 测试[48]。图 7.33 给出了典型的三维堆叠 IC 的总体测试流程。可见，三维 IC 所需的总测试量较大，测试时间较长，测试成本较高。

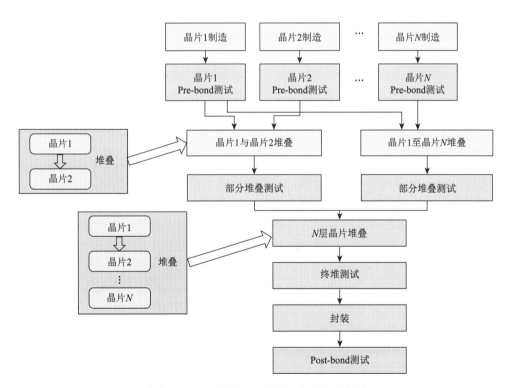

图 7.33　N 层堆叠 IC 总体测试流程示意图

在开始三维堆叠之前，需保证用于三维 IC 的各层晶片的质量性能，表现为功能、性能、可靠性等方面，否则，会降低后续堆叠形成的电路成品率。按相对严格的标准，用于三维堆叠的各晶片，均需为达标晶片（known good die，KGD），这意味着 KGD 晶片均需通过测试和老化筛选。传统芯片的测试流程中，芯片产品的老化筛选一般是安排在封装工序之后，而用于微系统的三维 IC 对 KGD 有较高的需求，则要求将老化筛选调整到封装之前。

为提高工作效率，出现了同时筛选晶级级测试与老化（wafer level test during burn-in，WLTBI）的技术，该技术的实施对设备提出了更高的要求。为此，一些相关设备公司推出了晶圆级测试与老化设备，可满足 WLTBI 技术需求。为降低三维 IC 的整体成本，某些三维 IC（特别是三维存储器类产品），也可采用有故障的晶片进行三维堆叠集成。但为保证三维 IC 整体的良率，需采取晶片匹配与跨层冗余修复等手段，通过对晶片的合理搭配，将电路的故障数量控制在故障修复机制可控范围之内，综合提升集成制造的效率及性价比。

1. Pre-bond 测试

Pre-bond 测试阶段的电路功能和性能测试，可采用传统芯片测试方法，即采用探针台与芯片自动测试机台（automatic test equipment，ATE）配合实施相关的测试。对已经过功能验证的数字电路而言，通常基于固定故障模型和路径时延故障模型进行结构测试。对于模拟或数模混合电路而言，其模拟器存在结果不够精确及故障模型定义困难等问题，因此，常采用基于数字信号处理的测试方法进行规格测试。

对于更加复杂的 SoC/片上网络（network on chip，NoC），可采用基于模块的测试策略开展测试。为提高故障覆盖率和测试矢量生成效率，常在芯片中采取一些可测性设计措施，其中，扫描链、自建内测试是使用较多的可测性方法，尤其是边界扫描技术已经实现标准化（IEEE 1149.1 标准），并得到了广泛应用[48]。为支持对 SoC/NoC 的模块化测试，工业界已经发展出与 IEEE 1149.1 标准相兼容的 SoC 片上测试架构（由 IEEE 1500 标准定义），采用测试包结构支持的电路模块或 IP 核的测试访问机制，实现测试数据在芯片内外之间的高速传输。

除了一般的电路测试，三维 IC 的 Pre-bond 测试也存在诸多特殊之处。例如，在晶片减薄之前，TSV 仅有一端可以进行探针接触，而另一端埋在衬底内部，称为盲孔，需特殊的测试方法支持。晶片减薄后，虽然可使 TSV 中的导体两端均露出来，但此时晶片只有几十微米厚，难以承受探针施加的接触压力，较易损坏，故需要载片的支持。为追求性能的进一步提升，某些三维 IC 在设计时，可将一个完整的电路功能分布在不同的层中实现。这种情况下，在 Pre-bond 测试阶段，由于晶片上的电路可能不完整，有些测试项难以开展。除了电学测试，Pre-bond 测试阶段还需对晶片，特别是 TSV 和微凸点，开展力学、热机械方面的测量与测试，以保证后续堆叠集成工序的顺利进行，并提高三维 IC 成品的质量，具体而言，包括 TSV 深度测量、TSV 电镀缺陷测试、TSV 热膨胀系数测量、TSV 及微凸点的电迁移测试、阻挡层完整性测试、介质层完整性测试、应力测试、硅片弯曲度测量、硅片热导系数测量等。

2. Mid-bond 和 Post-bond 测试

在 Mid-bond 和 Post-bond 测试阶段，三维 IC 的测试也存在诸多现实的困难。经过三维堆叠后，部分 TSV 和晶片已经嵌入晶片堆中，使得测试访问更加困难，各层晶片之间测试通路相互关联，整体复杂度较高。三维 IC 的高集成度，造成电路的可控制性和可观察性均变差，需依靠可测性设计的支持，才能维持较高故障覆盖率的测试。二维 IC 采用 IEEE 1500 标准进行测试，与之类似，三维 IC 也需要设计片上测试架构标准，用于支持可测性设计。然而，虽然 IEEE 已经受理了 IEEE P1838 提案，但该提案尚未成为广泛接受的正式标准[48]。在设计三维 IC 片上测试资源时，需考虑多个测试阶段及其对应的资源需求，尽可能地实现资源的复用。三维 IC 的测试激励数据和测试响应数据量均较大，被测电路模块数量也较多，故需开发总体测试调度方法，以减少整体的测试时间。同时，三维 IC 的堆叠结构难以快速散热，而测试模式下的功耗往往高于芯片正常工作模式下的功耗，因此，如何控制三维 IC 的测试功耗也是一个重要的挑战。综上所述，需分阶段实施三维 IC 测试，综合应用探针测试和可测性设计等技术手段，才能实现较好的覆盖率。

7.6.3　GNC 微系统一体化测试技术

GNC 微系统一体化测试平台用于测试与评估微系统产品的总体性能指标，采用不同技术方案，对器件标定与测试进行评估，还可提供系统级的标定与测试评估。基于此，不仅有助于从"传统作坊式的一对一测试"过渡到"即插即用式的批量化测试"，而且有效降低了用户测量成本，有助于提高系统的整体测试效率和成熟度[49]。

为构建高效率、低成本、高覆盖率的 GNC 微系统测试体系，从测试可达性分析、测试方案设计和测试结果评估等 3 个方面入手，以微系统硬件接口、功能模块为出发点，可研究建立 GNC 微系统总体测试架构。它主要包括核心器部件测试、微系统机内自检（builtin test，BIT）、基于扫描的硬件测试、系统级仿真测试验证等 4 个层次，具体如图 7.34 所示。其中，核心器部件测试基于微系统可测性总体设计，主要利用测试向量进

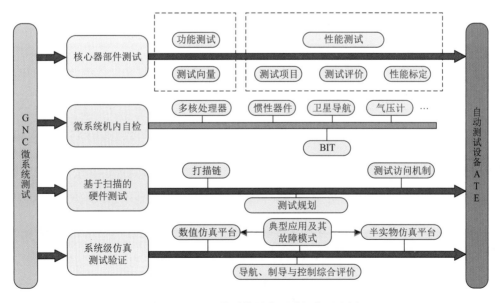

图 7.34　GNC 微系统总体测试架构示意图

行器件功能测试，并根据传感器的测试标定方法，评估测试和标定传感器的基本性能。BIT 是在不额外增加微系统体积、功耗、启动时间等条件下，利用嵌入在系统内部的硬件和软件自检测，完成其基本功能的测试，无须自动测试设备的辅助，属于产品应用环节的常规测试。

1. GNC 微系统可测性设计

针对三维集成的硬件可测性设计方法，主要包括扫描链设计、测试访问机制设计、测试规划设计以及综合软硬件测试的自动测试设备 ATE。在此基础上，针对 GNC 微系统功能特点和应用需求，研究微系统半实物仿真技术，并建立对应的仿真验证系统。具体而言，GNC 微系统可测性设计分为功能部件自检测试、对外接口测试以及监控软件测试。

（1）功能部件自检测试：对 GNSS、MEMS 惯性器件以及其他微感知和微执行等器件，微处理器进行上电状态自检测试，包括导航与制导等数据功能正确性、系统数据稳定时间、执行数据反馈监测、部分二次电源电压电流采集等。

（2）对外接口测试：对一体化 GNC 微系统对外电气接口进行测试，包括 RS232/422 串口、Type-C 和光电接口等。

（3）监控软件测试：终端监控软件或测试过程节点软件预先驻留在微处理器的 Flash 内，以开机自启动方式，与微系统总体测试软件通过 RS422 接口构成完整的闭环监控系统，完成系统监控软件测试的多种功能。

2. GNC 微系统总体测试软件设计

GNC 微系统总体测试软件负责监控命令的发出和监控结果的显示。终端监控软件负责接收微系统总体测试软件发出的监控命令，并返回操作结果消息给微系统总体测试软件。

终端监控软件与微系统总体测试软件共同完成如下功能。

（1）系统初始化：终端监控软件运行后需对设备的所有硬件功能部组件进行初始化，并对其自身进行初始化。

（2）测试自检：能够进行功能测试自检，并下发自检结果等相关信息。

（3）上传/下载：终端监控软件需支持对 Flash 和 RAM 空间数据的上传和下载功能。

（4）软件执行：终端监控软件能够从 Flash 和 RAM 空间对程序进行测试执行。

（5）程序校验：终端监控软件能够对上传的软件进行 CRC 校验，并下发校验结果。

（6）硬件查看：能够查看处理器内部和外部存储器以及其他能够读取的硬件状态。

3. GNC 微系统导航、制导与控制测试设计

GNC 微系统的综合测试主要包括导航模块测试、制导模块测试和控制模块测试，共同构成测试开发平台，其基本结构如图 7.35 所示。

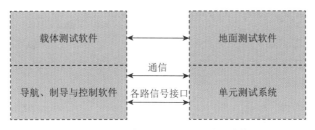

图 7.35　测试系统与 GNC 控制器结构图

该测试系统的主要功能是，可提供终端监控软件运行的硬件平台；模拟产生 GNC 微系统所需的多种输入信号，并对控制器所有输出信号进行功能和性能测试。测试系统主要由地面工控机、专用测试板及相应测试软件构成，如图 7.36 所示。

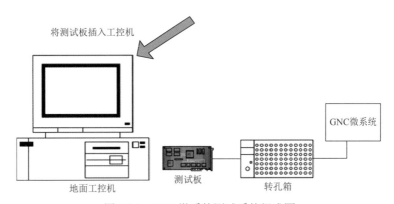

图 7.36　GNC 微系统测试系统组成图

（1）导航模块测试：可分为功能和性能测试两部分，分别为模拟卫星信号源测试与实际收星测试。

模拟卫星信号源测试基本原理框图如图 7.37 所示。以 GPS 为例，该系统主要测试 GNSS 导航接收机板卡的动态条件下（例如，速度≥700m/s，加速度≥4g，加加速度≥2g/s，海拔≥20km）的功能性能等。

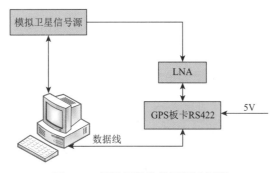

图 7.37　模拟卫星信号源测试框图

实际收星测试基本原理框图如图 7.38 所示。该测试主要面向整机性能进行静态环境测试。

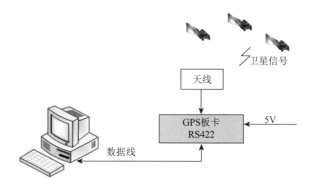

图 7.38　实际收星测试框图

（2）制导与控制模块测试：测试设备采用成熟单元模块，主要由单元测试仪和电缆组成。通过完成对制导与控制组件多项功能和性能指标的测试，模拟产生制导与控制组件的输入信号，并测试其所对应的输出信号，可用于制导与控制组件的生产调试、出厂测试和外厂维修等，其测试需求具体如下：

①DSP 微处理器的测试（包括 DSP 内部存储器、寄存器、计算功能、中断）；

②定时计数器功能测试；

③SRAM 存储器的测试；

④Flash 存储器的测试；

⑤外部中断的测试；

⑥开关量制导与控制模块相关的输入功能及性能测试；

⑦开关量制导与控制模块相关的输出功能及性能测试；

⑧RS422、RS232、SPI、1553、光电接口等功能及性能测试；

⑨AD 接口功能及性能测试；

⑩PWM 控制信号输出功能测试。

7.7　典型 GNC 微系统半实物仿真与实际测试

在 GNC 微系统开发过程中以及设备研制完成后，需对系统的多种性能指标进行试验验证。由于涉及姿态、速度、位置以及时间等多个测量信息，载体又分为地面车载、行人和微小型空天飞行器等不同平台，运动条件分为静态、动态等多种应用场景。当遇到测量精度较高、测试难度较大、综合测试成本较高的条件时，如何有效地评估微系统在实际应用中的精度是当前的技术难题之一[50-52]。

（1）GNC 微系统典型应用测试类别。

一般而言，根据 GNC 产品功能和封装成品的工艺特点，结合 GNC 模块生产调试与试验的实际需求，可分为静态测试、单项功能测试和专项性能测试[53]。

①静态测试：由于 GNC 微系统体积较小，集成度较高，采用先进封装以及多层互连等工艺。在加电测试前，需进行模块的互连导通及绝缘测试，且该测试难以在模块本体

上直接实现，需通过二次转接，转化成万用表、示波器等可直接测量的工装模块。静态测试既要满足封装过程的测试要求，又要符合成品的测试准则。

②单项功能测试：由于 GNC 微系统集成的功能较多，且各功能模块基本都具有其自身的功能与性能指标，同时需满足产品指南规定的要求。因此，测试系统需对组成微系统产品的多种功能和性能指标进行单项测试，既要满足封装过程中的测试，也要满足最终成品的测试需求。

③专项性能测试：由于集成了微感知、微处理和微执行等模块，GNC 微系统最终成品的功能和性能测试，大多需在转台、卫星导航信号模拟器、跑车和机载飞行等特殊环境下才能完成，因此，测试系统应满足特殊环境测试的安装要求以及精度评估方法。

（2）GNC 微系统典型应用测试设计。

在 GNC 微系统开发过程中和实际使用前，需对系统性能进行有效测试，具体包括实验室环境条件下的测试和实际使用条件下的测试。根据目前已有的测试方法和测试条件以及可行性，设计了基于 3 个层次的测试验证：

①基于半实物仿真平台的测试试验，即组合导航模拟器和多轴运动仿真转台的半物理仿真测试；

②动态跑车测试；

③机载飞行实际使用测试评估。

各测试方法均与相应的时间、位置、速度、姿态基准信息进行比对，对微系统的性能指标进行评价。通过多层次的测试方案，可以支撑导航、制导与控制系统全方位的测试验证，降低了系统设计开发难度和成本，提高了验证效率。GNC 微系统试验验证总体测试方案及基本关系如图 7.39 所示。

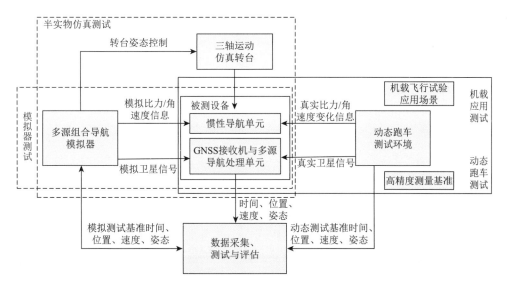

图 7.39　GNC 微系统试验验证总体测试基本原理框图

GNC 微系统设备常用的测试手段是多源组合导航模拟器，这种方式可以利用固定场景对组合设备进行重复测试，便于排查信息解算问题。此外，还可以由组合导航模拟器与运动仿真转台组成的半物理仿真测试系统，将卫星导航模拟信号和载体姿态模拟信号同步输出，最大限度地模拟位置姿态测量系统的实际运行状态，并进行重复测试，在实验室条件下对微系统进行充分的验证。当搭建动态跑车测试平台时，使用高精度组合定位测姿系统作为基准，可进行动态跑车测试。当将组合定位测姿系统集成到实际应用系统时，可通过系统指标的复合验证，进而进行系统精度的评估。因此，一般可将试验验证分为 5 个阶段：①试验环境的构建；②基于组合导航模拟器的测试；③半实物仿真试验（详见 7.7.1 小节）；④跑车试验（详见 7.7.2 小节）；⑤机载飞行试验（详见 7.7.3 小节）。

7.7.1　半实物仿真试验

目前，对于 GNC 微系统终端的测试方法可分为实际运动载体测试、软件仿真测试以及半实物仿真测试等 3 类。对比上述 3 种方法，采用实际运动载体测试法，优势是结果真实可靠，缺点是成本较高，且过程难以复现。采用软件仿真测试法，对传感器建模、时间同步等技术要求较高，难以获得客观准确的测试结果。而采用半实物仿真测试，可同时吸收实际运动载体测试和软件仿真测试的优点，既可有效保证测试的真实性，又能获得较好的测量重复性和稳定性。

1. GNC 微系统组合导航模块半实物仿真

GNC 微系统组合导航模块测试方法步骤如下[54]。

（1）通过三轴惯性转台的仿真测量，得到惯性传感器的主要误差模型参数，包括陀螺仪和加速度计的零偏、标度因数等。被测系统通过转台，获得陀螺仪零偏稳定性测量数据和加速度计零偏稳定性测量数据。通过上述测量结果，可得到陀螺仪和加速度计误差中的零偏常值和随机噪声等惯性模块相关参数。

（2）利用 GNSS 模拟器仿真软件设计动态仿真试验场景，设计载体运行的初始状态、运动状态和轨迹参数，并以此计算传感器在相应时刻获得的加速度、角速度和线速度等物理量。

（3）模拟器同步输出 GNSS 射频信号，输入微系统组合导航终端，进行联合仿真测试。

（4）对比分析模拟测试场景的导航信息与待测组合导航终端的输出结果，获得终端定位精度结果。

GNC 微系统组合导航模块半实物仿真验证过程中，需将惯性传感器仿真的坐标系与卫星导航仿真的地理坐标系，同时转换到同一个参考坐标系下，并考虑惯性传感器载体安装位置与天线相对几何关系的杆臂误差。其中，惯性传感器误差模型（初始化对准误差、安装误差、设备误差、随机噪声）参数被导入联合仿真模拟器，根据任务设置仿真测试场景，并记录被测微系统终端模块输出值与场景理论值之间的比较结果。基于源数据（包括信号频率、偏振模式、波入射角、介电常数和反射面电导率），可准确预测多径信号的损耗和延迟分布，从而准确模拟接收点反射信号的场强和相位。结合掩模条件下反射信号动态仿真技术和反向光线跟踪技术，可实现高保真实时仿真，利用三维地理环境引擎同步驱动卫星信号仿真，最终实现在相对较低成本下，还可获得较高的测试逼真度和效率，原理框图如图 7.40 所示。

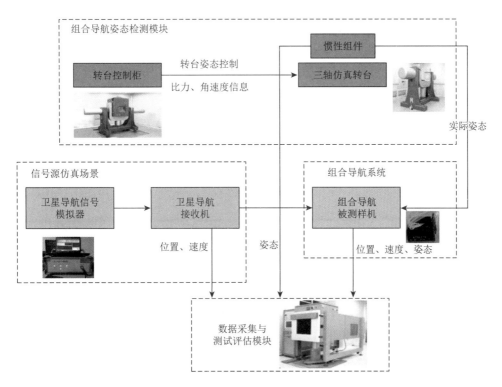

图 7.40　GNC 微系统组合导航模块半实物仿真测试

2. 微小型制导导弹半实物仿真

半实物仿真试验是对 GNC 微系统应用于微小型制导导弹仿真的验证性试验。在这个试验中将控制系统软件载入微系统，全面考核其在控制系统转台仿真中的应用表现。

在半实物仿真试验中，可加入多种干扰和偏差条件，如果控制系统仍能使导弹保持稳定飞行，则证明 GNC 微系统工作正常，且控制系统设计合理，控制参数选取正确。

转台试验包括如下设备。

（1）单机设备：GNC 微系统样机、红外导引头、舵机。

（2）仿真设备：仿真计算机、主控台、转台及控制器、直流稳压电源、红外目标模拟器。

半实物仿真试验中系统各单机之间数据通信关系如图 7.41 所示。

在进行转台仿真前，要求控制系统桌面半实物仿真试验完成，具体标准为弹上各单机间通信正确，系统控制时序正常，弹上系统与地面测试系统之间通信正常。GNC 微系统在转台上的安装方式如图 7.42 所示。

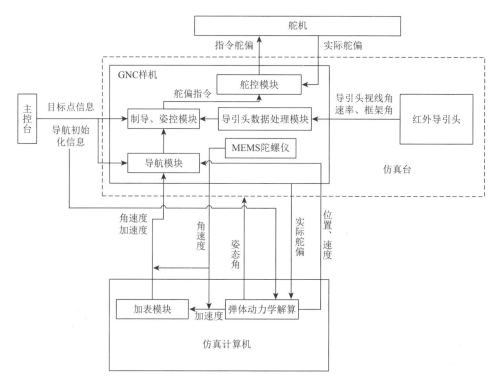

图 7.41　单机间数据通信关系图

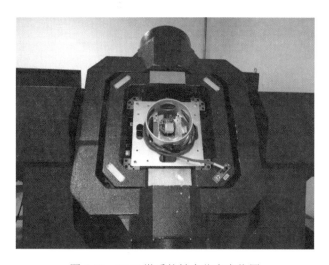

图 7.42　GNC 微系统转台仿真实物图

7.7.2　跑车试验

本节针对某典型 GNC 微系统样机在某区域进行跑车实测验证。

1. 短时拒止失锁重补模式

在某区域典型测试场景，考虑高架桥洞 GNSS 失锁重补问题进行重点测试，跑车试验过程中，GNC 微系统会经过高架桥洞，导致 GNSS 信号失锁，但是通过本系统的信息融合算法优化，能够使运动载体一直处于收敛状态。具体的三轴角速率、三轴加速度、东北天速度、纬经高实测数据如图 7.43 所示。

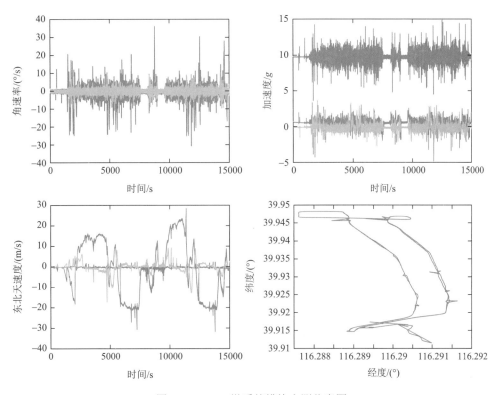

图 7.43　GNC 微系统模块实测仿真图

将 GNC 微系统样机跑车实测数据导入 Google Earth 中，所得结果如图 7.44 所示。

图 7.44　GNC 微系统模块 Google Earth 实测示意图

由图 7.44 可知，Google Earth 中数据运动轨迹与本样机实际跑车的数据相吻合，有效避免了桥洞 GNSS 信号以及振动等失锁带来的影响。

2. 复杂场景模式

在某山区起伏路面区域，对 GNC 微系统样机进行进一步实测验证，采用蒙特卡罗试验分析方法，主要针对组合导航在 GNSS 遮挡以及多径干扰等复杂城市路况下进行实际测试，具体轨迹运行如图 7.45～图 7.47 所示。

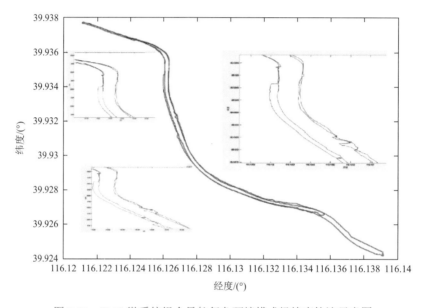

图 7.45   GNC 微系统组合导航复杂环境模式经纬度轨迹示意图

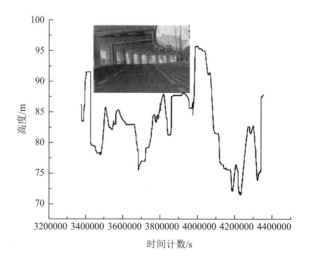

图 7.46   GNC 微系统组合导航复杂环境模式高度轨迹示意图

图 7.47　GNC 微系统组合导航复杂环境模式 Google Earth 轨迹示意图

　　图 7.45～图 7.47 体现了 GNC 微系统样机在惯性/GNSS 组合导航复杂环境模式下运动轨迹示意图。该山区起伏路面区域包括高架立交桥、城市高楼部分 GNSS 信号遮挡场景，其中，GNC 微系统样机在高架立交桥下进行跑车测试，由东向西行驶过程中存在 GNSS 信号长时间失锁，纯惯导模式下，会导致跑车运动轨迹逐渐偏离行驶路面。当存在 GNSS 信号时，惯性/GNSS 组合导航模式下逐步收敛。当 GNSS 失锁时，本样机继续采用纯惯导模式进行导航定位，等红绿灯时会进行零速修正，故图 7.45 会出现局部偏离预期轨迹，过段时间又逐步回入正轨。由于该区路面起伏较大，故高程范围由最低 70m 变化到最高 95m，水平位置误差标准差为 6.6538m，高程误差标准差为 5.67215m。

　　在某山区区域，针对 GNC 微系统样机进行进一步实测验证，采用蒙特卡罗试验分析方法，主要针对载体在山路爬坡环境下的组合导航模式进行实际测试，具体轨迹运行示意图如图 7.48～图 7.50 所示。

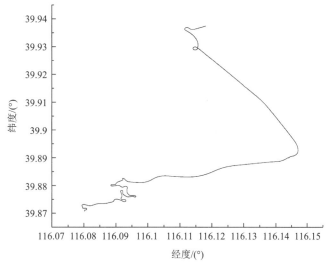

图 7.48　GNC 微系统组合导航爬坡模式经纬度轨迹示意图

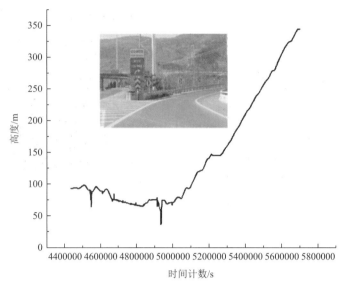

图 7.49　GNC 微系统组合导航爬坡模式高度轨迹示意图

图 7.50　GNC 微系统组合导航爬坡模式 Google Earth 轨迹示意图

　　图 7.48～图 7.50 体现了 GNC 微系统样机在惯性/GNSS 组合导航爬坡模式下运动轨迹示意图，该区域存在多个盘旋山路，跑车爬坡过程中，陀螺仪和加速度计以及 GNSS 组合导航观测量变化较大，但在 GNSS 信号辅助组合导航模式下，一直处于收敛状态。即使短时 GNSS 信号失锁状态下处于纯惯导模式，在 5s 内，GNC 微系统仍然处于收敛状态，水平位置误差标准差为 1.8641m，高程误差标准差为 3.2874m。

7.7.3　机载飞行试验

为进一步验证 GNC 微系统的导航与控制等功能，开展 GNC 微系统机载飞行试验，为 GNC 微系统应用提供技术支撑。GNC 微系统安装于某微小型无人机上，其电气系统主要由 GNC 微系统、合路器、数据链（含天线）、GNSS 天线、电调控制器模块、热电池、锂电池等组成。试验无人机还包括遥测系统，遥测系统由数据记录仪（存储控制器、加固存储体）、数传电台及发射天线组成[55]，某典型机载飞行试验如图 7.51 所示。

图 7.51　某典型机载飞行试验示意图

飞控导航微系统基本功能测试完成之后，设计基于该芯片的飞行控制器，并将其搭载于四旋翼无人机上进行飞行试验。无人机上电初始化后自动连接地面站终端，完成飞行器状态检查并将传感器数据回传，然后，无人机可根据地面站指令进行起飞、航线规划、悬停、回收等动作。

1. 微小型无人机悬停飞行试验

为进一步判断飞控导航微系统是否可满足微小型无人机飞行状态，开展无人机悬停飞行试验，记录飞行过程中稳定悬停状态下的俯仰角、滚转角、偏航角、俯仰角速率、滚转角速率、偏航角速率、x 轴加速度、y 轴加速度及 z 轴加速度数据，实测结果具体如图 7.52～图 7.54 所示。

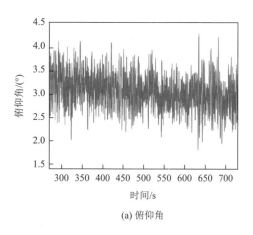
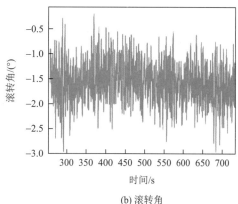

(a) 俯仰角　　　　　　　　　　　　　　　　(b) 滚转角

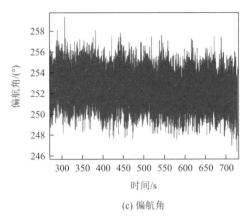

(c) 偏航角

图 7.52　无人机俯仰角、滚转角、偏航角统计数据示意图

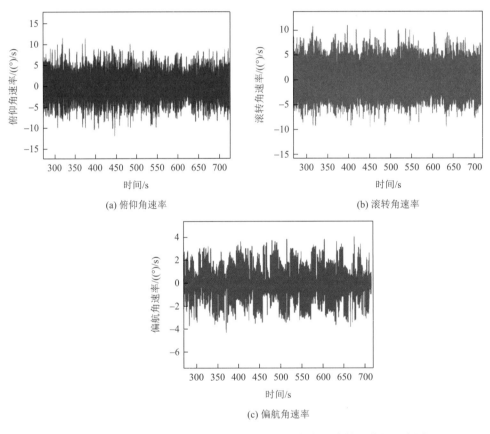

(a) 俯仰角速率

(b) 滚转角速率

(c) 偏航角速率

图 7.53　无人机俯仰角速率、滚转角速率、偏航角速率统计数据示意图

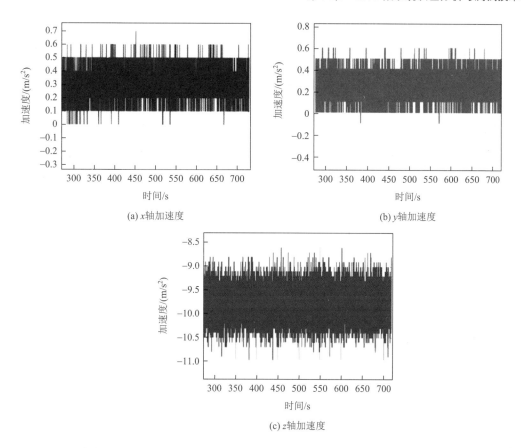

图 7.54　无人机 x 轴加速度、y 轴加速度、z 轴加速度统计数据示意图

　　由图可知，采用飞控导航微系统的无人机飞行悬停状态下俯仰角、滚转角与偏航角变化分别在 ±1.3°、±1.5°、±6° 左右，俯仰角速率、滚转角速率、偏航角速率变化分别在 ±12(°)/s、±12(°)/s、±4(°)/s 左右，x 轴加速度、y 轴加速度、z 轴加速度变化分别在 ±0.3m/s²、±0.3m/s²、±1.2m/s² 左右。

　　悬停时，俯仰角、滚转角变化在 ±5° 以内，俯仰角速率、滚转角速率、偏航角速率变化在 ±15(°)/s 以内，x 轴、y 轴加速度变化在 ±0.5m/s² 以内，z 轴加速度变化在 ±2m/s² 以内，满足无人机稳定悬停状态所需的条件。

2. 微小型无人机航线自主飞行试验

　　为判断飞控导航微系统是否满足无人机自主飞行，开展无人机航线自主飞行试验，对无人机飞行航线进行规划，其飞行航迹和飞行照片如图 7.55 所示。

　　自主飞行试验采用 GNSS 传感器进行定位，气压高度传感器测量高度信息，九轴 MEMS 测量姿态，飞行速度为 5m/s。对无人机侧向偏距进行记录，结果如图 7.56 所示。

(a) 飞行航线　　　　　　　　　　　　　　　(b) 飞行照片

图 7.55　无人机航线自主飞行试验示意图

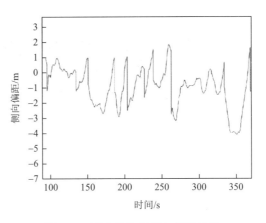

图 7.56　无人机飞行侧向偏距结果

　　由图 7.56 可知，无人机在飞行过程中的飞行轨迹偏差小于 4m，实际飞行轨迹符合预设轨迹。GNC 微系统机载飞行试验过程中，飞控导航微系统按照预期设计目标实现了导航与控制功能，整体稳定性较好、可靠性较高，为其工程应用奠定了技术基础。

　　总之，GNC 微系统测试技术的试验研究是整个微系统研制工作中不可缺少的组成部分，并具有重要意义[56-59]，具体如下。

　　（1）获取必要的特性和参数。例如，为了更好地设计和分析系统，需获得元件和对象的中间过程参数、结果参数等数据。对系统敏感元件的误差模型及误差补偿问题进行研究，并在系统的典型工作状态下进行检验，可用于判断组成系统的敏感元器件能否满足精度要求等。

　　（2）整个系统设计工作只有通过测试，才能检验其是否满足设计要求[60]以及发现系统设计中的问题。由测试基准设备提供工作时的典型工作状态及动态环境，可检验整机（包括硬件与软件）的工作情况，并进行系统误差分析。根据试验结果，可再修改系统的各部分，直到获得满足设计要求的实验室样机，并经过设计升级和反复迭代，最终，形成适用于工程应用的成熟产品。

参 考 文 献

[1] Chang L，Li J，Chen S. Initial alignment by attitude estimation for strapdown inertial navigation systems. IEEE Transactions on Instrumentation and Measurement，2015，64（3）：784-794.

[2] 王巍，吴志刚，孟凡琛，等. 多源自主导航系统可信性研究. 导航与控制，2023，22（1）：1-9.

[3] 郭雷，房建成. 导航制导与传感技术研究领域若干问题的思考与展望. 中国科学：信息科学，2017，47（9）：1198-1208.

[4] 杨元喜. 综合 PNT 体系及其关键技术. 测绘学报，2016，45（5）：505-510.

[5] 潘献飞，穆华，胡小平. 单兵自主导航技术发展综述. 导航定位与授时，2018，5（1）：1-11.

[6] Shen K，Wang M，Fu M，et al. Observability analysis and adaptive information fusion for integrated navigation of unmanned ground vehicles. IEEE Transactions on Industrial Electronics，2020，67（9）：7659-7668.

[7] Xiong H，Bian R，Li Y，et al. Fault-tolerant GNSS/SINS/DVL/CNS integrated navigation and positioning mechanism based on adaptive information sharing factors. IEEE systems Journal，2020，14（3）：3744-3754.

[8] Huang J，Chang S，Chen S. A hybrid proportional navigation based two-stage impact time control guidance law. Journal of Systems Engineering and Electronics，2022，33（2）：461-473.

[9] 樊晨霄，姚跃民，薛普，等. 小型低成本精确制导弹药技术现状及发展趋势. 战术导弹技术，2020，（1）：39-46.

[10] Zhang Y A，Wang X L，Wu H L. Impact time control guidance law with field of view constraint. Aerospace Science and Technology，2014，39：361-369.

[11] Jeon I S，Lee J I. Impact-time-control guidance law with constraints on seeker look angle. IEEE Transactions on Aerospace and Electronic Systems，2017，53（5）：2621-2627.

[12] 娄寿春. 面空导弹武器系统分析. 北京：国防工业出版社，2013：135-139.

[13] Dong T，Wang D，Fu F，et al. Analytical nonlinear observability analysis for spacecraft autonomous relative navigation. IEEE Transactions on Aerospace and Electronic Systems，2022，58（6）：5875-5893.

[14] Baldi P，Blanke M，Castaldi P，et al. Fault diagnosis for satellite sensors and actuators using nonlinear geometric approach and adaptive observers. International Journal of Robust and Nonlinear Control，2019，29（16）：5429-5455.

[15] 董景新，赵长德，郭美凤，等. 控制工程基础. 北京：清华大学出版社，2015.

[16] 吕跃勇，胡庆雷，马广富，等. 考虑执行机构误差的编队卫星姿态分布式时延滑模自适应协同控制. 航空学报，2011，32（9）：1686-1695.

[17] 季春生，王元，卢俊杰. 航空发动机控制系统执行机构参数在线估计方法. 航空动力学报，2023：1-12.

[18] Wang D，Fu F，Li W，et al. A review of the diagnosability of control systems with applications to spacecraft. Annual Reviews in Control，2020，49：212-229.

[19] 翟显，刘瑞华，王剑，等. 北斗卫星导航系统误差分析与评估. 现代导航，2018，9（1）：10-15，17.

[20] Lyu X，Hu B，Wang Z，et al. A SINS/GNSS/VDM integrated navigation fault-tolerant mechanism based on adaptive information sharing factor. IEEE Transactions on Instrumentation and Measurement，2022，71（1-13）：9506913.

[21] Shen K，Xia Y，Wang M，et al. Proletarsky，quantifying observability and analysis in integrated navigation. Navigation，2018，65（2）：169-181.

[22] 谢刚. GPS 原理与接收机设计. 北京：电子工业出版社，2009.

[23] 郭俊，熊智，刘建业，等. 捷联惯性导航系统动静态误差特性分析研究. 航空电子技术，2008，39：1-17.

[24] Fischer A C，Forsberg F，Lapisa M，et al. Integrating & nanoengineering MEMS and ICs. Microsystems，2015，1（1）：1-16.

[25] Hsu Y W，Chen Y，Chien H T，et al. New capacitivelow-g triaxial accelerometer with low cross-axis sensitivity. Journal of Micromechanics & Microengineering. 2010，20（5）：055019.

[26] Zhou Z J，Hu C H. An effective hybrid approach based on grey and ARMA for forecasting gyro drift. Chaos Solitons Fractals，2008，35（3）：525-529.

[27] Gonzalez R，Dabove P. Performance assessment of an ultra low-cost inertial measurement unit for ground vehicle navigation. Sensors，2019，19（18）：3865-3879.

[28] 萧金庆，李军辉. 基于有限元模拟的三维集成微系统热循环可靠性研究. 导航与控制，2022，21（Z1）：174-180.

[29] 周斌，陈思，王宏跃，等. 异质异构微系统集成可靠性技术综述. 电子与封装，2021，21（10）：116-124.

[30] 丁衡高. 用熵理论指导陀螺仪研制工作. 导航与控制，2023，22（3）：1-4.

[31] 丁衡高，王巍. 光纤陀螺误差机理若干问题探讨. 导航与控制，2009，8（4）：19-23.

[32] 王常虹，任顺清，陈希军. 惯性仪表测试技术. 导航定位与授时，2016，3（5）：1-4.

[33] Kaibartta T，Biswas G P，Das D K. Co-optimization of test wrapper length and TSV for TSV based 3D SOCs. J Electron Test，2020，36：239-253.

[34] EI-Sheimy N，Youssef A. Inertial technologies for navigation applications：State of the art and future trends. Satellite Navigation，2021：1-21.

[35] Kaibartta T，Biswas G P，Das D K. Co-optimization of test wrapper length and TSV for TSV based 3D SOCs. Journal of Electronic Testing，2020，36：239-253.

[36] Merdassi A，Kezzo M N，Chodavarapu V P. Wafer-level vacuum-encapsulated rate gyroscope with high quality factor in a commercial MEMS process. Microsystem Technologies，2017，23：3745-3756.

[37] 吴林晟，毛军发. 从集成电路到集成系统. 中国科学：信息科学，2023，53（10）：1843-1857.

[38] 范义晨，胡永芳，崔凯. 射频微系统集成技术体系及其发展形式研判. 现代雷达，2020，42（7）：70-77.

[39] 崔凯，王从香，胡永芳. 射频微系统 2.5D/3D 封装技术发展与应用. 电子机械工程，2016，32（6）：1-6.

[40] Qian L，Sang J，Xia Y，et al. Investigating on through glass via based RF passives for 3D integration. IEEE Journal of the Electron Devices Society，2018，6：755-759.

[41] 杨俊，陈建云，明德祥，等. 卫星导航终端测试评估技术与应用. 北京：国防工业出版社，2015.

[42] Vavilova N B，Golovan A A，Kozlov A V，et al. INS/GNSS integration with compensated data synchronization errors and displacement of GNSS antenna. Experience of Practical Realization，Gyroscopy Navig，2021，12：236-246.

[43] 邓志红. 惯性器件与惯性导航技术. 北京：科学出版社，2012.

[44] 沈玉芃，杨文钰，朱鹤，等. 2020 年国外惯性技术发展与展望. 飞航导弹，2021，（4）：7-12.

[45] Guo Z S，Cheng F C，Li B Y，et al. Research development of silicon MEMS gyroscopes：A review. Microsystem Technologies，2015，21：2053-2066.

[46] 张晓磊，孙奕威，魏春双，等. 小型无人机舵机测试系统的研究. 电气技术，2021，22（9）：77-81，102.

[47] 洪延姬，李得天，冯孝辉，等. 星载微推力器推进性能测量与评估方法. 北京：科学出版社，2021.

[48] 金玉丰，马盛林. TSV 三维集成理论、技术与应用. 北京：科学出版社，2022.

[49] 信光成，苏长青，熊之位，等. 基于任务的微机电惯性系统规模化测试技术研究. 导航定位与授时，2019，6（2）：111-118.

[50] Bijjahalli S，Sabatini R. A high-integrity and low-cost navigation system for autonomous vehicles. IEEE Transactions on Intelligent Transportation Systems，2021，22（1）：356-369.

[51] 智奇楠，周俊，刘鹏飞，等. GNSS/INS 组合导航系统测试技术研究. 科技与创新，2019，（16）：24-26，28.

[52] Yang Y，Liu X X，Zhang W G，et al. A nonlinear double model for multisensor-integrated navigation using the federated EKF algorithm for small UAVs. Sensors，2020，20（10）：2974.

[53] 程瑞楚，柴波，郭刚强. 一种适用于 POP 工艺 GNC 模块的测试系统设计. 计算机测量与控制，2022，30（7）：35-40，90.

[54] 许原，姚和军，黄艳，等. 基于 GNSS/INS 联合仿真的组合导航终端测试方法研究. 计测技术，2022，42（2）：24-31.

[55] 冯笛恩，龚静，樊鹏辉，等. 微小型无人机飞控导航微系统设计与实现. 导航与控制，2022，21（Z1）：123-132，77.

[56] 王巍，何胜. 微型惯测组合设计及其关键技术. 2003 年惯性仪表与元件交流会论文集，2003.

[57] Kaibartta T，Biswas G P，Das D K. Co-optimization of test wrapper length and TSV for TSV based 3D SOCs. Journal of

Electronic Testing，2020，36：239-253.

[58]　Wu Y，Huang S. TSV-aware 3D test wrapper chain optimization. Proceedings of International Symposium on VLSI Design，Automation and Test（VLSI-DAT），2018：1-4.

[59]　李化云，张琳. 嫦娥四号探测器 GNC 及综合电子分系统质量管理. 质量与可靠性，2020，（2）：5.

[60]　王广雄，何朕. 控制系统设计. 北京：清华大学出版社，2008.

第 8 章
GNC 微系统应用关键技术

8.1 概述

随着新一代信息技术的快速发展，GNC 微系统正逐渐向微型化、系统化、智能化等方向发展。同时，新材料、新方法、新工艺的应用，使 GNC 微系统具有高集成度、高可靠性、高效率等优点，促使其在资源处理的范围、效率和能力等方面进一步改善。以此为基础，大量导航、制导与控制相关产品具备小型化、低成本、高可靠等显著优点，因而被广泛地应用于一些关键军民领域，如无人飞行器、微纳卫星及微小型制导导弹等。上述场景对 GNC 组件的体积、重量、功耗和性能等指标提出了更严格的要求，有力牵引了 GNC 微系统相关技术的研究与发展[1-3]。

1. 基础性关联技术的发展促进 GNC 微系统技术的进步

GNC 微系统核心优势在于综合应用了多种先进技术，包括智能多源传感、高速并行处理、多功能芯片一体化堆叠、异质异构集成、系统级封装等。它融合了微电子、微机电和微光电等技术，通过系统架构和软件算法，将微传感、微处理、微控制、微执行、微能源及多种电路接口进行软硬件一体化设计，并采用微纳制造及微集成工艺[4-6]，最终实现 GNC 系统在微纳尺度级的高密度集成。上述基础性关联技术的发展和前沿尖端科技的引领，显著促进了 GNC 微系统技术的创新发展和扩展应用。

2. GNC 微系统技术的进步促进军民领域相关产品发展

GNC 微系统将为我国一些重点应用场景（尤其在微小型空天飞行器、空间防御与对抗、弹机协同精确打击、战场侦察监视等领域）的发展奠定技术基础。具体而言，GNC 微系统可促进飞行器、武器系统小型化、轻量化和系统化，通过增强多种微小飞行器关键技术攻关的原动力，促进我国装备能力的跨越发展[7]。在飞行器应用中，特别是针对空间飞行器的应用，GNC 微系统可以利用其自身传感器和外置传感器（如微型星敏感器、相机、激光测距仪、雷达等）量测信息，在多核处理器上进行高效信息融合运算，确定飞行器的姿态、速度和位置等信息，通过先进控制策略，实现对飞行器的高精度姿态、轨迹控制[8-10]。

面对国家重大技术需求，由于 GNC 微系统体系架构复杂，涉及设计、加工、制造、封测等诸多环节，也面临相应的挑战。同时，GNC 微系统的发展与 MEMS 惯性传感器息息相关[11]，并且与微电子、微光电及微纳米等基础技术高度融合，因而也离不开其他关键技术的支撑与相互促进。除了基础技术的发展，宏观而言，GNC 微系统的研究、发展和应用更需要用户市场、工业界和学术界的协同努力。总之，只有以微型化和微观效应为起点，打通多学科之间的壁垒，才可以推动微系统的应用迈进一大步，从而为军民融合领域带来前所未有的创新源泉，推动设备的小型化、低成本、高性能发展。可以预期的是，GNC 微系统未来发展潜力较大，将对微小型武器装备、宇航装备、相关民用领域等带来革命性的影响[12]。

本章首先对 GNC 微系统未来应用进行归纳研究，重点分析机载、星载、弹载等典型应用的技术需求，进一步阐述宇航装备、民用领域等扩展技术应用的可能性，最后基于任务场景、工作环境和运载体动力学模型等，总结 GNC 微系统的典型应用关键技术，具体包括总体架构、路径规划、数据链微传输和集群时敏协同等技术。

8.2　GNC 微系统应用现状及需求分析

GNC 微系统作为多功能微系统，需要在硅基板等载体上，利用单片集成、封装、互连等先进工艺技术，实现制造、装配、集成等环节。GNC 微系统代表了一种高密度集成的电子系统，对于相关装备实现高性能跨越式发展，可发挥的支撑作用将越来越重要。同时，也应注意到，GNC 微系统在应用过程中，需要考虑不同运载体动力学模型、工作环境及任务场景等因素，面临着复杂而关键的系统级信息处理决策任务。本节主要阐述机载、星载、弹载 GNC 微系统典型应用现状。

8.2.1　GNC 微系统应用现状

1. GNC 微系统机载应用现状

微小型无人机作为士兵可携带的战场侦察设备，其潜在的作用包括空中监视、目标识别、通信中继等，某些情况下，甚至能探测大型建筑物或设施的内部情况，为士兵侦察增添了"空中之眼"。按照飞行模式和总体结构布局，可划分为微小型固定翼无人机、微小型旋翼无人机、微小型扑翼无人机等 3 大类型[13,14]。在军事领域，微小型无人机作为打赢信息化条件下局部战争的重要保障，是各国无人系统研发体系的重要内容。其特征主要包括以下几点[15-18]。

（1）起降灵活，携带程度易。按照起飞方式，微小型无人机主要分为运动起飞、垂直起飞，抛射起飞等。运动起飞是指依靠短距离高速运动，垂直起飞多指旋翼无人机和扑翼无人机，抛射起飞则需依靠人手或者其他飞行辅助设备。无论何种起飞方式，对场地均没有严格的限制和要求，同时由于其体积小巧，便于单兵携带。

（2）机动性强，侦察效果好。微小型无人机在飞行过程中噪声较小，灵活性高，隐蔽性强。在城市作战时，可深入街巷。在野外作战时，也可翻过丘陵。总之，在单兵难以到达的位置，可依靠搭载的高清摄像设备或传感器进行深度探测，提供作战信息，完成侦察预警等作战任务。

（3）成本低廉，作战伤亡小。相较于大型无人机，微小型无人机造价低廉，根据任务场景、传感器精度、集成程度等多种因素确定预算成本。在完成一些危险性较高的任务过程中，有效地使用微小型无人机，可减少甚至避免人员伤亡，应用前景广阔[19]。

1）微小型固定翼无人机

微小型固定翼无人机的主要特点是飞行速度快，负载能力大。GNC 微系统作为其核心部件，无人机对其舵回路、稳定回路和控制回路的响应时间均要求较高，但其设计结构相对简单，巡航作战半径较大。微小型固定翼无人机由于有最小速度限制，因而机动灵活性相对较差，起飞和降落比较困难。典型代表包括美国宇航环境公司的"黑寡妇"无人机，美国桑德斯公司的"微星"无人机。

（1）"黑寡妇"无人机。

"黑寡妇"由美国宇航环境公司与加利福尼亚大学、加利福尼亚理工学院合作研制。该款飞翼无人机重达 50g，头部装有螺旋桨，后面装有操纵面，由电动机驱动，电源来自一对锂电池。推进系统重 18mg，效率为 82%，最大速度达到 20m/s。"黑寡妇"所采用的 GNC 飞行控制微系统（微处理器、无线电接收机和 3 个微电机作动器），其重量仅 2g。"黑寡妇"由肩扛式容器气动发射，容器内装有控制板以及使操作员能够观察来自摄像机录像信息的目镜。"黑寡妇"搭载的摄像机重达 2g。该微型无人机的续航时间能够达到 20min，有效距离达到 1km，预计实际航行时最多可达到 1h。"黑寡妇"无人机如图 8.1 所示。

图 8.1　"黑寡妇"无人机

（2）"微星"无人机。

"微星"由美国 DARPA 支持桑德斯公司研制。该款无人机设计重量为 80g，总功耗为 15W，机身重量为 7g，处理/存储电子组件重量为 6g，照相机/透镜总重量为 4g。电动机及其螺旋桨重量为 20g，功耗为 9W。锂电池重量为 44.5g。"微星"典型飞行任务航时为 20～60min，飞行距离大于 5km，巡航速度一般为 56km/h，高度为 15～90m。其 GNC 微系统中采用高精度微惯性导航模块，使"微星"无人机拥有较高的自主运动稳定性，同时有效载荷重量增加了约 20g。未来，该款无人机将进行如下升级，包括采用互补金属氧化物半导体成像传感器、差分全球定位系统以及多源自主导航系统等基础传感器。"微星"无人机具体如图 8.2 所示。

图 8.2　"微星"无人机

2）微小型旋翼无人机

与微小型固定翼无人机相比，微小型旋翼无人机最大的优点是，能够垂直起降和空中悬停，在狭小空间或复杂地形可快速机动，但同样地，对其核心部件 GNC 微系统的舵回路、稳定回路、控制回路的响应时间要求较高，尤其是要求具备高灵敏度的闭环动力驱动控制回路。根据旋翼式升力系统的特点，其旋翼结构布局有单旋翼式、双旋翼垂直分布式、四旋翼水平分布式等 3 种形式。因其结构布局新颖、飞行方式独特，四旋翼式的无人机引起了各国相关研究人员的广泛关注。典型代表为美国洛克尼克公司的"科里布里"无人机和"黑蜂"无人机。

（1）"科里布里"无人机。

"科里布里"是美国洛克尼克公司与奥博恩大学合作研制的垂直起落微型无人机，其续航时间达到 30min，可以采用单旋翼和对转双旋翼两种不同类型。"科里布里"装有美国 Draper 实验室研制的全球定位系统/微陀螺仪/微加速度计组合导航 GNC 微系统。基本型"科里布里"无人机直径为 8cm，重量为 316g，其中动力装置（37g）和燃油装置（132g）占了总重量的一半以上，有效载荷大约为 80g。"科里布里"无人机具体如图 8.3所示。

图 8.3　"科里布里"无人机

（2）"黑蜂"无人机。

"黑蜂"无人机是一款经过实战检验的单兵侦察型无人机。该款无人机全长16.8cm，其中螺旋桨长 12.8cm，重量为 35g。它采用高密度锂电池和低噪声电动马达驱动飞行，最大飞行高度达到 18m，最大飞行速度为 26km/h，能在 6 级大风下飞行。最大续航时间为 25min，可操控半径为 3km。由于其飞行时噪声较低，身型较小，因此难以被敌方雷达发现。在无人机头部位置集成了 3 个微型摄像头，分别对正前方、45°角下方、正下方进行拍摄，并实时向后方传输 880P 高画质的图像或者高清晰照片。除了微型高清摄像头，在该款机体内集成了 GNC 微系统，由高精度 GPS 接收模块、微型陀螺仪、微型加速度计、光电传感器等组成，同时扩展了激光雷达等多种高精度微型传感器。目前，最新款"黑蜂"无人机具备热成像功能，在作战环境下可作为夜视仪在夜晚使用，进而实现了战场的单向信息透明，"黑蜂"无人机具体如图 8.4 所示。

图 8.4　"黑蜂"无人机

3）微小型扑翼无人机

微小型扑翼无人机是一种全新的飞行器设计结构，因其机械扑动易产生疲劳断裂，目前只适用于微小型无人机的设计。与前两种无人机相比，微小型扑翼无人机通常采用高密度集成的 GNC 微系统技术，具有质量轻、体积小、噪声低、隐蔽性高等优点，既如同微小型旋翼无人机，可以垂直起降、空中悬停、倒飞、侧飞，还可以像微小型固定翼无人机那样，实现快速高飞、长距离巡航等功能，是目前微小型无人机研究的热点之一[20]。

目前美国在微小型扑翼无人机上的发展，开始向仿生型扑翼机和昆虫机等方向倾斜。仿生学可以说是航空之母，拟态飞行的"昆虫机"正是基于仿生学而来，能够同时进行飞行或爬行，而这是中大型飞行器难以实现的。但是，该功能的实现仍离不开 GNC 微系统的关键技术支持。作为代表性案例，美国重点开发的"微型蝙蝠"和"杀人蜂"无人机如下概述。

（1）"微型蝙蝠"无人机。

"微型蝙蝠"是一种以电池为动力的微型扑翼机，由美国加利福尼亚理工学院与航空环境公司合作研制，其重量仅为 8g，由微机电系统驱动类似蜻蜓的机翼实现多种功能。它的电容器只要一次充电，所产生的功率能够达到 20s 航时，而依据加利福尼亚理工学院预测，最长航时更是可能达到 3min。此外，"微型蝙蝠"还可携带微型摄像机及其下行数据链路或声学传感器。根据美国 DARPA 的倡议，加利福尼亚理工学院正在研制"微型蝙蝠"无人机用的微机电系统，已制造出钛合金骨架蒙以聚合物薄膜构成的机翼，同时还包括电池、直流支流变流器、减速器和扑动传动机构在内的轻型动力传输系统等。"微型蝙蝠"无人机具体如图 8.5 所示。

图 8.5　"微型蝙蝠"无人机

（2）"杀人蜂"无人机。

"杀人蜂"无人机也称为"杀人机器人"，体型类似蜜蜂，其内部 GNC 微系统的核心传感器（微惯性导航模块）完全由 AI 掌控，配有广角摄像头、战术传感器等，以及面部识别技术，在机身内可携带 3g 烈性炸药。该机器人通过人脸识别，结合导航、制导与控制技术，实现对攻击目标的精准识别和察打一体。"杀人蜂"无人机具体如图 8.6 所示。

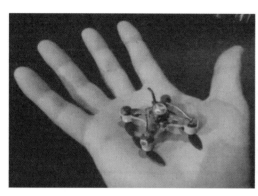

图 8.6　"杀人蜂"无人机

以色列最初还是从美国引进多款先进的无人机技术，后期才逐渐实现了自主研发，目前在无人机应用领域上已走在世界前列。典型产品包括埃尔比特公司生产的"云雀"系列和拉斐尔公司生产的"陨石"系列无人机。"云雀"无人机主要由一个地面控制站和三架无人机组成，目前的云雀 1-LE 具有 3h 的超长续航时间，飞行高度最高可达 4700m，并且可在夜间依靠热成像设备满足多种任务需要。该系列无人机目前已被十几个国家使用，并装备于特种部队。"陨石"系列无人机与其他无人机的不同点在于，它采用弹筒发射，"陨石 B"飞行高度可达 1 万 m，续航时间可达 4h。除此之外，由以色列生产的"鸟眼""卡斯珀 250"也出口到法国、意大利、波兰等国家。

相比较其他军事强国的发展，我国的无人机研发起步虽晚，但进入 20 世纪 90 年代以后取得了飞速的进步。目前主要研发方向在战役、战术无人机上，但军用微小型无人机涉猎较少。为了平衡无人机技术的发展，主要实施"自主创新，军民融合"的发展战略，一方面，加大自主科研力度，研发属于自己的军用微小型无人机系统；另一方面，与世界先进的公司合作，将微小型无人机装备部队，有效完成包括反恐、救援在内的多项任务。

目前，我国多家单位已将 GNC 微系统技术作为 21 世纪重点攻关技术，在许多领域取得了突破性进展，为国产武器小型化、微型化发展打下了坚实的技术基础。对标美国推出的"黑蜂"微型无人机，我国也推出了类似的"蜂鸟"微型无人机[21]，它只有一个钢笔大小，全长不超过 15cm，整体重量只有 35g，但具备齐全的探测和通信设备。在军用领域，GNC 微系统技术的重要发展方向之一是微型武器，由于实现了芯片级器件集成，可以显著降低传统武器装备的体积和重量。这种微型无人机武器体积小，信号特征较低，传统探测系统难以有效探测，防御系统也难以高效率拦截，因此，具有较强的隐蔽性，是单兵作战的得力帮手。

我国的微型无人机强调静音和超长待机功能，其动力系统为电动发动机，能源为高密度锂电池，可支持"蜂鸟"微型无人机持续飞行 20min 以上。它同时配备多部摄像机，包括可见光、热成像等，能够在昼夜全天候条件下探测地面目标，还能识别目标的真假和伪装。"蜂鸟"微型无人机需要在建筑物内或者山洞内飞行，为此采用 GNC 微系统相关技术，结合微惯性导航、激光雷达避撞等模块，借助智能化飞控系统，能够及时发现和避开飞行路线上的障碍物，具备较高的导航避障能力。此外，国产"蜂鸟"微型无人机还具备较强的网络化作战能力，它通过配备高速宽带数据链，能够传递高清视频、图像，使得后方操纵员可以通过数据链实时观察并获得建筑物内或者山洞内的图像，不用冒险进入搜索。考虑到微型无人侦察机单机覆盖范围有限，搜索较大区域需要较长时间，技术人员对应开发了空中组网作战能力。具体而言，它可以通过数据链进行协同互联，形成微型作战网络系统，并支持多架飞机进行空中联网。此外，可将"蜂鸟"微型无人机放大，并增加战斗部，形成微型侦察打击一体的无人机，发现目标后即可自动发动攻击。此外，还可以结合作战任务场景，通过"即插即入"的形式扩充其他传感器，扩展微型无人机多种功能，综合提高其作战效能。"蜂鸟"微型无人机具体如图 8.7 所示。

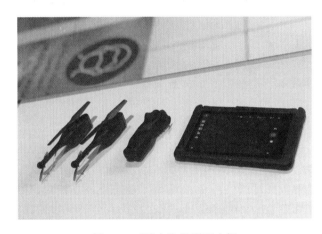

图 8.7 "蜂鸟"微型无人机

总之，微型无人机的相继登场，表明国产 GNC 微系统技术进入实际应用阶段，未来发展可能会沿着两个方向前进：一方面，改进现有武器装备，例如，在空空导弹嵌入 GNC 微系统，让导弹体积和重量更小，提高作战飞机载弹量；另一方面，发展微型武器装备，提高微型无人机、微型导弹，甚至智能制导子弹等新质作战能力。

2. GNC 微系统星载应用现状

按照重量划分，微小卫星一般将 10～100kg 的称为微型卫星，1～10kg 的称为纳卫星，0.1～1kg 的称为皮卫星，小于 0.1kg 的称为飞卫星。按照应用领域划分，微小卫星一般可分为对地观测卫星、天文观测卫星、遥感卫星、通信卫星、技术试验卫星、深空探测卫星以及军事应用卫星等[22-24]。

由于微小卫星质量轻、体积小、发射周期短，在军民领域得到了广泛应用。星载 GNC

系统是微小卫星系统的重要组成部分，是进行航天任务必不可少的先决条件。微小卫星的应用实践发展离不开 GNC 系统的支持，下面将通过纳卫星、皮卫星、飞卫星的应用现状进行具体介绍。

1）纳卫星

纳卫星由于具备研制周期短、研制经费低、技术含量高、发射方式灵活等特点，可为专用通信、遥感的科学和军事任务等提供低成本的解决方案，应用前景十分广阔。下面重点介绍美国的 AprizeSat 系列纳卫星[23]。

（1）AprizeSat 卫星。

美国 SpaceQuest 公司研制的 AprizeSat 系列通信类纳卫星，目标是形成拥有 24~28 颗微纳卫星的星座。该卫星星座主要用于船舶、集装箱和车辆的识别与跟踪。该系列卫星在不包括天线的前提下，尺寸为 25cm×25cm×25cm，重量不超过 13kg，每颗卫星都包含 10 个无线电接收器、2 个敏捷发射器和 1 个固态存储器。AprizeSat 卫星采用特殊的系统架构，在搭载推进器上，降低了对主动卫星姿态控制系统的要求。同时，AprizeSat 卫星通过使用 GNC 微系统相关技术，例如，高效砷化镓太阳能电池板、低功耗电路设计和微电子元件等，能够将航天器总线的总功耗降低到 1W 内。作为美国低轨地球通信卫星的微型卫星平台典型代表，AprizeSat 卫星每天可从全球十万多个用户终端收集数据，并且显著降低单颗卫星的发射及使用维护成本。AprizeSat 卫星具体如图 8.8 所示。

图 8.8　美国 AprizeSat 卫星

（2）"鸽群"卫星。

"鸽群"卫星是美国 Planet 公司研制的 3U 遥感立方体卫星[23]，采用铝合金制成，质量较轻，外部呈现为 10cm×10cm×30cm 尺寸的立方体结构，单颗卫星约重 5kg，也被称为"鸽子"卫星。"鸽群"星座主要有两类轨道：国际空间站释放 420km 高、52°倾角轨道，以及运载火箭释放 475km 高、98°倾角太阳同步轨道。该款卫星采用多功能高密度集成系统布局方式，主要包括光学系统和姿态与轨道控制系统。

光学系统：包括光学望远镜和高分辨率相机。当相机指向地球时，该卫星可以进行地球表面成像；当指向空间时，该卫星可以提供碎片跟踪服务。其所携带的光学望远镜孔径为 91mm，长为 20cm，在立方体卫星中，留给其余设备的空间较小。

姿态与轨道控制系统：姿态控制方面配备微型星敏感器、GPS 接收机、太阳敏感器、磁力矩器和三自由度陀螺仪。执行机构采用四面体构型的四个反作用飞轮和三轴磁力矩器。"鸽群"卫星不单独设置推进系统，采用差分拖拽控制算法，实现卫星飞行姿态的精确控制，最终使得卫星能够均匀地分布在轨道平面内。

"鸽群"卫星空间十分狭小，但是考虑到大量数据处理、存储以及高带宽通信等任务要求，决定其需要一个完整的姿态控制系统。因此，"鸽群"卫星需要通过 GNC 微系统技术，多功能、一体化、高密度集成传感、处理、执行机构等部组件，有效降低系统的体积、重量和功耗，高效率实现对地观测。

（3）纳星系列微小卫星。

清华大学和航天清华卫星技术有限公司共同研制的"纳星一号"微小卫星，是我国自主研制成功的第一颗纳型卫星，该卫星质量小于 25kg，是我国首次发射的纳型卫星，标志着我国在该领域的研究取得重要进展。

"纳星一号"是一颗用于高新技术探索试验的纳型卫星，卫星轨道为太阳同步轨道。该次发射旨在开发纳型卫星平台，并进行航天高技术飞行演示。其主要任务包括：CMOS相机对地成像试验、基于微系统技术的微型惯性测量组合搭载试验、微小卫星的轨道保持和变轨试验、卫星程序上载与软件试验和部分元器件的搭载试验等。卫星的成熟技术将用于光学成像观测和环境、资源、地理勘察及气象观测、科学实验等。

该型卫星是以微电子技术为核心的 GNC 微系统技术以及微米、纳米技术的发展而出现的新型卫星，具有技术新、研制快、投入少等优势，克服了以往航天器体重大、成本高、研制周期长的缺点，可以更方便地以分布式的星座来执行空间任务，显著提高了地面覆盖率及生存能力，因而，在国际航天领域应用越来越广。

清华大学研制的纳星系列微小卫星也被称为 MEMS 技术试验卫星，即集成微系统技术试验卫星。"纳星二号"卫星是该校继"纳星一号"卫星后发射的第二颗 20kg 级纳型卫星。该卫星的综合电子系统具备软件上载和重构能力，既提高了电子系统的可靠性，又扩展了纳卫星平台的实际应用功能范围，可为我国开展空间新器件、新技术试验提供平台，使其成本更低、快速有效。"纳星二号"卫星的有效载荷包括纳型星敏感器、微型低功耗太阳敏感器、硅基 MEMS 陀螺仪、微型石英音叉陀螺仪、MEMS 磁强计、北斗/GPS 接收机等。该卫星飞行试验的主要目的是验证和支持微型化高性能星上功能器件/组件的研究和在轨应用，从而推进微系统相关技术在国内航天领域的应用。

2）皮卫星

皮型卫星主要基于微电子、微机电、微光电等微系统技术发展起来。皮卫星作为新型微小卫星，质量轻，但对卫星一体化和集成度要求更高。其最大的特点是研制周期短、研制和发射费用低，可达到传统大卫星所具有的主要功能，以分布式的星座完成许多高要求的任务[25]。它为现代通信、航天、环境与资源等众多领域的发展展示了新的前景。

（1）紫荆系列皮卫星。

"紫荆一号"和"紫荆二号"皮卫星是清华大学"纳星二号"的子卫星，采用在轨二次分离的方式从"纳星二号"卫星载荷舱中弹射释放，主要用途如下所述。

"紫荆一号"皮卫星，质量 234g，由清华大学研制，采用单板集成的综合电子系统，主要开展微型 CMOS 相机、MEMS 磁强计等商用器件的在轨试验，以及与"紫荆二号"皮卫星联合进行绳系飞行、星间通信技术试验。

"紫荆二号"皮卫星由清华大学与西安电子科技大学合作研制，其质量为 173g，主要开展超低功率的星地通信试验、氮化镓器件空间效应试验等。

（2）皮星系列皮卫星。

相较于纳卫星，皮卫星的尺寸重量等进一步减少，在一体化设计和集成制造工艺等方面也需要满足更高的要求，由此，需要大量采用 GNC 微系统相关技术，以完成其多种任务要求。

皮星系列卫星是由浙江大学微小卫星研究中心研制的千克级卫星[25]，重量为 3.5kg，外形边长为 15cm 的立方体。由于体型小，整星正常工作功率仅为 3.5W。该卫星在轨运行面临着高低温等恶劣环境，需要突破遥测测控、姿态控制、集成制造工艺等多种关键技术，同时也是目前全球功能较为齐全的皮卫星之一，与世界其他先进国家的皮卫星相比，技术水平并无明显差距。

2005 年，边长为 15cm 的"皮星一号"研发成功，并于 2007 年成功发射；2015 年 9 月，两颗由浙江大学自主研制的"皮星二号"卫星发射成功；2020 年 6 月，"皮星三号-A"卫星发射成功。该系列卫星具有重量小、集成度高、可靠性强等优点，同时搭载了基于 GNC 微系统技术的高精度导航系统、多模式测控应答机、星间通信系统、星载综合电子系统等。成功入轨的皮星将在轨验证微机电系统、微型轻质展开机构、皮纳卫星组网等技术，探索发展我国未来皮纳卫星的在轨应用技术。浙江大学皮星系列微小卫星如图 8.9 所示。

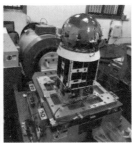

图 8.9　浙江大学皮星系列微小卫星

3）飞卫星

随着微米、纳米等微系统技术的发展，纳卫星和皮卫星等微小卫星的实现逐渐成为可能，并逐渐成为空间系统的重要组成部分，从科学探索与技术试验阶段向业务化运营阶段过渡。此前，由于对质量、体积和功耗的严格限制性要求，卫星开发面临一些挑战，然而飞卫星甚至芯片卫星（ChipSat）的出现[22, 24, 26]，使得卫星成本更低、研制更快速、发射更便捷成为可能。

（1）"星尘号"飞卫星。

"星尘号"飞卫星从国防科技大学自主研制的"天拓三号"纳卫星分离释放[26]，广泛采用 GNC 微系统技术，形成了高密度集成的一体化架构，是国内首颗飞卫星，也是世界上最小的卫星之一。它可以进一步组网，以分布式的星座形成"虚拟大卫星"。"天拓三号"内部的主星与手机卫星、飞卫星之间，将开展子母式卫星在轨释放、空间自组织网络、多星协同测控等空间在轨技术验证。

"天拓三号"集群卫星采用了通用化多层板式微纳卫星体系结构，主要开展新型星载船舶自动识别系统信号接收、火灾监测、20kg 级通用化卫星平台技术等系列科学试验和新技术验证。"天拓三号"集群卫星是由 6 颗卫星组成的集群卫星，包括 1 颗 20kg 级的主星、1 颗 1kg 级的手机卫星和 4 颗 0.1kg 的飞卫星。卫星入轨后，手机卫星和飞卫星与主卫星分离，并创造性地通过卷尺连接手机卫星和飞卫星，并作为手机卫星天线，实现信号的高速互联。考虑到多功能一体化、轨道精确控制、高效电推进、先进存储与并行计算等技术难题不断被攻克，基于 GNC 微系统技术的飞卫星作为大型航天器的有效补充，将在军事、国民经济等领域广泛应用。

（2）"精灵"飞卫星。

①芯片卫星概述。

芯片卫星概念于 20 世纪 90 年代首次被提出，质量一般低于 0.01kg，属于飞卫星（质量在 0.1kg 以下的卫星）范畴。依据英国萨瑞航天中心的定义，该卫星指的是航天器全部功能集成在单个集成电路上的一类卫星，这类卫星能够在轨执行特定任务，并与地面进行通信，其研究与发展将推动实现卫星从小型化设计向甚小型化设计过渡[27]。

芯片卫星使 GNC 微系统技术通过集成微机电系统、微光机电系统和互补金属氧化物半导体等单元，可实现在航天中的应用从部件级跃升到整星级。此外，芯片卫星体积较小、质量较轻、功能密度较高，可以利用商用流水线批量化生产，易于大规模制造且成本低廉。但还需注意，受质量、体积和功率的制约，芯片卫星单星功能有限，通常以星群和编队组网的方式执行任务，一般需要母卫星作为载体进行轨道布撒。

②飞卫星典型应用案例。

"精灵"芯片卫星由美国康奈尔大学研制[23, 27]，利用奋进号航天飞机于 2011 年 5 月成功发射，在"国际空间站"外置空间暴露平台上进行了对地通信试验，并经受了真空环境的检验。用于暴露试验的 3 颗"精灵"卫星外形一样，尺寸均为 38mm×38mm×1mm，质量约为 8g，各有 7 个微型太阳电池片，通信中心频率为 902MHz，发射功率为 10mW。

2011 年，康奈尔大学启动了凯克卫星-1（KickSat-1）卫星项目[27]，用于在轨释放芯片卫星，测试芯片卫星在轨通信能力、在轨时间以及星上电子器件在太空环境下的工作状态。研究人员将本次执行在轨飞行任务的芯片卫星命名为"精灵"，为了降低成本，仍采用印刷电路板卫星作为芯片卫星验证样机。但是，在卫星设计方面进行了如下升级：一方面，在卫星外形设计方面进一步小型化，新一代"精灵"卫星尺寸约为32mm×32mm×4mm，质量约为 5g；另一方面，在卫星任务设计方面，增加了姿态测量功能，同时利用 GNC 微系统技术，将电源、天线、敏感器和控制器等单元集成到了单个集成电路上，显著提高了系统综合性能。

"精灵"卫星微控制器采用得州仪器公司的 CC430 型处理器，时钟频率为 8MHz，随机存取存储器容量为 4KB，闪存容量为 32KB。通信采用 CC1101 型特高频无线电收发机，工作频率为 437.24MHz，最大发射功率为 10mW，最大发射速率为 500kbit/s。地面接收站接收到的"精灵"卫星信号强度约为 1.2×10^{-16}W。如果不考虑天线差异，该信号强度是地面接收到的 GPS 信号强度的 2.6 倍以上。星上陀螺仪和磁强计都具有三轴测量能力。其中，陀螺仪为霍尼韦尔公司的 HMC5883L 型微机电陀螺仪，可用于测量卫星在轨姿态；磁强计为应美胜公司 ITG-3200 型微磁强计，可用于测量地球磁场分布。星上天线是 V 型半波振子天线，阻抗为 50Ω，不需要地面专用的匹配接收网络。由于制造和发射成本相对低廉，且易于发射入轨，将批量采用 GNC 微系统技术的芯片卫星送入轨道后，能够组成节点密集的空间分布式无线传感器网络，对地球空间环境要素展开全方位、立体化探测，并能够获得全局空间的时间一致性原位测量数据。

3. GNC 微系统弹载应用现状

随着微系统技术和弹药化学工艺的稳步发展，美、欧、日等国家和地区一直走在微小型制导导弹技术发展的前沿，并在导弹武器系统研制上大量采用 GNC 微系统技术，尤其在小型化导弹方面已实现了批量应用[13]。从目前美国的发展情况看，通常微小型导弹的弹长小于 1m、质量不超过 5kg，主要采用手持发射或地面发射，用于打击步兵装甲目标，或防御火箭、火炮、迫击炮、无人机等低成本目标，具有价格低、重量轻、威力大、精度高、高效费比等优点，在摧毁目标的同时能减少附带损伤，可用作单兵便携式武器或战术无人机的武器装备。

微小型导弹需要在小型化的前提下，获得较大的飞行速度、可用过载和射程。合理的气动外形布局是其中的关键。基于 GNC 微系统技术的微小型导弹通常采用鸭式气动布局。该布局是微小型导弹常用的外形设计，有利于降低弹重、提高舵的操纵效率、减小舵翼面积。采用鸭式布局的微小型导弹可装配弹出式尾翼或折叠式尾翼。其中，弹出式尾翼可最大化利用发射空间，折叠式尾翼有利于获得更大的升力与过载。"长钉"导弹、"长矛"导弹和"微型直接碰撞杀伤"导弹等都采用了鸭式气动布局。下面分类介绍采用微系统技术的鸭式气动布局和非鸭式气动布局微小型制导导弹。

1）鸭式气动布局微小型导弹

（1）"长钉"导弹。

"长钉"导弹可实现对集群目标的高效费比作战[13]。它由美国海军空战中心武器分部设计研制，是一种可装备于无人机的新一代多兵种、多平台超小型导弹，具有"发射后不管"的特点，主要用于打击轻型装甲车、小型舰艇、小型无人机等目标，还可用于应对小型舰艇集群、无人机集群等威胁。

"长钉"导弹弹长为 63.5cm，弹径为 5.625cm，重约 2.4kg，最大射程为 3.2km。"长钉"导弹由一个小型低烟固体火箭发动机驱动，采用百万像素光学成像捷联导引头，提高了在复杂战场环境下的制导精度，其核心部件 GNC 系统采用激光和微惯性制导的多模制导体制，搭载 MIMU 惯性测量组件，全动弹翼式启动布局，可实现发射前锁定、发射后不管，即一旦通过摄像头选择了目标，士兵只需发射导弹即可。在发射方式上，可采用地面固定发射、空中无人机发射、士兵肩扛式发射等多种方式。此外，该导弹广泛采用标准化的零部件及商业套件，批产成本较低，单价不超过 5000 美元。美军已对"长钉"

导弹进行了多项试验，验证了其对地面机动目标和无人机的打击能力，目前还在继续改进升级，以进一步提升作战效能，具体如图 8.10 所示。

图 8.10　美国"长钉"微小型导弹

（2）"长矛"导弹。

"长矛"导弹的出现显著改善了步兵火力不足的问题[13]。它由美国雷神公司自主研制，是目前世界上尺寸较小的导弹，弹长为 42.6cm，弹径为 40mm，重 771g，射程为 2km；同时，作为世界上首款由手持武器发射的导弹，可由 M320 榴弹发射器或 EGLM 榴弹发射模块发射，打击固定或中慢速移动目标，使单兵得以具备精确打击远距离目标的能力。

"长矛"导弹采用数字式激光半主动导引头、破片杀伤战斗部，以及发射特征信号较弱的无烟火箭发动机。为了实现总体小型化目标，每个任务模块都贯彻了基于 GNC 微系统技术的微型化、模块化、组合化的设计思想。微电子技术是实现小型化的核心，借鉴了"亚瑟王神剑"制导炮弹的成功经验，"长矛"导弹的制导系统和尾翼控制组件采用半主动激光制导和冷发射，在出膛 3m 左右后，启动微小型火箭发动机，发射和飞行过程中几乎不产生烟雾，因而具有良好的隐蔽性和抗干扰性。至于小型化导致的推进动力不足等问题，可借助优异的气动外形来弥补。该导弹采用鸭式气动布局，前部为一组 4 片削尖三角翼，弹翼面积较小，平时嵌入弹身中，发射后弹出，鸭翼用于控制导弹姿态，控制机构设计比较简单；弹头采用半球形设计，弹体纤细呈圆柱形，能够适应榴弹发射器的发射要求。"长矛"导弹前后布置有两组可折叠式弹翼；弹尾处为 4 片削尖三角形卷弧翼，弹翼面积较大，可提高导弹飞行时的升力，平时与导弹密切贴合，合拢在弹体尾部的外圆柱面上。尾翼与弹体衔接处设有弹簧，可在导弹出膛后弹开尾翼。导弹前后弹翼均有一定的后掠角，可提高导弹的升阻比，显著增加其射程，具体如图 8.11 所示。

（3）"微型硬杀伤"导弹。

"微型硬杀伤"导弹（MHTK）用于防空和对地作战[28, 29]，由美国洛克希德·马丁（简称洛马）公司自主研制，可与直升机、无人机、单兵发射系统等集成，具备对巡航导弹、无人机、精确制导弹等多种目标进行战术打击的能力。此外，还可装备战机用于拦截敌方的空空导弹和防空导弹等。该弹弹长 71.1cm、弹径 4cm、重 2.5kg、有效射程超过 3km，采用主动毫米波制导或被动雷达制导，加装了穿透增强装置，在短暂飞行过程中能选择攻击目标相对脆弱的部位，最大化毁伤效果。

图 8.11　美国"长矛"微小型导弹

为满足弹体小型化需求,洛马公司广泛借鉴微电子、微机电等多种 GNC 微系统技术手段,实现导弹导引头、控制执行元件和电子组件及导弹各部分组件的小型化,如采用芯片级光电子振荡器,能够在产生固定微波和毫米波信号的同时显著降低相位噪声,实现弹上元件的微型化和性能上的突破。在动力技术方面,MHTK 导弹采用纳莫公司新型紧凑型火箭发动机,通过取消战斗部来降低整体重量和尺寸,同时提高了火箭发动机的燃料占比。同时,新型推进剂具有快速燃烧的性能,有助于能量快速转化为拦截弹动能。在设计加工方面,借鉴了液态金属技术,采用不规则合金鸭式前翼设计,可满足超声速飞行对导弹几何外形的要求。该导弹不需要携带固定的发射装置,因其体积小、重量轻,可在战场上大量携带,士兵可以手持发射,或直接使用榴弹发射器发射,作战效果优良,具体如图 8.12 所示。

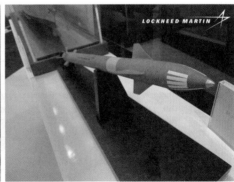

图 8.12　美国"微型硬杀伤"导弹

(4) QN-202 微型导弹。

我国高德红外有限公司研制的 QN-202 微型导弹[13],是一枚微型导弹,长度约为 60cm,弹口直径为 6~8cm,射程为 2km,重约 1.2kg,相比"长钉"导弹减重一半。该导弹采用红外成像传感器,内置 GNC 微处理器,能够精确制导并自动搜索和跟踪目标,实现"发射后不管"。同时,与其配合使用的便携式导弹发射系统,由 7.5kg 的背包和导弹发射器组成,背包一般可以装载 6 枚导弹,显著提高战场士兵的整装速度,进而提高作战效率。该导弹是我军步兵单兵武器的重要突破技术之一，其反应速度快、自主搜索能力强，能够识别出伪装目标，对敌方隐蔽的狙击手、重机枪和迫击炮阵地起到较强的威慑作用，还能够做到"发现即摧毁"，具体如图8.13所示。

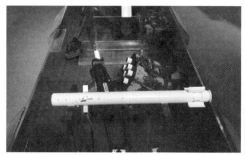

图 8.13　QN-202 微型导弹

2）非鸭式气动布局微小型导弹

非鸭式气动布局的微小型导弹通常可分为平面形、十字形或"X"形、环形翼、旋转弹翼布局等，下面重点介绍典型非鸭式气动布局轻型多用途导弹和激光制导子弹。

（1）轻型多用途导弹。

英国泰勒斯公司研制的轻型多用途导弹（light weight multirole missile，LMM）[13]，推进系统采用两级固体火箭发动机，导航系统采用INS/GPS组合导航，内置微小型GNC系统，发射质量为13kg，最大射程为8km，速度超过1.5Ma。它是一种轻量化、精确打击的多用途导弹，可打击海、陆、空等多种目标，用于从海、陆、空等多种战术平台发射，可对抗多种常规和非对称威胁。LMM具有良好的杀伤能力，其聚能装药与预先破碎的爆炸弹头相结合，并与高度敏感的近炸引信相匹配，目标群体包括地面威胁（如静态设施、装甲运兵车等）、非对称威胁、攻击艇和无人机等，具体如图8.14所示。

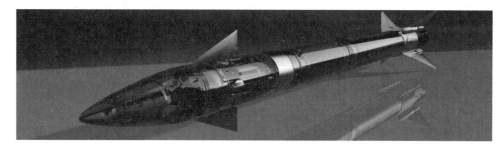

图 8.14　轻型多用途导弹

（2）激光制导子弹。

美国洛马公司研制的激光制导子弹[13]，弹径约为12.7mm，弹长约为8.16cm，适合于普通点50口径的枪族武器。飞行时，它能自动调整方向，像微型导弹一样集中瞄准1.6km以外的目标。在激光制导子弹的内部，装有独特的GNC微系统，其主要由两大部分构成：一是制导系统，在子弹前端内嵌光学感应器，用以搜索、追踪射向目标的激光制导点，内部的传感器能将目标不断变化的信息适时传给制导和指挥元件，后者通过嵌入式中央处理器，计算出需要的飞行弹道路径，并指挥电磁传动装置实现精准操控；二是传动系统，主要由驱动电机和类似"鱼鳍"的微型弹尾组成。驱动电机可为传动系统提供持续动力，微型弹尾可不断旋转，调整其方向以控制子弹迂回、曲折地击中目标，具体如图 8.15 所示。

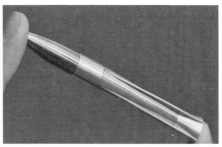

图 8.15　激光制导子弹

（3）"弹簧刀"微型巡航导弹。

"弹簧刀"微型巡航导弹（也称小型巡飞弹）由美国宇航环境公司研制[30]，主要用于精确打击并减少附带伤害，可在无空地火力支援的情况下，使小规模作战部队打击固定或移动目标。"弹簧刀"平时可装进作战背包中，作战时由单人携带的发射筒进行发射，飞到目标区域后，在引爆弹头的同时，还能够飞速撞向目标，实现精准毁伤。

"弹簧刀"由微小型无人机与导弹结合而成，设计之初就定位为一次性使用的、为步兵排提供侦察支援和精确火力打击的武器。它全长 61cm，重 2.7kg，航时为 10min，最远飞行距离为 10km，最大速度可达 157km/h，可折叠装载发射管中轻松携带，一人即可完成发射操作（图 8.16）。导弹采用 GNC 微系统技术，内置高灵敏度的信号接收天线、视频信号发射天线和 GPS 天线，分别用于接收地面控制信号、向地面传输导弹所拍摄的视频信号、接收 GPS 卫星导航信号，可对远距离目标实施跟踪、识别和打击。其动力装置

图 8.16　"弹簧刀"微型巡航导弹

为一台小电机，声音较小，体型较小，具有较高的隐蔽性。由于"弹簧刀"具备无人机的特点，通用性较好，可以使用黄蜂、RQ-11 和 RQ-20 等小型无人机的地面控制站，且能同其他小型无人机进行编组，攻击敌方重要目标。此外，它还能在短时间内实现"触摸-侦察-打击"闭环，可降低"认知负荷"，更加便捷地制订计划和执行精确任务。

（4）"柳叶刀"系列巡飞弹。

俄罗斯研制的"柳叶刀"系列巡飞弹是由卡拉什尼科夫集团公司（Kalashnikov Concern）设计和开发[31]的。其中，"柳叶刀-3"能够飞到特定地点，并在该地区徘徊，然后攻击目标。该巡飞弹配备了微型摄像头和其他多种传感器，通过 GNC 微系统可以定位和跟踪目标，然后进行精确打击。"柳叶刀-3"于 2020 年 11 月首次部署，在叙利亚内战期间执行了多个作战任务。自 2022 年 2 月 24 日俄乌冲突以来，"柳叶刀-3"巡飞弹被俄罗斯军队广泛部署。2023 年，俄罗斯国防部报道称"柳叶刀"巡飞弹被用于乌克兰的军事战斗，如防空系统、自行榴弹炮、坦克和军用卡车。受损或摧毁的目标包括 S-300 导弹系统、"山毛榉"-ML 防空导弹系统、T-64 坦克和西方提供的 M777、M109、FH70 和"凯撒"榴弹炮。俄制"柳叶刀-3"巡飞弹如图 8.17 所示。

图 8.17　俄制"柳叶刀-3"巡飞弹

作为巡飞弹的典型代表，俄罗斯"柳叶刀-1"和"柳叶刀-3"特征区别主要如下所述。

在结构设计方面，"柳叶刀-1"是"柳叶刀"家族中较小版本的巡飞弹。它由圆柱形机身和安装在机身前后的两对 X 形机翼组成。该设计是为了确保所需升力的同时，减小轴承平面的尺寸。发动机位于机身后部，而光学系统和战斗部位于前部，重量为 5kg。"柳叶刀-3"由精确打击组件、侦察、导航和通信等模块组成。同样，该巡飞弹基于圆柱形机身，两对 X 形机翼安装在机身前后。它采用面向后方的推力器-支柱结构，与传统的推力器-支柱结构形成鲜明对比，具有优良的气动布局分布。

在空中机动能力方面，"柳叶刀-1"由一台电动马达驱动一个双叶螺旋桨单元在推杆装置中提供动力。它能以 80～110 km/h 的速度飞行，续航时间为 30min，最大航程为 40km。"柳叶刀-3"采用电驱动，安装在机身后部的发动机驱动一个以"推手"模式布置的双叶螺旋桨单元。它通过弹射发射器从地面或海上平台发射，如猛禽级巡逻艇，并能以 80～110 km/h 的速度飞行，最大续航时间为 40min。

在有效载荷设计方面，"柳叶刀-1"装备 1 枚高爆破片战斗部，重量为 1kg。巡飞弹还配备了一台电视制导单元，允许操作员在飞行的最后阶段控制巡飞弹。该型巡飞弹还配备光电制导单元，可以在飞行前预编程。"柳叶刀-3"最大总起飞重量为 12kg，能携带重达 3kg 的有效载荷。该型巡飞弹具有光学-电子制导和电视制导单元，允许弹药在飞行的最后阶段被控制，同时还能够装备高爆破片战斗部。

在战斗使用方面，"柳叶刀-1"主要用于侦察任务。巡飞弹使用弹射器发射，可以安装在地面上，也可以安装在船上。由于具备机载人工智能或预编程系统，它可以自主飞行。"柳叶刀-3"可用于侦察、监视和打击任务。它是一种智能多用途武器，能够自主发现并击中目标。另外，它还可以传输视频、图像等信息，主要特点是通过机载人工智能或预编程，实现其自主飞行操作。

总体而言，"柳叶刀"系列巡飞弹据称拥有首创的反激光干扰技术[32]，使其对许多反无人机系统免疫，具有优良的作战效能。

8.2.2　GNC 微系统需求分析

当前，与 GNC 微系统相关的科技创新和产品创新方兴未艾，GNC 微系统技术作为一种颠覆性使能技术，在武器装备、航空航天、汽车电子、物联网等诸多领域，显现出较大的应用潜力。它将催生大批升级换代甚至变革行业的新产品，为传统产业跨越式发展提供新的机遇，并对现代经济社会演进产生重要影响。

1. 民用领域应用技术需求

回溯技术发展的进程，早期智能传感器大多是指传统传感器加入处理器，带有数据处理功能的传感器。如今，随着 MEMS 技术、通信技术、计算机技术，特别是微系统技术、人工智能等前沿技术的交叉融合，基于微系统技术的智能传感器，不仅具有传感、处理、通信等基础功能，还能实现自供电、自组网、自校准、自学习等智能化功能。

基于微系统技术的智能传感器将在多个领域发挥重要作用，除了航空航天、高端装备等事关国防安全、重大工程的国家战略领域外，在汽车电子、消费电子、物联网等社会经济发展及民生领域，也都离不开智能传感器。尤其是网络信息化产业的迅猛发展，一些前沿产业领域开始基于微系统智能传感节点，大规模布局网络化应用，包括智慧城市（物联网）、智慧交通（车联网）、机器人和智能硬件等。无论在何种场景下，这些智能节点都需要在相当有限的体积质量内，全部或部分实现数字、模拟、射频和光电等功能，而 GNC 微系统技术将是这些智能传感节点实现的重要技术抓手。具体而言，GNC 微系统技术对于上述产业领域带来的主要影响如下所述。

1）物联网领域

物联网智能节点需要具有射频感知、光电感知、化学感知和通信组网等功能，需要通过三维异质异构集成，实现低功耗、低成本和批量化制造。其中，面向生活娱乐场景的智能可穿戴硬件、面向医疗场景的智能医疗硬件正逐渐成为消费电子的热门领域，上述场景都要求具备便携小尺寸、优良的人体兼容性、三维异质异构集成的高密度和柔性共形等能力。由此继续向未来延伸，包括引发热议的"元宇宙"，都离不开生活数据化虚拟场景的搭建。尤其是 GNC 微系统在"元宇宙"中将更是无处不在，小型无人机、运动手表、穿戴设备等皆与 GNC 微系统技术有关，在实现系统的运动/坠落检测、导航数据在线补偿、游戏/人机界面交互等功能的过程中，离不开微系统对于世界的感知与捕捉，因而要求 GNC 微系统布局到生活的方方面面。总之，从商业化的潜力而言，GNC 微系统在物联网产业领域的发展空间也同样不可限量。

2）交通驾驶领域

在汽车领域，MEMS 压力传感器已使用 GNC 微系统技术，来测量燃油压力、轮胎压力、气囊压力以及管道压力。尤其是自动驾驶的生态系统正在具象化，而全球车用智能驾驶节点产值也将随之快速增长。自动驾驶通过车载传感器来感知外界环境，获取车辆位置、姿态以及障碍物等信息，从而控制车辆行驶速度、转向以及起停等。目前，谷歌、英伟达、百度等公司均在开展与自动驾驶相关的研制工作，并已开展道路实验。当无人车行走到高大建筑物下，且 GNSS 被遮挡而难以正常工作时，无人车上搭载的惯性导航系统短时间内的精度可以满足车辆自主前行的需求。无人车上的 MEMS 惯性导航系统，一般精度要求较高。其中，感知节点是射频、光电和组网功能的高密度集成；决策节点是处理、存储与人工智能的高密度集成；能源控制节点是采集、处理和控制的高密度集成。这些节点需全部布局到容量有限的车内，且被用于安全驾驶的场景，这对于节点的感知精准度和智能化的要求更高。返回到智能化能力的发展，本质上离不开数据的积累与学习，也就需要 GNC 微系统提供高密度的捕捉与集成，最终才可能真正推动自动驾驶的变革式发展。

另外，在无人船自动驾驶方面，由于边境巡逻、水质勘探等任务所采取的传统舰船方式较为危险且成本较高，使无人船技术发展迅速。无人船自主工作的重要前提就是获取无人船位置姿态信息。如今，无人船上配备的多源传感器就有与 GNC 微系统相关的 GNSS、SINS 及避障雷达等。随着 MEMS 惯性导航系统精度和可靠性的不断提高，SINS 在无人船的位置姿态信息获取中，将发挥越来越重要的作用。

3）机器人领域

以微型无人机和机器昆虫等为代表的微型机器人是未来重要的人工智能节点，难以通过传统手段实现小尺寸、高智能，更需借助多种微系统相关的技术能力[33]。

移动机器人是一种可以自主在固定或时变环境中工作的自动化设备，近年来，在服务业、家居、工业等领域应用广泛。轮式机器人在应用中与无人车相似，均通过视觉相机、MEMS 惯性传感器、激光雷达及里程计等传感器采集数据进行导航。在采用惯性传感器与里程计的轮式机器人导航过程中，MEMS 惯性传感器可提供精确的姿态角，并通过视觉里程计与 MEMS 惯性导航系统进行组合导航，借助扩展卡尔曼滤波算法来进行多源数据融合，从而提高系统精度以及减小实时校正误差。

4）其他领域

除了上述领域外，基于 GNC 微系统技术的 MEMS 微惯性导航系统还可用于电子设备，如手机、平板电脑、游戏机、相机、VR 眼镜等，以及用于室内定位的行人导航。目前，社会普遍关注的一些难题也有 GNC 微系统的发挥空间，如消防员高楼灭火、行动不便的老人在家的人身安全等，将 GNC 微系统放置在探测人员身上导航，可获得被监视人员实时的位置姿态信息，从而提高人员的安全系数。使用 MEMS 微惯性导航系统进行室内定位导航，可采取以下两种方法：一是利用 MEMS 加速度计对人员步伐状态进行检测识别，再通过磁力计检测人员运动方向，由此来进行室内人员的精确定向定位；二是采用两个或多个 MEMS 微惯性导航系统，安装在人员脚部以及腰部位置，通过多个微惯性导航传感器进行高精度定位，确保人员定位定姿的准确性和鲁棒性。

2. 军事领域应用技术需求

随着 GNC 微系统逐步实现小型化、低成本化和批量化，微小型空天飞行器、地面无人系统以及精确制导导弹等领域对于 GNC 微系统的应用也更加深入，围绕核心的导航、制导与控制等功能，应用场景逐渐衍生到其他的军民两用关键领域，例如，宇航装备、微小型武器系统、全域制导、战场侦察监视等。这些应用场景都对 GNC 微系统的发展提出了较高要求，也都需要借助 GNC 微系统技术和微型器件来实现关键技术突破。这些应用可能并不一定都由微系统决定其发展态势，但却离不开微系统提供技术支撑[34, 35]。

1）机载应用技术需求

微小型无人机是一个包含多种交叉学科的高、精、尖、缺技术领域，在一定程度上，其研究水平可以反映出一个国家的科技发展水平。由于微小型无人机在现代军事和民用方面应用的较大优势，得到了世界各国的广泛关注，成为当今先进国家竞相研究的前沿科技。目前，微小型无人机的研究还处于初级阶段，特别是对厘米级微型无人机的研究，距离真正小巧化和实用化应用还有较大差距。即便如此，微小型无人机具有想象力的应用前景决定了它未来广阔的发展空间。当前，实践中面临着诸多技术问题，如低雷诺数下的空气动力学、高效推进、能量存储、超轻型传感器、高速率通信链路以及微小型导航、制导与控制等，亟须推进 GNC 微系统相关技术以解决上述难题。

微小型无人机在分布式远程打击、大规模集群作战等方面存在较大优势，利用智能控制实现群体能力的无限扩展，将作战要素分布化，以较低成本的个体组成强大的作战群体，可解决高价值时敏目标、传统武器装备打击费效比较高等难题。微小型无人机的研制不仅有助于促进自身的发展和问题的解决，更重要的是，通过对它的研究，还将有力地带动和促进与之相关的技术领域的发展。近年来，国际上较为活跃的研究集中在以 MEMS 等微系统技术为基础的相关领域研究，例如，多种微型器件及微小型无人机系统。

2）弹载应用技术需求

近年来，随着反恐等低烈度军事行动对打击低价值目标需求的增长，微小型导弹应运而生并成为新的发展热点。尤其是微感知、微处理、微执行、微集成等微系统技术的进步，为微小型制导导弹快速发展不断注入新的动力。在微小型导弹等弹载领域应用中，GNC 微系统通过系统级封装或片上系统技术实现了多功能高密度集成，显著缩减了信息传输链条，尤其对于高速高机动目标而言，能够有效地实施战场机动、精确打击，起到缩小杀伤范围、降低战场附带损伤等战术效果，具有重要战略意义[36, 37]。

弹载 GNC 微系统实际应用中，飞行弹道的最优设计、最优控制以及高目标截获是制导导弹研制过程中的关键环节。而制导导弹飞行时的弹道参数（如飞行速度、转速等）可为飞行弹道的最优设计提供理论参考。因此，弹道飞行参数的精确获取是外弹道设计过程中的关键。但是，用于弹道优化设计的某些弹道参数难以直接测量，因此，如何从现有直接测量的数据，准确地提取待用的弹道参数并进行目标截获，对于制导导弹精度的提高较为重要。制导导弹用 GNC 微系统可为弹道的优化设计提供重要参考，同时，能够进一步扩大战斗部所占的比重，提升制导导弹毁伤能力。为使制导导弹获得更高的初始速度、更远的射程、更高的作战效率，弹载 GNC 微系统不仅需具备较高强度的抗冲击能力，而且还需具备较高的导航精度，需要克服组合导航误差、导引头波束指向误差、天线罩瞄准线误差、雷达测量误差和数据传输延迟等多种因素影响。总之，弹载 GNC 微系统技术能够显著提升微小型制导导弹战场环境攻击毁伤能力。

3）弹机协同应用技术需求

21 世纪的空中战场环境复杂多变，情报、监视和侦察是作战关注的焦点。"零伤亡"的战争理念和长时间的监视需求使得无人机成为承担"危险、肮脏和枯燥"等任务的最佳选择。微小型无人机和制导弹药作为高效费比、高成功率、低风险的战场侦察监视装备和智能弹药结合体，将在未来以信息化作战能力为中心的战场环境中大显身手。

（1）弹机协同一体杀伤链典型代表：Jump20 无人机+"短柄斧"微型制导弹药。

在战场察打一体杀伤链路中，推动情报收集、目标保障、火力打击等多样化任务是未来的基本趋势。据美国《航空周刊》报道，作为美陆军"会聚工程-2022"年度综合实验的一部分，美国宇航环境公司研制的 Jump20 垂直起降固定翼无人机，使用机载 11E0IR5 传感器载荷为"短柄斧"微型制导弹药提供目标指示，虽然弹药落点有所偏离，未直接命中目标，但成功验证了无人机和微型制导弹药察打一体杀伤链联合作战的应用效果。

（2）"小型无人机+微型制导弹药"察打一体杀伤链基本分析。

美陆军 Jump20 无人机使用机载光电/红外载荷独立完成发现、定位、跟踪等环节。机载转塔配备红外/光电传感器，能够昼夜不间断地发现、定位、跟踪目标。双视频流工作模式能够兼容宽视场与窄视场，支持同步开展广域监视与目标识别任务。Jump20 无人机使用机载激光指示器引导"短柄斧"微型制导弹药完成目标瞄准、交战环节。"短柄斧"是一种制导滑翔弹药，具有三片折叠式中体机翼和可展开的后控制面布置。弹药重约 2.72kg，直径为 60mm，长度约为 30.1cm，尺寸小、重量轻，可由无人平台大规模携带，显著增加大、中型无人平台的弹药挂载数量。美军还计划为第二类小型无人机装备"短柄斧"，使连、排级无人机具备察打一体能力，为小规模部队提供近距离空中支援。机载转塔配备的激光指示器能够为"短柄斧"微型制导弹药提供目标指示信息，投放后，激光导引头接收目标反射的激光信号，其 GNC 模块控制弹药修正弹道，直至命中目标，最后由无人机完成毁伤评估。

（3）小型无人机＋微型制导弹药的组合将从战术末段引发作战变革。

小型察打一体无人机使小规模部队拥有近距离空中支援能力成为可能。反恐战争以来，美军的近距离空中支援能力离不开其绝对的空中优势，但在面对拥有先进拒止能力的对手时，难以发挥作用。小型无人机目标尺寸较小、信号特征较弱，且当前缺乏实用性的反无人机手段。在大型作战飞机难以提供有效支援的情况下，美军内线作战部队可化整为零，利用小型察打一体无人机提供近距离空中支援。

总之，微小型武器装备之间的融合式发展与配合作战，将引导 GNC 微系统提高性能的同时，进一步降低制造成本，同时在智能化协同系统和人工智能算法的发展上，最终实现质的飞跃。

4）星载应用技术需求

GNC 微系统技术广泛应用于空间微纳卫星领域中。空间 GNC 微系统主要指基于微系统技术的微型化、集成化、智能化航天器功能模块或部件。空间 GNC 微系统不仅使得高性能微/纳/皮型卫星进入实际应用阶段，而且显著提高了常规卫星的功能密度比，进一步催生了许多新概念空间技术。可以预见，在未来 10~15 年，GNC 微系统将局部替代现有的航天器件、系统，引起一场空间技术革命[38]。具体而言，随着我国航天事业的发展，尤其是商业航天的兴起，对空间飞行器的功能和性能要求与日俱增，对平台和载荷的小型化、可靠性提出了更高要求，对在轨飞行器的重量与能源消耗的控制也更加苛刻，尤其是对星载信息处理与控制系统的重量要求已经不是"斤斤计较"，而是"克克计较"。此外，微纳卫星具有体积小、成本低、研制周期短、易发射、可编队组网等优点，广泛应用于空间科学试验、新技术空间演示验证、空间攻防等方面，成为现代卫星研制的主要趋势之一。未来的微小卫星平台将会是一个把任务、功能、资源统一调度管理的综合电子系统，在通信、遥感、科研和军事等方面都将有广泛的用途。同时，微小卫星功能密度的增加和性能的不断提升，将对其 GNC 微系统的综合性能和可靠性提出新的要求，尤其是选择高性能的微处理器、总线标准、软硬件架构和高效率的微执行机构，将对微小卫星的发展起到重要的推动作用[39]。

为适应微小卫星对于系统的质量和体积要求，基于微纳尺度的 GNC 微系统将不断创新发展的微电子、光电子器件高密度集成在一起，将使得微小卫星的集成度越来越高、产品功能越来越强、性能水平和可靠性不断提升。同时，内嵌 GNC 微系统的微小卫星系统，可实现体积、重量和功耗的显著下降，这也高度契合了当前及未来星载信息处理与控制系统的标准化、模块化、微型化、高性能等发展需求。对于 GNC 微系统而言，也将扩大对于其应用场景的想象与设计，使其可以应用于更加多元化的军事及宇航装备等领域。

总体而言，微系统技术作为"超越摩尔"定律的重要技术抓手，多种新的设计理念、先进封装结构以及集成技术层出不穷，显著提升了 GNC 系统的功能与性能。但是其具有微小型化、高密度集成、大量采用先进工艺及新材料等特点，因而涉及力学环境适应性、微尺度三维热管理等一系列问题，在具体应用时，实则仍面临诸多技术难题。因此，有必要从 GNC 微系统设计开发方式、结构特点、封装集成方式、可靠性保证手段等角度推动当前 GNC 微系统技术的全面发展。

8.3　GNC 微系统应用的总体架构设计

GNC 微系统技术体系中主要涉及总体架构、关键核心器件、三维集成工艺、智能化信息处理等方面的要素，且 GNC 微系统本身的详细架构设计已于第 2 章详细论述，而针对现有的导航、制导与控制技术应用而言，大部分应用于"特定终端、单一场景"等，在不同载体、不同任务、不同场景下，难以以最小成本、最低代价满足用户应用需求[40]。因此，需要加强面向不同装备产品的全空域、全时域应用需求的顶层体系架构设计，包括传感器物理层、数据协议层、信息处理层、系统服务层等多种体系层次的数据处理和标准，重点考量的要素包括时空基准、传感器类别、信号采集频率、匹配程度、信息解算时频基准、输出结果刷新频率，以及输入输出数据协议、接口类别、电气特性、在线测试、工装等应用标准框架。

1. GNC 微系统应用的总体架构设计技术

GNC 微系统的设计特点和共性要素主要包括功能域设计、信息域设计、能量域设计等层面。其中，功能域设计定义系统的整体功能、工作逻辑、运行方式，以及各组成部分的具体功能、性能指标等；信息域设计定义系统中信号、数据的传递方式、传输路径等；能量域设计则定义系统整体能源的供给与分配策略、途径与实施方法等。功能域、信息域、能量域的设计又都涵盖材料、器件、芯片、结构等硬件层面，以及算法、流程、步骤、代码等软件层面。

GNC 微系统应用的总体设计层次可以是自上而下的系统级设计，即先进行系统顶层设计，规划系统功能和子系统功能，然后逐层分解。也可以是自下而上的模块化设计，即先分别设计各个子模块结构、功能，再搭建子系统，然后逐层向上并最终形成完整系统。更多地，则是二者有机结合，交互进行系统级设计与模块化设计，使之不断更迭。具体而言，架构设计是系统级设计的首要任务与关键核心，而传感、处理、通信、执行、供能等功能模块的软硬件实现是模块化设计的重点环节，此外，还需结合任务场景和运载体动力学模型进行定制化设计，包括机载、星载、弹载等不同动力学模型以及军用、民用等不同任务场景需求等。

一般而言，不同层次设计的实现方式也不尽相同。系统级设计追求整体综合性能最优化，在约束条件和性能指标间求取平衡，需要多尺度、多物理场、多能量域的协同设计与多学科联合优化；而模块化设计更侧重通过软硬件开发工具进行多种器件（芯片）、工艺、版图的设计、模拟、验证及迭代等。目标匹配程度、系统功能与性能、全周期成本、可靠性等都是 GNC 微系统设计成功与否的重要评价指标。针对不同的应用需求，对各指标进行相应加权，有利于筛选出更合适的设计方案。

2. GNC 微系统应用的算法与软件设计技术

算法与软件是 GNC 微系统的灵魂，也是 GNC 微系统完成特定作业任务的内在方法和支撑。微电子、微机电和光电子等要素是算法与软件的硬件基础，架构是算法与软件的运行环境。硬件基础和运行环境共同决定了 GNC 微系统的理论能力上限，而算法与软件作为运用这些能力的方法，决定了系统的实际功能与性能参数。

算法与软件的重要作用之一，即在不同应用场景间，实现 GNC 微系统的无缝衔接和无感切换。以微小型无人机从室外飞入室内等短时"拒止"场景为例，GNC 微系统通过内嵌在无人机上的多源感知传感器，当从室外飞入室内时，传统的 GNSS 卫星导航信号会快速衰减，在 GNC 微系统软件算法中，卡尔曼滤波算法中与 GNSS 卫星导航信号相关的观测方程矩阵数值会趋向于 0。此时，将自适应增加捷联惯导系统的权重，降低卫导系统的权重，从而维持微小型无人机准确稳定的姿态解算信息，可确保无人机从室外到室内的平稳过渡。

此外，软件算法对于 GNC 微系统的多个功能模块，包括传感、处理、通信、执行和供能等都有重要的支撑作用。例如，多源传感算法，能够有效地提高传感器输出信号的信噪比和数据精度；先进通信算法通过对数据的分析，可以采取不同的压缩、加密和传输策略，从而在传输效率和安全性等多个维度提高通信质量，适用于 GNC 微系统协同组网应用场景等。

3. GNC 微系统定制化应用的设计技术

GNC 微系统的算法定义了系统获取和运用知识的能力，包括信息与数据的分析，问题的求解，推理与决策等。定制化应用设计是 GNC 微系统的重要特征之一。与计算机的通用系统不同，GNC 微系统往往具有相对固定且具体的应用场景与功能需求。这就使得算法与软件必须满足应用的特定要求，如算法复杂度的限制、软件数据精度的要求、对噪声的抗干扰能力和安全性等。

通常 GNC 微系统所能提供的"算力"有限，难以提供如大型服务器规模的海量存储与运算能力。但对于很多应用场景而言，不能因为算力受限就牺牲系统性能。因此，压缩已有算法，或针对具体应用进行专门、灵活的设计较为重要，如神经网络算法中的参数压缩方法，通过将高精度权重参数转化为低精度形式，可以将模型存储所需的空间成倍缩减。此外，通过神经网络的蒸馏算法，先训练大网络以学到知识，再将此知识传授给小网络，最终可以使得部署在微系统的小型神经网络，完成与大型神经网络同样或相似的功能，可应用于弹载末制导的图像智能识别场景，或者微小型无人机自动目标识别等领域。

8.4　GNC 微系统应用的关键技术

基于上述对典型应用场景及总体架构的分析，可以看出微系统具有很强的研发价值和应用价值[41]。尤其是与人工智能相结合的场景下，GNC 微系统所具有的高密度、高集成、高弹性等特点，使其可以在有限的体积内，显著提高融合计算能力，比起传统的单回路 GNC，可以传输更多的信息流。硬件上的小体积和软件上的高敏捷相结合，显著拓展了 GNC 微系统的应用场景，在压缩了 GNC 微系统的生产成本后，使其更可能成为智能应用的基础性"细胞单元"。本节重点介绍 GNC 微系统应用中的 3 类典型关键技术。

8.4.1　路径规划应用技术

当前智能无人系统发展迅速，路径规划应用已成为无人车、无人机等导航系统的重要研究方向，是实现无人系统智能化和自主化运作的核心技术，也是 GNC 微系统应用的关键技术之一。路径规划是指在包含障碍物的多域环境内，按照一定的评价标准，寻找一条从起始状态到达目标状态的无碰撞路径，在一定程度上标志着 GNC 微系统智能化程度的高低。从规划的目标范围而言，可以分为全局路径规划和局部路径规划。从规划环境而言，可以分为静态路径规划和动态路径规划。传统路径规划方法主要包括路线图构建法、单元分解法以及人工势场法。智能路径规划方法主要包括基于群智能的路径规划方法和基于机器学习的路径规划方法等。其中，群智能方法将路径规划问题转化为最优搜索问题，较依赖完全的先验环境知识，而具有自主学习能力的机器学习方法则不依赖于先验环境模型，可以更好地解决 GNC 微系统在未知环境下的局部路径规划问题。

1. GNC 微系统的路径规划体系

目前被广泛应用于实践的是分布式体系结构，其各个功能模块作为相对独立的单元参与整个 GNC 微系统的运行。随着人工智能技术的不断发展，各功能模块将作为独立的智能体参与整个导航、制导与控制过程，该体系结构的基本形式如图 8.18 所示。一方面，结合应用载体的任务场景以及动力学模型等，GNC 微系统处理器主控模块与多源感知模块、姿态控制模块、轨道控制模块、微能源模块、通信模块、看门狗监测处理模块以及有效载荷管理模块等功能子系统相互独立为智能体，由总线相连；另一方面，主控模块为整个 GNC 微系统提供整体规划，以及协调、管理各子模块的行为。同时，通过数传通信模块，可接收上行的使命级任务、具体的飞行规划和底层的控制指令；各子系统存储本地的多种知识和控制算法，自主完成主控模块发送的任务规划，并将执行结果和本身的健康监测等信息回传至主控单元，作为主控单元运行管理和调整计划的依据。

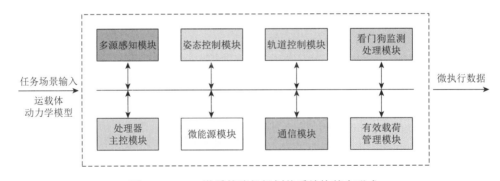

图 8.18　GNC 微系统路径规划体系结构基本形式

主控单元采用主流的分层递阶式结构，这种结构层次鲜明，实现难度较小，其基本结构如图 8.19 所示，点划线内是主控单元全部模块，虚线内为运动规划系统，包括运动行为规划模块和重规划模块，这也是运动规划系统的主要功能。以微小型无人机为例，主控单元由任务生成与调度、运动行为规划和控制指令生成三层基本结构组成，由任务生成与调度层获得基本的飞行任务，经过运动行为规划层获得具体的行为规划，再由控制指令生成层得到最终的模块控制指令，发送给其他功能。各功能发送状态信息给主控单元的状态检测系统，状态检测系统将任务执行情况和子系统状态反馈回任务生成与调度层，以便根据具体情况对任务进行规划调整。当遇到突发情况时，还可启用重规划模块，它可根据当时的情况迅速做出反应，快速生成行为规划，用以指导控制指令生成层，并得到紧急情况的控制指令。

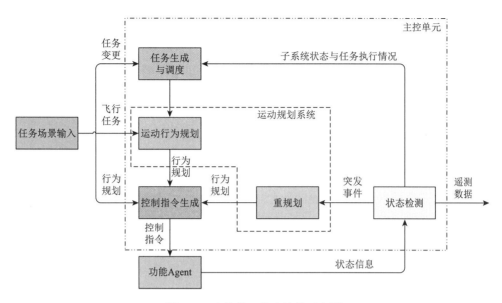

图 8.19　主控单元基本结构示意图

在明确了自主控制系统与其主控单元的基本结构，以及运动规划系统在主控单元中的基本功能之后，便可建立运动规划系统的体系结构。运动规划系统的体系结构如图 8.20 所示，该系统由规划器和重规划器两大执行单元组成，分别承担对飞行任务的一般规划和对突发事件紧急处理的运动规划。当然，这两部分也可理解为离线规划与在线规划两种，离线规划一般解决平时按部就班的飞行任务，在线规划一般解决突然下达的飞行任务。除规划器以外，系统还配有知识域模块，用以利用特定语言描述相关知识。知识域包括行为域和模型域两部分。其中，行为域用来存储服务系统通常的运动行为描述和紧急情况（如急停、转向等）的运动行为处理方法；模型域用来存储规划所需的模型知识，包括环境模型、组装体模型、组装任务对象模型和任务模型等。

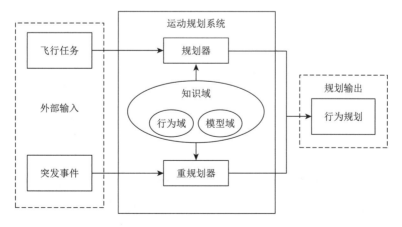

图 8.20　运动规划系统体系结构示意图

2. GNC 微系统路径规划应用的关键技术

GNC 微系统可以依据先验信息或者自身搭载的多源传感器来感知工作空间环境，通过自身控制算法获取从其当前位置到任务目标节点的最优路径。GNC 微系统路径规划技术的成熟与否，反映了其智能化程度的高低，也是后续实现无人系统导航智能控制的先决条件。可以通过深入路径规划算法的研究，提升 GNC 微系统的智能化水平，目前研究较多的路径规划算法主要包括以下几种。

（1）基于 Voronoi 图的二维路径规划。Voronoi 图是根据威胁点的位置依次做出相邻两个威胁点的中垂线，从而形成围绕各个威胁点的多边形。该多边形的边界就是所有可行的航迹，然后给出边界的权重，最后使用某种优化算法来搜索最优的航迹。但其一般只适用于二维空间，将其扩展到三维空间时，Voronoi 图的构造会相对复杂，且存在边界不清等难题。

（2）动态规划法。动态规划的基本思想是将一个多步最优决策问题转化成多个一步最优决策问题。该方法可以根据导航系统的精度和数字地图的误差等因素，将搜索空间划分成栅格，以栅格作为动态规划搜索的路径点，用以确定 GNC 微系统的安全走廊和参考轨迹，求解的最优解是由一系列栅格点组成的路径点集合，其缺点是对于大范围的搜索容易出现组合爆炸等问题。

（3）A*搜索算法。A*搜索算法通过从起始节点出发，不断地寻找有希望以最小代价通向目标点的节点，并优先扩展能够使目标函数值较小的节点，从而形成一个节点集，集合内的节点有序连接，即所求的优化路径。A*搜索算法的搜索过程实际上是被选节点的扩展过程，以此为方法，大概率能够用较少的估价源找到最近的优化路径。在确定优化路径后，要进行航迹点的回溯，计算是否满足任务系统中设定的时间、姿态、速度等约束条件（该约束条件具有一定的顺序）。如果不能满足所有的约束条件，则规划失败，必须重新规划并修改有关参数。在进行节点扩展时，可以把微小型导弹、无人机的飞行性能（动力学模型）约束考虑进去，只对满足约束要求的节点进行扩展。因此，既缩减了搜索的节点数目，又保证了规划出来的航迹能够满足无人机的飞行性能要求。

（4）遗传算法。遗传算法提供了一种求解复杂问题的通用框架。它效仿生物的遗传和进化，根据优胜劣汰的原则，借助复制、杂交、变异等操作，使所要解决的问题从初始解一步步逼近最优解，这个过程主要包括 5 个要素：染色体编码、初始群体、适应度函数、遗传操作和控制参数。遗传算法主要利用简单的编码技术和繁殖机制来表现复杂的现象，特别是由于它不受搜索空间限制性假设的约束，不必做如连续性、导数存在和单峰等假设，也不必实现固有的并行性。因此，相较传统算法，它具有诸多优点，并在路径规划领域得到了广泛应用。需要指出，遗传算法作为一种全局最优算法，一般可以较快收敛到最优解附近，但接近最优解后，收敛速度可能会变得较慢，可以考虑在收敛到次优解后，转而采用其他的搜索技术。

此外，还有许多其他算法，如蚁群优化算法、粒子群优化算法、贝叶斯优化算法、人工势场法、模拟退火法等。需要额外说明，在 GNC 微系统实际应用时，往往不是使用单一的路径规划算法，而是分阶段使用不同的规划算法。这样既能保证整体航迹在某些约束条件下较优，又便于在复杂环境下确保可行的规划。

8.4.2　数据链微传输技术

作为运载体空间组网、集群时敏协同的关键基础性技术，数据链微传输技术一方面将 GNC 微系统采集到的信息和数据经过处理后，由通信模块或子系统传输至其他微系统节点或控制中心，进行后续的处理或操作；另一方面，数据、指令等信息由控制中心或其他节点又传输至初始节点，实现多个微系统节点之间或节点与控制中心之间的信息交互，以达到执行特定任务等目的。

1. GNC 微系统数据链微传输技术的定位和分类

GNC 微系统的数据链微传输通常采用高效的无线通信技术来实现，按其通信数据率和覆盖范围可以划分为如下 4 类：一是低功耗广域网通信技术，该技术通常以低速率发送小块数据，可使用小型电池提供长达数年的通信服务，在很多大规模 GNC 微系统网络或物联网中具有重要作用，常见的通信协议包括 NB-IoT、LoRa 和 Sigfox 等；二是蜂窝移动通信技术，包括 2G（GSM）、3G（TD-SCDMA）、4G（LTE）、5G（LDPC）等，该技术可以在广域范围内提供较高的通信数据率，但其运营成本和功耗相对较高，适合某些特定的应用场景；三是 ZigBee 和蓝牙等短距低速通信技术，该类通信技术覆盖距离相对较短，数据率也较低，但综合性价比较高，前者可以通过网状拓扑来实现组网功能，后者适用于点对点的短距离数据传输；四是 Wi-Fi 和 Wi-Fi HaLow 技术，与 ZigBee 及蓝牙相比，这类技术可以提供更高的通信数据率，覆盖距离也更广，但实现较为复杂，功耗也较高，在局域的办公或家庭环境中已得到广泛的使用。其中，HaLow 是 Wi-Fi 针对中高速物联网应用的改进技术，通过将载波频率迁移到 Sub-GHz 频段，并降低协议复杂度，在扩展覆盖距离的基础上降低了功耗，更适合 GNC 微系统的应用场景。

以上提及的通信技术均有专门的标准协议，互连互通特性良好，易与同类通信技术的其他节点、装置或设施进行联合组网。此外，还有针对特定 GNC 微系统应用开发的无线通信技术。该类技术不受标准协议约束，可以达到更高的性能（如传输距离、通信速率等）并消耗更少的能量，对性能要求苛刻或极端条件下的特定应用场景非常实用。

2. GNC 微系统数据链微传输应用所需具备的基本特征

在当前 IC 技术高度发达的情况下，GNC 微系统通信技术涉及的射频信号接收和发射、数字基带处理、媒体访问控制（media access control，MAC）层协议处理等功能均可由少数几颗 IC 芯片来实现，同时配合以 MEMS 技术、光电子技术为基础的天线、无源器件（晶振时钟等）、RF MEMS 器件、射频前端、光通信芯片等技术，以及供电与电源管理等，可以共同实现 GNC 微系统信号、数据与指令的高效传输。

1）低功耗

GNC 微系统自主提供的能量一般较为有限，而通信所消耗的能量在 GNC 微系统中占比较大。若降低通信功耗，能够有效延长 GNC 微系统的工作时间，对其长远发展具有重要意义。要降低通信功能以及相关子系统的功耗，首先需通过总体架构设计实现通信与其他多项功能之间的硬件-信息-能量体系平衡，再通过算法与软件提高通信的能量效率，并实现低功耗的通信协议。

2）多协议和可重构

目前可用于 GNC 微系统的通信协议多种多样，每一种通信协议适用于特定的应用场景，导致微系统需要开发定制化的通信子系统，增加了产品开发时间和成本，并导致不同 GNC 微系统之间的数据交互存在障碍。若能开发出多协议兼容或可重构的通信软硬件，使得同一套通信技术能够应用于不同的场景模式，将有力地推动 GNC 微系统互连互通。

3）高集成度

当前 IC 芯片，RF MEMS 芯片、无源器件均可实现芯片级集成，甚至整个射频前端微系统的芯片级封装也不再是难题，显著降低了 GNC 微系统数据链微传输功能实现的成本和体积。可以预见，射频收发、数字基带处理和 MAC 协议处理等通信软硬件，将以芯粒集成或单芯片集成等形式出现，为 GNC 微系统数据链规模发展奠定技术基础。

8.4.3　集群时敏协同技术

在单个 GNC 微系统资源受限的条件下，集群时敏协同技术是提升其智能水平、拓展应用场景的重要途径。进一步地，GNC 微系统可大规模异构自主组网、自组织群体智能、多智能体协同工作，以及软硬件协同赋能等，是实现集群时敏协同的关键技术之一。通过不同类型 GNC 微系统单元的相互协作，集群时敏协同技术可获得比多个微系统单元简单组合更为强大的探测、处理、执行、决策等能力。它将开放式体系架构的 GNC 微系统进行综合集成，以通信网络信息为中心，以系统的群智涌现能力为核心，以平台间的协同交互能力为基础，以单平台的节点能力为支撑，可用于构建具有强抗毁性、低成本、功能分布化等优势和智能特征的技术体系[42]。具体而言，其应用主要包括以下关键技术。

1. 环境感知与认知技术

基于 GNC 微系统的智能无人机集群系统需要在复杂环境下执行任务，要求系统能够全面感知和了解其周边环境，可以在集群中进行信息共享和交互，辅助其他无人机进行任务决策。环境感知的主要任务是利用集群内光电、雷达等任务载荷收集无人机所处环境信息，从数据中总结规律和挖掘目标，在环境中进行目标识别，提高集群系统对目标环境态势的认知与理解能力，增强集群系统的可靠性和完备性。

环境感知与认知关键技术包括数据采集、模型构建、多源信息融合与知识共享等内容，可采用基于生物视觉认知机理进行目标识别，以及环境建模、复杂环境感知与认识算法、非结构化感知方法等手段，实现能够适应微小型无人机集群的环境感知与认识技术。

2. 信息交互与自主控制技术

微小型无人机集群在复杂陌生的环境中，通过单机情报信息的实时共享与交互，进行任务调整与自主控制，以快速适应新环境，并高效完成任务。信息的交互能够辅助单机，但要求是通过自主筛选，选择接收有用信息，进而实现自主控制与任务调整。因此，它也是在无人机大规模集群时，避免相互碰撞，并合理规划任务的关键技术之一。

　　一般而言，微小型集群无人机面临如何保持编队飞行、快速适应目标环境、受到干扰如何保持稳定性、系统故障的"快速自愈"等问题，这都需要单机个体信息的实时共享与交互，才能由其余无人机进行辅助决策。其关键技术包括多机协调与交互技术、不确定环境下的实时航迹规划技术、多无人机协同航路规划、编队运动协调规划与自主控制等。

3. 多机编队协同控制技术

　　编队协同控制一般指集群内所有微小型无人机通过传感器或网络相互通信，使得所有个体的状态随时间趋于一致，并通过调整自身的位置状态以达到规定的几何形状。当前，微小型多机编队智能协同算法主要包括蚁群优化算法、粒子群优化算法、蜜蜂启发算法、细菌觅食优化算法、萤火虫算法、鱼群优化算法等。若从感知能力和拓扑交互的角度来描述编队控制，则需要解决一系列问题，包括为实现目标编队控制，传感器需要获取哪些参数信息，以及是否自主可控等。无人机可获取何种参数决定了个体的感知能力，同时可控的参数变量类型将交互拓扑联系，例如，如果无人机的全局位置信息可被主动控制，该类无人机便可直接移动至目标位置，而不需要局部信息交流；如果能够主动控制无人机间的距离，便可将系统视为固定拓扑，集群的网络结构则视为刚体。基于上述信息，可将现有编队控制方法分为基于坐标控制、基于位移控制和基于距离控制等 3类，其编队控制主要包括感知变量、可控变量、坐标系及交互拓扑等因素。

4. 人机智能融合与自主学习技术

　　微小型无人机受机体性能限制，不具备远距离的高效任务执行能力。同时，无人机集群任务分配一般按照最大益损比（分配收益最大、损耗最小）和任务均衡的原则进行，综合考虑任务空间聚集性、单机运动有序性以及目标环境适应性，避免资源冲突，并以集群编队整体最优效率完成最大任务数量，体现集群时敏协同优势。

　　随着单机系统自主控制能力和智能化水平的不断提高，人机系统智能融合和自主学习技术可以实现智能集群和有人系统的高效协同，显著增强集群无人机任务执行能力。关键技术主要包括人机交互、人机功能动态分配、人机综合显控、无人机自主学习/推理、平台状态/环境态势/任务协同综合显控等[43]。

参 考 文 献

[1]　吴美平，唐康华，任彦超，等. 基于 SiP 的低成本微小型 GNC 系统技术. 导航定位与授时，2021，8（6）：19-27.

[2]　Jianfei H，Jinjin G. The development of microsystem technology. IEEE International Conference on Integrated Circuits and Microsystems（ICICM），Nanjing，2017：96-100.

[3]　Chen S，Xu Q，Yu B. Adaptive 3D-IC TSV fault tolerance structure generation. IEEE Transactions on Computer-Aided Design of Integrated Circuits and Systems，2019，38（5）：949-960.

[4]　Maity D K，Roy S K，Giri C. Identification of random/clustered TSV defects in 3D IC during pre-bond testing. Journal of

Electronic Testing，2019，35：741-759.

[5]　Kaibartta T，Biswas G P，Das D K. Co-optimization of test wrapper length and TSV for TSV based 3D SOCs. Journal of Electronic Testing，2020，36：239-253.

[6]　Saha D，Sur-Kolay S. Guided GA-based multiobjective optimization of placement and assignment of TSvs in 3d-ICs. IEEE Transaction on Very Large Scale Integration（VLSI）Systems，2019，27：1742-1750.

[7]　姜志杰，杨卫丽. 美国加快导弹集群作战能力发展的分析与影响. 战术导弹技术，2020，(4)：189-192.

[8]　Wang M，Wu W，Zhou P，et al. State transformation extended Kalman filter for GPS/ SINS tightly coupled integration. GPS Solutions，2018，22（4）：112-124.

[9]　Qiu Z，Huang Y，Qian H. Adaptive robust nonlinear filtering for spacecraft attitude estimation based on additive quaternion. IEEE. Transactions on Instrumentation and Measurement，2020，69（1）：100-108.

[10]　Bai M，Huang Y，Zhang Y，et al. A novel progressive Gaussian approximate filter for tightly coupled GNSS/INS integration. IEEE Transactions on Instrumentation and Measurement，2020，69（6）：3493-3505.

[11]　Lyu X，Hu B，Wang Z，et al. A SINS/GNSS/VDM integrated navigation fault-tolerant mechanism based on adaptive information sharing factor. IEEE Transactions on Instrumentation and Measurement，2022，71：1-13.

[12]　Ki W M，Lee W G，MokI S，et al. Chip stackable，ul-tra-thin，high-flexibility 3D FOWLP（3D SWIFTRtechnology）for hetero-integrated advanced 3D WL-SiPC. IEEE Electronic Components and Technology Conference，2018：580-586.

[13]　陈世适，姜臻，董晓飞，等. 微小型飞行器发展现状及关键技术浅析. 无人系统技术，2018，1（1）：38-53.

[14]　刘成国，余翔，刘昆，等. 微小型飞行器姿态快速机动控制方法. 国防科技大学学报，2018，40（3）：42-48.

[15]　刘睿. 军用微型无人机的发展现状及趋势. 电子世界，2016，(9)：25-26.

[16]　Shen K，Wang M，Fu M，et al. Observability analysis and adaptive information fusion for integrated navigation of unmanned ground vehicles. IEEE Transactions on Industrial Electronics，2020，67（9）：7659-7668.

[17]　Yue Y，Liu X，Zhang W，et al. A nonlinear double model for multisensor-integrated navigation using the federated EKF algorithm for small UAVs. Sensors，2020，20（10）：2974.

[18]　Diels L，Vlaminck M，de Wit B，et al. On the optimal mounting angle for a spinning LiDAR on a UAV. IEEE Sensors Journal，2022，22（21）：21240-21247.

[19]　刘丹丹，姜志敏. 军事无人机作战应用及发展趋势. 舰船电子对抗，2020，43（6）：30-33，38.

[20]　贺媛媛，韩慧，王琦琛，等. 微小型仿生扑翼飞行器研究进展及关键技术概述. 战术导弹技术，2022：1-11.

[21]　华擎创新. 我国首架 35 克超微侦察无人机-蜂鸟惊艳阿布扎比防务展. https://mp.weixin.qq.com/s?__biz=MzkyNjcwNzk3Mw==&mid=2247631950&idx=1&sn=ab0e4d7d5802219c4676d51b4c93ec93&source=41#wechat_redirec[2024/11/30]

[22]　陈世淼，倪淑燕，廖育荣. 微小卫星综合电子系统综述. 空间电子技术，2020，17（5）：82-87.

[23]　张华，尹玉明，王喜奎. 国外微小卫星发展现状及产品保证研究. 中国航天，2018，(6)：51-54.

[24]　满璇. 中国微纳卫星产业发展态势分析. 卫星应用，2019，(2)：34-38.

[25]　谢长雄，邓小雷，王建臣，等. 皮卫星星箭分离动力学模拟及其灵敏度分析. 宇航学报，2019，40（12）：1403-1411.

[26]　王亮，王握文. 长征六号运载火箭首飞成功将 20 颗微小卫星送入太空. https://mp.weixin.qq.com/s/IjHLVXf8JoUmxwDybqqbXw[2015-9-20].

[27]　张召才. 国外芯片卫星发展研究. 国际太空，2014，(5)：45-49.

[28]　远望智库. 战略前沿技术：国外微小型导弹技术发展分析. https://mp.weixin.qq.com/s/GvLsXnkqYZpwyl2qdntMRw[2018-3-21].

[29]　原悦. 星际智汇：国外微小型导弹武器巡礼（上）. https://mp.weixin.qq.com/s/2A32AmzW567Jaa6Qff9Wgg[2017-10-17].

[30]　原悦. 星际智汇：国外微小型导弹武器巡礼（下）. https://mp.weixin.qq.com/s/843VVk_Cn84PPF9KFaIavQ[2017-10-17].

[31]　孙骑. 巡飞弹的分类及发展概述. 中国军转民，2022，(18)：67-68.

[32]　任恩泽，曾庆华，叶宵宇. 巡飞弹末制导技术研究综述. 中国指挥与控制学会，第十届中国指挥控制大会论文集（上册）. 北京：兵器工业出版社，2022：10.

[33]　江城，张嵘. 美国 Micro-PNT 发展综述、第六届中国卫星导航学术年会论文集——S09PNT 体系与导航新技术，2015：

156-165.

[34] Theodoulis S，Gassmann V，Wernert P，et al.Guid-ance and control design for a class of spinrstabilizedir-controlled projectiles. Journal of Guidance，Control，and Dynamics，2013，36（2）：517-531.

[35] 缪旻，金玉丰. 微系统集成全新阶段——IC 芯片与电子集成封装的融合发展. 微电子学与计算机，2021，38（1）：1-6.

[36] 肖冰松，王瑞，伍友利，等. 协同空战制导优势模型研究. 火力与指挥控制，2020，45（5）：19-24.

[37] Sadhu S，Ghoshal T K. Sight line rate estimaion inmissile seeker using disturbance observer-based technique. IEEE Transactions on Control SystemsTechnology，2011，19（2）：449-454.

[38] 刘全威，张崎，许振龙. 新型星载信息处理与控制微系统设计. 遥测遥控，2021，42（5）：95-101.

[39] 白照广. 中国现代小卫星发展成就与展望. 航天器工程，2019，28（2）：1-8.

[40] 王巍. 多源自主导航系统基本特性研究. 宇航学报，2023，44（4）：519-529.

[41] 北京未来芯片技术高精尖创新中心. 智能微系统技术白皮书. https://www.waitang.com/report/352030.html[2024-05-06].

[42] 夏克伟，卫强，邹尧. 航天器集群时敏协同目标伴飞分布式控制. 控制工程，2021，28（11）：2101-2107.

[43] 邱江芬，张勇，李晓琴，等. 基于元任务字典的无人集群作战任务分解技术研究. 2021 年无人系统高峰论坛（USS 2021）论文集，2021：125-129.

第 9 章
GNC 微系统技术发展趋势

随着应用需求日益增长，GNC 微系统正朝着高密度集成化、多功能扩展化、多场景智能化等方向发展。同时，GNC 微系统技术的发展一直处在动态、开放、迭代的演进过程。具体而言，一方面，微系统的基础性、支撑性技术表现出蓬勃发展的态势，如微电子、微机械、光电子、架构、算法、集成、封装与测试等；另一方面，一些前沿科技正在为 GNC 微系统的技术创新注入活力，如人工智能、量子技术等尖端科技创新突飞猛进，多种新材料、新结构、新器件、新工艺等突破也持续涌现。上述两个方面的关键进展，促使社会经济发展，国防建设带来航空航天、高端武器装备、先进传感探测等领域的应用需求，都在驱动着 GNC 微系统技术不断突破[1, 2]。但同时，GNC 微系统器件在实现上种类丰富、结构复杂，涉及感知、处理、通信、执行、电源和接口等多种器部件，同时存在微纳尺度下的力、热、电、磁等多尺度及多物理场耦合问题，为新型工艺和封测技术带来了新的技术风险。总之，当前 GNC 微系统在大规模的应用推广时，还需要克服一些亟待解决的技术难题与挑战。

9.1 GNC 微系统发展面临的技术挑战

GNC 微系统通过构建开放式、可扩展的体系架构，将打破传统基于分立器件板级集成的设计理念，实现传感、处理、通信、电源、控制的软硬件一体化、高密度、三维集成设计，满足微小型无人机、微纳卫星、制导导弹的智能自主飞行和协同组网应用。除了一些显著的优势，还需要看到当前的诸多技术挑战，例如，系统的高性能和低功耗综合优化设计，系统的通用性和标准化设计，微尺度多场耦合效应和多尺度微界面的结构可靠性问题等。具体而言，当前 GNC 微系统面临的技术挑战总结如下所述。

1. GNC 微系统三维异质异构高密度集成

从产业化发展和现实需求而言，微系统三维异质异构集成技术正逐步向三维堆叠、多功能一体化、混合异构集成方向发展，这使得微系统具有集成度高、功耗低、微小型化、可靠性高等优点。从总体趋势而言，三维异质异构集成将成为微系统达到综合性能的有效手段之一，成为连接芯片和系统集成的技术纽带。从新材料、新工艺、新方法而言，三维异质异构集成会对全产业链的系统研发和制造起到重要推动作用[3-6]。可以预期的是，在国家政策引领、科研支持和产业扶持下，我国的微系统三维异质异构集成技术正在迎头赶上。

随着半导体特征尺寸逐步逼近物理极限，摩尔定律剩余节点红利已不多，受到技术难度和经济成本的双重压力，难以持续通过微缩尺寸来实现性能翻倍，但系统还会持续提出性能提升和复杂度需求[7]。尽管集成电路厂商已采取了一些新手段，如开发新工艺、增加核芯数、增加协处理器等，但还是难以完全满足当前整机系统的需求。此时，GNC 微系统三维异质异构高密度集成的出现，为突破困局提供了一种重要解决途径，即从单片集成平面结构到多芯片集成立体结构[8, 9]。硅基微系统集成技术相对成熟，具有线宽小、兼容性好、集成度高等优点，在未来一段时间内仍将是主流微系统集成技术，并将与 Chiplet 融合，在高性能计算、导航与制导等方向获得长足发展[10-12]。但随着系统复杂度、功耗和频率的持续提升，硅的半导体特性引发的寄生效应、电磁泄漏、串扰以及热积聚，使系统性能与可靠性退化。此外，由于微系统规模和复杂度的逐步加大，单一基板集成方式带来的局限性也逐步凸显。在技术进步和产业发展的引导、推动作用下，GNC 微系统集成技术走向融合发展，而多基板、多工艺融合将是构建小体积、高可靠、多功能微系统的重要发展方向[13]。

GNC 微系统三维异质异构集成技术在军民领域存在诸多技术挑战。在民用领域，难以兼容满足低成本消费类产品制造工艺和军用制程的需求，也难以从前者将制造技术转移应用到后者。在军用 3D 封装领域，主要以基于传统封装技术的二次集成产品应用为主，但是由于缺乏相关军标规范，导致军用 3D 封装应用推动速度缓慢。在先进集成制造领域，关键挑战在于晶圆级封装、TSV 等缺乏高可靠先进制造平台[14-16]，如一体化三维混装平台（多基板、芯片堆叠、键合连线、倒扣焊等）、多层芯片堆叠和异质芯片堆叠平台、多层叠层混装、复杂立体互连等。同时，在制造过程中，难以精确控制、监测工艺以及产品流转和管控，因而难以确保工艺的稳定受控，可能引发 GNC 微系统制造平台的稳定性不足等问题。此外，GNC 微系统三维异质异构集成的挑战还包括多组件协同设计与建模、三维异质异构基础标准规范以及高密度集成可靠性等[17, 18]，具体而言，还存在以下主要技术难题。

（1）多组件协同设计与建模技术。

GNC 微系统融合了多学科、多专业、多层级的技术要素[19]。以导航微系统为代表的微模组为例，作为复杂的微系统产品，涉及倒装不同芯片、器件、功能单元间的集成[20]，具有复杂结构、电学、热学等特性，需在统一"语境"的 GNC 微系统协同设计平台上开展工作。作为三维异构集成电子系统的关键使能技术，设计、建模和仿真将支持跨芯片-封装-板级系统领域的产品开发，对构建协同研发平台和知识库影响较大。同样，由于 GNC 微系统异构集成面临着交叉学科的融合和多层级的跨越，对仿真提出了更高的要求，也是具有挑战性的困难之一。

（2）三维异质异构集成标准制定与推广。

近年来，微系统的技术体系已逐步形成，相应的产品体系也在逐步构建中，当前的标准体系框架虽已完成，但在产品研制的指导性标准规范方面仍然存在空白。不同 GNC 微系统开发方，对微系统的定义和内涵的理解不同，对封装和集成路线也有不同的认知，再者，由于具体的标准规范尚未完全建立，开发方尚无统一的标尺和准则可供参考。例如，在封装和互连方面，各产品采用的异构集成架构、互连接口等各有不同，对产品的测试方法或测试规范也不一定适用，不能照搬原有的微电子、微组装领域的标准，因此，需结合微系统的技术特征，优先制定 GNC 微系统亟需的基础标准。

（3）三维异质异构集成 GNC 微系统产品可靠性。

当前，GNC 微系统产品研制的主要目标之一是确保产品全周期的可靠性，减少新产品推出的时间，同时最大限度地降低产品生命周期的成本，实现微系统产品从摇篮到终结的成本最优化。传统可靠性方法更关注预防硬件故障，如要在此基础上改进 GNC 微系统的可靠性方法，还需考虑其他不确定性和风险来源，包括产业供应链、材料器件、软件、测试、操作人员和人机交互等。理论上，通过为研发人员提供正确的模型和工具，可在设计端保证可靠性，但对应的解决方案实则还需复杂半导体知识体系提供基础。此外，加工制造方法不同，会带来不同的材料和结构缺陷，使制定过程控制策略同样重要。因此，为解决异质异构集成可靠性的挑战，需重点突破新的可靠性模型、人工智能算法和数据管理基础设施等方面。

2. 先进体系架构设计和智能化算法带来的功耗难题

GNC 微系统先进体系架构设计不仅涉及微电子器件、工艺、设计和测试，还与微纳尺度下的力学、热学、电磁理论、表面物理和化学等基础科学密切相关。因此，为解决功耗难题，还需要克服诸多技术瓶颈，具体包括多尺度、多物理场耦合问题；微纳工艺、结构的性能表征和退化问题；电磁、辐照和低温等特殊环境下的适应性问题；跨尺度、多物理域行为建模、仿真与协同优化问题等。此外，相比传统器件，GNC 微系统积累的数据量较少、数据挖掘也不够充分[21]。可以说，在先进体系架构设计方面，GNC 微系统主要存在如下技术挑战。

（1）架构通用性与优化设计。

通用 GNC 微系统的基础结构有利于实现通用基板，方便任意组合芯片的快速集成，但与此同时，通用性可能反过来制约 GNC 微系统面向不同任务场景和载体动力学，也要求 GNC 微系统必须权衡性能、成本、功率或其他重要因素。因此，如何在通用性和优化之间取得有效的平衡，是通用 GNC 微系统架构设计的主要挑战。例如，各大厂商都在积极定义与 GNC 微系统处理器相关的接口协议，以实现小范围内的通用化设计。

（2）功能结构模块划分。

对于给定的 GNC 微系统，有多种构架组合实现方案。不同的方案体现出不同的优势，尤其在成本、性能、灵活性、工程实现和满足不同市场需求方面。因此，需要综合评估系统架构、产品性能与经济成本等诸多因素，实现高效能的功能结构模块分配[22, 23]。

（3）全周期质量可靠性评价。

构建 GNC 微系统，需要一个完整高效的产业生态系统，其中包括 IP 核、裸芯、协同仿真平台、封装测试平台等。而当下在全产业链的多个环节，频频发生知识产权侵犯、核心器部件"禁运"等安全问题，同时，适用大规模多芯片混合封装器件的高可靠技术尚不成熟，因此，GNC 微系统产品生产和质量保证还需考虑全周期复合因素等影响。

总之，随着基础学科和应用领域的不断发展，任务场景及应用环境越来越复杂，对 GNC 微系统整体性能要求也越来越高。尤其在引入以人工智能技术为代表的先进算法之后，先进架构和算法带来的功能密度不断提升，造成 GNC 微系统功耗不断增加。在实际应用中，GNC 微系统还受到多种尺寸约束、散热措施限制等，其功耗也受到严格管控。因此，在提升算法复杂度的同时，还需充分考虑低功耗设计，以降低微系统的整体功耗。

3. GNC 微系统复杂封装结构带来力热电磁耦合影响

GNC 微系统涉及多核处理器、射频器件、惯性器件、光电器件和多种接口电路。因此，需开发新一代的工艺技术，使之满足系统高性能、高精度、高可靠等要求，同时，也可减小系统体积、降低系统功耗和制作成本。具体而言，存在如下技术挑战。

（1）散热及热管理问题。

GNC 微系统的异构集成度和高性能计算，要求不断增加晶体管的密度，并提高开关速度，但这必然会增加整体功耗，再加上不同芯片之间存在热耦合问题，使得结温进一步升高。封装中的散热问题，则会导致晶体管性能下降，以及芯片性能的下降，甚至导致系统失效。因此，微系统的散热优化设计尤为重要。

GNC 微系统采用的先进封装密度在不断提高，外形尺寸也在不断缩小，导致电子器件的工作温度过高，性能显著下降，因此，其热学问题越来越受到关注。先进封装器件往往有更加复杂的结构，通常包括微凸点、陶瓷基板、硅转接板、TSV、RDL 等。同时，在组成结构上，一般由不同的材料通过封装工艺组合而成，当温度发生变化或器件内部温度分布不均时，材料间热膨胀系数的差异，会造成材料间失配，进而导致器件失效[24]。因此，热管理已成为微系统三维异质异构集成发展的主要挑战之一。在单个芯片设计之初，由于主要通过自带封装结构散热，而后来，将单个芯片经过三维异质异构集成在微系统中时，可能导致温度超过设计标准。未来，在 GNC 微系统追求以更小体积压缩整合更多功能时，尤其是将多种裸芯封装于微系统的趋势下，散热和热管理已然是评价微系统设计好坏的重要指标之一[25]。

（2）力学及可靠性问题。

从传统微系统设计角度而言，芯片、封装和微系统的温度、应力等一般需要具备足够的裕度，由此，可以在发生故障后进行建模与失效分析。但对于 GNC 微系统而言，器件种类的增加、新材料的使用、外形尺寸的减小、成本的降低等，可能会将应力推至极限。因此，在 GNC 微系统设计早期阶段，应对力学可靠性进行评价，避免多次迭代造成资源浪费。

GNC 微系统涉及不同种类器件的高密度集成、多样化材料（硅基、玻璃基、陶瓷基等）封装集成。多种失效模式共同作用，会使得力学可靠性评估变得越来越困难。此外，当电子器件进入微纳米尺度后，其失效机理越来越复杂，传统的失效评估方法也难以适用。总之，力学可靠性设计与失效分析是较为复杂的过程，过应力、化学腐蚀与疲劳等作用都可能引发系统失效。

对系统级封装而言，力学可靠性分析主要包括多层堆叠的芯片开裂、分层、键合失效，微凸点、再布线层与 TSV 等互连结构失效以及封装材料内部缺陷引起的疲劳失效等。在服役过程中，如遇振动、冲击，将使 PCB 或基板发生较大的动态弯曲变形，在封装内引起较高的应力。尤其涉及航空航天等电子设备，不得不在更恶劣的环境下工作，其特殊的振动和冲击环境，也会使封装容易发生较大程度的动态变形，导致更严重的交变应力和应变，甚至出现 BGA 焊球开裂、TSV 硅片翘曲、RDL 分层等可靠性风险。

（3）电磁兼容问题。

随着三维集成设计技术的发展，在同一衬底上，实现不同材料、不同工艺的微纳器件异质集成，而不是通过传统组装的方式集成，是实现 GNC 微系统芯片级目标的关键技术。同时，既为了结合化合物半导体与硅基材料各自优点，更为了能够进一步延续现有大尺寸的微纳加工工艺的生命力与价值[26]。

为达到上述效果，GNC 微系统需要进行高速数字信号处理。但还需要解决高速互连可能导致信号不完整的问题，主要表现在两个方面：第一，三维堆叠的基板结构不一致，要对不同的基板综合进行互连设计，同时还要综合不同通道之间的互连设计；第二，由于电磁场在空间中传播，三维传输电路在空间中堆叠交错布设，射频信号传输中势必造成互相干扰。电磁兼容问题是三维互连设计面临的典型问题之一，其复杂性远远超过二维平面传输结构[27]。此外，GNC 微系统技术领域的发展趋势与难点还有力-热-电多物理场的跨维度耦合、芯片-封装-系统的跨尺度 EMC 等。

4. GNC 微系统互连接口协议适配性及软件开发环境亟待建立

GNC 微系统中涉及对多种类型的裸芯进行系统级封装，各裸芯的互连接口和协议对于微系统整体性能提升较为关键，在设计阶段需考虑如下技术要求：与工艺制程及封装技术的适配、系统集成及扩展、不同领域微系统集成对单位面积传输带宽、每比特功耗要求等。通常，上述指标要求之间是相互矛盾的，如要使它们同步，将同时给 GNC 微系统互连接口与协议的设计带来较大挑战。

在先进封装、接口标准等技术方面，已在存储、FPGA、CPU 以及 GPU 等微系统产品中获得验证，可着重面向优化微系统特定互连需求进行设计。而最优的微系统互连解决方案则与具体应用相关，例如，并行接口虽然可以实现低功耗、低延迟和高带宽，但需要更多的布线资源；串行接口所需布线资源较少，但是会带来更多的功耗和延迟。因此，GNC 微系统需根据机载/星载/弹载等实际应用需求、约束以及裸芯特性，选择合适的一种或多种物理层接口，从而达到优化系统的目标。

此外，在总体架构、模块设计、物理及封装实现等环节，GNC 微系统技术需要电子设计自动化（electronic design automation，EDA）工具提供全面支持，从而在多个流程提供智能化的辅助决策信息。可以说，在 GNC 微系统的设计、制造和测试过程中，都需要软件工具的支持，这就给 EDA 工具的开发和利用带来了重要需求。需着重指出，GNC 微系统 IP 核需要 EDA 工具提供全面的环境建模支持，尤其是在架构探索、器件模型、芯片实现甚至物理设计等环节。目前，国内集成电路封装所需的 EDA 工具几乎全部采用进口产品，EDA 单项本身并无研发储备，支撑 GNC 微系统全产业链融合的 EDA 工具开发难度较大，同时，也是 GNC 微系统软件开发环境最具挑战性的难题之一。

5. 多功能部组件微尺度集成的测试性挑战

GNC 微系统的特征尺度主要在微米纳米量级，系统异质性高，功能复杂，因此，在常规测试分析手段上面临很多挑战。此外，GNC 微系统需在微小空间内聚集微电子、微机械、微光电等器部件，涉及机、光、磁、电等多种物理界面复杂转换，直接导致系统的能控性和能观性急剧下降，造成严重的测试性挑战。因此，如何通过有效的可测性设计，在较短的时间内，以较低的测试成本实现较高的测试覆盖率，进而建立完善的 GNC 微系统功能性能评价方法，是 GNC 微系统研究面临的又一个难题。

GNC 微系统采用的三维异质异构集成，结合了微电子、微机械、光电器件、多种传感器和电路等，它们建立在不同的制造工艺技术上，涉及有源/无源电路、数字/模拟电路、天线等多功能协同设计，因此，具有不同的测试要求。此外，这些系统模块中的每一个组成部分都要求建立各自的特殊测试方法，同时，为满足微系统所需的多种测试资源和方法，可能会使成本急剧提升。例如，电气、机械和散热等资源需要同时进行测试，但目前，大多数测试是逐步进行的。对此，未来的测试设备可能需要实现模块化设计，以解决应用程序间的测试相互依赖性问题。此外，自测（包括内置自测）可能是未来微系统测试的首选解决方案，但也难以覆盖微系统的所有功能测试项。

作为复杂通用的 GNC 微系统，保证其内部芯片的功能正常比传统 SoC 片上系统更加困难。SoC 芯片通常需要采购成熟 IP，而目前关于 IP 的重用方法中，IP 的测试和验证已经较为成熟，可确保 IP 的正常接入。然而，GNC 微系统产品则不同，它采购或使用的是已经制造好的裸芯，这对单个裸芯的良率要求较高。在微系统中，一个裸芯的功能可以影响整体 GNC 微系统性能，一旦其中一块裸芯出现问题，会给整体效能带来较大的损失。GNC 微系统中集成的裸芯通常都是经过单独验证的成熟产品，可保证自身设计和物理实现的正确性，但在进行筛选和封装的过程中，仍会出现良率不高的问题。因此，完善全面的测试对于 GNC 微系统模块质量控制尤为重要。与单芯片封装相比，微系统将多个裸芯集成在一起，加剧了模块测试的难度。同时，在集成电路设计中，还需植入满足 GNC 微系统的测试协议，对于微系统整体而言，由于管脚受限，如何单独测试每个裸芯的性能和 GNC 微系统整体的性能也是一个技术难点。

9.2　GNC 微系统发展的技术基础

当前，GNC 微系统的科技创新和产品创新方兴未艾，在航空航天、军事装备、汽车电子、物联网等诸多应用领域，显现出重要的发展潜力。然而，一方面，由于基础学科较多且相互之间深度交叉，使得 GNC 微系统的技术门槛较高；另一方面，GNC 微系统需要的生态产业链条较多，导致整体技术迭代周期较长，诸多技术瓶颈问题亟待突破。但同时也要注意到，GNC 微系统技术的发展已经呈现出较强的学科独立特征，在系统层次上也形成了内在特性，尤其是从理论、设计、制造到集成、封装、测试、应用开发等环节，逐步形成了独特的方法体系。这些前沿科技的引领和基础性技术的发展，将不断地为 GNC 微系统的技术创新注入活力。下面将对 GNC 微系统典型的基础支撑技术进行重点介绍。

1. 微电子技术

GNC 微系统关键的软硬件基础是基于"可重构、可编程、存算一体"等微电子技术路线的相关芯片/器件/架构/指令等。此外，GNC 微系统技术的发展也与微电子的设计、制造、集成、测试等技术体系密切关联。另外，GNC 微系统的核心部组件包括多种导航传感器、感知传感器、数据处理器、控制器、存储器、模拟数字转换器、AI 芯片、通信芯片等 IC 芯片，可实现导航、制导与控制的信号采集、信号分析、数据处理、信息传输等重要功能。目前，主要涉及以下基础性技术。

1）通用设计技术

GNC 微系统的设计方法已由专用化逐步向通用化转变，微电子设计的通用 IP 核设计模式也将在 GNC 微系统设计中开始应用。此外，用于微电子设计的自动化/计算机辅助设计工具也会在 GNC 微系统的架构规划设计、多物理场耦合性能分析、集成工艺设计和多种仿真模拟中发挥重要作用。

2）芯片制造技术

GNC 微系统的制造技术进步，离不开半导体制造工艺及微纳加工等相关技术的发展。更多样的应用需求，正使得微系统发展出更多元化的制造技术，如深硅刻蚀、湿法电镀、牺牲层腐蚀、金属镀膜等。尽管如此，微电子器件工艺制程的特征尺寸微缩依然会对 GNC 微系统的制造技术产生重要影响，带动提高 GNC 微系统相关硬件的制造水平，并带来新的制造思路。

3）先进封装与集成技术

由于要满足微型化、多功能和高密度集成等要求，GNC 微系统封装集成技术难度明显超出当前的微电子封装技术。以三维/异质/异构集成为代表的先进工艺技术，以系统级封装、晶圆级封装和 TSV 为代表的先进集成封装技术，均脱胎于微电子 IC 制造工艺，将成为实现 GNC 微系统的主要技术手段与途径。

2. 微机电技术

微机电 MEMS 系统，通常将机械结构与电路系统同时集成在一颗芯片上，GNC 微系统技术中涉及的典型器件包括 MEMS 陀螺仪和 MEMS 加速度计，其特征尺度一般在微米甚至纳米量级。由此构建的传感器、执行器和微能源具有体积小、功耗低、可靠性高等优点，成为最重要的技术要素与典型代表技术之一。

GNC 微系统技术的进步离不开 MEMS 技术的发展。通过体微加工技术、表面微加工技术、键合技术等，MEMS 可将机械单元、敏感结构、执行结构及相关电路系统整合到一颗芯片上，形成具有特定功能的微型系统装置。基于 MEMS 技术的微型传感器、微型执行器、微能源器件等，构成 GNC 微系统信息获取、指令执行及能源供给的主要技术基础。

一般而言，在 GNC 微系统中，MEMS 传感器负责从环境中采集多种物理量、生化量信息，是 GNC 微系统的信息源头；MEMS 执行器完成发射、接收、导通、加热等传输或执行动作，一起承担 GNC 微系统与外界交互的重任；MEMS 微能源负责从环境中采集并存储能量，是 GNC 微系统的能量来源。以人作为 GNC 微系统的功能参照系，MEMS 传感器相当于眼、耳、鼻、舌、皮肤等感觉器官，MEMS 执行器类似于人的口、手、脚等执行器官，MEMS 微能源相当于胃、肠等消化器官，共同实现对外界环境中信息能量的输入与输出。采集到的信息经转换、识别、计算、处理后，形成可用数据或指令信号，再进行传输或动作。总之，MEMS 传感器、MEMS 执行器、MEMS 微能源等共同形成了 GNC 微系统与外界环境进行信息与能量交互的入口和出口，并与多种信息处理、存储、控制单元紧密协作，夯实了 GNC 微系统的技术基础。

3. 光电子技术

光电子技术是以光子作为信息载体的一种技术，通过与电子电路等技术相结合，可对信息进行采集、传输、处理和显示等。得益于光的高精度、大带宽、高并行度等特征，光电子技术具有探测精度高、处理速度快、传输通量大等优势，在态势精确感知、海量信息传输与处理等方面，其他技术难以匹敌，是 GNC 微系统的核心基础技术之一。

光电探测感知根据目标对象辐射或反射（或透射等）的光波特征，来探测和识别对象。探测工作波长较短，光电探测角分辨率、距离分辨率、时间分辨率和光谱分辨率较高，因而其能够获取高分辨率图像信息。光电子技术利用光波进行高速、高效、安全的信息交互，是宽带信息网络传输的基石，具有频率资源丰富、载量大、抗干扰等优点。光子处理技术利用光的优势（如高并行性、大带宽、低损耗、远程传输等），突破电域计算和处理带宽等瓶颈，实现海量信息的近实时处理。在技术层面，主要包括光电数模转换、光子计算、微波光子传输与处理等；在典型应用层面，主要包括激光雷达、成像探测等。

微光机电系统（micro optical electro-mechanical-system，MOEMS）是微光学、微电子和微机械交叉融合的产物，是一种可以实现新型可调控的微光学系统。其中，微光学元件（结构）在微电子和 MEMS 的共同作用下，能够进行光束的汇聚、衍射和反射等调控，从而实现光开关、衰减、扫描和成像等功能。

近年来，随着器件性能和集成工艺的提升，以融合光电子器件、微机电、微电子为特征的异质集成微系统得到了快速发展。光电探测是信息获取与环境态势感知的重要手段之一，随着对其智能化与精准化要求越来越高，迫切需要光电探测器件在感知光强信息外，还能获取相位、光谱、位置、距离深度、偏振等多维信息，并具备较高的灵敏度和较大的动态范围，进一步丰富 GNC 微系统的多维感知信息。长期来看，在应用中复杂多样的场景、灵活多变的目标，还要求光电探测从现阶段的被动视觉探测模式，向主动视觉探测模式转变，并通过与人工智能、大数据的深度融合，真正实现系统的自主感知。

光电子技术还将与深度学习、迁移学习等技术相结合，形成包括"光＋机＋电＋软件"，具备自学习、自重构、自适应等能力的智能化系统，从而实现动态调控、快速反应等功能。因此，提升数据处理和光子计算的速率、容量、精确度和容错率，实现光子处理及光子计算元器件的微型化和系统级集成，同时降低光子计算系统的功耗和成本，是未来光电子技术发展的重要方向之一，同时也是进一步提升 GNC 微系统综合性能的重要技术抓手。

9.3 GNC 微系统的未来发展趋势

近年来，集成电路产业和以人工智能为代表的信息产业正在快速发展，GNC 微系统技术及其产业化作为行业跨越式发展的切入点之一，正在成为全球新一代尖端科技的领跑者。然而，由于晶体管尺寸接近原子尺度，摩尔定律放缓已成共识。面对半导体工艺技术不断微缩所增长的成本和复杂性，市场正在转向新的技术研究，以继续提升性能的增长。同时，国际半导体技术路线图（international technology roadmap for semiconductor，

ITRS）将变为 IEEE 领导下的国际器件和系统路线图（international roadmap for devices and system，IRDS），从而回答如何保持半导体产业按照摩尔定律继续发展的问题。

9.3.1 国际半导体技术发展路线演变

ITRS 由美国半导体工业协会联合日本、欧洲、韩国的半导体工业协会制作，旨在评估和把握全球半导体工业未来 15 年的技术走向，为企业和学术团体的研发策略提供指导。多年来，该路线图总结提炼的半导体产业技术发展规律得到了全球的广泛认可，成为业内人士的必读之物，作为权威文献也被大量学者引证。此外，它还是多个国家制定相关产业规划或者重大项目计划的重要参考。它通过前瞻产业技术发展态势，引导各国将创新资源配置到最需要解决的产业重要问题和行业瓶颈问题中，真正发挥了规划引领的重要作用[28]。

自 1965 年发布国际半导体技术发展路线图起，经过 50 余年的发展，ITRS 于 2016 年停止发布。之后，由 IEEE 接手该路线图，并扩展覆盖了新型系统级技术，更名为 IRDS。2017 年，IEEE 在美国华盛顿发布第一版正式 IRDS，当时预测传统半导体的尺寸将在 2024 年达到极限。

在 ITRS 时期，以摩尔定律为主，引领业界往更小的特征尺寸、更高的集成度、更低的价格方向发展，其本质是 CMOS 技术集成度的提高。在 IRDS 时期，器件特征尺寸缩小至 10nm 以下，以致将达到电子衍射极限，并将出现量子效应的挑战。在进一步降低尺寸、提高芯片上晶体管数量的周期上，已经延长到 30 个月甚至更长时间，摩尔定律难以为继，半导体领域发展的重点转向降低芯片功耗、扩展芯片功能等方面。

具体而言，在新版国际器件与系统路线图中，半导体器件的微细化进程被分为 3 个发展阶段。

第一个阶段为几何缩放阶段，时间跨度为 1975～2002 年，特点是通过按比例减小水平方向和垂直方向的尺寸，来提升平面晶体管的性能。

第二个阶段为等价缩放阶段，时间跨度为 2003～2024 年，特点是通过引入新材料和新物理效应，来实现水平方向尺寸的减小，并以全新的垂直器件结构代替传统的平面晶体管结构。

第三个阶段为三维功耗缩放阶段，时间跨度为 2025～2040 年，特点是采用完全垂直的器件结构，并以异质集成技术和降低功耗作为新的技术驱动。

IRDS 发展预测从开始至 2024 年，虽然半导体工艺还会有 3.0nm、1.5nm 线宽之分，但几种新工艺的栅极距等指标在 5nm 节点后就几乎没有变化，即晶体管并不会缩小，传统 CMOS（互补金属氧化物半导体）电路会在 2024 年走到尽头。IRDS 指出了新的发展方向，将出现更多种类的新器件、芯片堆叠和系统创新方法，用于持续优化计算性能、功耗和成本。IRDS 中提出一些新概念，包括采用新的半导体材料和制造工艺缩小晶体管特征尺寸（延续摩尔定律），使用 3D 堆叠等创新的系统集成技术（超越摩尔定律）等。其中，芯片堆叠以及多种新型器件有望在 CMOS 工艺之外，继续提高芯片性能、降低成本。未来，GNC 微系统需求日益凸显，有必要发展 3D 集成路线，包括 3D 堆叠、单片 3D 等，以提高系统性能和更多功能。

9.3.2　我国未来 GNC 微系统技术发展趋势

GNC 微系统从实现方式而言，一方面，要重视多种功能的异质、异构集成，在此基础上实现小型微型化；另一方面，通过将多个电子元器件进行系统化整合，实现多功能集成化，打造微型系统平台。当 GNC 微系统发展模式开始走向模块化、开放式后，先进技术也在更快融入 GNC 微系统平台并走向集成，研发调试的难度和成本都在降低，尤其是在加入自主学习和自主决策能力后，自适应能力也随之提高，显著扩展了 GNC 微系统的应用范围[29]。同时，在航天系统工程和武器装备等领域，对电子产品在体积、处理性能、存储容量和通信速率等方面的需求也越来越高。围绕多种先进飞行器，世界各国都在深入开展关键技术攻关和工程化实践工作，期待实现 GNC 技术的快速推广和规模应用。展望未来，多个应用领域内发生的系统集成趋势将会继续促进 GNC 微系统技术的发展。同时，近年来以"蜂群""察打一体杀伤链"等为代表的武器装备发展，对 GNC 微系统的技术要求越来越高，并使其发展越来越受到重视。为更好地回应我国对 GNC 微系统的现实需求，可以围绕以下 5 个层面重点布局。

1. 战略规划层面：以健壮性为核心，加强 GNC 微系统顶层架构设计

随着新一代信息技术的快速发展，GNC 微系统融合了众多微型传感器，包括卫导、惯导、磁强计、气压计、微舵机、微能源等；同时，GNC 微系统不断采用新材料、新方法、新工艺等，带来了高集成度、微小型化、低功耗、高可靠性、高效率等优点，促使 GNC 微系统的处理资源、处理能力、处理效率进一步得到提高。此外，微系统功能密度、智能化程度不断提升以及处理能力的不断增强，整个 GNC 微系统大回路的数据流、信息流、能量流等将显著增加。而冗余信息、容错能力进一步提高，整个导航、制导与控制系统存在大闭环回路，同时，导航模块、制导模块、控制模块都存在各自的小闭环回路，随着力热电磁等相互耦合、相互嵌套的关系更加深入，确保整个大回路及若干个小回路"闭环"成为 GNC 微系统技术未来的重要发展趋势。

GNC 微系统的研究与应用涉及我国在航空航天和军事装备等领域的核心竞争力，属于一项需要国家共同致力与发展的重大战略事业。因此，需要从顶层设计出发，制定出更加系统化、前瞻性和科学性的国家战略规划，具体可以从以下几个方面展开。

（1）支持打造 GNC 微系统产业共性技术平台。瞄准前沿科学技术，加强基础技术研究，努力实现 GNC 微系统的智能化/自主化、模块化/综合化、数字化/网络化和灵巧化/微型化。针对 GNC 微系统技术体系中产业相关性强的共性关键技术，如设计、工艺、封装、测试等，支持平台性研发机构建设，开展共性基础理论、关键核心技术、共性软硬件产品及其创新研发工作，推进 GNC 微系统技术生态可持续发展。尤其是在标准化架构设计方面，GNC 微系统的应用场景正在朝着民用和商用等更大空间拓展，因此，需要大力推广具备微系统特征的高性能、低成本、通用化的基础产品，进而夯实 GNC 微系统规模应用的技术基础。

（2）制定 GNC 微系统通用技术接口与标准。接口标准技术是推动与 GNC 微系统发展相关的关键技术路线。DARPA 致力于实现物理接口标准化，以建立标准化 IP 模块组

装系统，实现微系统的快速迭代设计。英特尔和台积电分别推出了 AIB/MDIO、LIPINCON 等并行接口标准，以支持 Chiplet 生态模式的建立，可预测未来还将融合传感、处理、通信、执行等领域，实现多协议兼容的统一接口标准，从而扩大 Chiplet 生态链。未来，为实现低成本、高带宽、更短研制周期，GNC 微系统实现快速重组、高度复用的 Chiplet 技术模式将是重要的技术路径，Chiplet 的发展也将把 GNC 微系统的发展带入新纪元。

（3）推动 GNC 微系统技术及产品的示范应用和规模发展。先进、智能的 GNC 微系统是基础科学和现代技术的综合集成，涉及多学科交叉，而基础技术是核心关键。因此，加大对光电、传感、信息处理、人工智能和异质异构集成等先进 GNC 微系统基础研究的投入，可提升技术解决方案的研究供给能力，推进其在航空航天、高端装备、能源交通、工农业生产等关键领域发挥积极作用。同时，还需加强可靠性、安全性、测试性、维修性、保障性、环境适应性等设计。此外，加快 GNC 微系统技术在医疗健康、汽车电子、消费终端、物联网等领域的规模应用，探索智能 GNC 微系统技术的颠覆性应用，也可为未来社会生活方式的发展变革提供技术储备。

2. 机理研究层面：加强力热电磁多场耦合、误差机理以及可靠性技术研究

GNC 微系统的发展离不开理论的进步与支持，尤其是涉及微观物理学诸多基础性理论与技术，同时呈现出较强的学科交叉特性。从理论、设计、制造到集成、封装、测试、应用开发上，都形成了独特的理论和方法体系。由于 GNC 微系统涉及的学科和技术门类众多，交叉融合性较强，还处于学科体系发展的初级阶段，一些重要的共性基础问题与关键核心技术还需要突破。因此，需要从研究工作上，实现理论的突破性发展，进而推动实践的跨越式发展。具体而言，可以重点从以下几个方面展开。

（1）探索 GNC 微系统中微纳尺度的力学、热学、电磁兼容等基础理论及相互耦合关系，明晰微尺度效应与宏观、介观效应的区别与联系。突破三维集成、异质/构集成、Chiplet 集成，以及面向任务场景、不同运载体动力学模型的定制化集成等关键技术；解决材料、结构与器件、芯片、互连、接口等 GNC 微系统部/组件在应用环境下可能出现的集成技术难题，例如，热匹配、热隔离、热传导、电隔离、电连接、电磁兼容等；形成满足 GNC 微系统快速、灵活、健壮需求的理论技术体系，并集中研究微系统多尺度/多场问题；另外，在微系统热管理问题上，采用高效热传导结构与材料，解决微纳尺度热运输、热管理等问题。

（2）进一步完善多学科多专业协同研发设计平台，加强 GNC 微系统设计理论和方法研究。结合人工智能技术，推动 GNC 微系统设计端与芯片设计端的无缝衔接，将计算机系统或子系统的架构和功能配置在一个封装体内，将芯片以 2D/2.5D/3D 的方式集成，从而使系统显著地平衡、优化和改进性能与热耗。在热管控方面，传统的散热架构中已不能满足 GNC 微系统的散热需求，需要采用新材料、新热传导结构、新工艺等手段技术；在仿真方面，针对精准模型库空白、多物理场协同仿真能力不足等方面，消除实际使用元器件及工艺材料等可能存在的差异，建立多物理场失效物理模型库，努力达到"仿真即所得"的理论效果。

（3）构建即插即用的一体化、通用化的 GNC 微系统技术理论体系。发展涵盖机理-

材料-工艺-器件-模块-微系统等多个层面的理论研究，综合考虑力、热、电、磁、光、生、化等多参量，与设计、制造、集成、封装等环节紧密结合，推进基础理论、方法及手段的研究。同时，增加 GNC 微系统内部器件可靠性/失效风险分析，加强单场/多物理场耦合分析等技术研究。未来，新一代国家综合 PNT 体系涉及不同信息源以及不同时空基准的终端设备等，GNC 微系统应用的用户端涉及多种不同传感器多源信息融合、时空基准维持等，因此，需借鉴多源自主导航系统的可检测性、可重构性、可信性和完备性等基础性技术理论体系[1]，尽快构建和完善适应于 GNC 微系统的基础架构技术体系。

（4）在微系统多场耦合技术层面，建立微系统质量与可靠性评价方法。实现制造和使用过程中的全寿命周期可靠性建模，加强 GNC 微系统微纳结构、材料与界面失效分析，以及其内部多种器件之间的热、力学可靠性分析，多尺度、多场耦合分析，微纳工艺、结构的性能表征和退化分析，优化 GNC 微系统在电磁、辐照、极限温度等特殊环境下的适应性和可靠性[30, 31]。

3. 工艺实现层面：加强三维集成工艺、测试封装等关键技术攻关

GNC 微系统涉及微处理器、微机械、微电子、微集成等多个技术领域。近年来，GNC 微系统相关技术发展迅速，微系统集成方法与工艺有了新的突破，微电子器件特征尺寸继续减小，微处理器、微射频器等性能进一步提升，碳化硅与氮化镓等第三代半导体材料器件日益成熟并进入应用阶段，为 GNC 微系统技术发展提供了有效支撑[32]。随着 GNC 微系统有关先进工艺技术的应用，软硬件微小型化后，带来了更多的多源信息融合数据。随着冗余信息的进一步增强，在传统 GNC 系统性能优化的基础上，进一步提高了可靠性、健壮性、弹性等优势。同时，考虑到总体设计、机理分析、在线测试等相关技术环节的逐步成熟，GNC 微系统将朝着中高性能、低成本、批量化、高效率等全数字化工艺生产模式发展。

GNC 微系统技术包括顶层技术体系、组合导航、辅助导航、误差校正、在线补偿、智能数字芯片处理、多源信息融合以及三维微尺度集成等，还需要深入研究 GNC 微系统信息智能化处理、多源异构集成、跨尺度多物理场耦合分析等技术。回顾 GNC 微系统的应用与实践历程，革命性变革都是由上述技术的突破性进展所引发的。随着产品的持续迭代和转化应用进入快车道，GNC 微系统也在同步提升自己的技术门槛，尤其是正在重点加强三维集成工艺、测试封装等关键技术攻关。具体而言，需要向以下几个方面发展。

（1）GNC 微系统向单硅片集成系统 SoC 方向发展。

近年来，在航空航天、武器装备、高端工业等领域，随着导航、制导与控制等应用需求的牵引，GNC 微系统中核心惯性器件的尺寸、质量与功耗（SWaP）指标不断提升，配套电路由 PCB 逐步升级为 ASIC，综合考虑工艺复杂度、成本、性能、功耗、可靠性，以及生命周期与适用范围等诸多因素，SoC 将成为集成电路未来的发展趋势[33-35]。当前 SoC 集成了 CPU、GPU、RAM、ADC、DAC、Modem、高速 DSP 等多个功能模块，部分 SoC 甚至还集成了电源管理、多种外部设备的控制模块，同时考虑了总线的分布利用等。需要注意的是，SoC 的发展是性能、算力、功耗、稳定性、工艺难度等多方面的平

衡，集成度越高，封装测试难度越大。当前，GNC 微系统重点考虑面积、延迟、功耗等因素，正逐步向成品率、可靠性、成本、通用性等方面转移，使系统级集成能力快速提升。

（2）GNC 微系统向三维异质异构高密度集成方向发展。

在 GNC 微系统制造技术方面，努力突破先进集成封装技术，建设晶圆级封装的多基板、引线键合、倒扣焊等多层芯片异质异构堆叠三维混装平台，以及制造过程中实现工艺在线精确化的控制和监测，并辅助智能化信息化执行系统进行在线产品流转及管控，确保工艺的稳定受控，实现 GNC 微系统制造平台由试制型向批量型转化。此外，单片式三维堆叠集成也是近年来学术界的研究热点。与 SiP 的硅通孔类似，单片三维集成也是将器件在垂直方向上堆叠起来，但有别于 TSV 模块化集成封装，单片式三维集成是基于 TLV（through-layer-via）的晶体管器件级三维集成。这种集成方式使得每层器件之间的间距可以达到局域互连尺度，显著提高传输线效率，实现高带宽、低延迟、低功耗，满足 GNC 微系统的多样化需求。

三维异质异构集成将成为 GNC 微系统达到综合性能、功能、成本等最优的有效手段之一，可视为连接芯片和系统集成的技术纽带。三维异质异构集成技术上的新材料、新工艺、新方法，将会进一步推动全产业链的系统研发和制造。

（3）加强 GNC 微系统中间过程测试节点，提高系统可靠性。

由于 GNC 微系统的特征尺度在微米纳米量级，系统组成复杂且器件种类繁多，功能多样，且各类芯片、器件、模块或子系统具有不同的工作原理与内部结构，影响其工作性能的因素纷繁复杂。总之，GNC 微系统的传统测试分析手段将面临很多挑战，例如，具备传感或执行功能的 MEMS 器件含有可动微结构部分，处理芯片的工作状态与性能受供电情况影响较大，通信模块容易受电磁干扰，微能源部分从环境收集能量更易受环境影响等。相比多种超大规模集成电路 SoC 芯片、集成 MEMS 传感器芯片、复合微能源器件等，GNC 微系统与外界环境存在多样化的交互与作用（传感/执行/能量收集等），其功能种类、性能参数指标、环境适应性模型、失效机制以及相关测试技术更为复杂、更具挑战性。此外，GNC 微系统体积微小、多信号集成、多芯片集成，涉及了多种专业技术领域，需在微系统设计阶段就考虑其可测性设计，设计特定的测试结构和测试凸点。同时，需要探索新的测试方法（如磁电流测试、时域反射测试等标准化、自动化、智能化的测试手段）在 GNC 微系统集成测试中的应用，综合提高测试质量与效率。

尽管 GNC 微系统部件众多、构成复杂，对测试技术提出了严峻的挑战，但也为其具备自检测、自诊断和自校准等自动化、智能化测试能力提供了软硬件基础。不同类型的芯片、器件、模块或子系统对应不同的可测性设计与自检测方案，这些解决方案也对 GNC 微系统测试技术的标准化、自动化、智能化提出了要求。未来，GNC 微系统的设计方案将集成微系统的软硬件测试接口与测试设备的仿真建模等，在设计阶段就实现测试方案与整体"硬件-信息-能量"方案、微系统可靠性解决方案的融合，而全生命周期的测试管理等也将成为微系统测试技术的发展热点。

在微系统可靠性技术方面，由于微系统结构的复杂性，难以直接进行以物理实验为基础的分析表征和可靠性评价[36]。因此，可靠性协同设计技术和可靠性虚拟试验技术，将是未来微系统可靠性技术的主要发展方向之一。尤其是在可靠性能力方面，GNC 微系统技术已在一系列研发项目和典型产品中得到应用，其产品也通过了规范考核。但由于缺少标准支持和可靠性模型，仅从仿真、工艺试验和机理分析等角度出发，对其进行新工艺分析，较难获得高置信度的可靠性预计、使用寿命和存储寿命等具体指标，制约了 GNC 微系统的大规模应用，后续需针对上述不足进行深入研究。此外，深入理解 GNC 微系统中模块化功能单元、加工工艺以及材料之间的相互影响，并推动概念、术语、接口的标准化，加快技术体系与测试体系的规范化，是 GNC 微系统的重要发展趋势与必由之路。

4. 信息处理层面：推动 GNC 微系统向智能化方向发展

未来，以智能化理论为指导，智能 GNC 微系统将具备信息获取、分析、处理、通信、执行和能源供给等多种功能，是实现武器装备一体化联合作战的关键。欧美等军事强国在发展下一代航空航天和军事装备时，高度重视 GNC 微系统的智能化发展，所开发的 GNC 微系统的智能化具有动态感知、实时分析、自主决策和精准执行等特征。目前，欧美等地区在巡航导弹、微小型巡飞弹药等平台正朝着进一步低成本化、自主组网协同攻击、复合末制导等技术方向发展，并且已经部分实现了飞行轨迹和作战任务的在线重构功能，但大规模的、不同平台的网络化重构，还有待 GNC 微系统设计和智能算法的突破。此外，人工智能技术的进步也不可忽视，通过引入非线性、复杂性理论，开发内嵌数理原理的系统学习方法，可建立精准、稳定、可泛化、可解释的智能学习理论[37]，通过分析不同运载体关联关系和多源进化表达原理，可研究调控导航动力学的序参数域、状态空间突变演化和调控导航进化模式等。承接上述趋势，GNC 微系统技术理论体系和评估量化方法也在同步开展，同时，神经网络算法和自学习算法等智能算法的不断演进成熟，显著推动机器学习在 GNC 微系统的应用。例如，面向多源导航数据间的非线性耦合关系，使其适应人工智能化的目标，可以实现更加精准、稳定、可泛化、可解释的评估和质量研究。具体而言，微系统需要从以下几个方面着手走向智能化。

（1）随着大数据、云计算等新一代信息技术的快速发展，GNC 微系统技术需要与人工智能技术深度融合，进一步研究精准、稳定、可泛化、可解释的智能 GNC 微系统技术理论体系和评估量化方法[38]。其中，Chiplet 作为灵活异质、短周期、低成本的微系统解决思路，可预见未来将是高性能处理器的发展方向，也是未来智能 GNC 微系统的解决方案之一。因此，目前亟须开展关键技术的预先研究和攻关储备，包括互连标准制定、复杂封装工艺、联合仿真工具、IP 库及业态等。与此同时，Chiplet 技术的发展和成熟更需要一个新生态的培育，需要用户方、生产方、质量保证方等共策合力，提早谋划，尽早实现 Chiplet 技术的 GNC 微系统高可靠产品化。

（2）AI 智能 GNC 微系统将逐步应用于航天器深空探测、智能遥感等领域。目前国内针对 GNC 微系统可靠性评价方法尚未开展体系化研究，因此，有必要结合 GNC 行业领域实际应用特点，研究 AI 等新型算法在空间复杂环境、无人值守、系统高可靠等条件下的应用可靠性，促进 AI 技术的泛化应用。由于 GNC 微系统器件组成复杂、技术先进，多种复杂环境领域应用数据积累较少，目前针对 GNC 微系统器件尚未形成统一的保证要求，国内外相关机构均在积极探索针对性保证方法，促进 AI 智能 GNC 微系统技术的泛化应用。

（3）仿生智能 GNC 微系统是产生"智能"的重要途径与手段。仿生 GNC 微系统是在 GNC 微系统技术的支撑下，逐步发展起来的一门对生物个体智能的仿生创新技术，离不开生物医学与信息科学、工程技术相互渗透。由于在科学研究、国防安全、工业生产和国民生活中有着重要的应用潜力，学术界和工业界已广泛开展仿生功能材料、多域仿生传感、类脑智能计算、快速仿生制造、仿生控制执行等技术研究，不断突破微型机器人、微型智能装备等新概念仿生微系统技术，成为 GNC 微系统技术未来的重要发展方向之一。

5. 开发环境层面：推动 GNC 微系统向快速复用、开放融合方向发展

GNC 微系统设计涉及众多专业学科与技术领域，但不同领域技术发展水平也不尽相同。同时，GNC 微系统的开发是一个连续、系统和标准化的过程，无论其设计环境、测试环境，还是生产环境，都要求可持续地为 GNC 微系统提供可靠、稳定、高效和规范的工具、路径与方法。整体来看，由于 EDA 设计工具的快速发展，计算机辅助的自动化设计将成为智能微系统设计的主要技术手段。具体而言，为持续优化 GNC 微系统的开发环境，可采取以下几种方式。

1）基于 Chiplet 的设计方式

在过去的几年中，摩尔定律的持续放缓，对微处理器等超大规模集成电路设计的持续改进带来了潜在的阻力，从 16nm/14nm 节点开始，集成电路设计和制造的成本剧增，一个新的工艺节点演进周期不得不随之从 18 个月延长至 2.5 年甚至更长。为应对上述挑战，基于 Chiplet 的设计理念应运而生，正越来越多地应用于主流微系统电子产品设计中，成为异质集成 GNC 微系统领域的研究热点。

受限于体硅特征尺寸的发展，为提高处理器能力和性能，一个可能途径是制造更大的芯片。但芯片的尺寸目前也逐步达到了光刻的极限。同时，小线宽掩模制造成本非常昂贵，而更大的芯片面积显著增加了制造缺陷的可能性，最终导致低产量和高成本。基于 Chiplet 的设计思路正是通过制造多个更小的芯片，组合起来实现逻辑上的单个微处理器。该方式在降低制造成本、确保高产量的同时，还可以确保 GNC 微系统可正常设计出相应的功能，较好地兼容高成本与微小体积之间的生产矛盾，从而确保 GNC 微系统的持续开发和产品快速迭代。同时，基于 Chiplet 的设计方式，可以把一些具有特定功能的裸芯（由不同制造工艺预先制备），通过三维异质/异构等先进集成技术，以拼装"积木"的方式集成为"超级"异构的系统级芯片。作为硬核形式的 IP，Chiplet 通过灵活多样的组合，可为 GNC 微系统带来更多的设计空间和更强大的功能，有望重塑整个信息技术产业链。

2）基于 IP 的设计方式

IP 核的概念源于产品设计的专利证书和源代码的版权。IP 核是指已经通过了设计验证、可重用的、具有某种特定功能的模块，设计人员以 IP 核为基础进行 IP 复用设计，可以缩短 GNC 微系统设计所需的周期。IP 分为软核、硬核和基于硅片形式的 IP，所述的

Chiplet 技术是指对裸芯 IP 进行快速微系统设计转化，而 SoC 等微系统电子产品具有集成度高、功能复杂的特征。在研制阶段，采用基于软硬 IP 核复用的设计方法，后续重要研究趋势是，如何高效地评测该类 IP 核的质量与可靠性。此外，还应该实现建模方法与模拟仿真手段的跨尺度、多层级、全能域，基于多学科优化思想，研究设计理论、方法、工具，如智能 GNC 微系统电子设计自动化（EDA）工具等。总之，上述均是 GNC 微系统在开发设计环境方面的重要技术趋势。未来，将通过逐步建立 GNC 微系统设计的 IP 数据库，最终实现智能 GNC 微系统的数字化敏捷开发。

3）软硬件协同设计方式

在硬件设计方面，目前已发展出一系列原理型仿真设计工具、工艺制造辅助设计工具、验证工具等。在微电子、微机电、光电子等领域，常用的包括 PSPICE、Cadence、Protel、L-Edit、COMSOL、ANSYS、ConventorWare、Intellisuite 等；在算法开发方面，无论传统的控制算法还是新兴的人工智能算法，都有相应的开发工具，如 Eclipse、MATLAB、Pytorch 等。未来，在目前分立子系统开发工具的基础上，还需要逐渐发展 GNC 微系统相关的设计包、数据库，逐步实现材料、器件、工艺、功能、性能一体化，通过交互性设计方法和手段，最终形成系统级软硬件一体化协同设计工具。

未来，GNC 微系统将会是"芯片+算法"的即插即用型智能 GNC 微系统，涉及的关键技术主要包括多智能体 GNC 微系统自主协同、态势共识、未知系统动力学、机器学习方法、深度学习方法、群体智能理论、精准智能理论、行为决策方法等。随着人工智能和机器学习技术的不断发展，微小型无人系统在多个领域的成功应用，将成为发展集群系统协作的关键技术。与传统的基于知识和规则的控制技术相比，人机智能融合与自适应学习技术对环境的动态变化、智能体间的交互协作，使之可以具有更强大的感知和协调控制能力，从而建立新型的启发式控制方式，因此，基于 GNC 微系统的智能微小型运载体集群应用将成为共性关键技术。

为实现对智能 GNC 微系统的构想，一方面，需要充分考虑边界约束条件，如运载体动力学模型、工作环境以及任务场景的诸多限制因素、资源配置、运行条件等[1, 2]，同时，需要定性和定量地实现运载体"硬故障"与"软故障"异常判断、重构切换与动态迭代，确保系统的容错性能和导航、制导与控制信息的可信完备输出；另一方面，在新一代信息技术蓬勃发展的背景下，GNC 微系统需要加强与光电子、量子计算、人工智能、脑科学等技术的创新融合与应用，通过机器学习、深度学习、迁移学习等方式，建立精准、稳定、可泛化、可解释、内嵌动力学机理的智能学习方法（如 AlphaGo、ChatGPT 等），有力支撑 GNC 微系统先进导航、制导与控制技术的规模化应用和可持续发展。

整体上，GNC 微系统是微电子、微机电、光电子等技术深度交叉融合的产物，既是引领和支撑航空航天和军事装备等领域的关键使能要素，也是新一代信息技术发展的核心技术抓手。具体而言，一是微型化和系统化特征，促使其具备低成本批量化生产能力，通过先进工艺实现高密度芯片级三维异质异构集成，同时借助于集成电路的大规模批产模式，显著提升封装测试效率；二是新材料、新结构、新器件、新工艺等高新技术的持续突破，促使其具备侦探一体、存算一体、管评一体等特征[39]，尤其促进惯导、仪器、控制、智能等学科发展；三是软硬件协同的技术优势，带动标准化、通用化、模块化产品谱系的发展，通过系统架构、软硬件算法及可测性设计，形成“硬件标准化、通用化”与“软件功能化、智能化”有机结合的多回路“闭环”自控系统，可有效提升其在导航、制导与控制等方面的性能。

总之，GNC 微系统是信息技术面向未来的关键方向之一，也是占领 21 世纪科技制高点的颠覆性技术之一，具有重要战略意义和广阔发展前景。但同时也要看到，学科深度交叉融合的特点，决定了 GNC 微系统所形成的技术门槛、设备门槛均较高，而产业环节多，细分技术谱系较广，导致 GNC 微系统的投资回报周期相对较长。为解决上述难题，只有贯通技术、机构、管理之间的条块分割，整合重组多种创新要素，推动机制创新、模式创新和管理创新，加强既懂科学又懂工程的复合型人才培养，才能更加从容地应对上述挑战。只有抓住机遇，积极制定相关战略，汇聚多种创新资源优势，建设 GNC 微系统“科研产业一体化”的生态环境，大力推动 GNC 微系统技术的研究和应用，才能有效促进我国微系统行业的繁荣发展，抢占未来世界科技制高点。

参考文献

[1] 王巍. 多源自主导航系统基本特性研究. 宇航学报，2023，44（4）：519-529.

[2] 王巍，郭雷，孟凡琛，等. 多源自主导航系统完备性研究. 导航与控制，2023，22（1）：10-18.

[3] 张墅野，李振锋，何鹏. 微系统三维异质异构集成研究进展. 电子与封装，2021，21（10）：100106.

[4] Chen S，Xu Q，Yu B. Adaptive 3D-IC TSV fault tolerance structure generation. IEEE Transactions on Computer-Aided Design of Integrated Circuits and Systems，2019，38（5）：949-960.

[5] Maity D K，Roy S K，Giri C. Identification of random/clustered TSV defects in 3D IC during pre-bond testing. Journal of Electronic Testing，2019，35：741-759.

[6] Wu Y，Huang S. TSV-aware 3D test wrapper chain optimization. Proceedings of International Symposium on VLSI Design，Automation and Test（VLSI-DAT），Hsinchu，2018：1-4.

[7] 王阳元. 集成电路产业全书. 北京：电子工业出版社，2018.

[8] 王梦雅，丁涛杰，顾林，等. 面向信息处理应用的异构集成微系统综述. 电子与封装，2021，21（10）：16-35.

[9] Saha D，Sur-Kolay S. Guided GA-based multiobjective optimization of placement and assignment of TSvs in 3d-ICs. IEEE Tranasaction on Very Large Scale Integration（VLSI）Systems，2019，27：1742-1750.

[10] 单光宝，朱嘉婧，郑彦文，等. 微系统集成技术发展与展望. 导航与控制，2022，21（Z1）：20-28，5.

[11] Radhakrishnan Nair R K，Pothiraj S，Radhakrishnan Nair T R，et al. An efficient partitioning and placement based fault TSV detection in 3D-IC using deep learning approach. Journal of Ambient Intelligence，2021：1-14.

[12] Chen S，Xu Q，Yu B. Adaptive 3D-IC TSV fault tolerance structure generation. IEEE Transactions on Computer-Aided Design of Integrated Circuits and Systems，2019，38（5）：949-960.

[13] Shen G X，Che W Q，Feng W J，et al. Ultra-low-lossmillimeter-wave LTCC bandpass filters based on flexibledesign of lumped and distributed circuits. IEEE Transactions on Circuits and Systems II：Express Briefs，2021，68（4）：1123-1127.

[14] Mondal S，Cho S B，Kim B C. Modeling and crosstalk e-valuation of 3-D TSV-based inductor with groundTSVshielding. IEEE Transactions on Very Large Scale Inte-gration（VLSI）Systems，2017，25（1）：308-318.

[15] Maity D K，Roy S K，Giri C. A cost-effective repair scheme for clustered TSV defects in 3D ICs. Microelectronics Reliability，2022，129：114460.

[16] 杨志，董春晖，王敏，等. 基于 TSV 技术的硅基高压电容器. 电子工艺技术，2024，45（5）：36-38.

[17] 汪志强，杨凝，戴扬，等. 异构集成路线图对我国微系统发展的启示. 导航与控制，2022，21（Z1）：40-45.

[18] Xu Q，Sun W H，Chen S，et al. Cellular structure-based fault-tolerance TSV configuration in 3D-IC. IEEE Transactions on Computer-Aided Design of Integrated Circuits and Systems，2022，41（5）：1196-1208.

[19] IEEE Electronics Packaging Society. Heterogeneous inte-gration roadmap. http:// eps. ieee. org/hir[2024-11-28].

[20] DARPA. Circuit realization at faster timescales（CRAFT）. https://www. darpa. mil/program/circuit-reali-zation- at-faster-timescales[2024-11-28].

[21] 唐磊，匡乃亮，郭雁蓉，等. 信息处理微系统的发展现状与未来展望. 微电子学与计算机，2021，38（10）：1-8.

[22] Rafatnia S，Nourmohammadi H，Keighobadi J. Fuzzy-adaptive constrained data fusion algorithm for indirect centralized integrated SINS/GNSS navigation system. GPS Solut 23，2019，62.

[23] Vavilova N B，Golovan A A，Kozlov A V，et al. INS/GNSS integration with compensated data synchronization errors and displacement of GNSS antenna. Experience of Practical Realization，Gyroscopy Navig，2021，12：236-246.

[24] Ma H C，Guo J D，Chen J Q，et al. Reliability and fail-ure mechanism of copper pillar joints under current stressing. Journal of Materials Science：Materials in Elec-tronics，2015，26（10）：7690-7697.

[25] Fan J J，Wu J，Jiang C Z，et al. Random voids generationand effect of thermal shock load on mechanical reliability of light-emitting diode flip chip solder joints. Materi-als，2019，13（1）：94-110.

[26] 代刚，张健. 集成微系统概念和内涵的形成及其架构技术. 微电子学，2016，46（1）：101-106.

[27] Wu L Y，Han X T，Shao C X，et al. Thermal fatigue modelling and simulation of flip chip component solderjoints under eyclic thermal loading. Energies，2019，12（12）：2391-2404.

[28] 张晓沛，余和军，李少帅. 国际器件与系统路线图对我国科技规划的启示. 世界科技研究与发展，2018，40（4）：422-427.

[29] 张伟，祝名，李培蕾，等. 微系统发展趋势及宇航应用面临的技术挑战. 电子与封装，2021，21（10）：100101.

[30] 陈涛，丁涛杰，杨兵，等. 复合制导微系统电路设计. 导航与控制，2022，21（Z1）：117-122.

[31] Zhu L，Jo C，Lim S K. Power delivery solutions and PPA impacts in micro-bump and hybrid-bonding 3D ICs. IEEE Transactions on Components，Packaging and Manufacturing Technology，2022，12（12）：1969-1982.

[32] Nair R K R，Pothiraj S，Nair T R R. An efficient partitioning and placement based fault TSV detection in 3D-IC using deep learning approach. Journal of Ambient Intelligence and Humanized Computing，2021:1-14.

[33] Kaibartta T，Biswas G P，Das D K. Co-optimization of test wrapper length and TSV for TSV based 3D SOCs. Journal of Electronic Testing，2020，36：239-253.

[34] Raj N，SenGupta I. Balanced wrapper design to test the embedded core partitioned into multiple layer for 3d SOC targeting power and number of TSVs. Proceedings of the International Conference on Microelectronics，Computing & Communication Systems，2018：117-125.

[35] Kaibartta T，Das D K. Optimization of test wrapper length for TSV based 3D SOCs using a heuristic approach. Proceedings of VLSI Design and Test（VDAT），2019：310-321.

[36] Phan H P，Zhong Y S，Nguyen T K，et al. Long-lived，transferred crystalline silicon carbide nanomembranes forimplantable flexible electronics. ACS Nano，2019，13（10）：11572-11581.

[37] 郑志明，吕金虎，韦卫，等. 精准智能理论：面向复杂动态对象的人工智能. 中国科学：信息科学，2021，51（4）：678-690.

[38] Wu X P，Cao M P，Shan G B，et al. A fast analysis method of multiphysics coupling for 3D microsystem. IEEE Transactions on Computer-Aided Design of Integrated Circuits and Systems，2022，41（8）：2372-2379.

[39] 吴林晟，毛军发. 从集成电路到集成系统. 中国科学：信息科学，2023，53（10）：1843-1857.

附　录
缩　略　语

ADC	analog-to-digital convertor	模数转换器
AGC	automatic gain control	自动增益控制
AGU	arithmetic unit	算数单元
AMR	anisotropic magneto resistive	各向异性磁阻
AR	augmented reality	增强现实
ARMA	auto regressive moving average system	自回归滑动平均
ASIC	application specific integrated circuit	专用集成电路
ASPN	all source positioning and navigation	全源导航
ATE	automatic test equipment	自动测试机台
BDS	Beidou navigation satellite system	北斗卫星导航系统
BEOL	back end of line	后端工艺
BGA	ball grid array	球栅阵列
BIT	builtin test	机内自检
BIU	bus interface unit	总线接口部件
BOP	bump on pad	焊盘上植球
BPU	branch prediction unit	分支预测单元
C4	controlled callapse chip connection	可控塌陷芯片焊点
CAN	controller area network	控制器局域网总线
CISC	complex instruction set computing	复杂指令集
CMOS	complementary metal oxide semiconductor	互补金属氧化物半导体
CMP	chemical mechanical polishing	化学机械抛光
CoWoS	chip-on-wafer-on-substrate	基板上芯片堆叠封装
CPLD	complex programmable logic device	复杂可编程逻辑器件
CPO	co-packaged optics	光电共封装
CPT	coherent population trapping	相干布居囚禁
CPU	central processing unit	中央处理器
CSAC	chip scale atomic clock	芯片级原子钟
CSOI	cavity-SOI	预埋腔体绝缘体上硅
CSP	chip scale packaging	芯片尺寸封装
CVD	chemical vapor deposition	化学气相沉积
DAC	digital to analog converter	数模转换器
DARPA	Defense Advanced Research Projects Agency	美国国防部高级研究计划局
DE	decoding	译码
DIV	divider	除法器
DRAM	dynamic random access memory	动态随机存取存储器
DRIE	deep reactive ion etching	深反应离子刻蚀
DSDV	destination sequenced distance vector	目的序列距离矢量
DSP	digital signal processor	数字信号处理器

e-Cubes	microsystem cube initiative	微系统立方体计划
EDA	electronic design automation	电子设计自动化
EIC	electronic integrated circuit	电子集成电路
EKF	extended Kalman filter	扩展卡尔曼滤波
EMC	electro magnetic compatibility	电磁兼容
ESC	electronic speed control	电子调速器
ESPRIT	European strategy for research and development in information technology	欧洲信息、技术研究发展战略计划
FC	flip chip	倒装芯片
FCBGA	flip-chip ball grid array	倒装芯片球栅格阵列
FEEP	field emission electric propulsion	场致发射电推进器
FET	field-effect transistor	场效应晶体管
FFT	fast Fourier transform	快速傅里叶变换
FIR	finite impulse response	有限长单位冲激响应
FPGA	field programmable gate array	现场可编程逻辑门阵列
FTR	force to rebalence	力平衡
FWD	forwarding	数据前递
GaN	gallium nitride	氮化镓
GDOP	geometric dilution of precision	几何精度因子
GMI	giant magneto impedance	巨磁阻抗效应
GMR	giant magneto resistive	巨磁阻
GNC	guidance navigation and control	导航、制导与控制
GNSS	global navigation satellite system	全球导航卫星系统
GO	graphene oxide	氧化石墨烯
GPIO	general purpose input output	通用输入/输出
HBM	high bandwidth memory	高带宽存储器
IC	integrated circuit	集成电路
ICD	interface control document	空间信号接口控制文件
IDM	integrated device manufacture	整合元器件制造商
IF	instruction fetch	取指
IGS	international GNSS service	国际 GNSS 服务
ILM	instruction level memory	指令存储器
IMPACT	integrated miniature primary atomic clock	集成化微型原子钟
IMS	integrated microsystems	集成微系统
IMU	inertial measurement unit	惯性测量单元
InFO	integrated fan-out	集成扇出封装
IPD	integrated passive device	无源器件集成
IPU	intelligent processing unit	智能处理单元

IR	integrity risk	完好性风险
IRDS	international roadmap for devices and systems	国际器件和系统路线图
IT-MARS	information tethered micro automated rotary stages	信息链微自动旋式平台
ITRS	international technology roadmap for semiconductors	国际半导体技术路线图
JESSI	joint European submicron silicon initiative	欧洲联合亚微米硅计划
JPL	Jet Propulsion Laboratory	喷气推进实验室
KGD	known good die	达标晶片
LCCC	leadless ceramic chip carrier	无引线陶瓷封装载体
LiDAR	light detection and ranging	激光雷达
LMM	light weight multirole missile	轻型多用途导弹
LNA	low noise amplifier	低噪声放大器
LPF	low pass filter	低通环路滤波器
LS	least squares	最小二乘法
LTCC	low temperature co-fired ceramics	低温共烧陶瓷
MCM	multi chip module	多芯片模块
MCT	mercury cadmium telluride	碲镉汞
MEMS	micro-electro-mechanical system	微机电系统
MGEX	the multi-gnss experiment	多星座导航
MHSS	multiple hypothesis solution separation	多假设解分离
MIMU	miniature inertial measurement unit	微型惯性测量单元
MINT	micro inertial navigation technology	微惯导技术
MMIC	monolithic microwave integrated circuit	单片微波集成电路
MMS	magnetospheric multiscale	磁层多尺度探测
MOEMS	micro optical electro-mechanical-system	微光机电系统
MRIG	micro scale rate integrating gyroscopes	微尺度速率集成陀螺
MRIT	miniature radio frequency ion thruster	微型射频离子推进器
MTO	microsystems technology office	微系统技术办公室
MUL	multiplier	乘法器
NGIMG	navigation grade integrated micro gyroscope	导航级集成微陀螺
NoC	network on chip	片上网络
NVS	number of visible satellite	可见卫星数量
OPA	optical phased arrays	光学相控阵
OSI	open system interconnection	七层模型
OTP	one time programmable	可编程非易性存储器
PALADIN&T	platform for acquisition，logging，and analysis of devices for inertial navigation & timing	惯导和守时数据采集、记录和分析平台
PASCAL	primary and secondary calibration on active layer	主动和自动标校技术
PC	program counter value	程序计数器值

PCB	printed circuit board	印制电路板
PD	phase detector	鉴相器
PDK	process design kit	硅光工艺
PI	proportional integral	比例积分
PIC	photonic integrated circuit	光子集成电路
PINS	platform inertial navigation system	平台式惯性导航系统
PLL	phase locked loop	锁相环
PoP	package on package	封装体堆叠技术
POR	power-on reset	上电复位
PPT	pulsed plasma thruster	脉冲等离子体推进器
PRIGM	precision guided munition	稳定型精确惯性制导弹药
PRN	pseudo random noise code	伪随机噪声码
PSD	power spectral density	功率谱密度
QE	quadrature error	正交误差
QF	quality factor	品质因数
QWIP	quantum well infrared detecto	量子阱红外探测器
	quantum-well infrared photodector	
RAIM	receiver autonomous integrity monitoring	接收机自主完好性监测
RDL	redistribution layer	重布线层
RISC	reduced instruction set computer	精简指令集
RTK	real time kinematic	高精度载波相位差分技术
SBB	solder ball bump	焊料凸点
SDRAM	synchronous dynamic random-access memory	同步动态随机存取内存
SINS	strap-down inertial navigation system	捷联式惯性导航系统
SiP	system in package	系统级封装
SMT	surface mounted technology	表面贴装技术
SOA	silicon oscillating accelerometer	硅谐振式加速度计
SoC	system on chip	系统级芯片
SOG	silicon on glass	玻璃体上硅
SOI	silicon on insulator	绝缘体上硅
SPARC	scalable processor architecture	可扩展处理器架构
SPI	serial peripheral interface	串行外设接口
SRAM	static random-access memory	静态随机存取存储器
TEC	thermo electric coolers	热电制冷器
TGV	through glass via	玻璃通孔
TIMU	chip-scale timing and inertial measurement unit	芯片化微时钟和微惯导组件
TMR	tunnel magneto resistance	隧道磁阻
TMV	through mold via	穿塑通孔

TOF	time of flight	飞行时间测距法
TSV	through silicon via	硅通孔
UART	universal asynchronous receiver-transmitter	通用异步收发器
UBM	under bump metallurgy	凸点下金属化层
UCIe	Universal Chiplet Interconnect Express	芯粒高速互连
ULPAC	ultra-low-power atomic clock	超低功率原子钟
VAT	vacuum arc thruster	真空电弧推进器
VCO	voltage controlled oscillator	压控振荡器
VCSEL	vertical cavity surface-emitting lasers	垂直腔面发射激光器
VG	vertical graphene	垂直石墨烯
VHDL	very-high-speed integrated circuit hardware description language	超高速集成电路硬件描述语言
VLSI	very large scale integration circuit	超大规模集成电路
VPL	vertical protection level	垂直误差保护级
VR	virtual reality	虚拟现实
WB	write back	指令结构写回
WLCSP	wafer level chip scale package	圆片级芯片规模封装
WLP	wafer-level packaging	晶圆级封装
WLTBI	wafer level test during burn-in	晶圆级测试与老化
WLVP	wafer-level vacuum packaging	晶圆级真空封装
XR	extended reality	扩展现实
ZT	thermoelectric figure of merit	热电优值
μCAT	micro-cathode arc thruster	微阴极电弧推进器